油气长输管道环焊缝焊接技术发展与应用

冯庆善　姚登樽　郭　磊　范玉然　等著

石油工業出版社

内 容 提 要

本书介绍了管线钢、焊接材料以及焊接技术的发展历程，对比了国内外焊接技术规范，并就油气长输管道环焊缝的焊接冶金、焊接工艺与技术、焊接装备、焊接质量等进行了系统介绍，展望了未来管道焊接技术发展。

本书可供从事油气管道管理人员、技术人员以及科研人员参考。

图书在版编目(CIP)数据

油气长输管道环焊缝焊接技术发展与应用 / 冯庆善等著 . —北京：石油工业出版社，2024. 4

ISBN 978-7-5183-6652-1

Ⅰ. ①油… Ⅱ. ①冯… Ⅲ. ①油气运输-长输管道-焊缝-焊接-研究 Ⅳ. ①TE973

中国国家版本馆 CIP 数据核字(2024)第 079232 号

出版发行：石油工业出版社

(北京安定门外安华里 2 区 1 号楼 100011)

网 址：www. petropub. com

编辑部：(010)64523687 图书营销中心：(010)64523633

经 销：全国新华书店

印 刷：北京中石油彩色印刷有限责任公司

2024 年 4 月第 1 版 2024 年 4 月第 1 次印刷

787×1092 毫米 开本：1/16 印张：17. 25

字数：407 千字

定价：90. 00 元

(如出现印装质量问题，我社图书营销中心负责调换)

《油气长输管道环焊缝焊接技术发展与应用》编写组

组　长　冯庆善

副组长　姚登樽　郭　磊　范玉然

成　员　孙巧飞　潘　婷　胡亚博　汪　凤　范潮海
沙胜义　李政龙　王　晔　金俞鑫　于　瑶
王东鹏　孟繁妍　王　鹏　郝立伟　卢佳伟
王　超　刘震军

前　言

为了满足我国在经济发展过程中对油气资源的需求，国家不断加强油气管道建设，目前，我国油气长输管线总里程已达到 16.5×10^4km。油气管线作为能源行业重要的基础设施，其安全有序运行关乎社会经济秩序与国家安全。

近些年，随着高钢级、大口径、高压力输气管道的大范围应用，在其建设和服役过程中，环焊缝断裂失效事故时有发生，造成了巨大的经济损失和严重的社会影响。环焊缝的质量问题成为关注的重点。为了使管道管理者、技术人员，以及相关研究工作者对管道环焊缝焊接技术特点及应用情况全面了解，为广大从事长输管道施工技术人员选用高效、高质量的焊接方法提供一定的技术支持，为从事焊接技术开发的科研人员提供参考，更好地为管道安全维护提供信息及决策支持，国家石油天然气管网集团有限公司生产部组织相关技术人员编写了此书。

本书第一章概要介绍了管线钢、焊接材料，以及焊接技术的发展历程；第二章从焊接工艺评定及无损检测两个方面对比分析了国内外焊接技术规范的差异性；第三章从环焊缝焊接冶金角度归纳总结了焊接性分析技术，分析了技术特点及适应性，并对环焊缝组织变化规律及影响因素进行了分析；第四章和第五章分别系统介绍了环焊缝焊接技术及焊接装备的特点、应用情况；第六章结合现场失效案例、焊接工艺评定数据及现场检测数据，对环焊缝质量现状及影响因素进行了分析，提出了质量控制措施；第七章结合近几年的研究重点及方向，对环焊缝焊接技术的发展趋势进行了介绍。

由于笔者水平所限，书中难免有疏漏之处，敬请广大读者批评指正。

目　录

第一章　焊接技术发展历程及技术概况

世界管道工程几十年来飞速发展，管道敷设从平川走向高山、沙漠和大海，从温带、热带走向极地；输送压力从4MPa以下提高到10MPa以上；管径从低压小管输送到高压大直径输送；管道用管材从A、B级的碳素钢、C-Mn钢发展到高强度级别的X80、X100和X120微合金化控轧钢、调质钢；输送介质从甜气到带有腐蚀性混合物(H_2S、CO_2)的介质等。管道建设的飞速发展带动了管道焊接技术的快速进步。长输管线安装焊接方法经历了传统药皮焊条和手工钨极氩弧上向焊→单焊炬熔化极活性气体保护半自动下向焊和单焊炬埋弧自动焊→高纤维素型和铁粉低氢型焊条下向焊→自保护药芯焊丝半自动下向焊和熔化极活性气体保护单焊炬下向或上向自动焊→熔化极活性气体保护多焊炬下向自动焊(如双焊炬自动外焊机、8焊炬自动内焊机等)和多焊炬埋弧自动焊(如双丝埋弧焊)的进展历程。高新技术也会逐步应用到长输管道领域当中，实现长输管道焊接技术的重大变革。

第一节　管　线　钢

管线钢是典型的微合金钢，是制造石油、天然气、建材浆体等输送管道的主要材料。一般采用中厚板制成厚壁直缝焊管，用板卷生产直缝电阻焊管或大口径的埋弧螺旋焊管。管线钢按照屈服强度划分为X42 ~X120钢级，其中“X”代表英制单位中强度级别“kpsi”，1kpsi=6.895MPa。

随着石油、天然气输送工艺的迅速发展，为了提高输送的运营效率，降低输送成本，油气输送管道运输向大口径、高压输送方向发展。这对管线钢的板幅、厚度、强度、洁净度、耐蚀性及焊接性能等提出了更高的要求。为此，冶金工作者在宽板幅、厚规格、高强度、高洁净度、高韧性、抗氢致开裂(HIC)、抗H_2S腐蚀的高级别管线钢及特殊用途高级别管线钢的开发和应用上做了大量的研究工作，取得丰硕成果。国际上已经能够顺利地生产X80、X100、X120高级别管线钢，输气管直径已经达到1422mm。

近年来，我国管线钢生产也有了迅速的发展，许多大型炼钢厂都可以生产出质量稳定的X60、X70、X80高级别管线钢，X100、X120级别的管线钢也在开发和试验之中。虽然我国在X60、X70、X80管线钢的生产上已无重大技术障碍，但在钢的成分控制、钢的洁净度和性能指标上与世界上先进国家相比还有一定差距。由于高品质、宽幅、厚规格管线钢及耐酸管线钢等产品，对残余元素含量、洁净钢中夹杂物，以及铸坯偏析等要求更加苛刻，我国在高级管线钢生产冶炼上依然存在诸多技术难题。

19 世纪初建设了第一条适用于石油运输管道，经过 200 年的变迁。石油管道不论是在应用规模、运输效率上还是在管线钢的质量上都发生了翻天覆地的变化。从某种意义上讲，石油管线钢的发展是世界工业发展的缩影。其发展历程如图 1-1-1 所示。

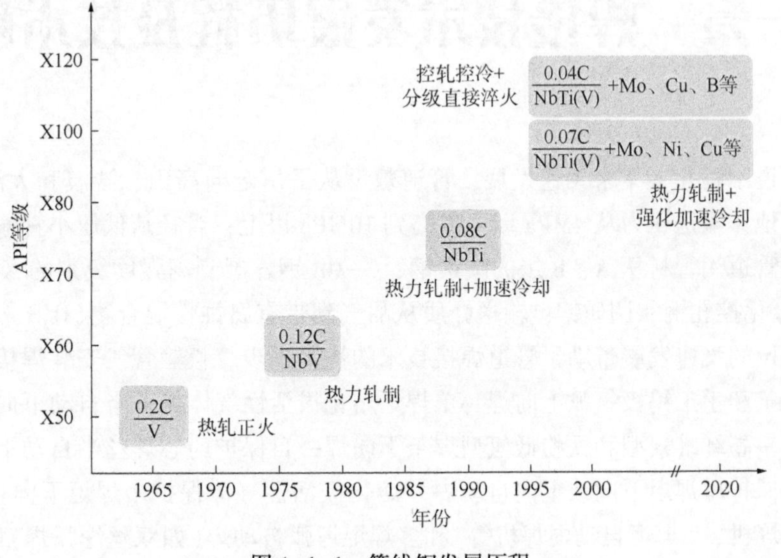

图 1-1-1　管线钢发展历程

如今，世界范围内的天然气长输管道建设已从过去的 X52，X60 和 X65 管线钢发展到 X70 和 X80 高强度管线钢，且正在开发 X90~X120 超高强度管线钢。特别是进入 21 世纪以来，在北美和亚洲相继建设了 3 条 X80 天然气长输管线(美国夏延平原管道、落基管道和我国的西气东输二线管道)，使 X80 天然气民输管线有了跨越式的增长，而 X100 管道至今尚停留在试验段建设阶段。加拿大 TransCanada 公司和日本 JFE 公司共同推动了几项试验工程，如 2002 年在 Westpath 进行的长度 1km、管径 1219mm 的 X100 管道试验段的敷设，2004 年在 GordinLake 进行的长度 2km、管径 914mm 的 X100 管道试验段的敷设，2006 年在 StitsviUe 进行的长度 7km、管径 1066mm 的 X100 管道试验段的敷设。

一、国内管线钢

我国从 1958 年开始建设长距离原油输送管道(新疆)，1965 年开始建设长距离天然气输送管道(四川)。当时管线钢生产技术比较落后，其数量、品种和质量都远远满足不了石油天然气工业发展的需要。20 世纪 70 年代以前管道钢主要采用鞍钢等厂家生产的 A3 和 16Mn。20 世纪 70 年代后期和 80 年代则采用从日本进口的 TS52K(相当于 X52)，“六五”和“七五”期间(1980—1990 年)，在管道钢方面进行了科技攻关，但由于各种条件的限制未批量使用。

20 世纪 80 年代，宝钢从日本新日铁和德国蒂森钢厂引进了管线用钢的成分和生产工艺，具备生产 API 标准 X 系列管线钢的条件，但按外方提供的成分和工艺生产的钢板板卷，横向冲击韧性并不能达到使用标准。

“八五”期间(1990—1995年)，通过冶金和石油系统的联合攻关，我国成功研制和开发了X52~X70高韧性管线钢，并逐步得到广泛应用。20世纪90年代，塔里木三条油气管线：鄯—乌输气管线、库—鄯输油管线和陕—京输气管线上应用的X52、X60、X65钢热轧板卷主要由上海宝钢和武钢生产供应。

随着国内管线钢产量逐年大幅度提高，国产化率已经由原来不足10%上升到1996年的50%、1997年的60%，至2002年国产化率已达80%。到2000年，我国在宝钢、武钢、鞍钢、本钢、攀钢、首钢、包钢、重钢、天津钢管公司、邯钢(含舞钢)、上海浦钢、成都无缝和马钢等企业，建立和完善了低合金钢及微合金钢生产体系。当时国内对管线钢的需求以X70为主，新线目标定位在X80级热轧宽钢带和X100级宽厚板的生产，以适应目前10MPa和近期14MPa以上输送压力的设计。

在西气东输等国家重点工程立项后，石油系统和冶金系统联合开展了一系列相关的研究工作，如大口径输气管道工程用高钢级管材国产化、油气输送管道管材选用研究、高钢级管材组织性能及断裂控制研究等，均取得重大进展。西气东输工程X70级用管182×10^4t，其中约100×10^4t为螺旋管，从热带到制管全部国产化。所需82×10^4t LSAW管中有1/3为国产JCOE钢管。西气东输工程采用X70钢级，跟上了国外的发展水平。国内X80钢级课题于2000年立项，宝钢根据管线的发展需求，先后进行了X80管线钢7.9mm、14.6mm和15.3mm厚规格热轧板卷的研制，产品满足API标准对X80强度等级的要求，冲击韧性和焊接性能优良。武钢采用控制轧制和强制加速冷却工艺生产了15.3mm和17.5mm厚度的X80热轧板卷，其成分设计以API标准为基础，符合国内对高钢级管线钢高纯净度、高韧性、低脆性转变温度，以及优良的焊接性和抗HIC能力等要求。此外，鞍钢和舞阳钢铁等一系列钢铁企业也相继开发出X80热轧钢板。

二、 国外管线钢

1964年以前，管线钢还只有A、B、X42、X46和X52级别，通常以轧制或正火态供货。20世纪60年代初，英国研究人员发现了控轧的好处，并在几年后大规模应用到X52和X56钢级。早期生产的管线钢韧性很差，主要原因是含碳量太高，提高韧性只能够通过细化铁素体晶粒和降低含碳量来获得。当时铁素体晶粒的细化主要是采用铝镇静细晶粒钢通过正火热处理。20世纪60年代X60级管线钢开始大规模投入使用。1968年日本三大钢铁公司为环阿拉斯加管线系统工程(TAPS)供应了50×10^4t X65钢级的ϕ1219mm钢管，此后，管线钢开发逐渐加快。

在20世纪70年代，管线钢生产的热轧加正火工艺被控制轧制技术所取代。利用Nb和V的微合金化技术可生产出X70管线钢。

1985年，德国Mannesmann公司成功研制了X80钢级管线钢，并铺设了第一条3.2km长的X80试验段，这为X80管线钢的使用奠定了基础。全世界第一条真正意义上成功应用X80级管线钢的大型高压输气管道是Ruhrgas公司的输气管道，在德国境内由Werne至Schlüchtern，全长259km，设计压力10MPa，管径1219mm，壁厚18.3mm及19.4mm，

1993 年投产至今没有出现使用问题，也未发现重大缺陷，近年对管道进行的初步智能内检测结果表明，管道的状况基本上良好，但出现了一些腐蚀现象。当时，X80 是日本、欧洲、北美批量生产并正式投入使用的管道钢的最高钢级。与此同时，更高级别管线钢研发也从未间断。

1998 年 TransCanada 开始着手 X100 管线钢开发及应用等方面的研究。2001 年，英国 BP 公司与日本钢铁公司和德国的欧洲钢管进行合作，在美国阿拉斯加气田开发中试用 X100 钢管。2002 年，TCPL 在加拿大建成了一条管径 1219mm、壁厚 14. 3mm 的 X100 钢级管线钢试验段 1km。同年新版 CSZ245-1-2002 首次将 Grad690(X100)列入了加拿大国家标准。此后不久，新日铁也成功地开发了具有划时代意义的热影响区细晶粒超高强韧技术(HTUFF)，生产了具有高 HAZ 韧性型和高均匀伸长率型的 X100 钢管。欧洲钢管公司生产出了几百吨 X100 级管线钢，钢板厚度可达 25. 4mm，用来制造口径为 914mm 的钢管。

1996 年，ExxonMobil 公司分别与新日铁和住友金属签订了联合开发 X120 管线钢的协议，日本新日铁公司采用低碳—高锰—钼—铌—钛—硼的成分设计、细晶贝氏体为主的组织结构，开发了 X120 级超高强度 UOE 钢管。这种管线钢具有良好的低温韧性和可焊性，并能保证热影响区具有良好的韧性。2004 年 2 月在加拿大阿尔伯塔北部采用新日铁生产的外径 914mm、壁厚 16mm 的 X120 钢管建设了世界上首条 1. 6km 长的 X120 管线示范段。当时室外温度为-30℃，设定最小的道间预热温度为 125℃，未发现裂纹。示范段提供了获得寒冷天气使用 X120 新材料现场建设经验的机会，成功地实施了包括现场弯曲和环焊等各种现场建设作业。

多数专家预测，X80、X100 和 X120 钢在未来 10 年内，在使用中处于齐头并进的状态。目前，尽管 X100 和 X120 的研究与开发已经获得了巨大突破，但依然处于评估阶段，X80 钢级依然是国际上应用最广泛的管线钢。

第二节　焊接材料

新中国成立初期，国产的焊条采用手工制作，工业上使用的焊条基本全部从美国、英国、德国和荷兰等国家进口。我国于 20 世纪 50 年代开始进行螺旋机的研制和使用，结束了我国手工制作焊条的历史。

实心焊丝是在 20 世纪 80 年代发展起来的产品，经过 10 余年的努力，逐渐解决了焊丝生产中遇到的主要问题，在 20 世纪 90 年代末转入批量化生产。由于实心焊丝具有焊接效率高、质量好、烟尘少等优点，从一问世便受到用户青睐，发展非常迅速，现在有生产企业 200 余家，产地集中在江苏、天津、山东、河北等地。

埋弧焊焊接材料包括焊丝和焊剂两类。埋弧焊工艺是一种传统的高效优质焊接方法，所占市场份额比较稳定。生产实心焊丝的企业大部分都能生产埋弧焊焊丝，目前其生产企业数量大约有 100 家。埋弧焊焊剂的产量近几年和埋弧焊焊丝产量一样呈上升趋势，其中烧结焊剂产量提高较快。埋弧焊焊剂的主要产地在河南和湖南，湖南的生产企业数量虽多，但大多数企业年产量为几千吨，相对来说，河南省的企业生产规模较大。

20世纪60年代国内开始研制药芯焊丝，限于当时参与的单位和技术人员较少，技术条件落后，钢带和适用于药芯的粉料缺乏，国际交流较少，致使研发工作在几年内没有进展。到了20世纪80年代，造船业为了提高生产效率，开始使用药芯焊丝，主要从日本、美国及韩国进口。20世纪80年代末由原机械部出资，委托北京电焊条厂从英国引进1条生产线及2个焊丝配方，宣告中国药芯焊丝进入正式生产阶段。到2000年，国产药芯焊丝才步入正常生产的轨道，同时培养了一批药芯焊丝专业技术人员。

在60多年的发展历程中，我国焊接材料产业取得了巨大的进步，我国已成为世界上焊接材料第一生产大国和消耗大国，焊接材料的生产和消耗量都已超过世界总量的50%，2011年全国焊接材料总产量更是达到了历史的峰值475×10^4t。国产焊接材料已广泛用于能源、压力容器、化工装备、海洋工程、航空航天等重大工程领域。目前，我国正逐渐由焊接材料大国向焊接材料强国迈进(表1-2-1)。

表1-2-1 管道工程用焊接材料

焊材牌号	型号AWS	用途
E6010纤维素焊条	E6010	X42至X70管道打底焊
E7010纤维素焊条	E7010-P1	X42至X70管道打底焊
E8010纤维素焊条	E8010-P1	X42至X70管道打底焊及填充盖面
SR50D低氢焊条	E7016	X80管道打底焊
SR60D低氢焊条	E8016	X90管道打底焊
SRTX70自保护药芯焊丝	E71T8-Ni1	X42至X70管道填充盖面
SRTX80自保护药芯焊丝	E81T8-Ni2	X80管道填充盖面
SRTX90自保护药芯焊丝	E91T8-G	X90管道填充盖面
SRT590自保护药芯焊丝	E90C-K3	X70至X90管道打底焊及填充盖面

随着智能制造焊接技术的发展，提升配套焊材研发速度的重要性日益凸显，新一代焊接材料将突破传统焊材范畴，从形态、尺度、种类等多方面衍生出新的特性。

一、多形态化

近年来焊接材料使用领域快速拓展，且随着下游行业的产品结构越来越复杂、自动化智能化生产要求越来越高，焊接材料形状逐步从焊条演变为焊丝、焊环、焊片、焊线等多种形态，如图1-2-1所示。粉状焊材具有用量精确、预装配便捷、使用效率高、适合自动化生产等优点，已成为国内外焊接材料发展的重要方向；膏状焊材由于方便涂抹，可实现焊接的自动化操作，在整个微电子器件焊接中所占的比例和总体需求量日益增加。焊接材料的多样化将助推智能化焊接的快速发展，同一种焊接材料根据不同生产工序和复杂构件需求，可以制备成不同形态结构的焊接材料，如铝基焊料常用形式除丝状、棒状、箔片状、粉状、环状之外，还可以制成双金属或多金属复合板，以简化钎焊过程，用于焊接热交换器等大面积或接头密集部件。

图 1-2-1　多形态化的焊接材料

二、 复合化

为满足焊接材料绿色化、自动化及焊料定量、定比添加的技术需求，药芯及药皮焊材应运而生，如图 1-2-2 所示。国内自 20 世纪 50 年代开始了熔化焊药芯焊丝的研制，并在 90 年代成功实现产业化。复合钎料起步相对较晚，但近年来应用愈加广泛，包括药芯钎料、药皮钎料，这类复合钎料在提高焊接效率的同时减少了工业污水的排放。同时由合金焊粉、糊状焊剂和添加剂混合而成的焊膏也成为焊接材料复合化的另一种表现形式，其用量可精确控制，成分可按需调控，可预装配、使用率高，极适合自动化生产。随着自动化焊接技术的不断提高和微电子组装技术的发展及推广应用，对焊膏的市场需求量也将越来越大，且在激光焊和其他自动焊方面具有更为广阔的应用前景。

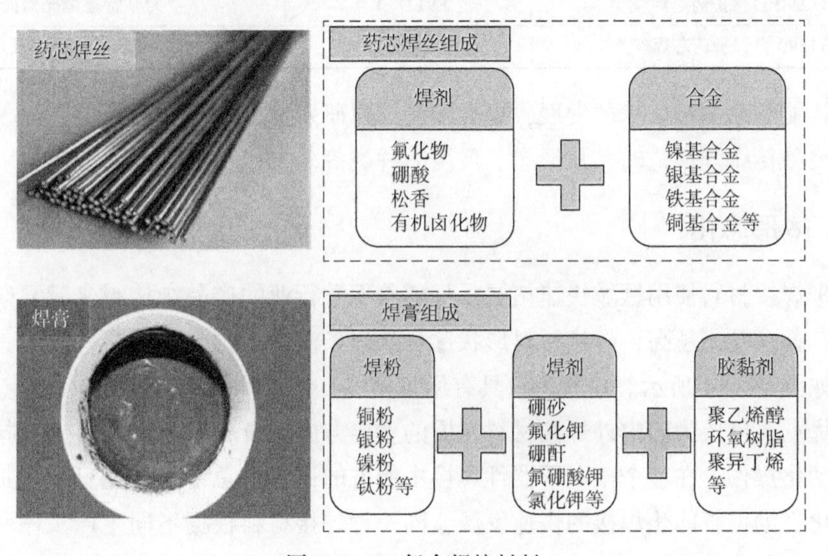

图 1-2-2　复合焊接材料

三、 绿色化

传统焊接材料制备及使用污染严重，面广、离散、难治理，危害健康，低成本、高性能、少排放的新型复合焊接材料亟须开发；短流程、高效率、绿色化的生产加工焊接工艺亟待突破。在智能焊接背景下，急需噪声小、低烟尘和无害化的焊接材料，这需要在焊材的成分设计和成形工艺控制等多个方面进行考虑。国内近年来在无害化钎焊材料研制和产业化方面进展迅速，以郑州机械研究所有限公司为代表的钎料研发和生产企业陆续开发出了无镉钎料、无铅钎料，有效解决了操作人员的健康隐患问题，相关成果获得了国家科技进步二等奖。2021 年，碳中和与碳达峰首次被写入政府工作报告，国家对环境建设提出低碳、环保的要求，并随着制造业的自动化、绿色化和新型结构材料的应用，要求其配套的材料具备绿色化、洁净化、多样化、高效化、适应自动化等特征。通过科学的材料配方设计，着力发展低碳、环保的低尘、低污染的新型焊接材料产品，例如焊接行业重点开发的低银无镉焊材、新型无铅焊膏/焊球、自黏结药皮钎料等钎料/钎剂一体化的减排型复合焊材等，推动绿色环保焊接技术的发展。

第三节　焊 接 技 术

基于母材是否熔化的特性，根据是否施加压力分为熔化焊、压力焊等类别的焊接技术。熔化焊是油气管道焊接的主要工艺形式，包括药皮焊条电弧焊、熔化极气体保护焊、埋弧焊等，从发展历程来看，其发展为从焊条电弧焊、半自动焊到自动焊。焊条电弧焊是油气管道焊接的常用工艺方法，分为向上立焊和向下立焊两种，焊条电弧向上立焊的焊接电弧由下向上移动，采用高纤维素焊条、低氢型焊条，管口组对间隙大，采用熄弧操作法完成焊接，焊层厚度较大；向下立焊的焊接电弧向下移动，使用煤条同向上立焊，但焊层厚度较薄，管口组对间隙小，使用大电流、多层、快速焊接方法，技术简单易掌握，焊接效率更高。半自动焊借助设备辅助手工焊接，焊接设备只负责填充金属，由焊工控制焊接操作和速度，常用的半自动焊焊接工艺包括自保护药芯焊丝向下立焊等方法。自动焊是完全依赖设备进行焊接作业，需要使用自动化焊接设备对焊接作业进行全过程控制，焊工起到引导作用。随着油气管道钢管强度等级、管径、壁厚提升，自动焊工艺得到愈加广泛的应用，常见的有实心焊丝气体保护自动焊、药芯焊丝自动焊等。其中，前者是常见的熔化极气体保护焊工艺，采用表面张力熔滴过渡控制焊缝熔深，避免出现未熔合等焊接质量缺陷，后者使用药芯焊丝，原理和前者相似。

压力焊是对焊件施加一定压力，使接合面紧密接触产生塑性变形而完成焊接。闪光对焊是一种较为常见的压力焊方法，利用低电压、强交流电作用熔化管端，借助外加压力使熔化管端形成连接接头，需要使用闪光对接焊机、焊缝清理机、移动电站等设备组成的机组，适用于油气管道现场和基地施工。爆炸焊利用炸药爆炸的冲击力实现焊接，应用于油气管道焊接时需在外面加管套，该工艺使用设备少、方便现场焊接，但难以选择适合方法对接头缺陷进行检测，且存在安全和噪声等问题，应用越来越少。压力焊的工艺形式众多，除上述工艺方法外，还有摩擦焊、冷压焊、超声波焊等形式。对于大直径的油气管道来说，需要确定合适的焊接工艺参数，并对焊接缺陷特征、形成机理、检测方法等有成熟的研究，开发适合的焊接材料。

近年来，随着社会的不断发展及对焊接环境的适应性，焊接技术也呈现出多种不同的类型和可选的焊接方法，如社会依托条件差的地域需集中投入人力、物力短期内快速完成焊接作业，无法开辟充裕施工面积的地段采用环焊缝沟下焊接，大型施工机具和设备难以进入地域采用手工焊或半自动焊的焊接方法等。在我国，东部和中部地区管道的钢管壁厚较大，应更适合于自动焊施工，但考虑地质条件和人文环境条件，推荐采用半自动焊、手工焊为主的焊接方法。水网和沟下焊接施工时，推荐采用可较少使用大型机械设备的半自动焊、手工焊为主的焊接方法。西部平坦地区推荐采用自动焊进行大机组流水作业的施工方式。这使得每一条长输油气管道的环焊缝焊接工艺具有多样性，且手工焊和半自动焊的应用比率较高。

一、 焊接技术发展历程

随着科技水平的不断提高，环焊缝焊接技术经历了几次较大的变革，见表 1-3-1。

表 1-3-1　管道焊接技术发展里程

时　　间	焊 接 方 法	代表性焊接工艺
1980 年以前	传统手工焊	低氢焊条上向焊
1986 年至今	手工下向焊	纤维素焊条和低氢焊条下向焊
1992 年至今	半自动焊	自保护药芯焊丝下向焊
1999 年至今	自动焊	气保护实心焊丝自动焊
2010 年至今	新型自动焊	单炬双丝、激光电弧复合、多焊车外焊机等自动焊方法

20 世纪 70 年代采用传统焊接方法，如上向焊的低氢型焊条电弧焊工艺，该方法可适应的管口组对间隙大，焊接过程中采用断弧操作法完成，焊层厚度大，焊接效率低。

20 世纪 80 年代推广焊条电弧焊下向焊工艺，采用纤维素型焊条和低氢型焊条下向焊，该方法管口组对间隙小，焊接过程中采用大电流、多层、快速焊的操作方法来完成，焊层厚度薄，焊接效率高，操作灵活简便、适应性强。

20 世纪 90 年代应用自保护药芯焊丝半自动焊工艺，该方法抗风能力极强，焊接时不需要保护气体，焊接电流和焊接速度较焊条电弧焊均有较大地增加，在焊接质量、生产效率、降低焊材消耗、节约能源等方面具有明显经济效益，非常符合我国的低成本焊接自动化的理念，在我国管道工程建设中的应用发展最为迅速。

从 2001 年开始，随着管道建设用钢管强度等级的提高、管径和壁厚的增大，在管道焊接施工过程中逐渐开始应用熔化极气体保护自动焊工艺。该方法焊接接头综合性能优良，对施工组织管理要求高，焊接过程受人为因素影响小，焊接效率高，劳动强度小，对于大口径、厚壁钢管，以及恶劣气候条件下的管道建设具有很大的潜力。

自2010年开始进行更高效率、更优质量、更好节能的新型管道自动焊技术的研发工作，相继开展了激光电弧复合焊、单炬双丝电弧焊、多焊炬(6炬及以上)外焊机熔化极气保护电弧焊等自动焊设备和技术的科研攻关，目前已形成样机，并在实验室内进行了大量的焊接实验，进行设备和技术的持续改进

二、焊接技术应用现状

目前，管道焊接施工采用的主要焊接工艺有纤维素焊条和自保护药芯焊丝组合的半自动焊工艺(SMAW+FCAW-S，通常称为半自动焊)，实心焊丝或金属粉芯焊丝脉冲气保护和自保护药芯焊丝组合的半自动焊工艺(GMAW-P+FCAW-S，通常称为半自动焊)，实心焊丝气保护自动焊工艺(GMAW-S和GMAW-P，通常称为自动焊)，以及纤维素焊条和低氢焊条组合的手工焊工艺(SMAW，通常称为手工焊)。其中，纤维素焊条和自保护药芯焊丝组合的半自动焊工艺(SMAW+FCAW-S)主要用于X70及以下强度等级管线钢管的焊接，实心焊丝或金属粉芯焊丝脉冲气保护和自保护药芯焊丝组合的半自动焊工艺(GMAW-P+FCAW-S)主要用于X80钢管的焊接。自20世纪80年代以来，纤维素焊条根焊一直是我国管道建设中广泛采用的焊接方法，但为避免X80钢管根焊产生焊接冷裂纹，X80钢管的根焊推荐使用低氢型焊条、实心焊丝、金属粉芯焊丝等低氢型焊材。实际工程应用中，实心焊丝和金属粉芯焊丝这两种脉冲气保护半自动根焊方法由于熔敷效率较高，被用作主要的根焊工艺，低氢型焊条根焊的效率低，只是在连头和全壁厚返修的根焊中应用。纤维素焊条和低氢焊条组合的手工焊工艺(SMAW)主要用于焊缝金属的返修及站场小口径工艺管道的焊接。其中，全纤维素焊条焊接工艺多用于钢管强度等级较低、输送压力不大的输水管道和输油管道的环焊缝焊接。纤维素焊条根焊与低氢焊条填充盖面的组合工艺常用于钢管强度等级较高、输送压力较大的管道环焊缝焊接。低氢型焊条下向焊工艺在20世纪90年代的陕京管道建设期间得到了广泛的应用，但目前能够熟练掌握其操作技能的焊工已经越来越少，反倒是低氢型焊条上向焊工艺的应用相对较多。实心焊丝气保护自动焊工艺(GMAW)主要用于ϕ1016mm以上大口径管道的钢管焊接，目前多在新疆、甘肃、内蒙古等地区的地势平坦、管道平直的施工段有所应用。管道自动焊系统主要包括坡口机、内对口器与根焊焊机组合系统、外焊机三部分。外焊机有单焊炬外焊机和双焊炬外焊机等。管道自动焊的焊接方法有“气体保护+实心焊丝”(GMAW)、“气体保护+金属粉芯焊丝”(GMAW)和“气体保护+药芯焊丝”(FCAW-G)。焊接特性有直流平特性(GMAW)和直流脉冲特性(GMAW-P)。

第四节 焊接装备

焊接装备是现代工业重要的工艺装备，已广泛应用于造船、化工、冶金、建筑、机械、汽车等各行业，也是航天、电子、核能等国家尖端工业不可或缺的加工设备，可以说

没有焊接装备的进步，就没有现代工业发展的今天。我国焊接装备近年来发展迅速，不仅做到了国内中端市场的自给自足，更是走出国门，在国际焊接装备市场占据了一席之地，我国已经成为名副其实的焊接装备生产大国。自焊接装备面世以来，其发展一直由焊接电源和机械传动技术的变革为主导。我国早期的焊接电源主要集中在交流弧焊机、直流弧焊机及自动/半自动焊机。

直至20世纪80年代，包括我国在内，国际上开始针对逆变电源技术在焊接领域的应用开展研发。逆变焊接电源不仅具有体积小、重量轻、节能环保的优点，而且其控制方式易于实现数字化。数字化的介入不但使焊接过程可以实时控制，也为焊接自动化和未来焊接向智能化方向发展提供了可能，可以说逆变电源技术给焊接电源技术带来了全新的变革，逆变电源技术的出现也成了弧焊技术发展的分水岭。目前，逆变电源设备已经是电弧焊机的主要产品，逆变电弧焊机的生产量与销售量在大幅增长。直流焊条电弧焊机、TIG焊机、埋弧焊机、MIG/MAG焊机、等离子弧焊机均采用逆变式。

市场对提高传统弧焊生产效率的迫切需求，催生了薄板高速焊、厚板高熔覆率焊和窄间隙焊等多种高效弧焊技术，如钢的STT短路过渡焊、薄板冷金属过渡焊、热丝TIG焊、双丝及多丝焊、双面双弧焊、铝合金的双脉冲焊和变极性等离子弧立焊、MIG+PAW复合焊等。

目前，焊接装备与制造过程的在线测控嵌入式系统、焊接材料与工艺数据库焊接结构CAD、焊接CAPP和焊接应力与变形数值模拟等正得到广泛应用。机器人等柔性自动化设备在焊接生产中的快速增加，为数据化、网络化、智能化制造提供了必要的实施基础。

在特种焊接装备中，适应各种焊接条件的特殊焊接设备层出不穷，如搅拌摩擦焊机等。在焊接行业低能耗、高效率、高质量的总体发展方向指引下，双丝焊接、激光—电弧复合焊接，以及以双激光焊接为代表的多热源焊接装备也得到快速发展。半自动化或自动化的焊接专用及成套设备已经在机车、汽车、家电、钢结构等行业占据主体地位，以焊接机器人为代表的自动化装备也在日益增加。

目前我国已经形成了京津冀、长三角、珠三角和成都地区四个电焊机产业聚集地。民营企业、股份制企业、中外合资企业和外商独资企业已经成为我国焊接装备行业的支柱，国有及国有控股企业已基本消失。目前，我国电焊机生产企业总数已超过900家，其中年产值超过1亿元的企业有30多家。

自加入世界贸易组织(WTO)以来，我国进入了国际经济大循环，我国焊接装备的整体技术水平和综合实力有了显著提高，焊接装备生产企业不但在经营理念上力图与国际接轨，而且不断引入国外先进的管理及销售经验，建立、完善和稳定了国内外销售网络及海外市场。

我国焊接装备出口稳中有升，美洲、亚洲、欧洲已经成为我国电焊机出口的主要地区，俄罗斯更是成为我国电焊机出口的第一大目的国。我国的电焊机已经被国外用户广泛接受，凭借价格等优势成为国外用户的良好选择。据统计，2014年国内焊接装备产量已达到741.99万台，我国在焊接装备方面已经形成了从主机到辅机的完整产业链。目前国内焊接装备正处于转型升级的重要关口，焊接装备行业主要贯彻国家“互联网+”行动计划，推动移动互联网、物联网等与焊接装备制造业结合，紧跟“中国制造 2025”的步伐，坚持驱动创新、智能转型、强化基础、绿色发展，使我国从焊接装备制造大国走向焊接装备制造强国。

传统上，焊接一直都是用电大户，探索节能、高效和环保的焊接装备是焊接行业发展的长期方向和目标。现阶段除少数高端焊接设备外，国产设备已基本满足各行业生产需求，在寻找与国外焊接装备差距的同时，我国在焊接装备上的技术进步步伐从未停歇。过去几十年里我国焊接装备实现了跨越式的发展，各类焊接装备竞相发展，主要集中表现在以下几个方面：

（1）逆变技术日益普及，数字化焊接电源不断发展。

逆变焊机可大幅节省原材料(铜、硅钢片)，减少电耗和明显改善焊接性能。在工业发达国家的焊机制造厂商全部进入逆变焊机时代的今天，因需求不同，我国变压器式交流电源的退出还没有结束。相较交流焊接电源而言，晶闸管等传统直流焊接电源的退出在提速，尤其是2000年以后这一趋势来得更快也更为彻底。未来自动化设备与基于逆变及数字化技术的各类焊接设备的需求会越来越多，这也必然是国内焊接电源的发展方向和希望。虽然相比国外，国内在电源方面相对落后，但随着近年来国内智能传感系统等技术的普遍应用，可以看出这方面的差距正在不断缩小，不断推出的数字化及自动化焊接电源产品也证明了这一点。

（2）绿色节能型压力焊接装备从幕后走到台前。

以电阻焊、摩擦焊、爆炸焊等焊接方法为代表的压焊技术被广泛应用在航空航天、能源、电子、轨道交通等领域。据统计，全世界每年由压焊完成的焊接量占总焊接量的33.3%，并呈现出继续增加的态势，尤其是近年来飞速发展的搅拌摩擦焊技术更是在铝合金加工领域大放异彩。目前国产电阻焊设备已能实现自主化生产，搅拌摩擦焊已实现40mm厚度铝合金的焊接，爆炸焊已广泛应用于石油炼化、海洋工程、燃气运输等领域复合板的制造，部分技术已达到或接近国际先进水平。但目前压焊设备的核心部件，如电阻焊的中频变压器和大功率整流管、摩擦焊的高强搅拌头等部件依然依赖国外进口，需要相关企业提高创新研发能力、增强制造能力，进而进一步推广绿色低碳焊接技术。

（3）自动化焊接装备设计水平显著提升。

近十多年来，随着我国制造业的快速发展，高端焊接技术的应用越来越广泛。恶劣的焊接环境，使新一代产业工人不愿从事焊接职业，焊接产品的质量要求提升和产品升级速度加快，培训一名成熟焊工的成本越来越高，这些都使传统手工焊接作业方式难以满足焊接产品制造自动化、柔性化和高品质的要求。焊接制造业用工难、用工贵和提高产品质量的现实需求使得“机器换人”成为焊接制造业转型升级的必然发展思路，全自动化柔性焊接装备和数字化定型焊接专机成为近年来国内的研究热潮。随着国内自主化机器人技术的突破和国内外机器人价格的降低，国产的柔性化全自动焊接装备的研发和设计已日益成熟且形成规模，大有取代国外进口高端产品之势；辅助机具技术水平的大幅度提升，促使国内在焊接专机方面呈现出飞跃式发展，国产数字化定型焊接专机已在国内多个重大工程中应用，其产业化规模不可小觑，部分技术已达到国际先进水平，如双丝窄间隙埋弧焊、全自动小管内壁堆焊、全位置管板封焊、一键式操作螺旋管精焊设备等。

(4) 从数字化焊接设备到数字化焊接车间扎实推进。

近年来，“数字化焊接车间”的概念被引入焊接领域。自 2005 年开始，在国内外设备制造商开发的基于数字焊接设备硬件平台的焊接管理软件中，相继推出了信息化焊接管理系统。多年来国内在此方面，类似的系统不断推出。以国内某企业的群控管理、视觉识别与跟踪系统在集装箱焊接的现场应用为例，设备将图像识别跟踪系统整合于拼板直缝自动焊接专机上，用于薄板拼接无坡口直缝自动化焊接。该系统基于图像处理的焊缝跟踪系统，解决了机械探头及激光跟踪焊缝宽度在 0.5mm 以下时不能有效跟踪的问题，并可实现无须进行扫描的实时跟踪，系统适用于 MAG、MIG、TIG、SAW 等焊接方式，易与各种自动化焊接装备配套使用，实现高质量自动化焊接。

总体来看，我国的焊接装备正朝着焊接数字化、网络化和智能化方向大步迈进，但相比国外焊接装备，仍存在焊接机械化与自动化总体水平偏低，焊接装备的稳定性和可靠性存在差距，核心技术缺乏自主知识产权，以及重大装备制造急需的焊接专机、焊接机器人等对外依存度高等问题，国内企业正在不断地提升焊接装备整体性能和自动化水平，提高焊接产品的质量效益。

第二章　国内外焊接技术规范对比分析

焊接工艺评定是指为验证所拟定的焊件焊接工艺的正确性而进行试验和对结果的评价，最终目的是使设备的焊接接头质量获得可靠保证，但目前国内各行业设计标准多、焊评标准多，在不同的行业施工时，需要按照不同的标准重新制作焊接工艺评定，特别是当焊接材料种类多，焊接方法不同时会导致焊评工作量较大，而且相当一部分属于重复劳动，容易浪费或者出现漏评，使焊接质量失去控制。为了做到焊评能够覆盖所有的焊接工艺，既要熟悉标准，掌握标准中如各种变数、验证试验的方法及其合格标准，又要根据实际焊接情况找出对焊缝使用性能明显影响的重要因素。同样，无损检测标准作为现场焊接质量是否合格的准则，直接影响了焊接质量控制。

焊接工艺评定如何能够正确完整且准确地验证拟定的焊接工艺是否合理、焊接工艺中各个因素的变化是否对焊接质量有影响，无损检测标准选用方法是否科学，验收指标是否合理，对于焊缝质量管控尤为重要。目前国内外焊接评定标准较多，不同行业有不同体系的标准。本章就天然气长输管道施工中不同的焊接工艺评定标准及无损检测标准进行对比，通过比对分析，对合理、科学地选用焊接工艺评定标准值和无损检测验收指标进行了探讨。

第一节　焊 接 方 法

目前国内外主要的钢质管道焊接标准，对长输管道适用的焊接方法都进行了说明，见表 2-1-1。

表 2-1-1　标准对焊接方法的要求

标　　准	焊 接 方 法	焊 接 方 式
API 1104—2013 《管道及相关设施焊接标准》	焊条电弧焊、埋弧焊、熔化极及非熔化极气体保护电弧焊、药芯焊丝电弧焊、等离子焊、氧乙炔焊、闪光对焊或这些方法的组合	手工焊、半自动焊、机动焊、自动焊或其组合
GB/T 31032—2014 《钢质管道焊接及验收》	焊条电弧焊、埋弧焊、熔化极及非熔化极气体保护电弧焊、药芯焊丝电弧焊、等离子焊、气焊或这些方法的组合	
CDP-G-OGP-OP-081.01-2016-1 《油气管道工程焊接技术规定 第 1 部分：线路部分》	焊条电弧焊、钨极氩弧焊、药芯焊丝电弧焊、熔化极气保护电弧焊、埋弧焊，以及上述焊接方法相互组合的方法	

从表 2-1-1 可以看出，标准对长输管道施工采用的具体焊接方法和焊接方式没有限定，可依据不同工程的具体特点选择不同的焊接方法和焊接方式。目前国内长输管道施工采用的焊条电弧焊、钨极氩弧焊、药芯焊丝电弧焊、熔化极气保护电弧焊等焊接方法和半自动焊、自动焊、手工焊等焊接方式均在标准规定的范围之内。

焊接方法应结合当地环境、气候、地形、地貌、工程所采用的管径、壁厚进行选择，常见焊接方法的适用性对比见表 2-1-2。自动焊施焊速度快、焊接效率高、工人劳动强度低、焊接质量稳定且可控、焊缝质量高，但要求有适宜的地形条件，如戈壁荒漠、沙漠、平原、黄土丘陵、低山丘陵等；半自动焊焊接速度介于手工焊和自动焊之间，相对较好、工人劳动强度适中、焊接设备相对轻便、适应多种地形条件；手工焊适应于各种地形条件，但工人劳动强度大，尤其是大口径的厚壁钢管。

表 2-1-2　常用焊接方法的适用性对比表

对比项目		手工焊（焊条电弧焊）	半自动焊（药芯焊丝、实心焊丝电弧焊）	自动焊（药芯焊丝、实心焊丝电弧焊）
适宜的地形地貌	戈壁、平原、荒漠	√√	√√	√√
	丘陵中河川、谷地、黄土梁、苔原	√√	√	√
	丘陵中横坡、大陡坡	√√	√	×
	山地中河川、谷地	√√	√	×
	山地中横坡、上下坡	√√	×	×
管径 D	$D \leqslant 273$mm	√√	√	×
	273mm<$D \leqslant 813$mm	√	√√	√
	D>813mm	×	√	√√
壁厚 T	$T \leqslant 5.6$mm	√√	√	×
	5.6mm<$T \leqslant 14.6$mm	√√	√√	√
	T>14.6mm	√	√	√√
组焊方式	沟上焊	√√	√√	√√
	沟下焊	√√	√	×

注：√√—很适宜；√—适宜；×—不适宜。

第二节　焊 接 材 料

不同的焊接工艺所采用的焊接材料均不相同，自动焊焊接主要采用实心焊丝，半自动焊焊接以药芯焊丝为主，而手工焊主要采用焊条。表 2-2-1 为陕京四线不同焊接工艺采用的焊接材料及执行标准。

对于半自动焊工艺，陕京四线采用的 AWS A5. 29/A5. 36 E91T8-G 类焊材，其熔敷金属强度高，与 X80 钢管匹配为等强或高强匹配。针对 FCAW-G 类自保护药芯焊丝，AWS 和 GB 对焊接材料化学成分的要求为供需双方协商，只规定了部分元素的上限或下限。为了稳定焊缝质量，减小焊材化学成分对环焊缝质量的影响，陕京四线工程专门制定了《陕京四线自保护药芯焊丝检验评价管理规定》，规定工程采用的自保护药芯焊丝，其成分在满足标准的前提下，以焊接工艺评定合格时采用的焊材成分为基准，在较小的范围内波动。表 2-2-2 为自保护药芯焊丝化学成分的允许范围。

表 2-2-1　不同焊接工艺采用的焊接材料及执行标准

焊接工艺	焊接方式	焊接材料	执行标准
GMAW	自动焊	BOEHLERSG8-P	AWS A5. 18 ER80S-G
FCAW-G	自动焊	AFR91K2M	AWS A5. 29 E91T1-K2M
FCAW-S	半自动焊	HOBARTFabshield91T8	AWS A5. 29/A5. 36 E91T8-G
		BOEHLERPIPESHIELD91T8-FD	
		京雷 AFR-X90-O	
SMAW	手工焊	BOEHLERFOXEV75 ESABOK74. 86	AWS A5. 5 E10018

表 2-2-2　自保护药芯焊丝化学成分的允许范围　　单位：%

元素	C	Si	Mn	S	P	Ni	Cr	Mo	V	Al
波动范围	±0. 02	±0. 10	±0. 30	≤0. 015	≤0. 015	±0. 30	±0. 05	±0. 10	±0. 02	±0. 30
伯乐	0. 025~0. 065	0. 15~0. 35	1. 64~2. 24	≤0. 015	≤0. 015	2. 81~3. 43	≤0. 091	≤0. 023	≤0. 022	0. 58~1. 18
金桥	0. 028~0. 068	≤0. 10	1. 30~1. 90	≤0. 015	≤0. 015	3. 77~4. 37	≤0. 086	≤0. 014	≤0. 023	0. 66~1. 26
京雷	0. 031~0. 071	0. 05~0. 12	1. 11~1. 71	≤0. 015	≤0. 015	2. 19~2. 79	≤0. 064	≤0. 017	≤0. 024	0. 71~1. 31
赫伯特	0. 033~0. 073	0. 05~0. 12	0. 92~1. 52	≤0. 015	≤0. 015	3. 31~3. 91	≤0. 073	≤0. 017	≤0. 023	0. 75~1. 35

第三节　焊接工艺评定及规程

一、 工艺评定原则

API 1104—2013 由美国石油学会（API）联合美国气体协会（AGA）、管道承包商协会（PLCA）、美国焊接学会（AWS）、美国无损检测学会（ASNT），以及管子制造商等组织编制，用于原油、成品油、燃气、二氧化碳、氮气等介质的压缩机站、泵站、管线的焊接，包括集输系统的固定位置和旋转位置的焊接。也规定了射线检测、超声波检测、渗透检测、磁粉检测工艺和破坏性试验方法，以及现场焊缝的验收标准。GB/T 31032—2014 由中国石油管道局采标自 API 1104—2010，两者都主要用于主线路焊接。企业标准 CDP-G-OGP-OP-081. 01-2016-1 由中国石油管道局研究院编制，适用于油气管道工程线路用管线钢管环焊缝的焊接，适用的焊接接头形式为对接接头。适用的焊接方法为焊条电弧焊、钨极氩弧焊、药芯焊丝电弧焊、熔化极气保护电弧焊、埋弧焊，以及上述焊接方法相互组合的方法。Q/SYGD 0503. 12—2016 为专门针对中俄东线天然气管道工程编制的企业标准，适用范围更加明确。欧洲行业标准 DIN EN 288 由欧洲标准委员会(CEN)CEN/TC 121 焊接技术委员会编制，规定了各种金属材料、焊接方法的焊接程序鉴定试验程序，包括焊接准备、预热及任何焊后热处理。俄罗斯企业标准 СП 105-34-96 用于亚马尔—欧洲天然气输送系统焊接施工生产及焊接质量检测规则汇编，同样是针对主线路焊接的。《在建设干线天然气管道〈西伯利亚力量〉条件下的对焊接和焊接质量无损检测的技术要求，其中包括穿越活动地层断裂带》为在建西伯利亚力量管道焊接施工的主要技术标准。各标准中影响工艺评定的基本要素主要有焊接方法、母材、焊材、试件类型、试件厚度与焊件厚度、预热及焊后热处理、焊接位置、坡口形式等。

国内的焊接材料体系基本采用美国 AWS 标准，如高强钢的低氢焊条标准 GB/T 5118—2012《热强钢焊条》采标美国 AWS A5. 5《电弧焊接低合金钢焊条规范》，药芯焊丝标准 GB/T 17493—2018《热强钢药芯焊丝》采标于美国 AWS A5. 36《碳钢和低合金药芯焊丝规范》，实心焊丝标准 GB/T 8110—2020《熔化极气体保护电弧焊用非合金钢及细晶粒钢实心焊丝》采标于 AWS A5. 18《气体保护电弧焊用碳钢焊条和焊丝的规范》。

二、 工艺评定的基本要素

本书对各规范中工艺评定的基本要素规定进行了梳理，见表 2-3-1 和表 2-3-2。通过上述在焊接工艺评定基本要素方面的对比可知：

(1) 对于焊接方法，均要求改变焊接方法需重新评定焊接工艺；

(2) 对于母材，都对钢管的强度级别进行了分组，跨组别的钢级需要重新评定；

(3) 对于焊材，CDP-G-OGP-OP-081. 01-2016-1 不仅对焊接材料进行了分组，并且对根焊焊材做了特殊规定，最为严格，СП 105-34-96 规定对每种焊材单独焊评，最为严格；

(4) 对于强度匹配原则，各标准均未提出具体要求；

(5) 对于不等壁厚焊接，只有 CDP 文件和中俄东线企业标准对不等壁厚焊接进行了规定；

(6) 对于试件类型，除了 DIN EN 288，均没有规定坡口焊缝和角焊缝之间的认可关系；

(7) 对于试件厚度与焊件厚度，DIN EN 288 对壁厚的覆盖范围划分最细；API 1104、GB/T 31032、CDP 标准规定一致；

(8) 对于预热及焊后热处理，API 1104、GB/T 31032、DIN EN 288 不允许降低预热温度；

(9) 对于焊接位置，CDP 文件对焊接位置的变更比 API 1104 和 GB/T 31032 进行了更为详细的规定，DIN EN 288 和 CП 105-34-96 对位置的规定不详细；

(10) 对于坡口形式，CDP 文件对坡口形式的微小变化比 API 1104 和 GB/T 31032 进行了更为详细的规定，DIN EN 288 规定破口形式和尺寸的改变不需要重新评定，CП 105-34-96 标准未做规定。

三、 工艺评定试验

本书对各规范中工艺评定试验的具体要求规定进行了梳理，见表 2-3-3 和表 2-3-4。对于坡口焊缝试验的对比分析可知：

(1) 对于拉伸要求，API 1104、GB/T 31032、CDP 均明确应大于或等于管材的名义最小抗拉强度；但 API 1104、CDP 文件规定当断在母材时，强度不小于管材名义最小抗拉强度的 95%也可以接受。

(2) 对于弯曲试验要求，API 1104、GB/T 31032、CDP 标准规定一致。

(3) 对于冲击试验要求，GB/T 31032、CDP 标准均规定冲击试验，API 1104 无强制要求；缺口位置 GB/T 31032、CDP 标准为熔合线，其余标准为热影响区。

(4) 对于其他试验：

① DIN EN 288 无刻槽试验要求，相比之下，其他试验更为严格；

② API 1104、GB/T 31032 均说明了 CTOD 的做法，但试验应根据设计文件要求进行；

③ CDP 文件要求了宏观金相和硬度试验，API 1104 和 GB/T 31032 依据设计文件要求，DIN EN 288 和 CП 105-34-96 分别只规定了金相和硬度试验要求。

四、 焊接材料试验

本书对各规范中焊材化学成分要求、力学性能和试验项目的具体要求规定进行了梳理，见表 2-3-5。焊接材料的标准基本采用美国 AWS 标准，要求基本一致。

表 2-3-1 API 标准与国家、行业类标准焊接工艺评定基本要素对比

工艺评定基本要素	API 1104—2013	GB/T 31032—2014	DIN EN 288	差异性分析
焊接方法	焊条电弧焊、埋弧焊、钨极氩弧焊、熔化极电弧焊、药芯焊丝电弧焊、等离子弧焊、氧乙炔焊和闪光对焊	焊条电弧焊、埋弧焊、熔化极及非熔化极气保护电弧焊、药芯焊丝电弧焊、等离子弧焊、气焊或其组合。焊接方式为手工焊、半自动焊、机动焊、自动焊或其组合	熔化焊	(1)焊接方法的改变需重新评定焊接工艺; (2)基本覆盖油气长输管道常用焊接方法
母材	所针对的材料是 API 5L 管线钢和适用的 ASTM 标准材料，也适用于未按上述规范制造，但化学成分和机械性能满足上述规定的其他材料。 按名义最小屈服强度(SMYS)将材料(碳钢和低合金钢)分为三组。规定了同组材料及异组材料的认可范围。名义最小屈服强度(SMYS)等于或高于 448MPa 的材料要求进行单独的焊接工艺评定	(1)规定的最小屈服强度小于或等于 290MPa; (2)规定的最小屈服强度大于 290MPa，但小于 450MPa; (3)L450(X65)及以上强度级别的钢管应分别进行单独评定。 (4)以上分组并不表示上述每组中管材可任意替代已做过焊接工艺评定的管材或填充材料，还应考虑母材和填充材料在冶金特性、力学性能、预热和焊后热处理要求上的不同	所针对的材料主要为德国、法国、芬兰、瑞典、意大利、奥地利等欧洲国家的材料，以及化学成分、机械性能和焊接性满足其材料分组规则的材料。 对欧洲各国的材料进行了分组，并给出了分组原则。规定了同组材料及异组材料的认可范围。对于分组规则未包括的材料要求进行单独的焊接工艺评定	都对钢管的强度级别进行了分组，跨组别的钢级需要重新评定
焊材	对焊接材料进行了分类和分组	对焊接材料进行了分类和分组	对焊接材料进行了分类和分组	要求一致
试件类型	材料为管材。没有规定坡口焊缝和角焊缝之间的认可关系	材料为管材。没有规定坡口焊缝和角焊缝之间的认可关系	材料为板材、管材或其他制品。当管材外径大于 500mm 时，板材的焊接工艺评定认可管子的焊接工艺评定。如果坡口焊缝熔敷金属厚度满足要求，坡口焊缝的焊接工艺评定认可角焊缝的焊接工艺评定	DIN EN 288 规定了坡口焊缝和角焊缝之间的认可关系
试件厚度与焊件厚度	试件厚度/mm　焊件厚度/mm <4.8　0~4.8 4.8~19.1　4.8~19.1 >19.1　>19.1	试件厚度/mm　焊件厚度/mm <4.8　0~4.8 4.8~19.1　4.8~19.1 >19.1　>19.1	试件厚度/mm　焊件厚度(*T* 为试件厚度) ≤3　*T*~2*T* 3~12　2*T*~3*T* 12~100　0.5*T*~2*T*(最大 150mm) >100　0.5*T*~1.5*T*	DIN EN 288 对壁厚的覆盖范围划分最细

续表

工艺评定基本要素	API 1104—2013	GB/T 31032—2014	DIN EN 288	差异性分析
预热及焊后热处理	降低最低预热温度需重新评定焊接工艺。增加焊后热处理，改变焊后热处理的范围或温度需重新评定焊接工艺	降低最低预热温度需重新评定焊接工艺。增加焊后热处理，改变焊后热处理的范围或温度需重新评定焊接工艺	预热温度下限为焊接工艺试验所施加的温度。不允许增加或取消焊后热处理，允许的温度范围为焊接工艺试验所使用保温温度±20℃	要求一致
焊接位置	由旋转焊（1G）变为固定焊（2G、5G 或 6G）或反之，需重新评定焊接工艺	由旋转焊（1G）变为固定焊（2G、5G 或 6G）或反之，需重新评定焊接工艺	无冲击和硬度要求时任何位置上的焊接适用于所有位置的焊接	要求一致
坡口形式	坡口形式的重大变更，如 V 形坡口改为 U 形坡口，需重新评定。坡口角度或钝边的微小变更不需要重新评定	坡口形式的重大变更，如 V 形坡口改为 U 形坡口，需重新评定。坡口角度或钝边的微小变更不需要重新评定	坡口形式和尺寸改变不需要重新评定焊接工艺	DIN EN 288 规定破口形式和尺寸的改变不需要重新评定
不等壁厚焊接	无描述。 规定了名义厚度相同的管口组对时的错边不大于 3.0mm	无描述。 按不同壁厚范围规定了名义厚度相同的管口组对时的最大错边量	无描述	GB/T 31032 按不同壁厚范围规定最大错边量，更合理

表 2-3-2　企业类标准焊接工艺评定基本要素对比

工艺评定基本要素	CDP-G-OGP-OP-081.01-2016-1	Q/SYGD 0503.12—2016	CП 105-34-96	差异性分析
焊接方法	焊条电弧焊、钨极氩弧焊、药芯焊丝电弧焊、熔化极气保护电弧焊、埋弧焊，以及上述焊接方法相互组合的方法		焊条电弧焊、埋弧焊、熔化极气保护电弧焊、自保护药芯焊丝焊等方法的手工、机械、半机械和自动焊接	（1）焊接方法的改变需重新评定焊接工艺； （2）基本覆盖油气长输管道常用焊接方法
母材	（1）规定的最小屈服强度小于或等于 290MPa； （2）规定的最小屈服强度大于 290MPa，但小于 450MPa； （3）L450（X65）及以上强度级别的钢管应分别进行单独评定。 另：当影响管线钢管焊接性的技术指标有较大变化时，应单独进行焊接工艺评定。影响焊接性的技术指标包括化学成分、力学性能、预测的预热温度和斜 Y 形坡口焊接冷裂纹试验结果等	钢管的冶金体系、组织和轧制工艺发生重大变化	针对的材料是俄罗斯标准制造的钢管材料。 按强度、管径和壁厚对钢管材料进行了分组。 强度分为小于 490MPa，490～529MPa，529～588MPa 三组	都对钢管的强度级别进行了分组，跨组别的钢级需要重新评定；企标 CDP 文件强度分组较 CП 105-34-96 规定得更详细

续表

工艺评定基本要素	CDP-G-OGP-OP-081.01-2016-1	Q/SYGD 0503.12—2016	СП 105-34-96	差异性分析
焊材	对焊接材料进行了分类和分组。填充金属的组别号的变更，根焊用焊条(焊丝)直径变大或标准号的变更需重新评定	焊接材料的变更，包括焊接材料规范号及焊接材料制造商的变更，需重新评定	没有进行焊材分组，每种焊材均需单独评定	(1)CDP 不仅对焊接材料进行了分组，并且对根焊焊材做了特殊规定，最为严格 (2)СП 105-34-96 规定对每种焊材单独焊评，过于严苛
试件类型	管材的对接焊缝	管材的对接焊缝	材料为管材。没有规定坡口焊缝和角焊缝之间的认可关系	要求一致
试件厚度与焊件厚度	试件厚度/mm：<4.8；4.8~19.1；>19.1 焊件厚度/mm：0~4.8；4.8~19.1；>19.1 自动焊工艺：±3.2		试件厚度/mm：<12.5；12.5~19.01；>19.0 焊件厚度/mm：0~12.5；2.5~19.0；>19.0	企标 CDP 文件单独规定了自动焊的覆盖范围，更严格
预热及焊后热处理	预热温度和道间温度降低评定合格时相应温度的25℃以上；道间温度高于评定合格时相应温度的50℃以上； 增加或取消焊后热处理，改变焊接工艺规程中焊后热处理的范围或温度需重新评定	超过焊接工艺规程中的预热温度范围； 超过焊接工艺规程中的道间温度范围； 增加焊后热处理，或改变焊接工艺规程中焊后热处理的温度或时间范围需重新评定	预热、伴热和焊后热处理参数发生改变时，应重新进行焊接工艺评定	管道公司企标较 CDP 文件更加严格
焊接位置	焊接位置的变更(如由旋转焊变为固定焊。5G 管位置变为 2G，或反之。5G 或 2G 管位置变为 6G 等)应重新进行评定。6G 管位置变为 5G 或 2G，或每种位置角度变化不超过 25°可不重新评定		焊缝可以在管道处于固定状态下(非旋转焊接)和处于旋转状态下(非旋转焊接)进行	(1)CDP 文件对焊接位置的变更进行了更为详细的规定； (2)СП 105-34-96 对位置的规定不详细
坡口形式	焊接接头设计的重大变更(如 V 形坡口改为 U 形坡口，同一形式坡口的坡口面角度变小超过 5°)需重新评定。 坡口面角度变大或钝边的变更不需要重新评定		未对坡口形式和尺寸改变进行规定	(1)CDP 文件对坡口形式的微小变化进行了更为详细的规定； (2)СП 105-34-96 标准未做规定
不等壁厚焊接	当厚度差小于或等于 2mm 的不等壁厚钢管采用非自动焊进行根焊时，可直接进行焊接，当厚度差大于 2mm 且 δ_2/δ_1 不大于 1.5 的不等壁厚钢管采用非自动焊进行根焊时，可在厚度大的部件上进行削薄处理。 自动焊根焊，当壁厚差小于等于 5mm，若对接钢管强度等级相同，可在厚度较大侧管端进行削薄处理，内坡角度宜为 10°~15°，若对接钢管强度等级不同，不应进行自动焊根焊；当壁厚差大于 5mm 不应进行内焊机或自动外焊机根焊		无描述	CDP 文件和中俄东线企标对不等壁厚焊接做了详细规定

表 2-3-3 API 标准与国家、行业类标准对坡口焊缝力学试验类型及验收指标要求对比

坡口焊缝试验		API 1104—2013	GB/T 31032—2014	DIN EN 288	差异性分析
拉伸	试验方法	管径 $D\leqslant 33.4$mm，1 个全尺寸拉伸； $33.4<D<60.3$mm 且 SMYS≥290MPa，1 个全尺寸拉伸； $33.4<D<60.3$mm 且 SMYS<290MPa，0 个全尺寸拉伸； $60.3\leqslant D\leqslant 114.3$mm 且 SMYS≥290MPa，1 个全尺寸拉伸； $60.3\leqslant D\leqslant 114.3$mm 且 SMYS<290MPa，0 个全尺寸拉伸； $114.3<D\leqslant 323.9$mm，2 个全尺寸拉伸； $D>323.9$mm，4 个全尺寸拉伸		2 个缩截面试样，去除余高	要求一致
		可采取矩形拉伸试样，不去除余高。或带肩板的拉伸试样	均为矩形拉伸试样，不去除余高		
	验收指标	应大于或等于管材的名义最小抗拉强度； 当断在母材时，强度不小于管材名义最小抗拉强度的 95%也可以接受； 当断在焊缝或熔合区，断面应符合相关要求	应大于或等于管材的名义最小抗拉强度； 当断在焊缝或熔合区，断面应符合相关要求		API 1104 规定达到 95%管材名义最小抗拉强度的拉伸试验予以接受
弯曲	试验方法	管径 $D\leqslant 114.3$mm，0 个面弯，2 个背弯； $114.3<D\leqslant 323.9$mm，2 个面弯，2 个背弯； $D>323.9$mm，4 个面弯，4 个背弯。 当壁厚大于 12.7mm，可用侧弯代替面弯和背弯。弯芯直径为 90mm		2 个面弯，2 个背弯。当壁厚大于 12mm，可用侧弯代替面弯和背弯。弯芯直径为 4*T*	DIN EN 288 没有对不同管径进行细分，当管径很小时，不具备操作性
	验收指标	在试样拉伸弯曲表面上的焊缝和熔合线区域所发现的焊缝任何方向上或焊缝和熔合区之间发现的任一裂纹或其他缺欠尺寸应不大于公称壁厚的 1/2，且不大于 3.0mm。若未发现其他明显缺欠，由试样边缘上产生的裂纹长度在任何方向上均小于 6.0mm			要求一致
冲击	试验方法	正文无要求。附录 A 有要求，缺口位置焊缝和热影响区，取样位置为 0 点、3 点、6 点位置，共 6 组	依据设计文件的规定。 缺口位置焊缝和熔合线，取样位置 0 点和 3 点，共 4 组	缺口位置焊缝和热影响区，取样位置为热输入量大、小的位置，共 4 组	缺口位置 GB/T 31032 标准为焊缝中心和熔合线，API 1104 为焊缝中心和热影响区
	验收标准	在小于或等于设计温度条件下试验，满足均值不小于 40J，单值不小于 30J	冲击试验的合格指标应满足设计的技术要求		GB/T 31032 标准依据不同工程的设计文件来定验收指标，相对更加合理

续表

坡口焊缝试验		API 1104—2013	GB/T 31032—2014	DIN EN 288	差异性分析
刻槽锤断	试验方法	管径 D≤323. 9mm，2 个； D>323. 9mm，4 个		不要求	DIN EN 288 无刻槽试验要求
	验收标准	每个刻槽锤断试样的断裂面应完全焊透和熔合，任何气孔的最大尺寸应不大于 1. 6mm，所有气孔的累计面积应不大于断裂面积的 2%，夹渣高度应不超过 0. 8mm，长度应不大于钢管公称壁厚的 1/2，且小于 3mm。相邻夹渣之间至少应有 13mm			
其他试验	CTOD	附录 A 有 CTOD 试验要求，2 组（焊缝和热影响区）	附录 C 有 CTOD 试验要求，2 组（焊缝和热影响区）		CTOD 试验根据设计文件要求
	金相硬度抗腐蚀试验	未明确	金相、硬度、抗腐蚀试验，依据设计文件要求进行	宏观金相 1 个。 硬度：无具体规定，遵循设计文件要求的数量	DIN EN 288 只规定了金相试验要求

表 2-3-4　企业类标准对坡口焊缝力学试验类型及验收指标要求对比

坡口焊缝试验		CDP-G-OGP-OP-081. 01-2016-1	Q/SYGD 0503. 12—2016	CП 105-34-96	西伯利亚力量管道技术要求	差异性分析
拉伸	试验方法	管径 D≤33. 4mm，1 个全尺寸拉伸； 33. 4<D<60. 3mm 且 SMYS≥290MPa，1 个全尺寸拉伸； 33. 4<D<60. 3mm 且 SMYS<290MPa，0 个全尺寸拉伸； 60. 3≤D≤114. 3mm 且 SMYS≥290MPa，1 个全尺寸拉伸； 60. 3≤D≤114. 3mm 且 SMYS<290MPa，0 个全尺寸拉伸； 114. 3<D≤323. 9mm，2 个全尺寸拉伸； D>323. 9mm，4 个全尺寸拉伸。 均为矩形拉伸试样，不去除余高		4 个板状拉伸试样，去除余高。 大于及等于 1020mm 的管道焊缝，可在半圈焊缝上取样进行力学试验		CП 105-34-96 没有对不同管径进行细分
	验收指标	应大于或等于管材的名义最小抗拉强度； 当断在母材时，强度不小于管材名义最小抗拉强度的 95% 也可以接受； 当断在焊缝或熔合区，断面应符合相关要求	应大于或等于管材的名义最小抗拉强度； 当断在焊缝或熔合区，断面应符合相关要求		根据 GOST 6996 测试用于静态拉伸扁平试样的焊接接头时的极限抗断裂性不应低于 TU 规定的纵向管道原金属的极限强度的标准值	（1）CDP 文件规定达到 95%管材名义最小抗拉强度的拉伸试验予以接受； （2）西伯利亚力量管道焊接接头强度需达到母材名义最小强度

续表

坡口焊缝试验		CDP-G-OGP-OP-081.01-2016-1	Q/SYGD 0503.12—2016	СП 105-34-96	西伯利亚力量管道技术要求	差异性分析
弯曲	试验方法	管径 $D \leq 114.3$mm，0个面弯，2个背弯； $114.3 < D \leq 323.9$mm，2个面弯，2个背弯； $D > 323.9$mm，4个面弯，4个背弯。 当壁厚大于12.7mm，可用侧弯代替面弯和背弯。弯芯直径为90mm，弯曲角度180°		12.5mm以下，4个面弯、4个背弯； 12.5mm以上，8个侧弯。 不小于1020mm的管道焊缝，可在半圈焊缝上取样进行力学试验，进行12个侧弯试验。 试样弯曲角的平均算术值应不低于120°，而其最小值不低于100°	根据STO 2-2.2-136测试静态弯曲时的弯曲角度，定义为测试结果的算术平均值，必须至少为120°，弯曲角度的最小值必须至少为100°	CDP文件和中俄东线技术要求更严格
	验收指标	在试样拉伸弯曲表面上的焊缝和熔合线区域所发现的焊缝任何方向上或焊缝和熔合区之间发现的任一裂纹或其他缺欠尺寸应不大于公称壁厚的1/2，且不大于3.0mm。若未发现其他明显缺欠，由试样边缘上产生的裂纹长度在任何方向上均小于6.0mm				
冲击	试验方法	缺口位置焊缝和熔合线，取样位置0点和3点，共4组	缺口位置焊缝和熔合线，取样位置0点和3点，共4组。 宜进行系列温度冲击试验	缺口位置焊缝热影响区，取样位置为2点、4点、5点位置，共6组		缺口位置CDP标准为熔合线，其余标准为热影响区
	验收标准	冲击试验的合格指标应满足设计的技术要求	工程为X80，试验温度按设计要求，均值不小于50J，单值不小于38J		-40℃的试验温度下，对于强度等级超过X65的钢管，至少50J/cm（不低于37.5J/cm，用于一个试样）	西伯利亚力量管道要求的冲击试验温度更低，验收值一致
其他试验	刻槽试验	管径 $D \leq 323.9$mm，2个； $D > 323.9$mm，4个		不等壁厚钢管对接接头应进行刻槽锤断试验，数量4个		СП 105-34-96对不等壁厚对接有刻槽试验要求
	金相硬度抗腐蚀试验	有金相和硬度试验要求，抗腐蚀试验按照设计文件要求		硬度试验：进行焊缝、热影响区和母材区域的测试	焊缝金属的硬度不应超过280HV10，热影响区：强度等级高达K55的管道不超过300HV10，强度等级为K55至K60的管道不高于325HV10	（1）CDP文件要求了宏观金相和硬度试验； （2）СП 105-34-96只规定了硬度试验要求； （3）西伯利亚力量管道给出了焊缝硬度值

表 2-3-5　焊材化学成分要求、力学性能和试验项目对比

<table>
<tr><th>标准名称</th><th>化学元素分析
（C、Mn、Si、P、S、Ni、Cr、Mo）</th><th>力学性能要求</th><th>试验项目</th><th>差异性分析</th></tr>
<tr><td>GB/T 5118—2012
《热强钢焊条》</td><td>目前到 E55XX 级别，相当于 AWS 美标 E80XX。
更高级别的焊材由供需双方确定，一般执行美标</td><td>E10018 级别由供需双方确定，一般执行美标</td><td rowspan="2">熔敷金属化学
抗拉强度、屈服强度、延伸率
夏比冲击</td><td rowspan="2">要求基本一致</td></tr>
<tr><td>AWS A5. 5
《电弧焊接低合金钢焊条规范》</td><td>E10018 级别
C≤0. 15，Mn[1. 65~2. 00]，Si≤0. 80，P≤0.03，S≤0. 03，Ni≤0. 09，Mo[0. 25~0. 45]</td><td>E10018 级别
抗拉强度≥690MPa
屈服强度≥600MPa
延伸率≥16
冲击单值≥20J，均值≥27J</td></tr>
<tr><td>GB/T 17493—2018
《热强钢药芯焊丝》</td><td>E62XX-G
化学成分根据供需双方协商</td><td rowspan="2">抗拉强度[690~830MPa]
屈服强度≥610MPa
延伸率≥16
冲击单值≥20J，均值≥27J</td><td rowspan="2">熔敷金属化学
抗拉强度、屈服强度、延伸率
夏比冲击</td><td rowspan="2">要求基本一致</td></tr>
<tr><td>AWS A5. 36
《碳钢和低合金药芯焊丝规范》</td><td>E91XX-G
化学成分根据供需双方协商</td></tr>
<tr><td>GB/T 8110—2020
《熔化极气体保护电弧焊用非合金钢及细晶粒钢实心焊丝》</td><td rowspan="2">ER55-G/ER80S-G
化学成分根据供需双方协商</td><td rowspan="2">抗拉强度≥550MPa
冲击验收指标根据供需双方协商</td><td rowspan="2">熔敷金属化学
抗拉强度、屈服强度、延伸率
夏比冲击</td><td rowspan="2">要求基本一致</td></tr>
<tr><td>AWS A5. 18
《气体保护电弧焊用碳钢焊条和焊丝的规范》</td></tr>
</table>

第四节 无损检测

无损检测(Nondestructive Testing，即 NDT)是指在不破坏被测物体情况下，对其性能、质量、内部有无缺陷进行检测，进而对缺陷进行定性及定量分析的一种技术。按照不同检测原理和检测方法，无损检测技术可达 70 余种，其中针对管道检测最常用的有六种：射线检测法(RT)、渗透检测法(PT)、磁粉检测法(MT)、相控阵(PAUT)、衍射时差法(TOFD)、自动超声检测法(AUT)。每种检测方法都有各自的优点和局限性，现从适用范围、验收指标等方面进行技术规范对比分析。

一、 技术规范对比

1. 射线检测

目前国内射线检测标准有 GB/T 3323. 1—2019《焊缝无损检测射线检测》、NB/T 47013—2015《承压设备无损检测》、SY/T 4109—2020《石油天然气钢制管道无损检测》，针对不同标准，其适用范围、检测工艺要求、缺陷定性及评定要求有所差异。

1）适用范围

GB/T 3323. 1—2019 是由国家市场监督管理总局及中国国家标准化管理委员会发布的国家标准，适用于用板、管焊接接头或其他金属材料熔化焊焊接接头的射线检测。NB/T 47013—2015《承压设备无损检测》是由国家能源局发布的能源行业标准，适用于在制和在用金属材料承压设备的无损检测，标准的第二部分为射线检测。SY/T 4109—2020 是由国家能源局发布的石油天然气行业标准，适用于石油天然气长输、集输及其站场的钢制管道焊接接头的射线检测。

2）检测工艺要求

GB/T 3323. 1—2019 可选用 X 射线源及伽马射线源进行射线检测，无损检测人员资格鉴定与认证符合 GB/T 9445—2015《无损检测人员资格鉴定与认证》要求；射线检测技术主要分为两个等级：A 级：基本技术，B 级：优化技术；此外，未对缺陷评定进行相关规定。

NB/T 47013. 2—2015 可以使用两种射线源：由 X 射线机和加速器产生的 X 射线；由 Co60、Ir192、Se75、Yb169、Tm170 射线源产生的伽马射线。要求从事承压设备无损检测的人员，应按照国家特种设备无损检测人员考核的相关规定取得相应无损检测人员资格。射线检测技术分为三级：A 级——低灵敏技术，AB 级——中灵敏技术，B 级——高灵敏技术。标准中对采用不同等级检测技术所选用的检测工艺要求不同，缺陷分为裂纹、未熔合、未焊透、条形缺陷、圆形缺陷、根部内凹、根部咬边七类，质量分级划分为Ⅰ级、Ⅱ级、Ⅲ级、Ⅳ级。

SY/T 4109—2020 规定除 X 射线无法穿透或空间受限外，应选用 X 射线检测，从事无损检测的人员应取得国家或行业有关部门颁发或认可的并与其工作相适应的资格证书；未对检测技术等级分级，缺陷分为圆形缺欠、条形缺欠、未熔合、未焊透、内凹、咬边、烧穿；质量分级划分为Ⅰ级、Ⅱ级、Ⅲ级、Ⅳ级。

2. AUT 检测

环焊缝 AUT 检测目前国内主要标准为 GB/T 50818—2013《石油天然气管道工程全自动超声波检测技术规范》，由中华人民共和国住房和城乡建设部、中华人民共和国国家质量监督检验检疫总局联合发布，适用于低碳钢或低合金钢、6~50mm 管道壁厚、大于 100mm 公称直径、环向对接接头的石油天然气管道工程的全自动超声波现场检测与质量评定，标准内容主要包括基本规定、检测系统选择、检测系统调试、现场检测、质量评定、检测报告。

3. PAUT 检测

PAUT 检测焊接接头检测国内标准为 NB/T 47013. 15—2021《承压设备无损检测　第 15 部分：相控阵检测》、SY/T 4109—2020《石油天然气钢制管道无损检测》。

NB/T 47013. 15—2021 规定了承压设备采用相控阵超声检测的方法和质量分级要求、适用于承压设备生产和使用过程中金属材料制作原材料、零部件和焊接接头的相控阵超声检测。检测技术等级分为 A 级、B 级、C 级，制造安装阶段的焊接接头检测，宜采用 B 级；对重要设备的焊接接头，可采用 C 级；并对钢制承压设备全熔化焊焊接接头相控阵检测根据承压设备类别、焊接接头类型、工件厚度、检测面直接分为Ⅰ型、Ⅱ型焊接接头，Ⅰ型焊接接头适用的壁厚大于等于 6mm，外径大于等于 100mm；Ⅱ型焊接接头适用的最小壁厚为 3. 5mm，适用管径范围 32 ~ 159mm。两种焊接接头有不同的检测工艺及评定要求。

SY/T 4109—2020 相控阵检测适用于壁厚为 5 ~ 50mm，管道直径大于或等于 20mm，材料为低碳钢、低合金钢的管道对接接头超声波检测及评定。在一般相控阵检测要求基础上，规定当被检焊接接头母材公称厚度大于或等于 8mm 且结构允许时应增加 TOFD 辅助检测，并对 TOFD 检测做出基本规定。

4. TOFD 检测

TOFD 检测采用标准 NB/T 47013. 10—2015《承压设备无损检测　第 10 部分：衍射时差法超声检测》，适用于同时具备下列条件的焊接接头：

（1）材料为低碳钢或低合金钢；

（2）全焊透结构式的对接接头；

（3）工件公称厚度 t：12mm≤t≤400mm（不包括焊缝余高，焊缝两侧母材公称厚度不同时，取薄侧公称厚度值）。

标准规定了 TOFD 检测的一般要求、检测工艺参数的选择和设置、检测、检测数据的分析和解释、缺陷评定与质量分级、检测记录与检测报告。

SY/T 4109—2020 标准相控阵超声检测虽然要求对公称厚度大于等于 8mm 的焊接接头增加 TOFD 辅助检测，但标准内只对基本要求做出规定，未明确 TOFD 检测的缺陷评定与质量分级。

二、 技术要求及验收指标对比分析

本节结合国内外无损检测标准对射线和 AUT 从技术要求和验收指标两方面进行对比分析。

1. 射线对比分析

技术要求主要从人员、设备和工艺三方面进行分析，验收指标主要基于气孔、裂纹、根部未熔合、表面未熔合、夹层未熔合、根部未焊透、错边未焊透、烧穿等缺陷进行分析，对比结果见表 2-4-1 和表 2-4-2。

从表 2-4-1 和表 2-4-2 中对比可知：

（1）对于射线检测人员、设备及检测工艺的要求，国内外标准基本一致。

（2）裂纹在所有标准中均不允许，但 API 1104 规定弧坑裂纹可以不超过 4mm。

（3）国内外标准对气孔的验收要求均不相同，SY/T 4109 以气孔点数进行验收，API 1104 和俄罗斯标准均以气孔长度进行验收。

（4）SY/T 4109 和俄罗斯标准均不允许表面未熔合，与 API 1104 相比更加严格。

（5）SY/T 4109 在未熔合、未焊透、烧穿等方面的验收指标与 API 1104 和俄罗斯标准相比要更加严格。

2. AUT 对比分析

GB/T 50818—2013《石油天然气管道工程全自动超声波检测技术规范》是我国首部应用于陆上长输管道环焊缝检测的国家标准，在 GB/T 50818—2013 发布实施之前，长输管道环焊缝 AUT(全自动超声检测)先后采用过企业标准 Q/SY XQ7—2003《西气东输管道工程管道对接环焊缝全自动超声波检测规范》，行业标准 SY/T 0327—2003《石油天然气钢质管道对接环焊缝全自动超声波检测》与 SY/T 4123—2012《石油天然气钢质管道环向对接接头全自动超声波检测标准》。在国家标准 GB/T 50818—2013 发布应用后，对行业标准进行了废止。标准 ISO 13847：2013《Petroleum and Natural Gas Industries-Pipeline Transportation Systems-Welding of Pipelines》替代了 ISO 13847：2000 版本，在 2013 版中新增了附录 G“环焊缝自动超声波检测”，该附录为规范性附录。

GB/T 50818—2013 与 ISO 13847：2013 附录 G 都是关于管道环焊缝的自动超声波检测标准，都是第一次发布，虽然两者关于检测方法的内容都借鉴了 ASTM E 1961：2011《Standard Practice for Mechanized Ultrasonic Testing of Girth Welds Using Zonal Discrimination with Focused Search Units》，但又有些不同。因此，比较这两个标准，可为检测人员更好地理解与应用标准提供帮助，也可为 GB/T 50818—2013 以后的修订提供参考(表 2-4-3 和表 2-4-4)。

表 2-4-1　射线检测技术要求对比表

要求内容	SY/T 4109—2013	API 1104—2013	СТОГазпром2-2. 4-083-2006（俄罗斯标准）	差异性对比
人员	(1)检测人员应持有与其工作相适应的资格证书，并从事与该方法和该资质级别相应的无损检测工作。 (2)从事射线检测人员上岗前应进行辐射安全知识的培训并取得相应证书	无损检测人员必须按照美国无损检测学会规定的方法取得相应的资格证书，只有Ⅱ级或Ⅲ级检验员有权评定检测结果	无损检测人员应经过专业培训取证，并具备理论知识和实践经验	要求一致
设备	(1)胶片应符合 GB/T 19348. 1 的要求，制造商应对所生产的胶片进行系统测试并提供类别和参数。 (2)应采用钢质线型金属丝像质计测定底片影像质量，其型号和规格应符合 JB/T 7902 的规定。 (3)观片灯的主要性能指标应符合现行国家标准 GB/T 19802 的有关规定	无	当射线检测输气管道的焊缝质量时，使用高对比度的国产和进口工程胶片	API 1104 对设备未进行明确规定，国内标准和俄罗斯标准规定根据不同壁厚选择不同的射线机和像质计
工艺	无损检测专用工艺规程应由无损检测中级及以上人员编制，无损检测工艺卡应根据工艺规程编制	射线检测规程至少必须包含下列内容：(1)射线源；(2)增感屏；(3)胶片；(4)透照几何条件；(5)曝光量；(6)处理过程；(7)材料；(8)像质计；(9)热防护	射线检测按照经单位领导批准的检测工艺卡进行	工艺要求基本一致，均要求按照批准的工艺文件执行

表 2-4-2　射线检测验收标准对比表

缺陷类别	SY/T 4109—2013	API 1104—2013		СТОГазпром2-2. 4-083-2006		差异说明
		单个气孔	密集气孔	单个气孔	密集气孔	
气孔	母材厚度 5~15mm 时，评定区 10mm×10mm，小于 6 点；母材厚度 15~25mm 时，小于 9 点；母材厚度 25~50mm 时，小于 12 点	≤3mm，不大于相邻较薄管公称壁厚的 25%	单个气孔≤2mm，任何 300mm 连续长度中累计长度≤13mm	≤2mm，累计≤30mm	≤0.5 倍壁厚，任何 300mm 连续长度中累计长度≤25mm	国内标准按照点数换算评判，国外按照长度计算

续表

缺陷类别	SY/T 4109—2013		API 1104—2013		СТОГазпром2-2. 4-083-2006		差异说明
裂纹	不允许		弧坑裂纹长度不允许超过 4mm，其余裂纹不允许		不允许		API 1104 允许有弧坑裂纹，其余标准均不允许有裂纹
根部未熔合	单个缺欠长度	缺欠累计长度	单个缺欠长度	缺欠累计长度	未明确		俄罗斯标准未区分根部未熔合，SY/T 4109 与 API 1104 相比更加严格
	≤10mm	任何连续 300mm 长度内，≤20mm	≤25mm	任何连续 300mm 长度内，≤25mm			
表面未熔合	不允许		单个缺欠长度	缺欠累计长度	不允许		SY/T 4109 和俄罗斯标准均不允许表面未熔合，与 API 1104 相比更加严格
			≤25mm	任何连续 300mm 长度内，≤25mm			
夹层未熔合	单个缺欠长度	缺欠累计长度	单个缺欠长度	缺欠累计长度	单个缺欠长度	缺欠累计长度	SY/T 4109 对夹层未熔合要求更严格
	≤12. 5mm	任何连续 300mm 长度内，≤25mm	≤25mm	任何连续 300mm 长度内，≤50mm	≤2 倍壁厚且≤25mm	焊缝纵向所有缺陷总长度≤25mm	
根部未焊透	单个缺欠长度	缺欠累计长度	单个缺欠长度	缺欠累计长度	单个缺欠长度	缺欠累计长度	SY/T 4109 对根部未焊透要求更严格
	≤10mm	任何连续 300mm 长度内，≤20mm	≤25mm	任何连续 300mm 长度内，≤25mm	≤1 倍壁厚且≤12. 5mm	≤25mm	
错边未焊透	单个缺欠长度	缺欠累计长度	单个缺欠长度	缺欠累计长度	单个缺欠长度	缺欠累计长度	SY/T 4109 对错边未焊透要求更严格
	≤10mm	任何连续 300mm 长度内，≤20mm	≤50mm	任何连续 300mm 长度内，≤75mm	≤2 倍壁厚且≤30mm	焊缝纵向所有缺陷总长度≤50mm	
烧穿	单个缺欠长度	缺欠累计长度	单个缺欠长度	缺欠累计长度		未明确	SY/T 4109 对烧穿要求更严格
	≤10mm	任何连续 300mm 长度内，≤13mm	≤6mm	任何连续 300mm 长度内，≤13mm			

表 2-4-3　AUT 检测技术要求对比表

要求内容	GB/T 50818—2013	ISO 13847：2013	差异说明
标准的适应范围	长输管道环向对接接头；低碳钢或低合金钢；壁厚 6～50mm；公称直径大于 100mm；在建管道；适应工艺验收	长输管道环焊缝；低碳钢或低合金钢；公称壁厚不小于 8mm；附录 G 未对管径详细说明；在建管道；适应工艺验收或 ECA（工程临界分析）	
关于 AUT 系统测量能力的要求	GB/T 50818—2013 的验收部分仅基于工艺验收，不涉及 ECA 验收；对 AUT 系统的测量能力的要求也与标准 ISO 13847：2013 中表述的不同，但通过标准中的一些条款，可以确认 AUT 设备应具有如标准 ISO 13847：2013 所述的能力	如采用工艺验收标准，系统应具有定位并测量焊接缺欠位置的能力。如采用 ECA，系统也应具有测量缺欠壁厚方向上的高度的能力	两个标准基本相同
关于 AUT 一次扫查覆盖要求	应保证管道环向扫查一周即可对整个焊接接头厚度方向的分区进行全面检测。标准 GB/T 50818—2013 要求检测区域必须全覆盖，即只允许一次扫查完成检测区域的 100%检测。标准 GB/T 50818—2013 虽然没有对热影响区的检测做出说明，但在设置闸门的时候，是将闸门的起点设置在坡口熔合线前至少 3mm 处，此情况下实际上就是检测了热影响区	在一次圆周扫查范围内，对整个焊缝区域和热影响区的检测所用的 AUT 系统应提供足够数量的检测通道。此要求是指仅在一次扫查不能达到检测区域全覆盖的地方可以偏离。因此，当存在偏离时，要对检测区域进行 100%检测，则需要增加检测次数	GB/T 50818—2013 的规定要比 ISO 13847：2013 的更严格
关于焊缝分区的要求	检测系统设置前，应将焊接接头沿厚度方向分区……焊缝分区由焊缝厚度、坡口形式和焊接填充次数决定	焊缝应分成若干个垂直检测区域，该区域要考虑焊缝坡口及焊接层数。在可行的情况下，检测区域的高度不宜超过焊层的高度	ISO 13847：2013 和 GB/T 50818—2013 关于焊缝分区的要求是相同的
关于 TOFD 系统的功能	仅在 TOFD 记录系统的功能上做了要求	单通道 TOFD 的配置应适用于检测壁厚不大于 25mm 的工件，双通道 TOFD 的配置应适用于检测壁厚大于 25mm 的工件	ISO 13847：2013 的规定要比 GB/T 50818—2013 的规定更多
对 AUT 工艺规程的规定	GB/T 50818—2013 的工艺技术参数也主要源于 ASTM E 1961：2011，只是根据国内的实际情况有稍微的变动	要依据 ASTM E 1961：2011 的内容，制定 AUT 工艺规程	关于 AUT 工艺方面的规定，两个标准基本相同

续表

要求内容	GB/T 50818—2013	ISO 13847：2013	差异说明
对试块的规定	GB/T 50818—2013 中对试块的规定引用了 SY/T 4112—2007。SY/T 4112—2007 与 ASTM E 1961：2011 附录 3 对试块的设计思想、设计原则、目标反射体的设置基本相同，但对目标反射体的尺寸要求并不完全相同，如检测气孔的基本反射体尺寸、检测横向缺欠槽的尺寸等	ISO 13847：2013 中对试块的规定引用了 ASTM E 1961：2011 附录 3 的要求，并进行了补充	从所涉及内容方面比较，SY/T 4112—2007 包括的内容要比 ASTM E 1961：2011 附录 3 包括的更多，如标准 SY/T 4112—2007 中还包括了试块的制作规程、测试方法、检验、标志、包装、运输等相关内容。ASTM E 1961：2011 附录 3 为加工试块的最低要求，缔约双方可以根据达成的协议增添内容
对 AUT 系统的校验及工艺程序的验证	没有工艺验证	基于工艺验收标准时，AUT 系统的校验及工艺需要验证。可通过至少对两个对接焊缝的检测进一步确认系统的性能，两个对接焊缝含有验收标准极限或接近验收标准极限的 7 个缺陷。AUT 的显示宜与射线检测结果、手动超声波检测结果以及业主要求的任何其他方法所得结果进行比较，如果比较结果不同，可以通过切片验证解决	ISO 13847：2013 的规定要比 GB/T 50818—2013 的规定严格

表 2-4-4　基于工艺验收的标准对比

缺陷类别	GB/T 50818—2013	ISO 13847：2013	差异说明
裂纹	不允许	不允许	相同
表面非裂纹	(1)当分区高度不大于 2.5mm 时，缺欠自身高度大于 2.5mm；当分区高度大于 2.5mm 时，缺欠自身高度大于分区高度。(2)在任何连续 300mm 的焊缝长度中，累计长度超过 25mm。(3)外表面未熔合。(4)表面非裂纹线型缺欠的累计长度超过焊缝长度的 8%	判读为开口到管内表面或管外表面的线型表面缺欠：(1)单个显示的长度超过 25mm。(2)在焊缝任一连续 300mm 长度内，显示的累计长度超过 25m。(3)在任一小于 300mm 焊缝内，显示的累计长度超过焊缝长度的 8%	(1) GB/T 50818—2013 对缺欠高度有要求此项严于标准 ISO 13847：2013。(2)标准 GB/T 50818—2013 不允许存在外表面未熔合，此项严于 ISO 13847：2013。(3)单个显示及连续在 300mm 范围内，两者相同。(4)焊缝长度小于 300mm 时，两者相同；焊缝长度大于 300mm 时，GB/T 50818—2013 严于 ISO 13847：2013

续表

缺陷类别	GB/T 50818—2013	ISO 13847：2013	差异说明
内部线型	(1)当分区高度不大于2.5mm时，缺欠自身高度大于2.5mm；当分区高度大于2.5mm时，缺欠自身高度大于分区高度。(2)单个缺欠长度超过25mm或在任何连续300mm的焊接接头长度中，缺欠显示的累计长度超过50mm。(3)内部线型缺欠的累计长度超过焊缝长度的8%	焊缝内近表面且未与表面相连的埋藏线型显示(非裂纹)：(1)单个显示长度超过50mm。(2)在焊缝任一连续300mm的范围内，显示的累计长度超过50mm。(3)显示的累计长度超过焊缝长度的15%	(1)GB/T 50818—2013对缺欠的高度有要求，此项严于标准ISO 13847：2013。(2)对单个显示长度的要求，GB/T 50818—2013要严于ISO 13847：2013。(3)300mm内显示累计长度的相关规定，两个标准相同。(4)内部线型全部累计显示，GB/T 50818—2013严于ISO 13847：2013
体积型	(1)单个体积型相关显示的最大尺寸大于6mm或超过较薄侧母材厚度的1/3。(2)密集体积型相关显示区的最大尺寸大于13mm。(3)单个根部体积型开口相关显示的最大尺寸大于6mm，在任何连续300mm的焊接接头长度中，其累计长度大于13mm	当密集体积显示的最大尺寸超过12.5mm时，不管显示波幅的高度多少，单个体积显示应认为是合格的，除非其显示超过一个分区。如果在超过一个分区内，且在相同的圆周位置，此时这些显示应视为缺陷	GB/T 50818—2013严于ISO 13847：2013
横向显示	未单列说明	所有超过满屏高度40%的横向显示，应用手动超声波检测或其他适当的检测技术进行进一步检测；横向显示(非裂纹)应认为是体积型，且使用下述体积型显示标准进行评定。应使用字母T标出所有要记录的横向显示	ISO 13847：2013在横向显示的确认上需附加检测方法，此项严于GB/T 50818—2013
缺欠累计	(1)在任何连续300mm的焊接接头长度中，相关显示的累计长度超过50mm。(2)相关显示的累计长度超过焊缝长度的8%	(1)在焊缝任一300mm长度内，超过评定等级的显示，累计长度超过50mm。(2)超过评定等级的显示，累计长度超过焊缝长度的8%	相同

第三章　油气长输管道环焊缝的焊接冶金

管道环焊缝焊接过程中，需要经受加热、融化、化学反应、结晶、冷却、固态相变等一系列复杂的过程，这些过程又都是在温度、成分，以及应力极不平衡的条件下发生的，有时可能会在焊接区造成缺陷，或者是焊缝性能下降而不能满足使用要求。本章从焊接性概念及影响因素出发，介绍了焊接性分析技术，针对环焊缝焊接特点，对焊接性分析技术的适用性进行了探讨，并介绍了环焊缝典型组织及组织转变规律。

第一节　焊接性概述

一、 焊接性概念

焊接性是指同质材料或异质材料在制造工艺条件下，能够焊接形成完整接头并满足预期使用要求的能力。换句话说，焊接性是材料对焊接加工的适应性，指材料在一定的焊接工艺条件下(包括焊接方法、焊接材料、焊接参数和结构形式等)，获得优质焊接接头的难易程度和该焊接接头能否在使用条件下可靠运行。材料焊接性的概念有两个方面的含义：一是材料在焊接加工中是否容易形成接头或产生缺陷；二是焊接完成的接头在一定的使用条件下是否具备可靠运行的能力。也就是说，焊接性不仅包括结合性能，而且包括结合后的使用性能。

对焊接工作者来说，充分理解“焊接”和“焊接性”的含义是十分重要的。“焊接性”是从英文“Weldability”得来的，它的深刻含义把焊接结构材料本身的性能(力学、冶金、物理、化学等性能)和材料的发展结合在一起。自20世纪40年代初(“二战”初期)从“焊接”中派生出“焊接性”概念以来，“焊接性”的含义一直在不断发展着，人们曾给它下了很多种定义，这是由于理解的角度不同、分析目的不同和由于焊接技术本身不断发展而引起的。

分析和研究焊接性的目的，在于查明一定的材料在指定的焊接工艺条件下可能出现的问题，以确定焊接工艺的合理性或材料的改进方向。因此，必须对整个焊接过程中的材料(母材、焊材)和焊接接头区(焊缝、熔合区和热影响区)的成分、组织和性能，包括工艺参数的影响和焊后接头区的使用性能等，进行系统地研究。

(1) 工艺焊接性和使用焊接性。

如前所述，焊接性包括两个含义；一是结合性能，就是一定的材料在给定的焊接工艺条件下对形成焊接缺陷的敏感性；二是使用性能，指一定的材料在规定的焊接工艺条件下所形成的焊接接头适应使用要求的能力。前者称为工艺焊接性，涉及焊接制造工艺过程中的焊接缺陷问题，如裂纹、气孔、断裂等；后者称为使用焊接性，涉及焊接接头的使用可靠性问题。

焊接过程是一个独特的小冶金过程，在熔焊条件下，焊缝和热影响区经历了复杂但有规律的焊接热循环。在焊接接头这个很小的区域中，几乎所有的融化结晶和物理冶金现象都可能出现，最终形成具有不同成分、组织和性能的接头区域，对焊接接头质量有直接影响。

从理论上分析，任何金属或合金，只要在融化后能够互相形成固溶体或共晶，都可以经过熔焊形成接头，同种金属或合金之间可以形成焊接接头，一些异种金属或合金之间也可以形成焊接接头，但有时需要通过加中间过渡层的方式实现焊接。可以认为，上述几种情况都可以看作是“具有一定焊接性”，差别在于：有的工艺过程简单，有的工艺过程复杂；有的接头质量高、性能好，有的接头质量低、性能差。所以焊接工艺过程简单而接头质量高、性能好的，就称为焊接性好；反之，就称为焊接性差。因此，必须结合工艺条件和使用性能来分析焊接性问题。

总之，工艺焊接性是指金属或材料在一定的焊接工艺条件下，能否获得优质致密、无缺陷和具有一定使用性能的焊接接头的能力。使用焊接性是指焊接接头或整体焊接结构满足技术条件所规定的各种性能的程度，包括常规的力学性能(强度、塑性、韧性等)或指定工作条件下的使用性能，如低温韧性、断裂韧性、高温蠕变强度、持久强度，疲劳性能，以及耐蚀性、耐磨性等。

(2) 冶金焊接性和热焊接性。

对于熔焊来说，焊接过程一般包括冶金过程和热过程这两个必不可少的过程。在焊接接头区域，冶金过程主要影响焊缝金属的组织和性能，而热过程主要影响热影响区的组织和性能。由此提出了冶金焊接性和热焊接性的概念。

① 冶金焊接性。

冶金焊接性是指熔焊高温下的熔池金属与气相、熔渣等相之间发生化学冶金反应所引起的焊接性变化。这些冶金过程包括：合金元素的氧化、还原、蒸发，从而影响焊缝的化学成分和组织性能；氧、氢、氮等的溶解、析出对生成气孔或对焊缝性能的影响；在焊缝结晶及冷却过程中，由于焊接熔池的化学成分、凝固结晶条件，以及接头区热胀冷缩和拘束应力等影响，有时产生热裂纹或冷裂纹。

除材料本身化学成分和组织性能对焊接性的影响之外，焊接材料、焊接方法、保护气体等对冶金焊接性有重要的影响。除了利用研制新材料来改善冶金焊接性之外，还可以通过发展新焊接材料、工艺等途径来改善冶金焊接性。

② 热焊接性。

焊接过程中要向焊接接头区域输入热量，对焊缝附近区域形成加热和冷却过程，这对靠近焊缝的热影响区的组织性能有很大影响，从而引起热影响区硬度、强度、韧性、耐蚀性等的变化。

与焊缝金属不同，焊接时热影响区是不熔化的，化学成分一般不会发生明显的变化，而且不能通过改变焊接材料来进行调整，即使有些元素可以由熔池向熔合区或热影响区粗晶区扩散，那也是很有限的。因此母材本身的化学成分和物理性能对热焊接性具有十分重要的意义。工业上大量应用的金属或合金，对焊接热过程有反应，会发生组织和性能的变化。

为了改善热焊接性，除了选择适当母材之外，还要正确选定焊接方法和热输入。例如，在需要减少焊接热输入时，可以选用能量密度大、加热时间短的电子束焊、等离子弧焊等方法，并采用热输入小的焊接参数以改善热焊接性。此外，焊前预热、缓冷、水冷、加冷却垫板等工艺措施也都可以影响热焊接性。

二、 影响焊接性的因素

影响焊接性的四大因素是材料、设计、工艺及服役环境。材料因素包括钢的化学成分、冶炼轧制状态、热处理、组织状态和力学性能等。设计因素是指焊接结构设计的安全性，它不但受到材料的影响，而且在很大程度上还受到结构形式的影响。工艺因素包括施工时所采用的焊接方法、焊接工艺规程(如焊接热输入、焊接材料、预热、焊接顺序等)和焊后热处理等。服役环境因素是指焊接结构的工作温度、负荷条件(动载、静载、冲击等)和工作环境(化工区、沿海及腐蚀介质等)。

1. 材料因素

材料因素包括母材本身和使用的焊接材料，如焊条电弧焊时的焊条、埋弧焊时的焊丝和焊剂、气体保护焊时的焊丝和保护气体等。母材和焊材在焊接过程中直接参与熔池或熔合区的冶金反应，对焊接性和焊接质量有重要影响。母材或焊接材料选用不当时，会造成焊缝成分不合格、力学性能和其他使用性能降低，甚至导致裂纹、气孔、夹渣等焊接缺陷，也就是使工艺焊接性变差。因此，正确选用母材和焊接材料是保证焊接性良好的重要因素。

2. 设计因素

焊接接头的结构设计会影响应力状态，从而对焊接性产生影响。设计结构时使接头处的应力处于较小的状态，能够自由收缩，这样有利于减小应力集中和防止焊接裂纹。接头处的缺口、截面突变、堆高过大、交叉焊缝等都容易引起应力集中，要尽量避免。不必要地增大母材厚度或焊缝体积，会产生多向应力，也应避免。

3. 工艺因素

对于同一种母材，采用不同的焊接方法和工艺措施，所表现出来的焊接性有很大的差异。例如，铝及其合金用气焊较难进行焊接，但用氩弧焊就能取得良好的效果；钛合金对氧、氮、氢极为敏感，用气焊和焊条电弧焊不可能焊好，而用氩弧焊或电子束焊就比较容易焊接。所以，发展新的焊接方法和工艺措施是改善工艺焊接性的重要途径。

焊接方法对焊接性的影响首先表现在焊接热源能量密度、温度，以及热量输入上，其次表现在保护熔池及接头附近区域的方式上，如渣保护、气体保护、渣—气联合保护，以及在真空中焊接等。对于有过热敏感性的高强度钢，从防止过热出发，可选用窄间隙气体保护焊、脉冲电弧焊、等离子弧焊等，有利于改善其焊接性。

工艺措施对防止焊接缺陷，提高接头使用性能有重要的作用。最常见的工艺措施是焊前预热、缓冷和焊后热处理，这些工艺措施对防止热影响区淬硬变脆、减小焊接应力、避免氢致冷裂纹等是较有效的措施，合理安排焊接顺序也能减小应力和变形，原则上应使被焊工件在整个焊接过程中尽量处于无拘束而自由膨胀和收缩的状态。焊后热处理可以消除残余应力，也可以使氢逸出而防止延迟裂纹。

焊前对钢板的气割、冷加工(如弯曲)、装配等工序应符合材料特点，以免造成局部硬化、脆化或应力集中，引起裂纹等缺陷。

4. 服役环境

焊接结构的服役环境多种多样，如工作温度高低、工作介质种类、载荷性质等都属于使用条件。工作温度高时，可能产生蠕变；工作温度低或载荷为冲击载荷时，容易发生脆性破坏；工作介质有腐蚀性时，接头要求具有耐腐蚀性。使用条件越不利，焊接性能就越不容易保证。

三、 焊接性评定方法

1. 焊接性间接评定方法

评定焊接性的方法分为间接法和直接试验法两类。间接法是以化学成分、热模拟组织和性能、焊接连续冷却转变图(CCT 图)，以及焊接热影响区的最高硬度等来判断焊接性，各种碳当量公式和裂纹敏感指数经验公式等也都属于焊接性的间接评定方法。直接试验法主要是指各种抗裂性试验，以及对实际焊接结构焊缝和接头的各种性能试验等。

评价材料焊接性的试验方法很多，但每一种试验方法都是从某一特定的角度来考核或阐明焊接性的某一方面，往往需要进行一系列的试验才可能较全面地阐明焊接性，从而为确定焊接方法、焊接材料、焊接工艺等提供试验和理论依据。

1）碳当量

在焊接过程中，一般来说裂纹是不允许存在的。在早期的生产活动中，人们研究发现，碳含量越高，焊接时越容易产生冷裂纹(氢致裂纹)。随着研究的深入，人们发现其他元素对裂纹敏感性也有影响，按照影响裂纹敏感性的大小，折算成碳元素的影响，这就产生了碳当量。值得注意的是，它不是碳含量。由此看出：碳当量可以用来预测钢在焊接时发生冷裂纹(氢致裂纹)的程度大小。所以，考察一种钢的可焊性，碳当量是一个非常重要的参考量。

由于世界各国和各研究单位所采用的试验方法和钢材的合金体系不同，故各自建立了有一定适用范围的碳当量计算公式，见表 3-1-1。

表 3-1-1　常用碳当量公式

公式	适用钢种	备注
$CE(IIW)=C+\frac{Mn}{6}+\frac{Cr+Mo+V}{5}+\frac{Cu+Ni}{15}$①	含碳量较高($w_C \geqslant 0.18\%$)、强度级别中等($\sigma_b=500\sim900MPa$)的非调质低合金高强钢	国际焊接学会(IIW)推荐
$C_{eq}(JIS)=C+\frac{Mn}{6}+\frac{Si}{24}+\frac{Ni}{40}+\frac{Cr}{5}+\frac{Mo}{4}+\frac{V}{14}$	低合金高强钢($\sigma_b=500\sim1000MPa$)，化学成分：$w_C \leqslant 0.2\%$、$w_{Si} \leqslant 0.55\%$、$w_{Mn} \leqslant 1.5\%$、$w_{Cu} \leqslant 0.5\%$、$w_{Ni} \leqslant 2.5\%$、$w_{Cr} \leqslant 1.25\%$、$w_{Mo} \leqslant 0.7\%$、$w_V \leqslant 0.1\%$、$w_B \leqslant 0.006\%$	日本 JIS 标准规定
$C_{eq}(AWS)=C+\frac{Mn}{6}+\frac{Si}{24}+\frac{Ni}{15}+\frac{Cr}{5}+\frac{Mo}{4}+\left(\frac{Cu}{13}+\frac{P}{2}\right)$	碳钢和低合金高强钢，化学成分：$w_C \leqslant 0.2\%$、$w_{Si} \leqslant 0.55\%$、$w_{Mn} \leqslant 1.5\%$、$w_{Cu} \leqslant 0.5\%$、$w_{Ni} \leqslant 2.5\%$、$w_{Cr} \leqslant 1.25\%$、$w_{Mo} \leqslant 0.7\%$、$w_V \leqslant 0.1\%$、$w_B \leqslant 0.006\%$	美国焊接学会(AWS)推荐
$P_{cm}=C+\frac{Si}{30}+\frac{Mn+Cu+Cr}{20}+\frac{Ni}{60}+\frac{Mo}{15}+\frac{V}{10}+5B$	化学成分：$0.07\% \leqslant w_C \leqslant 0.22\%$、$w_{Si} \leqslant 0.6\%$、$0.4\% \leqslant w_{Mn} \leqslant 1.4\%$、$w_{Ni} \leqslant 1.2\%$、$w_{Mo} \leqslant 0.7\%$、$w_V \leqslant 0.12\%$、$w_{Nb} \leqslant 0.04\%$、$w_{Ti} \leqslant 0.5\%$、$w_B \leqslant 0.005\%$	日本伊藤(ITO)公式
$CEN=C+A(C)\times\left(\frac{Mn}{6}+\frac{Si}{24}+\frac{Cu}{15}+\frac{Ni}{20}+\frac{Cr+Mo+Nb+V}{5}+5B\right)$②	化学成分：$0.07\% \leqslant w_C \leqslant 0.17\%$	日本 YURIOKA 公式

① 公式中的元素符号即表示该元素的质量分数(后同)；

② 公式中碳的适应系数 $A(C)$ 与碳含量的关系公式为：$A(C)=0.75+0.25\tanh[20(w_C-0.12)]$，tanh 为双曲正切函数。$A(C)$ 在 $w_C \leqslant 0.07\%$ 时为 0.5，在 $0.07\% \leqslant w_C \leqslant 0.17\%$ 时可查表得出与碳含量相对应的 $A(C)$ 值。

表 3-1-1 各公式中，碳当量的数值越大，被焊钢材的淬硬倾向越大，焊接区越容易产生冷裂纹。因此可以用碳当量的大小来评定钢材焊接性的优劣，并按焊接性的优劣提出防止产生焊接裂纹的工艺措施。表 3-1-1 中 AWS 和 JIS 的碳当量公式在管线钢焊接中应用较少，常用的是其他 3 个公式。表 3-1-1 中国际焊接学会碳当量公式是最常用的碳当量公式：在 API 5L 第 42 版之前，对于钢管母材的化学成分仅有较粗略的规定，正文中没有规定碳当量的计算公式，只在关于补焊的附录 C 中采用了 IIW 的碳当量公式，用于确定在母材化学成分改变时是否需要重新进行补焊焊接工艺评定。

但是，在世界各大输油公司制定的各自的长输管线标准中，往往都同时规定了 CE 和 P_{cm} 的值。一般把 CE 称为碳当量，采用 IIW 公式计算，而把 P_{cm} 称为冷裂纹敏感系数，采用 ITO 公式计算，并且同时规定了 CE 和 P_{cm} 的上限。我国从西部油气管道如陕京、库鄯管线建设开始，也都采用了同样的规定，并且沿用至今，在西气东输管线标准中同样采用，期间各地建设的许多地区管网标准也都照搬了这个规定。加拿大通常采用日本 YURIOKA 的 CEN 公式，如著名的 Allince 管线。我国出口苏丹穆格莱德盆地 X65 钢级输油管线标准(由马来西亚 OGP 公司制定)也采用了 CEN 公式，式中系数 $A(C)$ 可以通过计算或根据碳含量的不同查表取得。Allince 管线标准规定 CEN 不得超过 0.31，而苏丹管线标准规定 CEN 不得超过 0.36。

CE(IIW)公式是最常用的碳当量计算公式，但是该公式在计算其他元素对碳当量的影响时，没有考虑碳含量变化的区间，在碳含量较低时可能不够准确。由于管线钢制造技术的进步，碳含量已经大大降低，碳已不再是影响管线钢焊接性能的最主要元素，过去在碳含量较高时推出的 CE(IIW)公式，已经不能准确反映低碳含量钢的焊接性能。CE(IIW)公式只考虑了 C、Mn、Ni、Cu、Cr、Mo、V 七种元素对碳当量的影响，未考虑 Si、B 的影响，这对于更高钢级可能添加 B 的材料是很重要的；CE(IIW)公式对 Ni、Cu、Cr、Mo 和 V 采用相同的系数是比较粗略的。因此，碳当量法只能用于对钢材焊接性的初步分析。

此外用碳当量法评定焊接性时还应注意以下的问题。

（1）使用国际焊接学会(IIW)推荐的碳当量公式时，对于板厚 δ<20mm 的钢材，当 CE<0.4%时，淬硬倾向不大，焊接性良好，焊前不需要预热；CE=0.4%~0.6%时，尤其是 CE>0.5%时，钢材易淬硬，表明焊接性已变差，焊接时需预热才能防止裂纹，随板厚增大预热温度要相应提高。

（2）使用日本工业标准(JIS)的碳当量公式时，当钢板厚度 a<25mm 和采用焊条电弧焊时(焊接热输入为 17kJ/cm)，对于不同强度级别的钢材规定了不产生裂纹的碳当量界限和相应的预热措施，见表 3-1-2。

表 3-1-2　根据钢材强度和碳当量确定预热温度

钢材强度级别 σ_b/MPa	碳当量界限 C_{eq}(JIS)/%	工艺措施
500	0.46	焊接时不需要预热
600	0.52	焊前预热 75℃
700	0.52	焊前预热 100℃
800	0.62	焊前预热 150℃

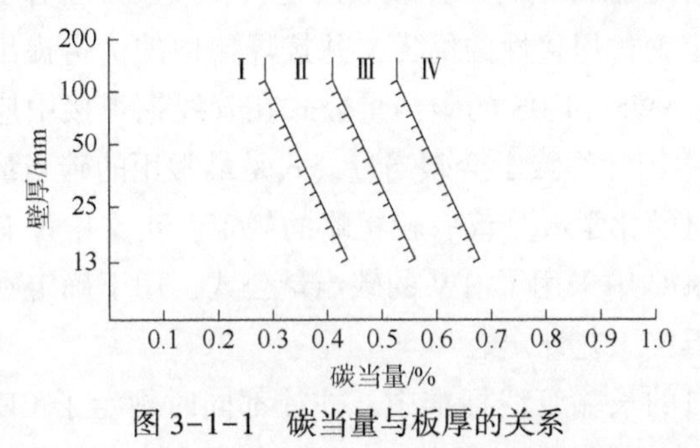

图 3-1-1　碳当量与板厚的关系

（3）使用美国焊接学会(AWS)推荐的碳当量公式时，应根据计算出来的某钢种的碳当量再结合焊件的厚度，先从图 3-1-1 中查出该钢材焊接性的优劣等级，再从表 3-1-3 中确定出不同焊接性等级钢材的最佳焊接工艺措施。

表 3-1-3　根据焊接性等级确定预热温度

焊接性等级	酸性焊条	碱性低氢型焊条	消除应力	敲击焊缝
Ⅰ(优良)	不需要预热	不需要预热	不需要	不需要
Ⅱ(较好)	预热 40~100℃	-10℃以上不预热	任意	任意
Ⅲ(尚好)	预热 150℃	预热 40~100℃	希望	希望
Ⅳ(尚可)	预热 150~200℃	预热 100℃	希望	希望

2）裂纹敏感指数法

（1）冷裂敏感指数法。

钢材的冷裂纹倾向除碳当量的影响外，焊缝含氢量和接头拘束度亦有很大影响。如果考虑焊缝含氢量和接头拘束度，由试验求得焊接冷裂纹的敏感指数 P_c 可用式(3-1-1)计算。

$$P_c = P_{cm} + \frac{t}{600} + \frac{[H]}{60} \tag{3-1-1}$$

$$P_{cm} = w_C + \frac{w_{Si}}{30} + \frac{w_{Mn}+w_{Cu}+w_{Cr}}{20} + \frac{w_{Ni}}{60} + \frac{w_{Mo}}{15} + \frac{w_V}{10} + 5B \tag{3-1-2}$$

式中 t——板厚，mm；

[H]——焊缝中扩散氢含量，0.01mL/g。

求得 P_c 后，即可求出在斜 Y 形坡口焊接裂纹试验条件下，为防止冷裂纹所需的最低预热温度 T_0。

$$T_0 = 1440P_c - 392 \tag{3-1-3}$$

（2）用最高硬度公式评价。

管线钢焊接时冷裂纹常起源于焊接粗晶区，这是因为在焊接条件下，此处加热温度最高，奥氏体晶粒严重长大，快速冷却时，易形成粗大淬硬组织的缘故。因此可以用钢的淬硬倾向来衡量其冷裂纹敏感性，一般用最大硬度 $HV_{10(max)}$ 表示。

钢的淬硬倾向不仅取决于化学成分，而且取决于焊接工艺、壁厚和冷却条件。综合考虑这些因素，管线钢的 $HV_{10(max)}$ 可以用式(3-1-4)估算。

$$HV_{10(max)} = 140 + 1089P_{cm} - 8.2t_{8/5} \pm 25 \tag{3-1-4}$$

为了满足国产管线钢的焊接要求，又建立了适合国产管线钢的最高硬度 $HV_{10(max)}$ 估算公式。

$$HV_{10(max)} = \frac{HV_{10(m)} + HV_{10(0)}}{2} + \frac{HV_{10(m)} - HV_{10(0)}}{2} \cdot \frac{1-\exp[K(\lg\tau/\lg\tau_{0.5}-1)]}{1+\exp[K(\lg\tau/\lg\tau_{0.5}-1)]} \tag{3-1-5}$$

式中 $HV_{10(m)}$——100%马氏体组织时的硬度，$HV_{10(m)}$ 仅与碳含量有关，$HV_{10(m)} = 1198w_C + 280$（调质和控轧钢），$HV_{10(m)} = 845w_C + 304$（非调质钢）；

$HV_{10(0)}$——无马氏体，主要是贝氏体、珠光体，以及铁素体组织时的硬度，除碳之外还受多种成分的影响，$HV_{10(0)} = 252w_C + 64w_{Si} + 53w_{Mn} + 67w_{Mo} + 52w_{Cr} + 9.6w_{Ni} + 66w_{Cu} + 120w_V + 14059w_B + 93$；

τ——800℃降至500℃的冷却时间，即 $t_{8/5}$，s；

$\tau_{0.5}$——$HV_{10(0.5)}$ 的 $t_{8/5}$ 冷却时间，s；

K——硬度计算公式参数，是修正硬度曲线拟合后确定的，K 主要受冷却过程中析出沉淀强化元素（Mo、V 和 Nb 等）的影响，$K=6.79+2.67w_{Mo}+24.6w_{Nb}+3.6w_{Cr}-4.8w_{V}-10w_{Ti}$。

$$HV_{10(0.5)}=\frac{HV_{10(m)}+HV_{10(0)}}{2} \tag{3-1-6}$$

$\lg\tau_{0.5}=1.894CE+0.383$，其中 $CE=w_C+\frac{w_{Mn}}{8}+\frac{w_{Mo}}{5.5}+\frac{w_{Nb}}{2}+\frac{w_{Ni}}{35}+\frac{w_{Cu}}{20}+30B$。

针对通常的焊接情况，取 $t_{8/5}=5\sim15s$，经计算有 $HV_{10(max)}=256\sim324$。

对于管线钢焊接而言，为避免产生冷裂纹允许的最大硬度一般为 $260HV_{10}$ 或 24HRC。采用低氢型焊条时，硬度上限可放宽至 $350HV_{10}$，CO_2 气体保护焊时为 $408HV_{10}$。Q/SY GJX0110-2007《西气东输二线管道工程线路焊接技术规范》中规定 X80 钢焊接接头 $HV_{10}\leqslant300$。经上述公式逆算应有 $t_{8/5}\geqslant8.6s$，即焊接过程中应控制冷却速度 $v_c\leqslant35℃/s$。

针对上述的 $t_{8/5}\geqslant8.6s$，这里利用乌威（D · Vwer）提出的 $t_{8/5}$ 理论经验公式来逆算。采用低氢型焊条根焊时所需要的最低预热温度，理论经验公式如下。

三维传热厚板时：

$$t_{8/5}=(0.67-5\times10^{-4}T_0)\eta E\cdot\left(\frac{1}{500T_0}-\frac{1}{800T_0}\right)F_3 \tag{3-1-7}$$

二维传热薄板时：

$$t_{8/5}=(0.043-4.3\times10^{-4}T_0)\frac{\eta^2E^2}{\delta^2}\cdot\left[\left(\frac{1}{500T_0}\right)^2-\left(\frac{1}{800T_0}\right)^2\right]F_2 \tag{3-1-8}$$

式中 T_0——初始温度，℃；

E——焊接线能量，kJ/cm；

δ——壁厚，cm；

η——不同焊接方法的相对热效率［这里 SMAW 的 $\eta=0.8$，FCAW 的 $\eta=0.8$，GMAW（$80\%w_{Ar}+20\%w_{CO_2}$）的 $\eta=0.73$］；

F_3，F_2——三维和二维传热时的接头系数（根焊时，$F_3=1.1$，$F_2=1.0$；填充焊时，$F_3=0.9$，$F_2=1.0$；盖面焊时，$F_3=0.9$，$F_2=1.0$）。

此时临界厚度的判别公式为：

$$\delta_{cr}=\sqrt{\frac{0.043-4.3\times10^{-5}T_0}{0.67-5.0\times10^{-4}T_0}\eta E\left(\frac{1}{500T_0}+\frac{1}{800T_0}\right)} \tag{3-1-9}$$

采用低氢型焊条根焊时，线能量一般不小于 15kJ/cm。

3）连续冷却组织转变图

根据金属相变热力学和动力学理论，钢从高温奥氏体状态连续冷却下来时，得到的相变产物与过冷奥氏体的等温转变产物大不相同，其转变过程的经历和室温下得到的组织及相对含量也大不一样。因此，为了研究钢材在不同冷却速度下奥氏体将发生哪些组织转变，转变的温度范围，以及室温下转变产物的硬度等，通常都要建立该钢种的奥氏体连续冷却转变图，即 CCT(Continuous Cooling Transformation)图。

通常热处理的 CCT 图一般都是将试件加热到 800~900℃，奥氏体化后即开始冷却。而对于焊接接头，人们最关心的是熔合线附近的热影响区(HAZ)的组织状态，所以焊接连续冷却转变图是将试件加热到接近熔点的温度，即 1300~1350℃，然后再以不同的冷速进行冷却，这样制定的焊接热影响区连续冷却组织转变图称之为 SH-CCT(Simulated HAZ Continuous Cooling Transformation)图。冶金行业在新钢种大量投产之前，必须建立该钢种的 SH-CCT 图。一方面为评定该钢种的可焊性或预测 HAZ 的组织和性能，另一方面为制定合理的焊接工艺特别是焊接线能量提供技术依据。

由于热影响区尺寸很小，故不能做成试件进行试验。随着焊接热模拟技术和热模拟装置的发展和完善，CCT 图一般通过热循环模拟试验建立。热循环模拟试验就是通过控制加热和冷却，准确地模拟焊缝及焊接热影响区(过热区)的热循环过程，得到组织和状态与模拟对象相仿的试件进行金相分析和力学、断裂试验。

本节以 X70 管线钢为例介绍 CCT 的建立过程。首先，采用热膨胀法测定 X70 管线钢的相变临界点 A_{c1} 和 A_{c3}，如图 3-1-2 所示。试样规格为 ϕ6mm×90mm，试验设备采用 Gleeble3500 热模拟试验机，以加热速率 0.05℃/s、奥氏体化温度 950℃、保温时间 10min、冷却速率 2℃/s 的参数进行试验，并通过 Dilatometer 应变仪测试加热过程试样的温度—膨胀曲线，读出曲线上拐点所对应的温度，即得出相变临界点。

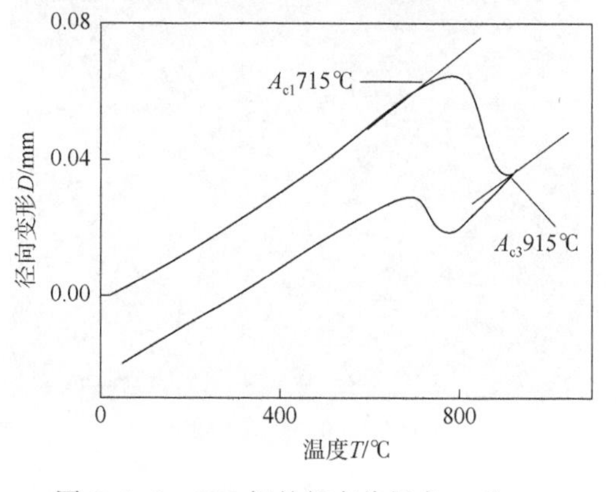

图 3-1-2　X70 钢的相变临界点 A_{c1} 和 A_{c3}

然后，利用热模拟试验机模拟 X70 管线钢的焊接热影响区组织。试样规格为 ϕ6×90mm，试验参数：加热速率 200℃/s，峰值温度 1350℃，保温时间 1s，然后分别以 0.1℃/s、0.2℃/s、0.4℃/s、0.8℃/s、1℃/s、2℃/s、5℃/s、7.5℃/s、10℃/s、15℃/s、20℃/s、30℃/s、40℃/s、60℃/s 的不同冷却速率从 Ac_3 冷却至室温，在冷却过程中试样发生相变，从试样的温度—膨胀曲线上可大致确定相变点。将热模拟后的试样沿均温区的中心线切开，通过金相分析对相变点进行校正，并采用定量金相法测量计算各相的体积百分数，并测试各试样的维氏硬度值。可以看出，当冷却速率在 2~60℃/s 之间时，得到的焊接热影响区组织为贝氏体和铁素体的混合组织，并随着冷却速率的减小，贝氏体所占比例逐渐减小，而铁素体所占比例逐渐增大。当冷却速率减小至 1℃/s 时，组织中除了铁素体和贝氏体之外，还发生了珠光体转变，并且珠光体所占比例随着冷却速率的减小而逐渐增大，这是由于在冷却速率较慢的条件下，多边形铁素体首先在奥氏体晶界形核，连续冷却过程中铁素体逐渐长大，周围奥氏体中碳的浓度不断升高，当达到或接近共析成分时，形成了珠光体组织(图 3-1-3)。

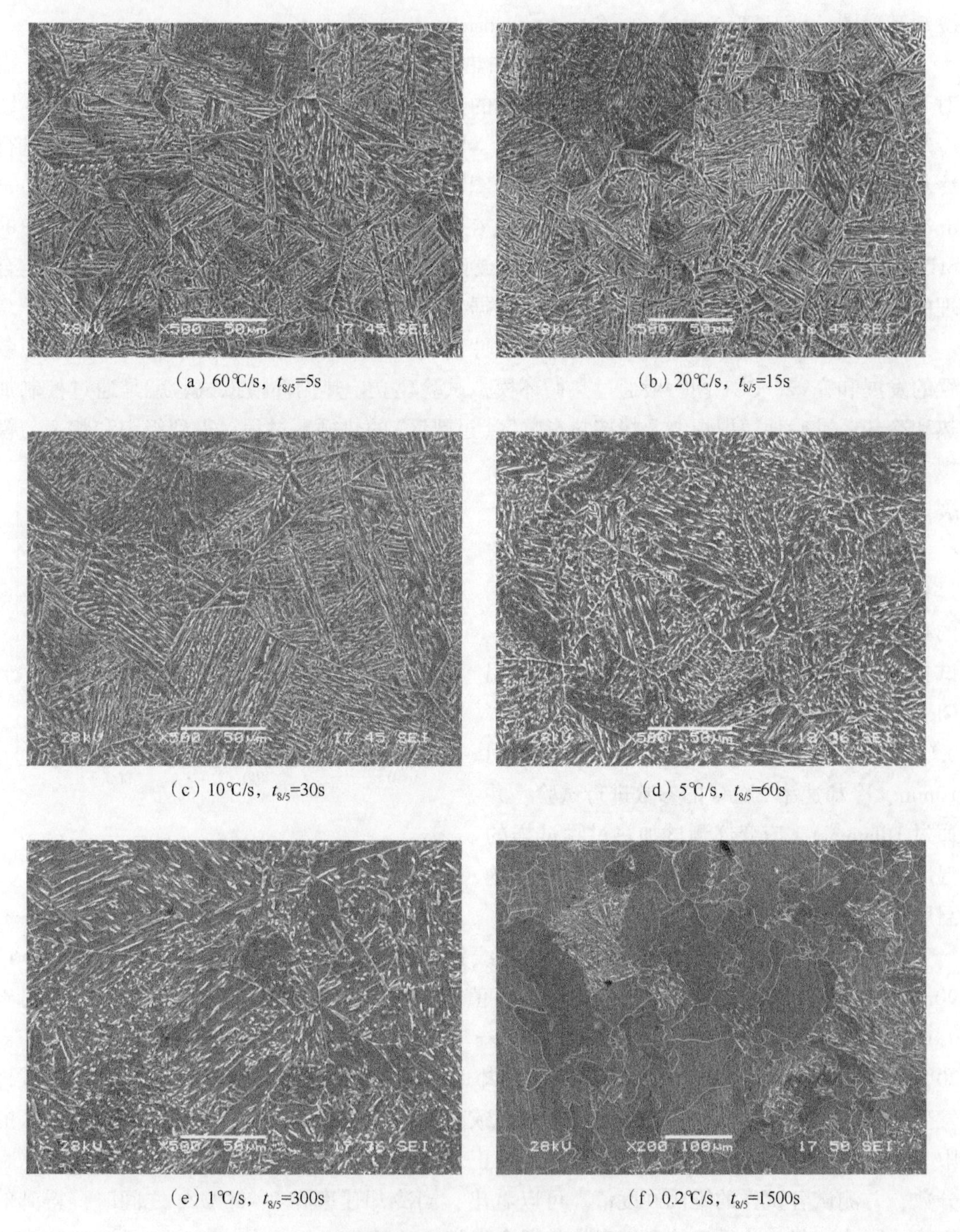

（a）60℃/s，$t_{8/5}$=5s　（b）20℃/s，$t_{8/5}$=15s

（c）10℃/s，$t_{8/5}$=30s　（d）5℃/s，$t_{8/5}$=60s

（e）1℃/s，$t_{8/5}$=300s　（f）0.2℃/s，$t_{8/5}$=1500s

图 3-1-3　不同冷却速率(冷却时间 $t_{8/5}$)下试样的显微组织

最后，将各试样所经历的冷却曲线和校正后的相变点绘制在温度—时间的半对数坐标上，再将各相的体积百分数和硬度值标注在图上，即完成 SH-CCT 图的绘制(图 3-1-4)。

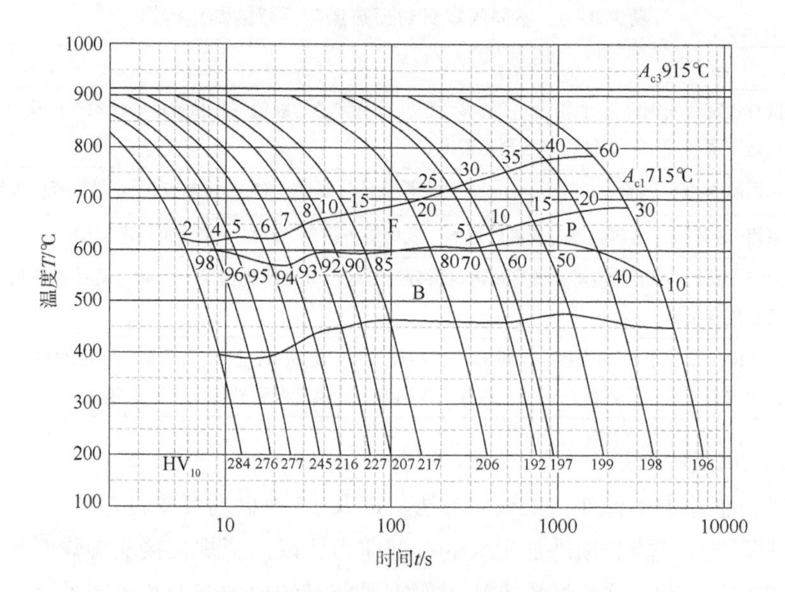

图 3-1-4　X70 管线钢的 SH-CCT 图

F—铁素体；P—珠光体；B—贝氏体

2. 焊接性直接评定方法

现有冷裂试验方法主要是用于检测焊根裂纹或热影响区裂纹，有少数试验方法能用于检测焊缝的冷裂纹。用于评定焊缝冷裂纹敏感性的试验方法，可谓多种多样。在我国应用较多的是斜 Y 坡口拘束试验和插销试验，应用中都存在局限性。

（1）插销试验模拟了实际焊接接头氢致延迟裂纹敏感性。其优点为节省材料（试棒小）、方便、灵活、实用，热循环接近实际焊接热循环，而且通过调整基体板板厚就可以调整焊接热循环。但这种试验方法需专用设备，对于不同板厚的同种材料，得到的结果相同（实际应不同），且主要考察氢致裂纹敏感性，没有模拟焊接时的拘束情况，可用于焊接材料选择，施工现场不可用。

（2）斜 Y 坡口抗裂试验方法在我国应用最多，主要是模拟了实际焊接时的拘束条件，此方法具有试验设备简单、成本低、不需要专用设备等特点，此试验方法为 GB 4675.1—1984，试验条件方法与 JIS Z3158—1993 相同。由日本总结很多材料，根据斜 Y 坡口试验估算的预热温度公式为 $T_0=1330P_w-380$。目前管线钢环焊接预热温度确定时多采用斜 Y 抗裂试验方法，很多应用的企业发现此公式可以用，但这种方法的缺点是拘束度比实际管线环焊接时大，根部尖角有很大应力集中，确定的预热温度往往偏高，偏保守。在实际工程中势必会影响施工效率和施工成本。

我国现行的钢结构焊接规范为 JB/T 8213—2014，规范中没有规定管线钢焊接时预热温度的参考值，即没有针对管线钢环焊接抗冷裂试验方法及环焊接规范，尤其是采用何种抗冷裂试验确定预热温度（表 3-1-4）。

表 3-1-4　不同国家针对预热温度采取的制定措施

国家	特　点
中国	没有规定管线钢焊接时预热温度的参考值，没有涉及管线钢环焊接抗冷裂试验方法及环焊接规范，尤其是采用何种抗冷裂试验确定预热温度
日本	采用斜 Y 坡口试验、$(t_{100})c_r \leq t_{100}$ 来确定最低预热温度，对于针对特定板厚可以查表得到预热温度
英国	采用 BS 算图，强调热流与速度的影响。我国对英国等欧洲国家的规范参考较少
美国	AWS D1.1，根据含碳量和碳当量将材料分为Ⅰ区、Ⅱ区和Ⅲ区来选择确定焊接参数的方法是硬度法还是氢含量法
德国	DIN EN，铁素体钢的焊接：附件 C 中，冷裂防止，方法 A，考虑热流方向和组合厚度；方法 B，考虑化学成分、板厚、扩散氢含量、热输入等因素。为避免氢致裂纹提供了指导

1）外加载荷试验方法

通过调研，整理了 4 种外拘束试验方法，以及 15 种自拘束试验方法。

外拘束试验方法试验必须外加很大的局部应力，以模拟焊接接头施焊时应力、应变状态，甚至氢和组织状态。这些试验方法一般需要较好的加力装置和控制系统。

(1) 插销试验。

插销试验是将插销有缺口的一端插入底板上的孔中，插销上端面与底板的上表面平齐(图 3-1-5)。试验时，在基体板上熔敷焊道，焊道通过插销中心，并将插销端部和基体板同时熔化形成焊缝，这样试棒紧靠焊缝的区域就成为热影响区，缺口温度降到 150℃时施加一定的载荷，保持 16h，试棒不断裂的最大载荷即材料的临界应力。该试验模拟了实际焊接接头氢致延迟裂纹敏感性，其优点为节省材料(试棒小)、方便、灵活、实用，热循环接近实际焊接热循环，而且通过调整基体板板厚就可以调整焊接热循环。但这种试验方法需专用设备，且主要考察氢致裂纹敏感性，没有模拟焊接时的拘束情况，可用于焊接材料选择，施工现场不可用。插销试验相关要求见表 3-1-5。

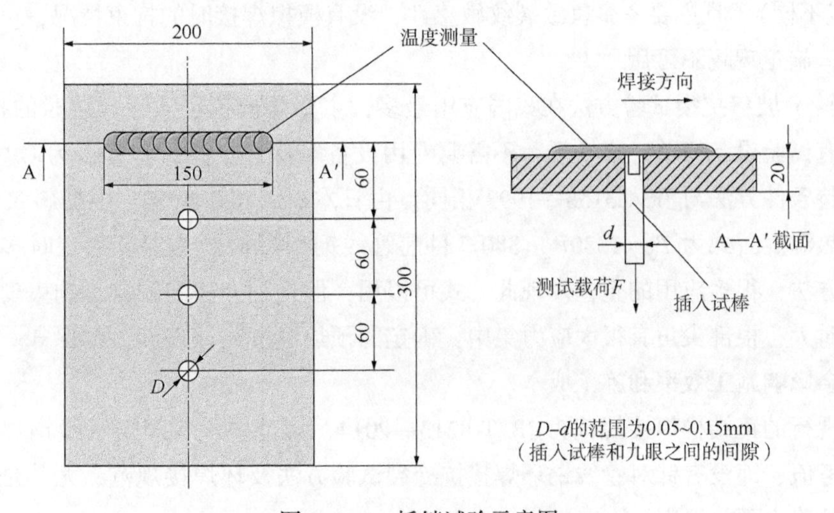

图 3-1-5　插销试验示意图

表 3-1-5　插销试验相关要求

试验目的	测试母材(BM)的冷裂纹敏感性
主要用途	验收测试、研究与开发
材料	高强度非合金钢、低合金钢(管材、板材)制成的插销试样，在某些特殊情况下使用焊接金属制作试样
试验厚度	试样的直径为6~8mm
试样数量	每种条件3个
试验类型	测试插销试样中的焊接热影响区(HAZ)
载荷	可以选择的恒定试验应力(例如母材的屈服强度)
试验持续时间	≥16h
拉伸	槽口、单轴拉伸应力、残余应力的变化导致的多向应力
开裂位置	HAZ
裂纹的识别方法	目测检查，通过金相试样或者在氧化退火(250℃/3h)后施加拉伸力检查初始裂纹。通过应力记录确定开裂时间
具体影响因素	插销的几何形状、试验载荷、规定的预热条件
裂纹敏感性标准	无断裂或出现裂纹的条件(焊接金属的氢含量、预热温度、热输入)

(2) LTP 裂纹试验。

LTP 裂纹试验(图 3-1-6)是将两试板组合成 T 形，并在一侧用角焊缝将两试板连接，然后将此 T 形试板固定在一个斜面上，通过滑轮组成的施力装置施加一个恒定的力，可以焊后直接施加，也可以放置几天后再施加恒定载荷，测定最终失效前所持续的时间。此试验为外加载荷裂纹试验，主要用于评定角焊缝金属氢致开裂(HACC)的敏感性。

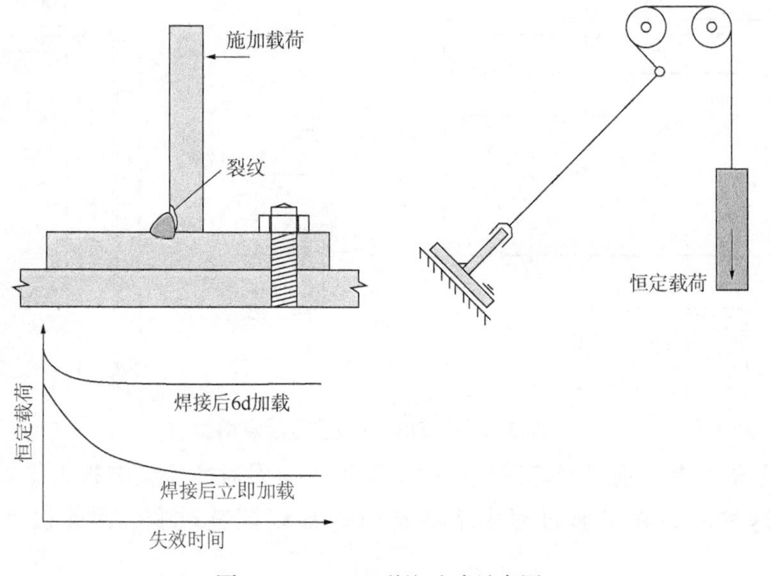

图 3-1-6　LTP 裂纹试验示意图

此试验要求试件的厚度需要保证试件在加载过程中不发生变形(表 3-1-6)。试验较复杂，在国内外均很少使用。

表 3-1-6　LTP 裂纹试验相关要求

试验目的	检验焊缝的 HACC 敏感性
主要用途	验收测试、研究与开发、模拟构件的焊接
材料	不限制
试验厚度	要求试样不得在试验过程中发生机械变形
试样数量	大于 1 个试样
试验类型	T 形接头焊接
载荷	外部施加恒定的拉伸载荷
试验持续时间	取决于试验条件
拉伸	局部载荷的大小，取决于总恒定载荷
开裂位置	HAZ
裂纹的识别方法	目测检查+金相观察
具体影响因素	板厚、总载荷、施加载荷的时间
裂纹敏感性标准	焊缝失效的时间

(3) 拉伸拘束裂纹试验(Tensile Restraint Cracking Test)。

试验时，对接试板在不加拉力的状态下进行施焊(图 3-1-7)。焊后立即从两端施加拉伸力，并加以调整，使之可以保持任意的恒应力，直到断裂。当恒应力达到某一值时，可以求得加载 24h 而不发生开裂的临界应力。根据临界应力的大小，评定冷裂纹敏感性。TRC 试验要求见表 3-1-7。

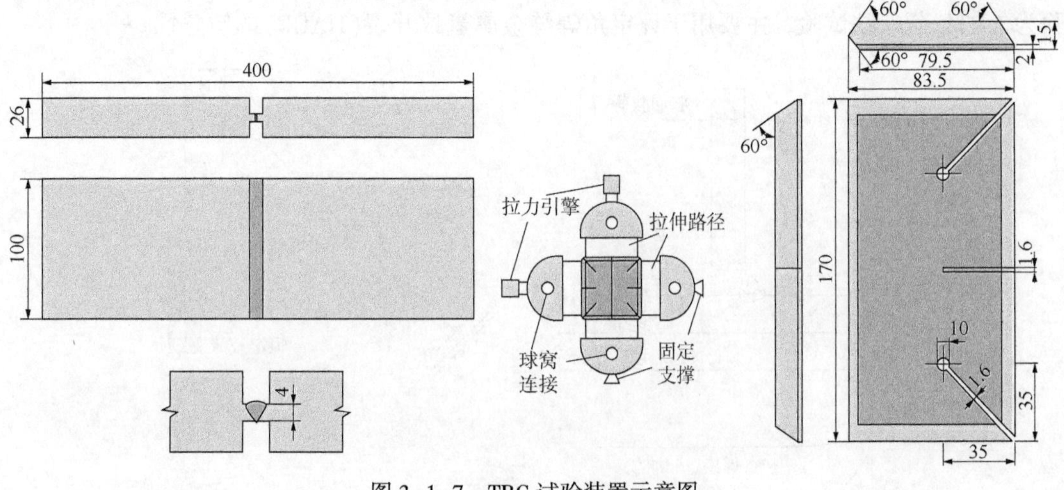

图 3-1-7　TRC 试验装置示意图

该试验主要考虑了垂直于焊道作用的拉伸拘束应力对冷裂纹有很大影响，由于自拘束试样中的这种应力在试验过程中不能自由地加以调整改变，因此设计了这一试验方法。

表 3-1-7　TRC 试验相关要求

试验目的	检验焊缝的 HACC 敏感性
主要用途	验收测试、研究与开发、模拟构件的焊接
材料	不限制
试验厚度	取决于试验方法的类型
试样数量	要求试样充足以得到稳定的试验结果
试验类型	对焊接头焊接
载荷	外部施加恒定的拉伸载荷
试验持续时间	取决于总载荷情况
拉伸	局部载荷的大小，取决于总恒定载荷
开裂位置	HAZ 和焊缝金属
裂纹的识别方法	目测检查+金相观察
具体影响因素	焊接条件
裂纹敏感性标准	临界弯曲应力、试样失效的时间

（4）应变增强裂纹试验(Augmented Strain Cracking Test)。

在这种冷裂纹试验中，首先将两块试板和一块测定氢含量的较小样板并排组装在一起，用一道焊缝焊接在一起(图 3-1-8 和图 3-1-9)。焊接完成后立即从两块试板上垂直于焊缝方向取四块样板，并冷却到-70℃。将样板装夹在特定加载装置上加载弯曲载荷，观察裂纹的开裂及扩展和氢的扩散，通过改变加载球半径可以确定裂纹开裂时的临界应力。此试验主要用于观察冷裂纹的开裂行为，由于设定烦琐、试验过程复杂，这种试验通常只用于基础性研究(例如探寻裂纹的起源、释放氢气的位置等)，一般不作为评定冷裂纹敏感性的标准。应变增强裂纹试验相关要求见表 3-1-8。

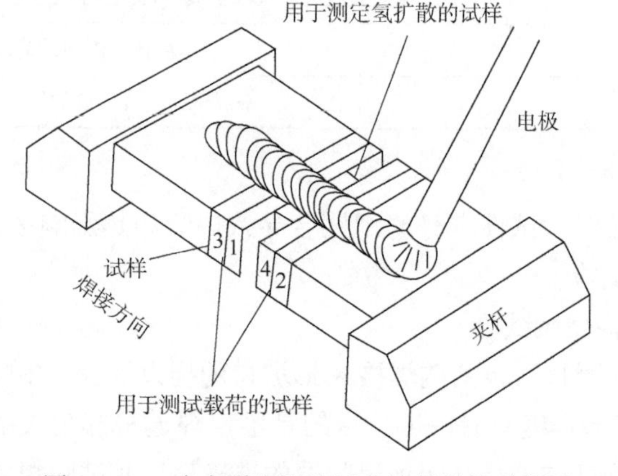

图 3-1-8　应变增强裂纹试验试样焊接示意图

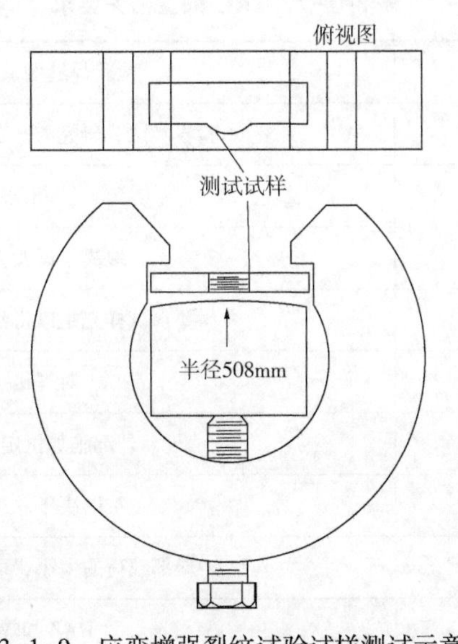

图 3-1-9　应变增强裂纹试验试样测试示意图

表 3-1-8　应变增强裂纹试验相关要求

试验目的	母材和焊缝金属的冷裂纹行为
主要用途	研究与开发
材料	不限制
试验厚度	2~10mm
试样数量	4 个试样
试验类型	板材焊缝
载荷	施加外部恒定应力
试验持续时间	取决于试验条件
拉伸	局部载荷的大小，取决于总恒定载荷
开裂位置	HAZ、WM
裂纹的识别方法	探测裂纹的生成和扩展；目测检查+金相观察，氢气释放情况
具体影响因素	板厚、总载荷、施加载荷的时间
裂纹敏感性标准	临界载荷、冷裂纹的发生地点

2）自拘束试验方法

进行这类试件焊接时，试件本身的刚性会导致焊缝和热影响区产生巨大的拘束应力，称这类试验为自拘束试验。

（1）斜 Y 坡口对接裂纹试验。

在 150mm×200mm 对接试板两侧焊接 X 形坡口的拘束焊缝，中间焊接斜 Y 形坡口试验焊缝（图 3-1-10）。试验焊缝只有一道，目的是鉴定焊道根部裂纹敏感性。焊接规范为标准规范，试验结果准确度的关键在于坡口间隙的准确性。其试验相关要求见表 3-1-9。

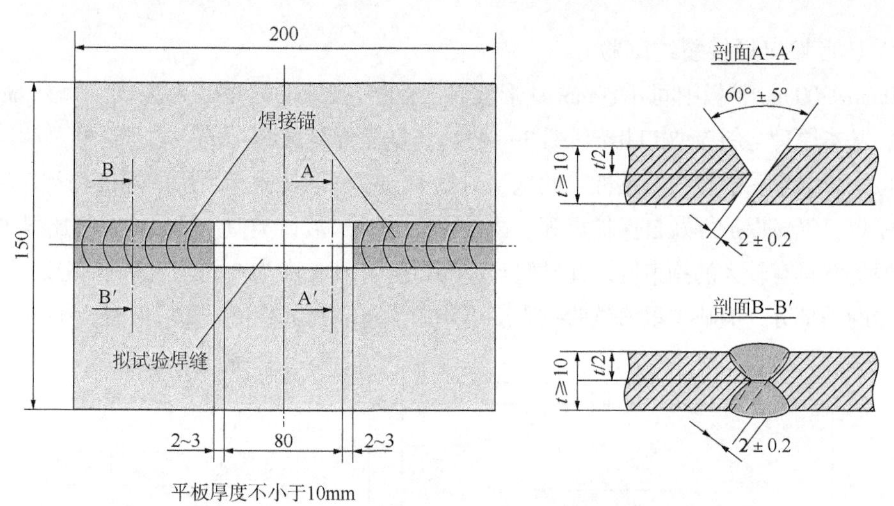

图 3-1-10　斜 Y 形坡口裂纹试验示意图

该试验主要是模拟了实际焊接时的拘束条件，此方法具有试验设备简单、成本低、不需专用设备等特点被广泛应用，目前管线钢环焊接预热温度确定时多采用斜 Y 抗裂试验方法。但这种方法的缺点是拘束度大，有文献表明，拘束系数可达 700。因此，《焊接手册》等文献认为当表面裂纹率在 20%以下时，实际焊接时就不会产生裂纹。而在管线钢冷裂试验中，要求试验中不出现裂纹，因此依据该方法制定的预热温度偏高。在实际工程中势必会影响施工效率和施工成本。并且此方法是在限定为手工焊、斜 Y 坡口、线能量固定为 17kJ/cm 标准试验过程中得到的。若施工中采用手工焊、斜 Y 坡口、线能量也接近 17kJ/cm 时用此公式是非常方便的，也是比较准确安全的。但实际工程中又往往与此施工条件完全不同，线能量也往往不在此范围。

表 3-1-9　斜 Y 坡口对接裂纹试验相关要求

试验目的	对接焊缝的冷裂纹敏感性(HAZ-WM 综合试验)
主要用途	验收测试、研究与开发
材料	高强度非合金钢、低合金钢(板材)及其焊缝材料
试验厚度	t≥10mm
试样数量	每种条件 1~3 个。用三个没有出现初始裂纹的试样，确定规定的预热温度(T_{preh})
试验类型	对接焊缝(焊根)、接受试验的焊缝(HAZ-WM)
载荷	自拘束试样，载荷大小取决于板材的厚度
试验持续时间	≥16h
拉伸	应力来源于收缩限制和残余应力的变化。单道 V 形对焊接头的根部表面需要部分焊透，以达到相应的槽口效果
开裂位置	HAZ 和/或 WM
裂纹的识别方法	目测检查，通过金相试样或者在氧化退火(250℃/3h)后施加拉伸力检查初始裂纹
具体影响因素	板材的厚度、焊缝的预处理、均匀预热
裂纹敏感性标准	无裂纹条件(焊接金属的氢含量、预热温度、热输入)，裂纹系数：裂纹总面积与焊缝横截面积之比

（2）U 形坡口焊接裂纹试验。

200mm×200mm 整板中间开 80mm U 形坡口，板厚 t<25mm 开单 U 形坡口，t≥25mm 开双 U 形坡口，基本原理与斜 Y 坡口相似（图 3-1-11）。试验焊缝只有一道，主要目的是测定低合金钢对接接头焊缝金属的裂纹敏感性。此试验为日本工业标准试验，适用的焊接种类广泛，主要包括埋弧焊、气体保护焊及自保护焊等。试验原理与斜 Y 坡口类似，虽然拘束度比斜 Y 坡口试验低，但仍然具有较大的拘束度。此试验与里海试验开槽长度为 0 的情况基本一致，可以看作里海试验的一部分，但缺少里海试验拘束度可调的优点。其试验相关要求见表 3-1-10。

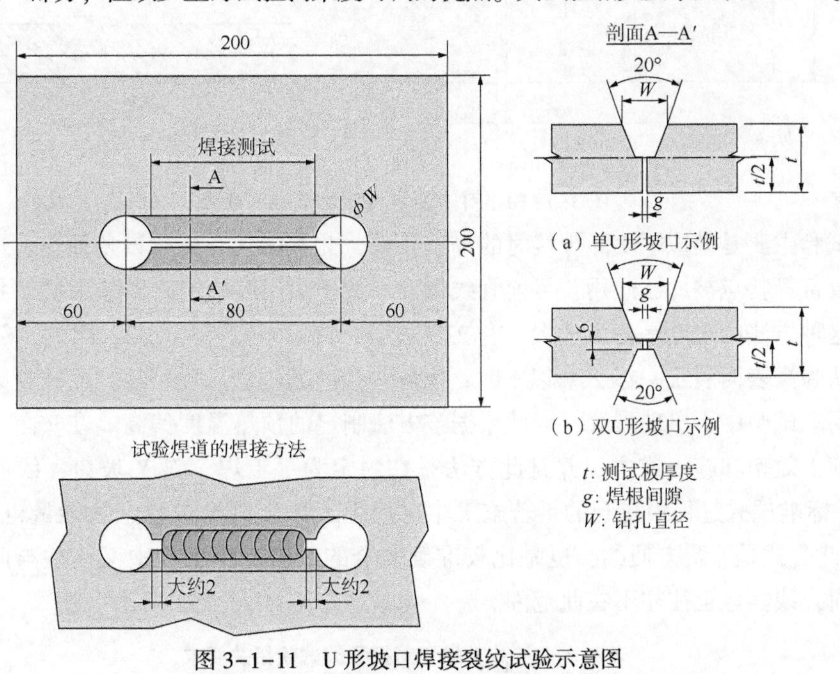

图 3-1-11　U 形坡口焊接裂纹试验示意图

表 3-1-10　U 形坡口焊接裂纹试验相关要求

试验目的	对接焊缝的冷裂纹敏感性（HAZ-WM 综合试验）
主要用途	研究试验和某些验收测试
材料	碳钢、低合金钢及其焊缝材料
试验厚度 t	单侧 U 形坡口：t<25mm，两侧 U 形坡口：t≥25mm
试样数量	不适用
试验类型	对接焊缝（焊根）、接受试验的焊缝（HAZ-WM）
载荷	自拘束
试验持续时间	≥48h
拉伸	收缩限制和残余应力的变化产生的残余应力
开裂位置	WM
裂纹的识别方法	目测检查、通过金相试样、焊根拉伸/弯曲检测到的初始裂纹
特别影响因素	板材的厚度、焊缝的预处理、试样的均匀预热
裂纹敏感性标准	表面裂纹率：接受试验的焊缝的总长度，与裂纹总长度之比。焊根裂纹率：接受试验的焊缝的总长度，与焊根裂纹总长度之比。截面裂纹率：接受试验的焊缝的最小厚度与焊根裂纹扩展长度之比

（3）里海（Lehigh）拘束裂纹试验。

在 200mm×300mm 整板中间开 U 形坡口，基本原理与斜 Y 坡口相似，试验焊缝也只有一道，试验时裂纹往往向焊缝金属内扩展，所以这一方法主要适用于试验焊缝金属抗裂性（图 3-1-12）。里海试件则在两侧和两端开有贯穿板厚的槽线，这样使得试板拘束度降低。同时坡口到槽线末端的距离可以改变，从而调节拘束度大小。当这个距离等于某值而恰好引起裂纹时，此值就称为临界拘束度。可以定量地表征引起裂纹的临界拘束度量值。里海试验相关要求见表 3-1-11。

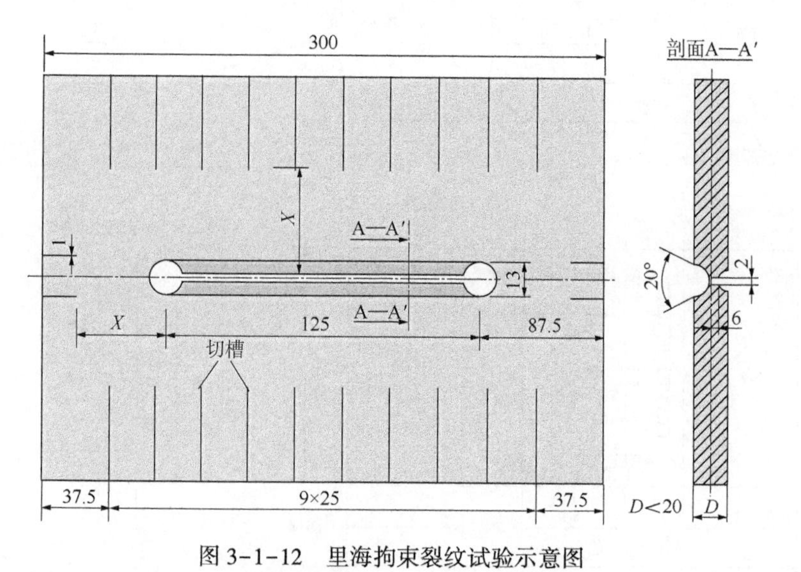

图 3-1-12 里海拘束裂纹试验示意图

表 3-1-11 里海拘束裂纹试验相关要求

试验目的	检验板材的裂纹敏感性
主要用途	研究与开发
材料	钢制板材
试验厚度	<20mm
试样数量	要求通过大量试样取得可靠的裂纹敏感性指数
试验类型	对接焊缝，采用 U 形坡口
载荷	沿板材的边缘、端部切割出槽口，以便实现自拘束
试验持续时间	>24h
拉伸	残余应力来源于残余应力的变化和收缩限制。约束程度与槽口的长度成反比。因此，槽口越长，约束越低，裂纹指数也越小
开裂位置	冷却到室温的焊接金属
裂纹的识别方法	以焊缝表面进行目测检查。通过无损检测和传统的金相检验方法，确定是否出现裂纹
特别影响因素	焊缝材料和基材的化学成分，预热，热输入和焊缝的几何形状
裂纹敏感性标准	利用不同长度的槽口形成的约束程度、裂纹的长度，评估试验材料的裂纹敏感性

（4）CTS（Controlled Thermal Severity）试验。

在上下试板两侧角焊两道拘束焊缝，在其他两边焊接两个试验焊缝，每边试验焊缝热流传递按散热程度指数 TSN 表达（图 3-1-13）。IIW 认为，CTS 试验作为焊接热影响区裂纹现象的科学试验具有良好效果。该试验主要是研究低合金钢搭接接头角焊缝的冷裂试验。低的热输入或者高的扩散氢含量可以用这种方法，实际中的热输入比较高，不符合实际情况。CTS 试验相关要求见表 3-1-12。

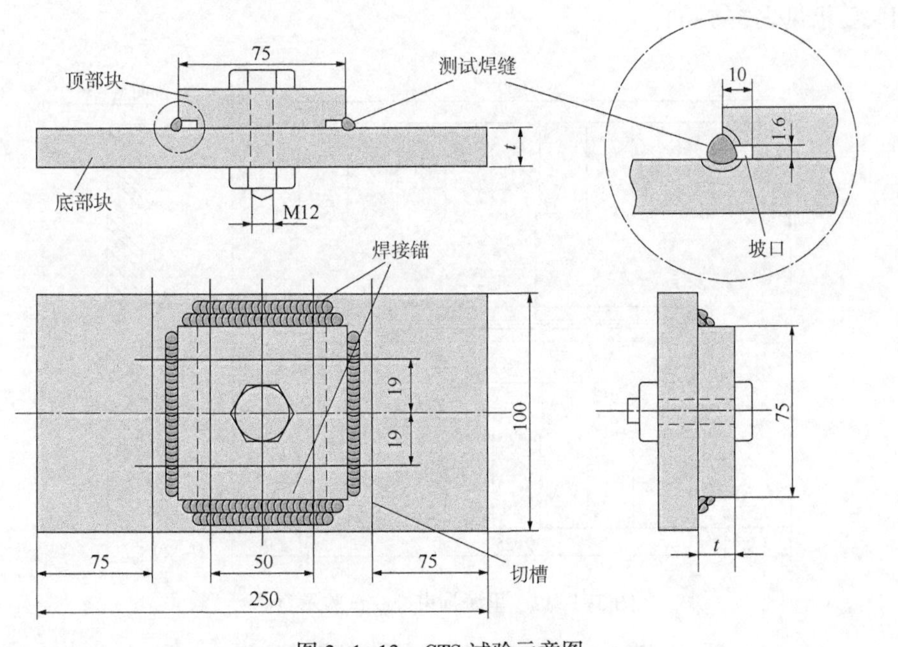

图 3-1-13　CTS 试验示意图

表 3-1-12　CTS 试验相关要求

试验目的	填角焊缝的冷裂纹敏感性（HAZ-WM 综合试验）
材料	高强度非合金钢、低合金钢（板材）及其焊缝材料
试验厚度 t	6.3mm≤t≤5.4mm
试样数量	每种条件 1~3 个试样。通过至少两个没有初始裂纹的试样确定 T_{preh}
试验类型	单道填角焊缝、接受测试的焊缝（HAZ-WM）
载荷	自拘束试样，载荷大小取决于板材的厚度
试验持续时间	≥16h
拉伸	应力来源于收缩限制和残余应力
开裂位置	HAZ 和/或 WM
裂纹的识别方法	目测检查，用 4 个金相试样检验裂纹
特别影响因素	板材的厚度、试样的均匀预热、焊接顺序、母材在 Z 方向上的性能
裂纹敏感性标准	至少有 3 个试样的横截面上没有出现裂纹，比较 CTS 试样与构件的临界热消散（热急变强度值）

（5）焊道弯曲裂纹试验。

将125mm×300mm平板以V形坡口对接，焊接前将试板两头用角焊缝固定在刚度较大的底板上，接头部位为多道焊缝(图3-1-14)。此试验适用于板厚超过5mm的板，主要目的是测定焊接构件氢致裂纹的敏感性，了解层间温度及焊接顺序对氢致裂纹(HACC)敏感性的影响。由于裂纹开裂不明显，不易观察，需要加载弯曲载荷使裂纹进一步扩散，此试验常用于管线钢HACC敏感性的测定。此试验为非标准试验，试验过程复杂，且针对性较强，不能作为裂纹敏感性的判断指标。其试验相关要求见表3-1-13。

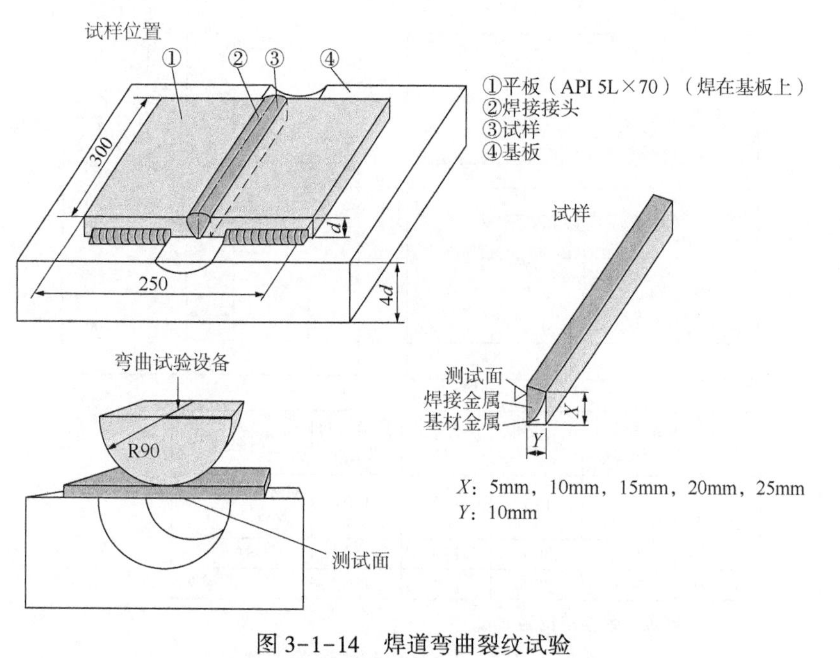

图3-1-14　焊道弯曲裂纹试验

表3-1-13　焊道弯曲裂纹试验相关要求

试验目的	评估焊接构件的HACC敏感性，确定壁厚对层间温度的影响
主要用途	程序试验、R&D、验收测试和模拟构件的焊接
材料	不限制，焊接材料
试验厚度	板材的厚度>5mm
试样数量	至少1个试样
试验类型	V形对焊接头，平坦位置
载荷	自拘束试样；板材的厚度对载荷大小的影响、基材的屈服强度等
试验持续时间	40h：焊接时间+24h(置于厚重底板之上)+取下试样+16h退火+弯曲
拉伸	收缩限制和残余应力的变化产生的残余应力
开裂位置	焊接金属
裂纹的识别方法	目测检查抛光后的试验表面
特别影响因素	板材的厚度、试样的均匀预热
裂纹敏感性标准	抛光表面上的裂纹的数量、长度、位置

(6) 十字接头裂纹试验。

将厚度大于 10mm 的三块试板装配为十字接头，三块试板的尺寸与厚度有关，将上下两试板用两道拘束焊缝分别于两边的十字面内固定在中间的试板上(图 3-1-15)。试验焊缝为四条单道角焊缝将上下两板焊接在中间板上。此试验为 CTS 的后续试验，试验的主要目的是测定角焊缝热影响及焊缝金属的冷裂纹敏感性，主要用于考察大角变形受限制时角焊缝的抗冷裂性，以弥补 CTS 无法测定角变形对角焊缝抗裂性影响的不足。其试验相关要求见表 3-1-14。

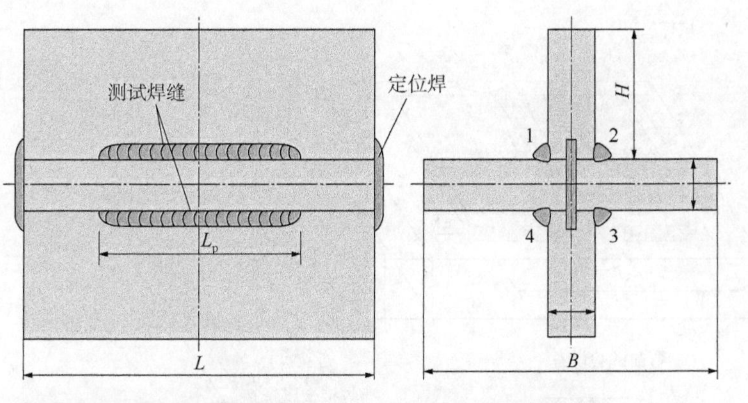

板厚(t)	试样长度(L)	试样宽度(B)	试样高度(H)	焊缝长度(L_p)	焊接过程
10~15	150	150	150	150	MMA，MAG，MG，TIG，
	300	300	150	150	SA
16~50	300	300	150	150	全部

注：该表中数据单位为 mm。

图 3-1-15 十字接头裂纹试验示意图

表 3-1-14 十字接头裂纹试验相关要求

试验目的	填角焊缝的冷裂纹敏感性(HAZ-WM 综合试验)
主要用途	验收测试、研究与开发
材料	高强度非合金钢、低合金钢(板材)及其焊缝材料
试验厚度 t	$t \geqslant 10$mm
试样数量	每种条件 1~3 个试样。通过至少两个没有裂纹的试样确定 T_{preh}
试验类型	单道填角焊缝、接受测试的焊缝(HAZ-WM)
载荷	自拘束试样，载荷大小取决于板材的厚度
试验持续时间	≥20h
拉伸	残余应力来源于收缩限制和残余应力的变化。焊缝数量增加，应力也随之增加。拐角处的收缩是第一重点
开裂位置	HAZ 和/或 WM
裂纹的识别方法	目测检查，用金相试样检验裂纹
特别影响因素	板材的厚度、试样的均匀预热、焊接顺序、基材在 Z 方向上的性能
裂纹敏感性标准	无裂纹条件(焊接金属的氢含量、预热温度、热输入)

（7）WIC 焊接裂纹试验。

WIC 裂纹试验是加拿大焊接协会开发的一种用于评价管线钢下向焊冷裂纹敏感性的试验方法。将 50mm×150mm 两板按照单 V 形坡口形式对接装配在宽 75mm 的 T 形钢上，并用四条角焊缝将其固定在 T 形钢上（图 3-1-16）。试验焊缝为垂直下向焊单道对接焊缝，以模拟管线现场下向焊的实际情况。WIC 试验属于一种刚性拘束裂纹试验，同时是一种条件极其苛刻的焊接冷裂纹试验，主要适用于厚度大于 10mm 的厚板焊接，试验焊接位置针对性强，符合现场焊接中难度最高的情况，作为整体管线焊接抗裂性的评判标准稍显片面，只能用于管线焊接的下向焊抗裂性评定。管线钢 WIC 试验本身具有非常高的工艺技术难度和操作难度，根据此试验制定最低预热温度及线能量成本高，效率低。WIC 焊接裂纹试验相关要求见表 3-1-15。

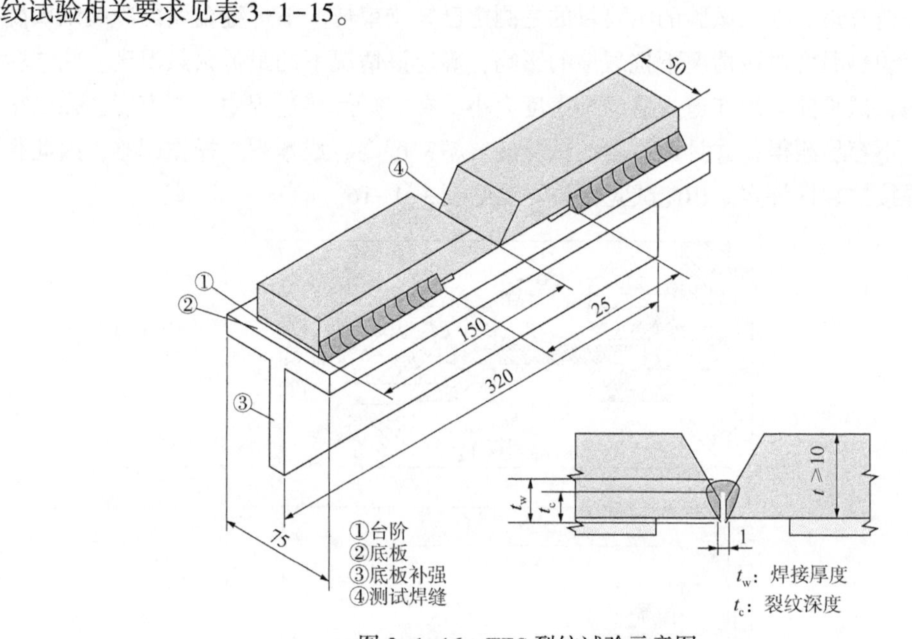

图 3-1-16 WIC 裂纹试验示意图

表 3-1-15 WIC 焊接裂纹试验相关要求

项目	要 求
试验目的	管道在现场焊接（管道铺设）过程中的冷裂纹敏感性（HAZ-WM 综合试验）
主要用途	程序试验，模拟圆形管道的焊接
材料	高强度非合金钢管、低合金钢管及其下坡焊条（碳钢焊条）
试验厚度	板材的厚度
试样数量	3 个试样
试验类型	单道对接焊缝（垂直下坡焊接），焊缝检验（HAZ-WM）
载荷	自拘束试样，载荷大小取决于板材的厚度
试验持续时间	≥24h
拉伸	残余应力来源于收缩限制和残余应力的变化
开裂位置	HAZ 和/或 WM

续表

项目	要　求
裂纹的识别方法	目测检查，通过金相试样检验初始裂纹
特别影响因素	板材的厚度、试样的均匀预热、预设参数、相对刚性约束、垂直下坡焊缝
裂纹敏感性标准	初始裂纹发生时的临界条件(焊接金属的氢含量、预热温度、热输入)：当试件厚度 $t<$ 7.3mm 时，裂纹的总高度小于 5%，当试件厚度 $t\geqslant 7.3$mm 时，裂纹的总高度小于 3%

（8）IRC(Instrumented Restraint Cracking)裂纹试验。

IRC 是一种相对精确的试验，将两块试板对接焊满装配在特定的试验装置上，通过试验装置模拟构件实际的拘束情况(图 3-1-17)。试验焊缝适用范围较为广泛，可用于单层或多层对接焊缝及角焊缝，试验的主要目的是测定已知拘束情况下焊缝金属的冷裂纹敏感性，用于评定预热温度对该情况下抗裂性的影响，确定该情况下的最低预热温度。此试验要求较为严格，试验前必须知道焊缝的拘束度大小，在实际焊接过程中，拘束度往往受很多因素影响，不容易测得，并且此试验的试验装置精密度高、成本高，操作困难，因此很难用于管线焊接抗裂性评定。IRC 试验相关要求见表 3-1-16。

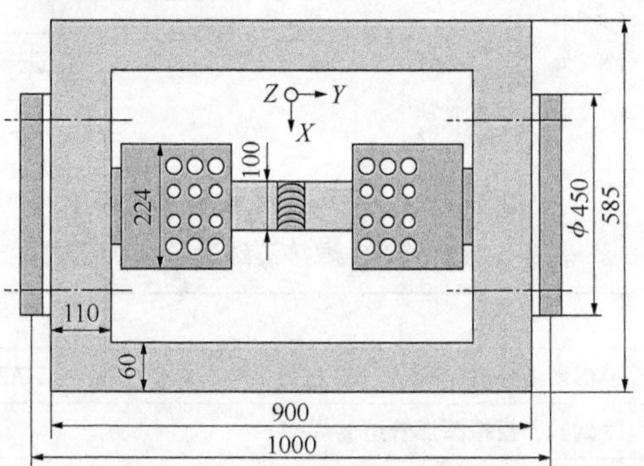

图 3-1-17　IRC 试验示意图

表 3-1-16　IRC 试验相关要求

项目	要　求
试验目的	预先确定约束程度的结构的对接焊缝和填角焊缝(HAZ-WM)的冷裂纹敏感性
主要用途	研究、某些验收测试、模拟构件的焊接
材料	钢制板材、管材及其焊缝材料
试验厚度 t	$t\geqslant 10$mm

续表

项目	要　求
试样数量	每种条件 1~3 个试样。通过至少三个没有裂纹的试样确定预热温度(T_{preh})
试验类型	单道/多道对接焊缝和填角焊缝，检验 HAZ 和 WM
载荷	自拘束试样，载荷大小取决于板材的厚度、夹具的间距
试验持续时间	≥20h
拉伸	残余应力来源于收缩限制和残余应力的变化、焊缝的几何形状(例如根部槽口)
开裂位置	HAZ 和/或 WM
裂纹的识别方法	目测检查，通过金相试样或者在氧化退火后施加拉伸力检查初始裂纹，通过反映应力条件的记录评定开裂时间
特别影响因素	板材的厚度、预热类型，通过选择拘束条件、部件的预热方式改变残余应力
裂纹敏感性标准	无裂纹条件(焊接金属的氢含量、预热温度、热输入)。裂纹系数：裂纹总面积与焊缝横截面积之比

(9) RGW-19-KR 裂纹试验。

RGW 原理与 IRC 试验原理相似，都是通过物理模拟模拟实际焊接过程中的受拘束情况，确定不产生裂纹时的热输入及预热温度。此试验主要适用于单道对接焊缝或者角焊缝，通过控制板厚和板长来模拟不同的拘束情况，通常使用规定的三种规格的试板(图 3-1-18)。此试验的主要目的是测定 10mm 以上的厚板在一定的拘束情况下焊缝的抗裂性。此试验可模拟不同拘束情况下焊缝的冷裂敏感性，但拘束情况有限，试验情况的拘束度无确定值，准确性有待考察，并且试验装置复杂，不易实现。其试验相关要求见表 3-1-17。

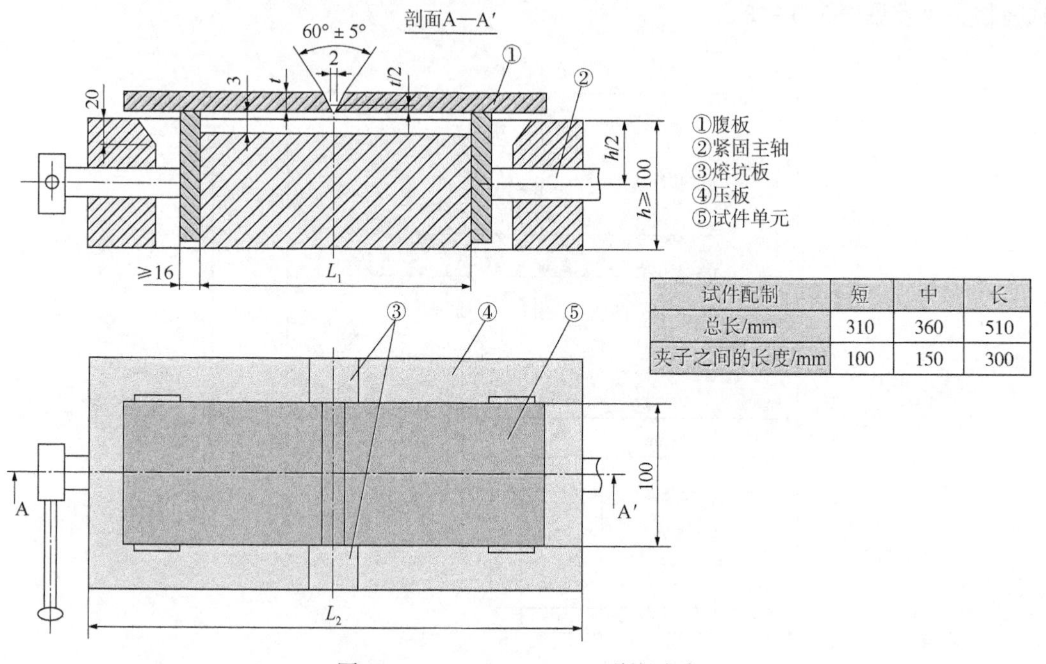

试件配制	短	中	长
总长/mm	310	360	510
夹子之间的长度/mm	100	150	300

图 3-1-18　RGW-19-KR 裂纹试验

表 3-1-17 RGW-19-KR 裂纹试验相关要求

项目	要　求
试验目的	对接焊缝和填角焊缝的冷裂纹敏感性（HAZ-WM 综合试验）
主要用途	程序试验，模拟圆形管道的焊接
材料	高强度非合金钢、低合金钢（板材）及其焊缝材料
试验厚度 t	$t \geqslant 10$mm
试样数量	每种条件 1~3 个试样。用至少三个没有初始裂纹的试样确定预热温度（T_{preh}）
试验类型	单道对接焊缝，检验 HAZ 和 WM
载荷	自拘束试样，载荷大小取决于板材的厚度、夹具的间距
试验持续时间	≥24h
拉伸	残余应力来源于收缩限制和残余应力的变化、焊缝的几何形状（例如根部槽口）
开裂位置	HAZ 和/或 WM
裂纹的识别方法	目测检查，通过金相试样或者在氧化退火后施加拉伸力检查初始裂纹
特别影响因素	板厚、预热类型、夹具之间三向长度差异导致的残余应力变化、预热是否均匀
裂纹敏感性标准	无裂纹条件（焊接金属的氢含量、预热温度、热输入）。裂纹系数：裂纹总面积与焊缝横截面积之比

（10）G-BOP 试验。

在 100mm×125mm 对接试板一侧开一个 0.75mm 的槽，试验焊缝可以采用单道焊缝，也可以采用预堆焊过渡层的方法，保证试验焊缝不被稀释且成分均匀，以模拟多层焊焊缝状态（图 3-1-19）。该试验是一种简便、经济、实用的焊缝横向冷裂敏感性研究方法。共试验相关要求见表 3-1-18。

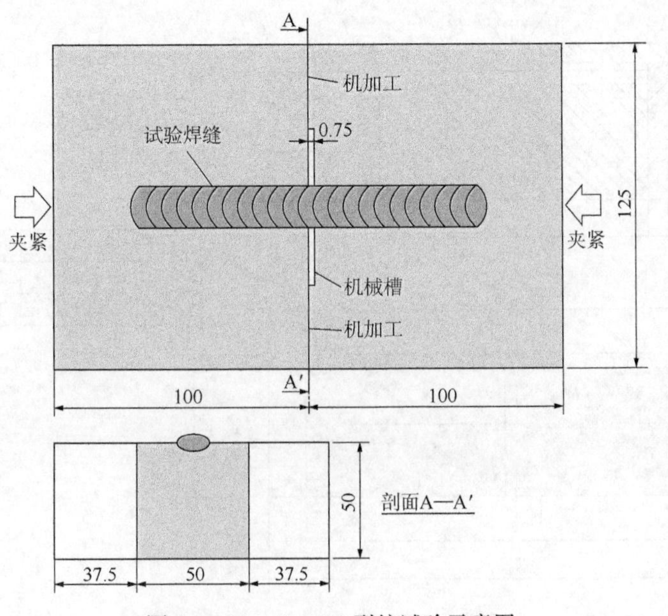

图 3-1-19 G-BOP 裂纹试验示意图

表 3-1-18　G-BOP 裂纹试验相关要求

项目	要　求
试验目的	焊缝金属的氢致裂纹相对敏感性
主要用途	研究试验和某些验收测试
材料	结构钢(支撑)及其焊缝材料
试验厚度	构件的厚度为 50mm
试样数量	不适用
试验类型	单道对接焊缝，检验焊缝
载荷	自拘束
试验持续时间	≥24h
拉伸	残余应力来源于收缩限制和残余应力的变化
开裂位置	WM
裂纹的识别方法	目测检查，氧化退火后施加拉伸力检查裂纹
特别影响因素	构件的均匀预热、焊接顺序
裂纹敏感性标准	不适用

(11) Batelle 焊道下裂纹(BUC)试验。

在 76mm×51mm×25.4mm 的试板中间堆焊一道长 32mm 的焊缝，放置 24h(图 3-1-20)。此试验的主要目的是测定用纤维素焊条焊接的碳钢和低合金钢焊道下裂纹的敏感性，确定不产生焊道下裂纹的最低预热温度及线能量。此试验模拟的是完全固定的焊接情况，焊接条件苛刻，且板厚固定不变，不符合实际情况。焊道下裂纹试验是针对性试验，模拟了最恶劣的焊接情况，是一种偏安全的评定试验方案。按照此试验制定实际工程中的焊接工艺，会造出人力物力浪费，不是最佳选择。BUC 试验相关要求见表 3-1-19。

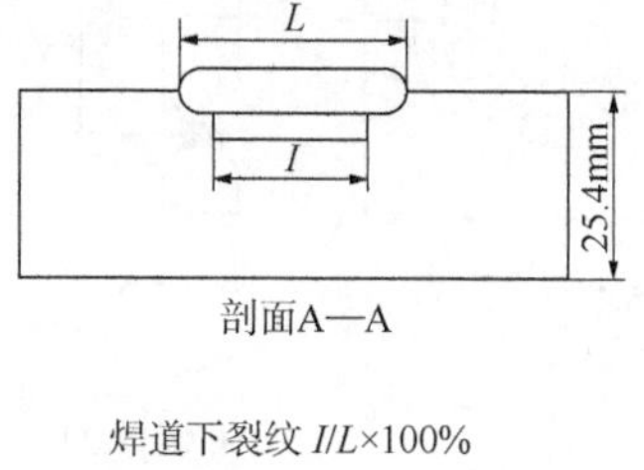

图 3-1-20　BUC 试验示意图

表 3-1-19　BUC 试验相关要求

项目	要　求
试验目的	使用纤维素型焊条，测定碳钢和低合金钢的焊道下裂纹敏感性
主要用途	研究试验和某些验收测试
材料	结构钢、低合金钢及其焊条
试验厚度	板材的厚度为 25.4mm(1in)
试样数量	10 个试样
试验类型	板材焊缝

续表

项目	要　求
载荷	自拘束
试验持续时间	≥24h
拉伸	收缩限制和残余应力的变化产生的残余应力
开裂位置	WM
裂纹的识别方法	目测检查、磁力法、切割焊缝
特别影响因素	焊接参数
裂纹敏感性标准	确定最低预热温度以防止焊缝在高收缩限制条件下产生裂纹

（12）环形镶块裂纹试验（Circular Patch Test）。

从方形试板中间切割出一个圆盘，然后再将圆盘焊回到方形试板上，可有两种焊接变体（图3-1-21）。焊接过程中产生的二向应力扩展有可能引起热影响区和焊缝的开裂，所以这一方法主要研究热影响区和焊缝氢致裂纹的相对敏感性。试验焊缝为单道焊缝，试验过程中的二向应力可以通过改变圆盘的大小改变，但是无法获悉应力的具体数值，因此属于拘束不确定情况。根据该试验可以发展许多试验变体，还可以用于测定热裂纹敏感性。其试验相关要求见表3-1-20。

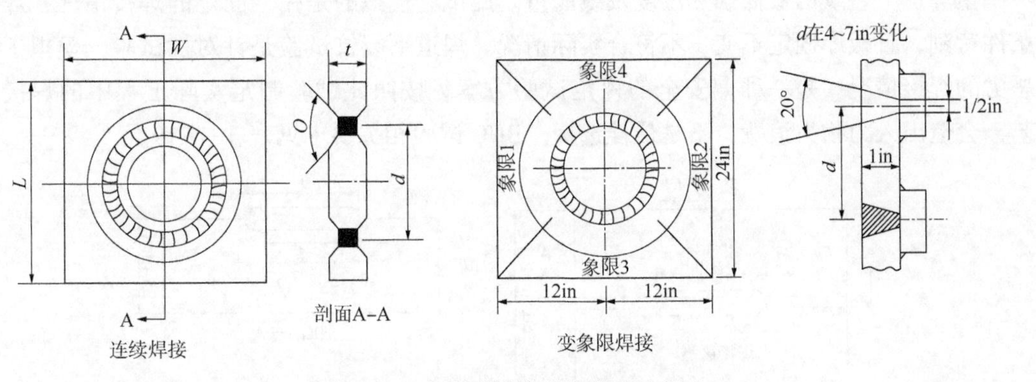

图3-1-21　环形镶块裂纹试验示意图

表3-1-20　环形镶块裂纹试验相关要求

项目	要　求
试验目的	焊接金属的氢致裂纹相对敏感性
主要用途	研究与开发和验收测试
材料	结构钢（支撑）及其焊缝材料
试验厚度	取决于试验变量
试样数量	不适用
试验类型	单道对接焊缝，检验焊缝
载荷	自拘束，取决于圆盘的直径和板材的厚度
试验持续时间	不适用
拉伸	残余应力源于收缩限制和残余应力的变化、双轴应力条件

续表

项目	要　求
开裂位置	WM
裂纹的识别方法	磁粉、X 射线和金相方法
特别影响因素	构件的均匀预热、焊接顺序
裂纹敏感性标准	不适用(也不适用于热裂纹试验)

(13) Schnadt 压板对接裂纹试验。

Schnadt 压板对接裂纹试验是一种改进的压板对接试验(图 3-1-22)，将两板对接装夹于中间有孔的压板对接试验机上，装夹固定好后，在不经过预热的情况下，通过恒定的焊接参数形成单道试验焊缝，焊接速度可变，在较高热输入的情况下，当达到一定的焊接速度时，就有可能在 HAZ 产生裂纹。此试验主要用于评定管线钢的焊接性，也可以用于测定在不出现根裂纹的前提下每根焊条允许焊接的最大长度，或者用于评定钢材和焊条的冷裂纹敏感性等级。其试验相关要求见表 3-1-21。

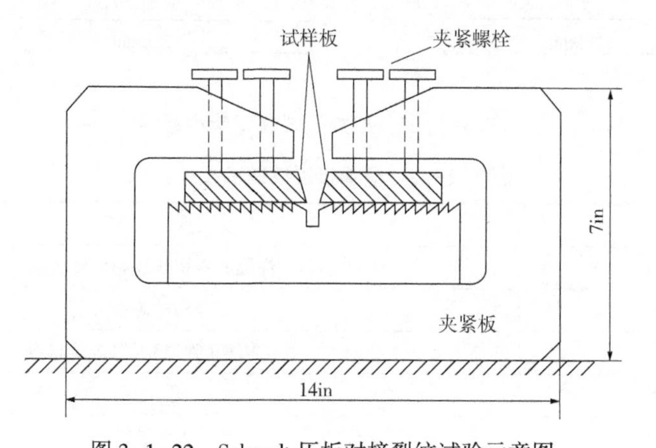

图 3-1-22　Schnadt 压板对接裂纹试验示意图

表 3-1-21　Schnadt 压板对接裂纹试验相关要求

项目	要　求
试验目的	现场评估管道的可焊性
主要用途	采用试验焊接工艺模拟现场焊接
材料	结构钢(管道)及其焊缝材料(焊条)
试验厚度	14.72mm(200mm×300mm)
试样数量	不适用
试验类型	单道对接焊缝
载荷	自拘束
试验持续时间	24h
拉伸	收缩限制和残余应力的变化产生的残余应力
开裂位置	WM，HAZ
裂纹的识别方法	金相目测检查
特别影响因素	板材的厚度，进给速度
裂纹敏感性标准	临界冷却速度

(14) 槽焊接裂纹试验(Slot Weld Test)。

槽焊接裂纹试验主要用于评定管线钢的现场焊接性(图 3-1-23)，试验原理与 G-BOP 试验类似。在 150mm×200mm 的试板中间开一个长 90mm、宽 2.4mm 的槽，槽可以通过机械加工，或者拘束焊缝的方式(如斜 Y 坡口试验)实现。试验焊缝为从距槽边 25mm 长起焊横穿过槽的单道焊缝，主要用于测定氢致裂纹的相对敏感性。此试验方法与 G-BOP 试验类似，主要测定横向裂纹倾向，但较之 G-BOP 试验，拘束强度更高，且在槽处产生了三向应力，因此条件更加苛刻，试验标准偏于安全。其试验相关要求见表 3-1-22。

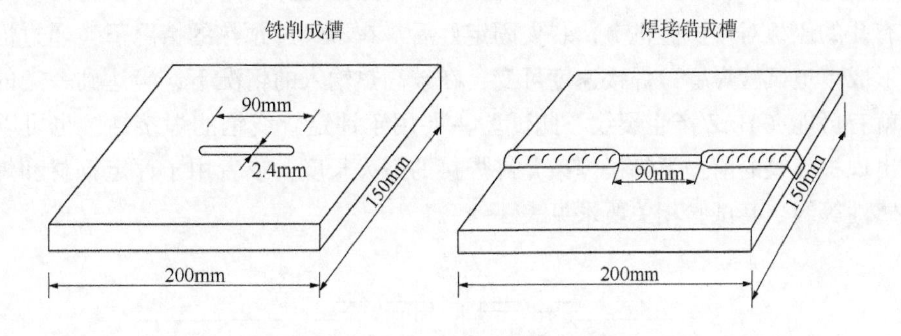

图 3-1-23 槽焊接裂纹试验示意图

表 3-1-22 槽焊接裂纹试验相关要求

项目	要　求
试验目的	焊缝的氢致裂纹相对敏感性
主要用途	试验用的焊接工艺
材料	结构钢(管道)及其焊缝材料
试验厚度	不适用
试样数量	2 个试样
试验类型	单道对接焊缝，模拟管道的现场焊接
载荷	自拘束
试验持续时间	24~48h
拉伸	收缩限制和残余应力的变化产生的残余应力
开裂位置	HAZ
裂纹的识别方法	目测检查，切割焊缝
特别影响因素	构件的均匀预热、焊接顺序
裂纹敏感性标准	用百分比表示裂纹的面积

(15) 对接焊裂纹试验。

将两块板对接，装夹在试验装置上，装夹装置与 Schnadt 压板对接裂纹试验的装夹装置类似，只是添加了背面成形装置(图 3-1-24)。用夹板固定试板，使试板无法发生角变形，但是可以发生横向变形，以模拟管线的实际焊接状态。可以通过改变焊接速度进而改变热输入，同时可以在装夹前对试板进行预热从而测定预热温度的影响。试验焊缝为单道对接焊缝，主要用于评定管线钢的氢致裂纹敏感性。但是由于装夹装置及成形铜块导热快，因此冷却速度很快，与实际问题不符合，根据此试验制定的焊接标准偏于安全，成本高，效率低。其试验相关要求见表3-1-23。

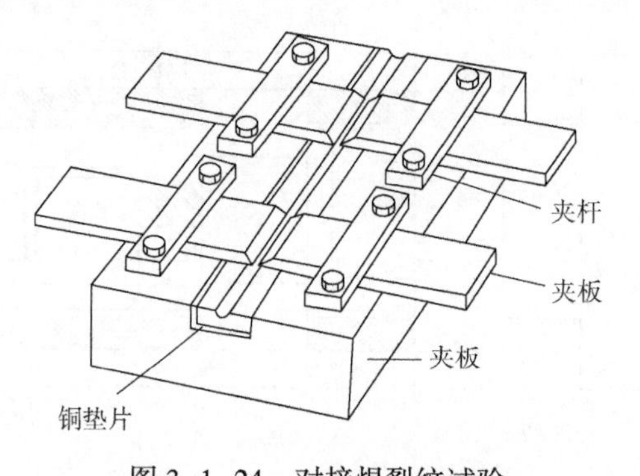

图3-1-24 对接焊裂纹试验

表3-1-23 对接焊裂纹试验相关要求

项目	要 求
试验目的	焊缝的氢致裂纹相对敏感性
主要用途	试验用的焊接工艺(评估管道钢材在现场条件下的可焊性)
材料	结构钢(管道)及其焊缝材料
试验厚度	不适用
试样数量	不适用
试验类型	单道对接焊缝
载荷	自拘束，只限制角收缩变形
试验持续时间	不适用
拉伸	残余应力来源于收缩限制和残余应力的变化
开裂位置	WM、HAZ
裂纹的识别方法	金相目测检查
特别影响因素	板材的厚度、焊接参数
裂纹敏感性标准	不适用

（16）刚性约束裂纹试验(Rigid Restraint Cracking Test，RRC)。

试验设备与TRC类似，但在RRC试件上必须标出标点，焊接开始后，使这一标距始终保持不变，直到试验结束(图3-1-25)。RRC试验主要模拟刚性很大的结构件，焊接后完全不能变形而且处于刚性固定的状态，以便接近真实情况。但是使用该试验时进行预热不易获得准确结果。其试验相关要求见表3-1-24。

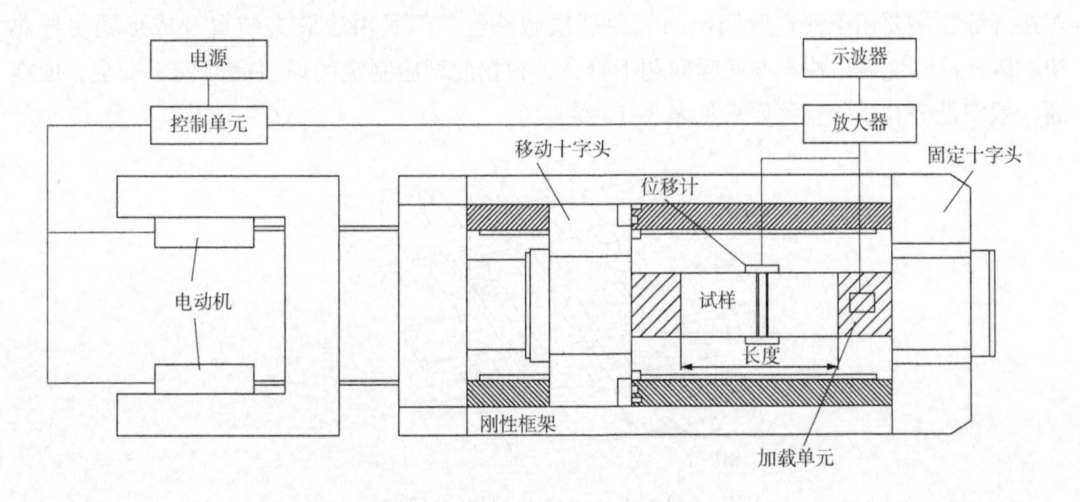

图 3-1-25　刚性拘束裂纹试验

表 3-1-24　刚性拘束裂纹相关要求

项目	要　求
试验目的	通过试验确定焊缝冷裂纹的临界条件
主要用途	用于测定冷裂纹敏感性的试验材料
材料	低合金钢
试验厚度	t≥10mm
试样数量	每种条件 1~3 个试样。通过至少三个没有裂纹的试样确定预热温度(T_{preh})
试验类型	单道/多道对接焊缝，检验 HAZ 和 WM
载荷	自拘束试样，载荷大小取决于板材的厚度、夹具的间距
试验持续时间	≥20h
拉伸	残余应力来源于收缩限制和残余应力的变化、焊缝的几何形状
开裂位置	WM，HAZ
裂纹的识别方法	金相检验
特别影响因素	焊接工艺、试样的厚度、焊缝的预处理、热输入
裂纹敏感性标准	无裂纹条件(焊接金属的氢含量、预热温度、热输入)，临界横向应力

3）各方法对比分析

本节对各方法的特点及适应性进行比对分析(表 3-1-25)。

由于 LTP 裂纹试验、应变增强裂纹试验、IRC 裂纹试验、RGW-19-KR 裂纹试验等试验其试验过程复杂，成本高，控制困难，由于控制不精引起的误差较大，因此在冷裂纹敏感性评定中较少使用，很少用于工程评定，主要用于基础性试验研究。

Batelle 焊道下裂纹(BUC)试验与实际焊接过程相比拘束严格，对接焊裂纹试验与实际焊接情况相比冷却速度快，这两种试验条件比实际情况苛刻，根据这两种试验制定的焊接规范偏于安全，但在实际工程中只要保证达到一定的安全系数即可，过于安全会使焊接过程控制困难，效率低下，浪费资源。

焊道弯曲裂纹试验、槽焊接裂纹试验主要用于测定 HACC 裂纹敏感性，不符合实际工程中要求各种冷裂纹均不产生的要求，Schnadt 压板对接裂纹试验主要是针对根裂纹敏感性设计的试验，而 WIC 焊接裂纹试验主要是测定管线焊接下向焊时的裂纹敏感性，可以说明一定的问题，但由于其他焊接位置的焊接条件相对于下向焊较好，因此若应用此焊接试验制定焊接标准，会增加施工难度，而且焊接位置不同，使用的焊接参数也不可能完全相同，不能以偏概全。以上四种试验由于针对性较强，可以用于辅助性测定以保障相应方面的安全性，但不可以直接作为制定标准的试验。

环形镶块裂纹试验是拘束可变的试验，通过改变环形镶块的尺寸可以改变拘束情况，但由于具体的拘束度值或者应力值不确定，因此无法确定该试验条件是否与实际焊接条件相符合，同时由于本身圆形镶块机械切割及坡口加工较困难，用此试验模拟焊接情况的拘束度没有用里海试验可变拘束情况模拟焊接时省时省力、效率高。

U 形坡口焊接裂纹试验与里海试验开槽长度为 0 的情况基本一致，可以看作里海试验的一部分，但缺少里海试验拘束度可调的优点。因此综合考虑，在选择里海试验的情况下，不需要再选择 U 形坡口焊接裂纹试验。

十字接头裂纹试验为 CTS 的后续试验，试验的主要目的是测定角焊缝热影响及焊缝金属的冷裂纹敏感性，主要用于考察大角变形受限制时角焊缝的抗冷裂性，以弥补 CTS 无法测定角变形对角焊缝抗裂性影响的不足。由于管线焊接中，在装夹固定好后几乎不存在角变形，因此试验意义不大。

综合以上分析，建议选择插销试验、TRC 试验、斜 Y 坡口试验、里海试验、CTS 试验、G-BOP 试验，以及 RRC 试验等方法测定冷裂纹敏感性。试验组合符合以下特点：

（1）试验组合测定全面，不仅包括单独测定母材、填充材料冷裂纹敏感性的试验，还包括同时测定二者冷裂纹敏感性的试验；而且适用的接头形式包括平面焊道、角焊缝和对接焊缝，其中对接焊缝与管线钢圆管对接形式相符合；试验测试的位置包括了热影响区和焊缝金属及其组合；而且包括外拘束和自拘束两种情况。

（2）试验组合考虑到了几乎所有的影响因素，如板厚、焊件及焊缝的几何参数、预热温度、氢含量等。

（3）试验组合包括了低拘束度、高拘束度及可调拘束度等三种情况，有效地模拟了管线现场焊接的各种拘束情况。

（4）试验过程及装配较简单，而且是标准试验，容易实现。

表 3-1-25　各焊接试验方法的对比分析

试验名称	插销试验	LTP试验	TRC试验	ASC试验	斜Y坡口试验	U形槽试验	里海试验	CTS试验	焊道弯曲试验	十字接头试验	WIC试验	IRC试验	RGW试验	G-BOP试验	BUC试验	环形镶块试验	菲斯柯试验	槽焊试验	对接焊试验	RRC试验
测试材料	母材（特殊情况也可以是填充材料）	母材		母材、填充材料					母材、填充材料、管线钢	母材、填充材料	母材、填充材料、管线钢	母材、填充材料	母材、填充材料	填充材料	母材、填充材料	母材、填充材料	母材、填充材料(焊条)、管线钢	母材、填充材料、管线钢	母材、填充材料、管线钢	母材、填充材料
模拟接头形式	平板焊道	单道或多道角焊缝、平板焊道	单道或多道对接焊缝	平板焊道	对接焊缝、槽焊缝	对接焊缝、槽焊缝	对接焊缝、槽焊缝	角焊缝	多道对接焊缝（多孔焊缝）	角焊缝	单道对接焊缝	单道或多道对接焊缝	单道对接焊缝	平板焊道	平板焊道	对接焊缝	单道对接焊缝（模拟管线钢环焊缝）	平板焊道(管线钢环焊缝)	单道对接焊缝（管线钢环焊缝）	单道或多道对接焊缝
测试位置	热影响区	热影响区、焊缝	热影响区、焊缝	热影响区、焊缝	热影响区、焊缝	热影响区、焊缝	热影响区、焊缝	热影响区、焊缝	焊缝	热影响区、焊缝、根裂纹	热影响区、焊缝	热影响区、焊缝	热影响区、焊缝	焊缝	热影响区	热影响区、焊缝	热影响区、焊缝	热影响区	热影响区	热影响区、焊缝
引裂应力	恒定拉伸载荷	恒定拉伸载荷	恒定拉伸载荷	恒定拉伸载荷、弯曲应力	收缩应力、相变残余应力、槽口刻痕等引起的应力集中															
	外加载荷				自拘束															
影响因素	插销的几何尺寸、试验载荷、焊接参数	试验载荷、焊接参数	试验载荷、焊接参数	焊接参数、试块几何尺寸	板厚、缝的加工及装配、焊接参数	板厚、缝的加工及装配、焊接参数	板厚、缝的加工及装配、焊接参数	板厚、缝的加工及装配、焊接参数、冷却速度	试块几何尺寸、焊接参数	板厚、缝的加工及装配、焊接参数	板厚、焊接参数	试块几何尺寸、焊接参数	试块几何尺寸、焊接参数	焊接参数	焊接参数	板厚、焊接参数	板厚、焊接参数	焊接参数	板厚、焊接参数	试块几何尺寸、焊接参数

续表

试验名称	插销试验	LTP试验	TRC试验	ASC试验	斜Y坡口试验	U形槽试验	里海试验	CTS试验	焊道弯曲试验	十字接头试验	WIC试验	IRC试验	RGW试验	G-BOP试验	BUC试验	环形镶块试验	菲斯柯试验	槽焊试验	对接焊试验	RRC试验
裂纹识别	目测、金相分析				目测、金相分析				目测、金相分析、试样弯曲使裂纹扩展	目测、金相分析	目测、金相分析	目测、金相分析、寻找裂纹起裂点	目测、金相分析	目测、金相分析	目测、金相分析、切割焊缝、磁粉检测	目测、金相分析、磁粉或X射线检测	目测、金相分析	目测、金相分析、切割试验	目测、金相分析	目测、金相分析
结果	临界应力、临界预热温度、氢含量、热输入	临界应力、临界预热温度	临界应力、临界预热温度	临界载荷、裂纹起裂位置	临界预热温度、氢含量、热输入	临界预热温度、氢含量、热输入	临界预热温度、槽长度、拘束	临界预热温度、临界板厚、加热程度	临界层间温度	临界预热温度、氢含量、热输入	临界预热温度、临界角焊缝尺寸(拘束度)	临界预热温度、氢含量、热输入	临界预热温度、热输入	填充材料类型、材料强度等级	临界预热温度、填充材料类型	临界预热温度、热输入	临界冷却速度、焊接速度	临界预热温度、临界热输入、临界时间	临界预热温度、临界热输入	临界预热温度、氢含量、热输入
可移植性	同类材料	相关焊件	相关焊件、与试样形状相同的应用	基础研究、基础机理	相关焊件、高拘束度情况	相关焊件、高拘束度情况	低拘束度情况	受加热程度限制(热消散)	相关焊件、可变拘束度情况	大角变形受限制的情况、同等级材料	相关焊件、可变拘束度情况	相关焊件、可变拘束度情况	相关焊件、可变拘束度情况	不可能	不可能	实际焊缝、补焊焊缝	相关焊件、可变拘束度情况(相对较低)	相关焊件、可变拘束度情况	不可能(冷却速度太高)	相关焊件、可变拘束度情况
适用性	ISO 17641—3	很少用、试验较复杂	有不同的形式	很少用、试验复杂性高、装配复杂、观测裂纹的起裂和扩展及氢的扩散情况	ISO 17641—2根部有较高的残余应力	ISO 17641—2	用于可变拘束度的变形Tekken试验	ISO 17641—2应力于坡口处增大	经常使用，尤其是对管线钢	应力随焊缝的增加而增大、临界焊缝数为3	较常用、装配简单、对管线钢较流行	反作用力在线监控、试验复杂性高	较少用、拘束条件不确定、试验复杂性高	实现多轴应力、测定纵向应力	实现高拘束度	有许多试验变体(也可用于热裂纹试验)，双轴应力情况	管道现场试验、不确定拘束情况	在槽处实现多轴应力	相对较低拘束情况、可能出现横向扭转的情况	基于拘束度概念的情况、测定临界横向应力情况

第二节　焊接热循环

焊接热循环是指焊件上某点经历焊接过程时的温度变化，焊接过程中，焊件上直接被热源加热的部位将被熔化形成熔池。连续相接的熔池冷却凝固后即成为焊缝。焊缝以远的部位则保持固态，焊件上各点由于在焊件上所处位置不同，受到焊接热的作用不同而经历着不同的热循环，它们的热循环曲线也就不同。离焊缝熔合线越近的点，加热速度越大，峰值温度越高，冷却速度也越大，并且所有各点的加热速度都比冷却速度要大得多。这表示焊接接头热影响区的金属都经历了一个自发的、特殊的热处理过程，产生了相变、晶粒长大、应力和变形等变化，从而对焊件金属的组织和性能产生强烈的影响。因此，测量并正确控制焊接热循环对于控制接头热影响区金属的组织和性能具有重要意义。

焊接热循环测试采用 B 型铂—铑热电偶，最高温度 1800℃，热电偶把温度信号直接变成按一定规律变换的弱电压信号，通过 USB-2416 数据采集和转换模块，其接口为双线连接方式，具有热电偶的冷端补偿功能，并且一共可连接 16 个通道同时采集数据，采集卡与计算机相连，通过 TracerDAQ PRO 软件进行测试结果的记录和存储。分别完成了对焊缝和热影响区的每一焊层的测试，测试过程如图 3-2-1 所示。

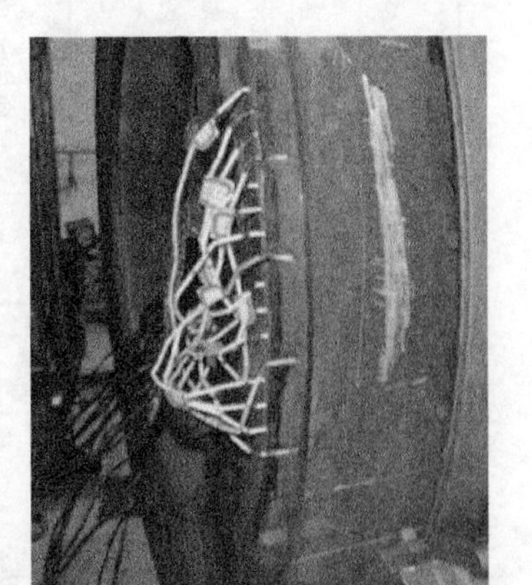
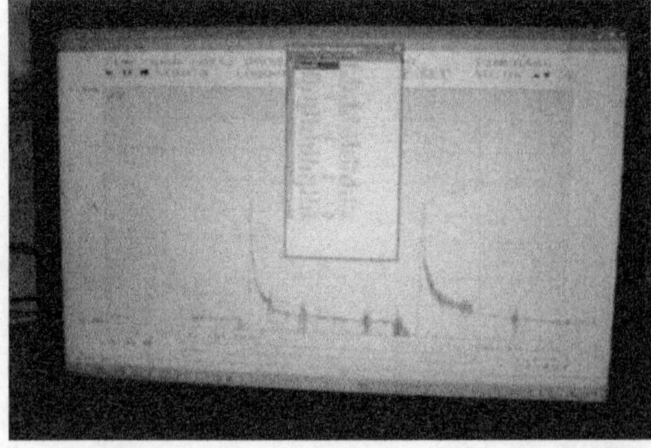
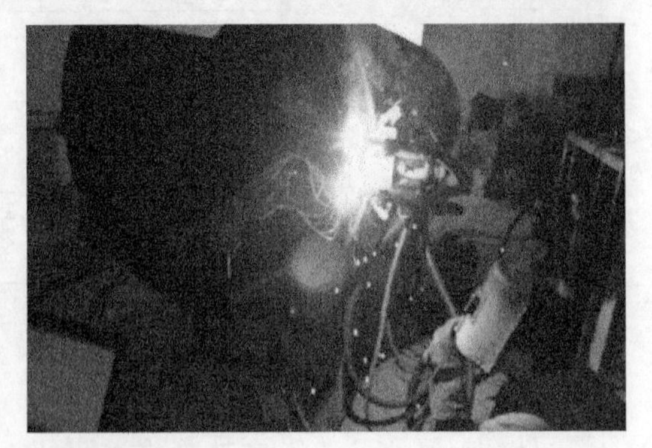

图 3-2-1　焊接热循环测试现场图

一、 焊接热输入及 $t_{8/5}$ 计算

焊接热输入对焊接接头的力学性能有着相当大的影响。尽管在焊缝性能合格的范围内焊接热输入的取值范围比较宽，但是对许多焊接构件，特别是重要的焊接构件，严格控制焊接热输入，提高焊接接头的焊接质量是至关重要的。焊接热输入是指焊接时，由焊接电源输入给单位长度焊缝上的能量。在长期的生产实践中，焊接热输入公式在指导焊接界的生产和科研工作方面做出了重大的贡献。

焊接热输入：

$$E = 60IU/v \tag{3-2-1}$$

式中 E——焊接线能量，J/cm；

I——焊接电流，A；

U——焊接电压，V；

v——焊接速度，mm/min。

$t_{8/5}$为熔合线附近的金属从800℃冷却到500℃所持续的时间，焊接接头的相变主要发生在该区域，因而控制 $t_{8/5}$就能控制焊接接头的金相组织和力学性能，如果 $t_{8/5}$过短，冷却速度快，接头的淬硬倾向严重，容易出现焊接裂纹；$t_{8/5}$过长，则会晶粒严重长大，降低焊接热影响区的韧性。可见，只有把 $t_{8/5}$控制在一定的范围内，才能获得良好的焊接接头。式(3-2-2)为中厚板 $t_{8/5}$计算公式，在前期自动焊焊接参数试验的基础上，可通过公式计算出不同焊接工艺的焊接线能量及 $t_{8/5}$，为热模拟及模型计算提供基础数据。

$$t_{8/5} = \frac{E}{2\pi\lambda}\left(\frac{1}{500 - T_0} - \frac{1}{800 - T_0}\right) \tag{3-2-2}$$

式中 E——焊接线能量，J/mm；

λ——导热系数，取0.42W/(cm·℃)；

T_0——环境温度,℃。

二、 焊接热循环测试

测定焊接热循环的方法，大体上可分为接触式和非接触式两类。在非接触式测定法中，近年来发展了红外测温及热成像技术。这种方法的实质是从弧焊熔池的背面，摄取温度场的热像(红外辐射能量分布图)，然后把热像分解成许多像素，通过电子束扫描实现光电和电光转换，在显像管屏幕上获得灰度等级不同的点构成的图像，该图像间接反映了焊接区的温度场变化，经过计算机图像处理和换算，便可得出某一瞬间或动态过程的真实温度场。这种测定方法的优点是测定装置不直接接触被测物体，不会搅动和破坏被测物体的温度和热平衡，响应时间快、灵敏度高，并且可以连续测温和自动记录。目前在国内已开展了这方面的研究，但由于这种测定法需要较复杂的设备和技术，所以尚未大量推广。另一种方法为接触式测温，例如目前最常用的热电偶测温。它是建立在热电偶两端由于温度

差而产生热电势的基础上。测温时把热电偶的热结点焊在被测点上，热电偶的另一端接在 $X-Y$ 函数记录仪上，焊接时由于热结点受热产生热电势，并把这个电势作为 $X-Y$ 函数记录的输入信号，经放大后由记录仪表笔自动记录下来，然后利用热电势温度换算表进行换算，即可得到被测点的热循环曲线。这种测温方法由于热电偶的联结，会影响到被测物体的温度及热平衡，有时将降低测温的精确度，而且由于记录仪的机械惰性等原因，对于微小体积的快速温度变化响应速度也慢。但是，它的突出优点是简单、直观、测出的温度有一定的精确性，因而仍是目前最主要的测温方法，本实验也是利用热电偶测温方法来获得热循环曲线。

焊接热循环测试采用 B 型铂—铑热电偶，最高温度 1800℃，热电偶把温度信号直接变成按一定规律变换的弱电压信号，通过 USB-2416 数据采集和转换模块，其接口为双线连接方式，具有热电偶的冷端补偿功能，并且一共可连接 16 个通道同时采集数据，采集卡与计算机相连，通过 TracerDAQ PRO 软件进行测试结果的记录和存储。示意图如图 3-2-2 所示。

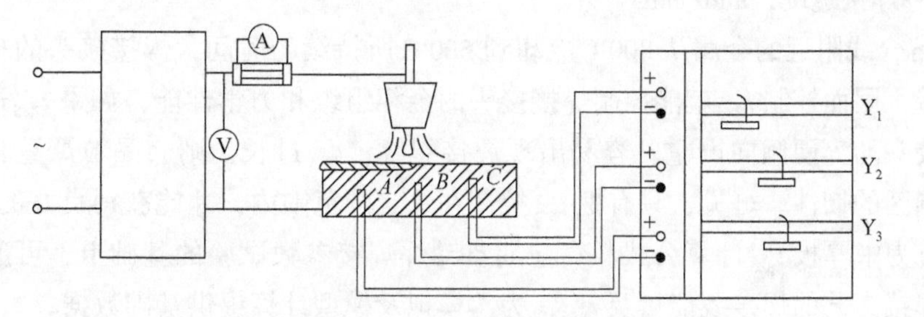

图 3-2-2　热循环测试示意图

三、自动焊焊接热循环

1. 材料及工艺

选取两种管径、四种壁厚的高钢级 X80M 管道，拟定两种自动焊焊接工艺(主要是填充/盖面部分为自动焊接)，设计两种对应的坡口形式，开展不同管径、不同壁厚、不同焊接工艺参数下环焊接头的自动焊焊接热循环测试研究。

焊接试验的根焊部分均采用 STT 半自动焊接，填充/盖面分别采用实心焊丝自动焊接的熔化极气体保护焊(GMAW)和气保护药芯焊丝自动焊接工艺(FCAW-G)，前者焊接工艺的坡口设计为复合型，后者为单 V 形，见表 3-2-1 至表 3-2-3。

表 3-2-1　不同管径、不同壁厚的环焊自动焊焊接工艺对比

序号	钢管	管径 D/mm	壁厚 T/mm	焊接工艺
1	X80M	1219	18.4	STT+GMAW
2	X80M	1219	22.0	STT+GMAW
3	X80M	1219	27.5	STT+GMAW
4	X80M	1422	25.7	STT+GMAW

续表

序号	钢管	管径 D/mm	壁厚 T/mm	焊接工艺
5	X80M	1219	18.4	STT+FCAW-G
6	X80M	1219	22.0	STT+FCAW-G
7	X80M	1219	27.5	STT+FCAW-G
8	X80M	1422	25.7	STT+FCAW-G

表 3-2-2　不同环焊工艺的焊接试验

焊接工艺	坡口形式	接头设计详图①	焊接材料	
			根焊	填充/盖面
STT+GMAW	复合形式	W; 5°±1°; 5.1±0.2mm; T; 45°±1°; 1.1±0.2mm; 37.5°±1°; 1.7±0.2mm	AWS A5.18 ER70S-G BOEHLERSG3-P ϕ0.9mm	AWS A5.28 ER80S-G BOEHLERSG8-P ϕ1.0mm
STT+FCAW-G	单 V 形式	22°~25°; 0.5~1.0mm; T; 2.5~4.0mm	AWS A5.18 ER70S-G BOEHLERSG3-P ϕ0.9mm	AWS A5.29 E91T1-K2MJH4 HOBARTFabCO91K2M ϕ1.2mm

① 上开口宽度 W 见表 3-2-3。

表 3-2-3　不同壁厚的复合型坡口上开口宽度

壁厚 T/mm	上开口宽度 W/mm
18.4	6.8~8.2
22.0	6.8~8.8
27.5	7.4~9.2
25.7	7.0~8.4

对上述两种管径、四种壁厚分别开展环焊接头焊缝和热影响区的热循环测试。焊接热循环测试包含以下三方面内容：

（1）热电偶分布设计；

（2）管口打孔深度计算；

（3）热循环测试。

以 D1219mm×22mm X80M 钢管为例，焊接工艺采用 STT+GMAW，分别对环焊接头焊缝和热影响区进行热电偶分布设计。按照图 3-2-3 所示的焊接层数，壁厚 22mm 焊接层数为 7 层，为了保证每层热电偶测试数据的有效性，将热电偶控制在每层焊缝厚度以内。

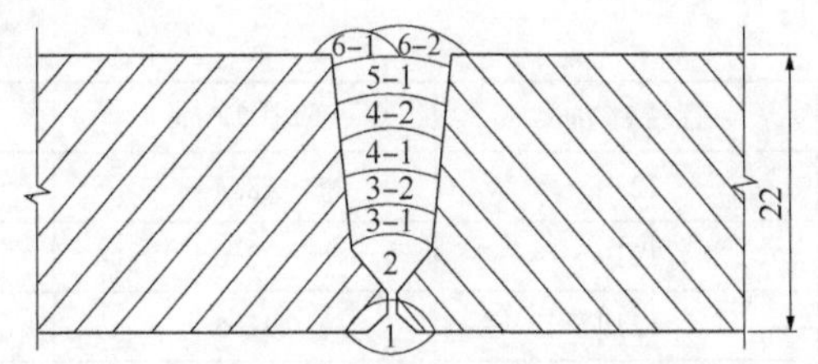

图 3-2-3　D1219mm×22mm X80M 焊接工艺（STT+GMAW）焊接层数示意图

对于焊缝热电偶的分布，考虑采用分段退焊方式完成待测焊层的焊缝准备，如图 3-2-4 所示，其中，W-1、W-2 表示对应的根焊层、填充层 1 焊缝的热电偶编号，d_1、d_2 表示热电偶端部距离内坡口端面的垂直距离，依此类推，计算出每层焊缝的热电偶分布和打孔深度。

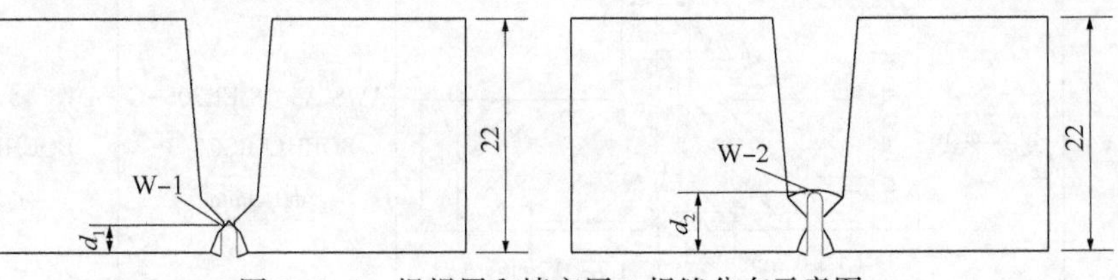

图 3-2-4　根焊层和填充层 1 焊缝分布示意图

热影响区的热电偶分布如图 3-2-5 所示，其中，Z-1、Z-2 表示对应的根焊层、填充层 1 热影响区的热电偶编号，h_1、h_2 表示热电偶距离内坡口端面的水平距离，依此类推，计算出每层热影响区的热电偶分布和打孔深度。

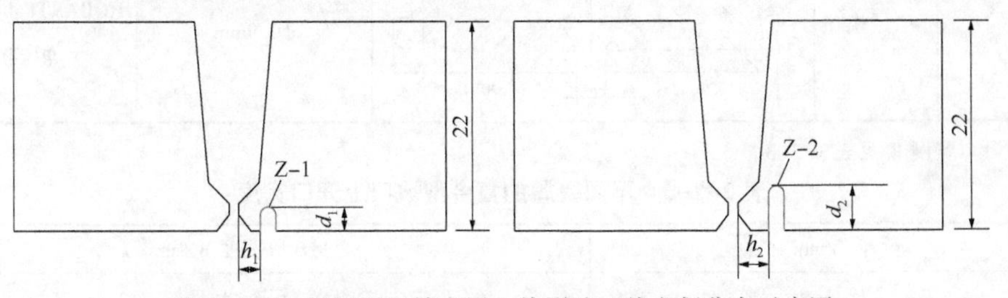

图 3-2-5　根焊层和填充层 1 热影响区热电偶分布示意图

不同规格 X80M 钢管按照不同焊接工艺的焊接层道数，设计热循环测试中热电偶分布，开展如表 3-2-4 所示的环焊接头焊缝焊接热循环测试试验，如图 3-2-6 和图 3-2-7 所示。

表 3-2-4　不同规格 X80M 环焊接头焊缝热循环测试试验

序号	钢管	规格/（mm×mm）	焊接工艺	热循环测试编号
1	X80M	D1219×18.4	STT+GMAW	GGJ-S-W-01
2	X80M	D1219×22.0	STT+GMAW	GGJ-S-W-00
3	X80M	D1219×27.5	STT+GMAW	GGJ-S-W-02
4	X80M	D1422×25.7	STT+GMAW	GGJ-S-W-03
5	X80M	D1219×18.4	STT+FCAW-G	GGJ-Y-W-01
6	X80M	D1219×22.0	STT+FCAW-G	GGJ-Y-W-00
7	X80M	D1219×27.5	STT+FCAW-G	GGJ-Y-W-02
8	X80M	D1422×25.7	STT+FCAW-G	GGJ-Y-W-03

图 3-2-6 实心焊丝自动填盖焊接热循环测试现场

图 3-2-7 药芯焊丝自动填盖焊接热循环测试现场

2. 热循环曲线

壁厚为 27.5mm 气保护药芯焊丝自动焊焊接热循环的测定结果如图 3-2-8 和图 3-2-9 所示。

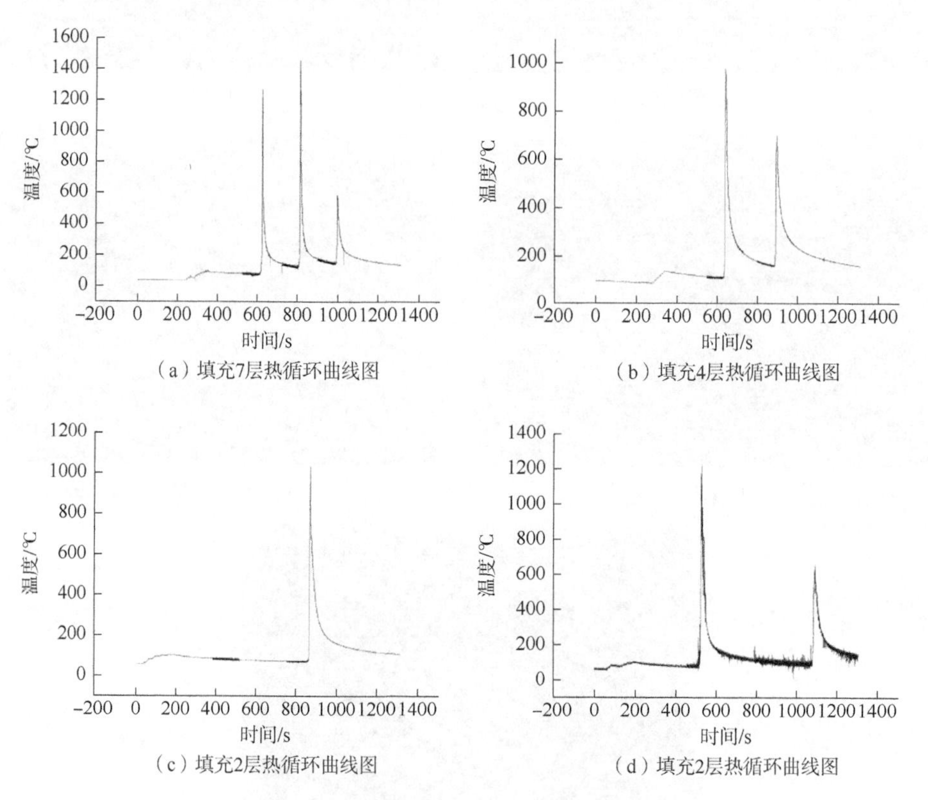

（a）填充7层热循环曲线图
（b）填充4层热循环曲线图
（c）填充2层热循环曲线图
（d）填充2层热循环曲线图

图 3-2-8 药芯焊丝自动焊热循环曲线图

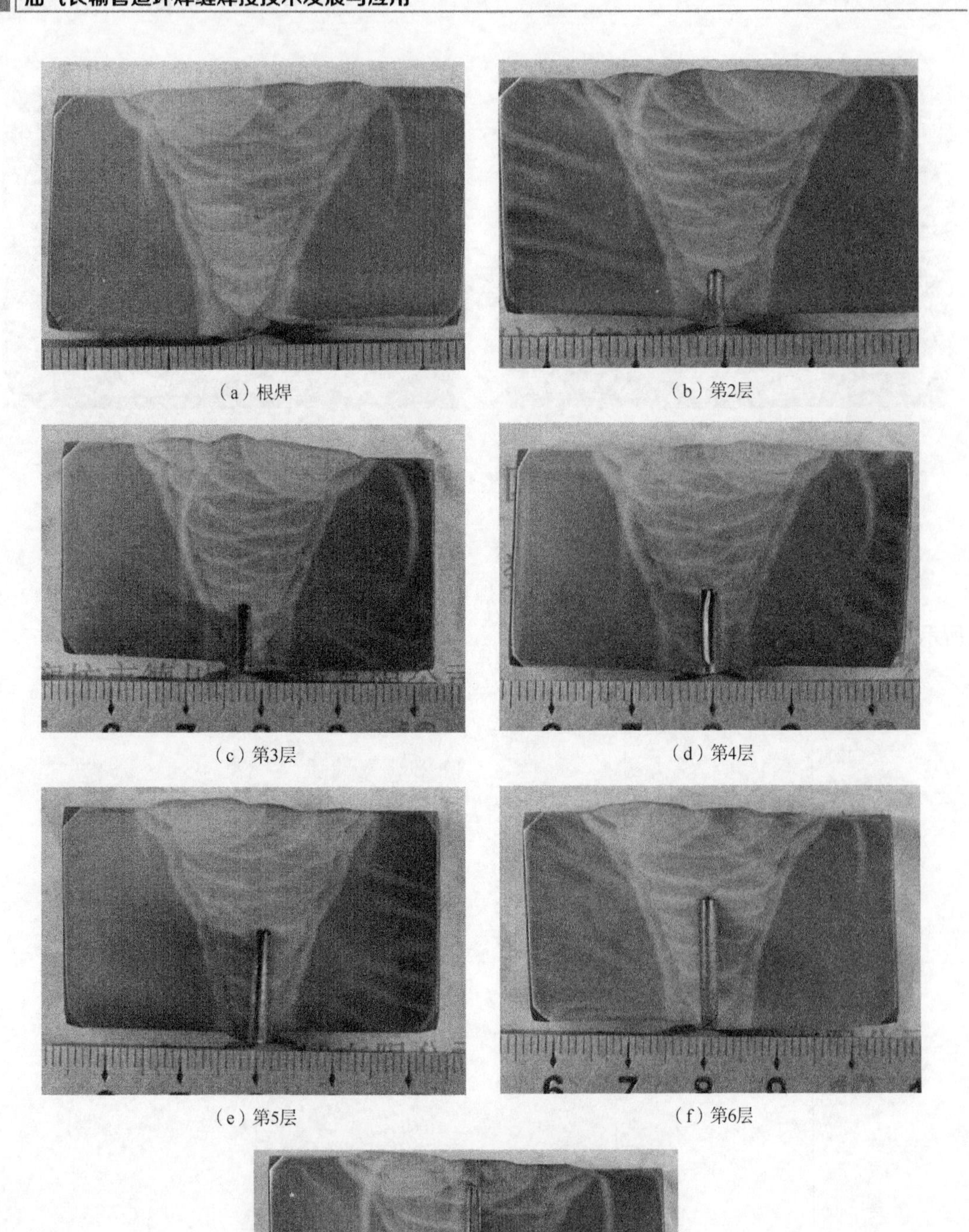

（a）根焊　（b）第2层

（c）第3层　（d）第4层

（e）第5层　（f）第6层

（g）第7层

图 3-2-9　不同层热电偶采集位置剖面图

壁厚为27.5mm实心焊丝自动焊焊接热循环的测定结果如图3-2-10所示，焊接热循环将用于有限元模型的建立。

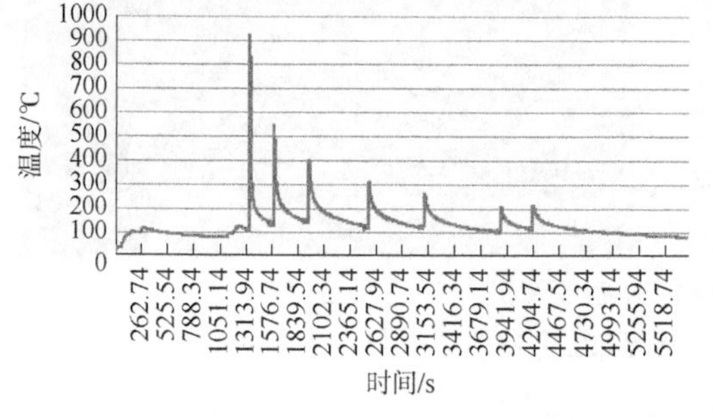

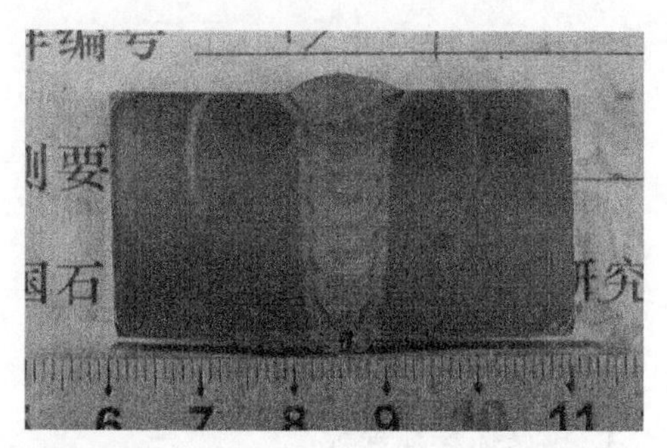

（a）根焊层热循环采集图

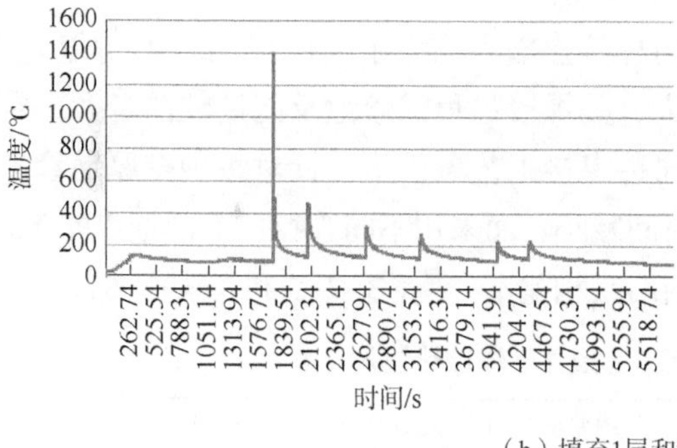

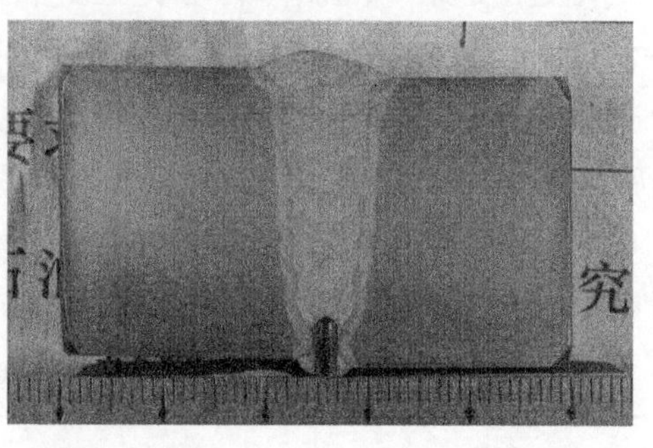

（b）填充1层和填充2层热循环采集图

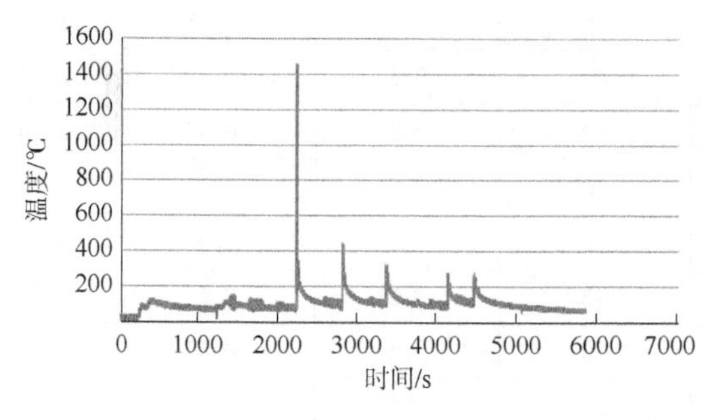

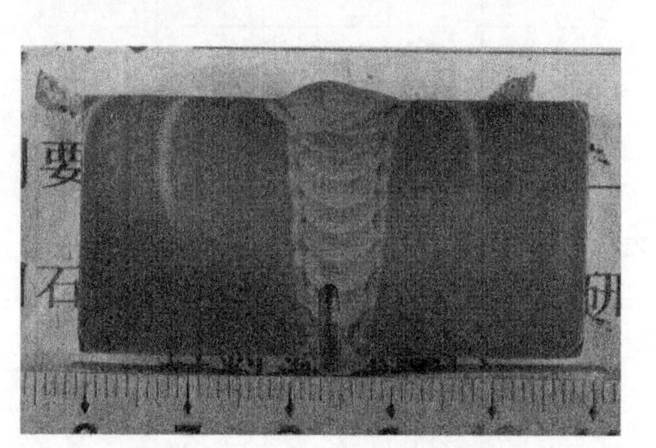

（c）填充3层热循环采集图

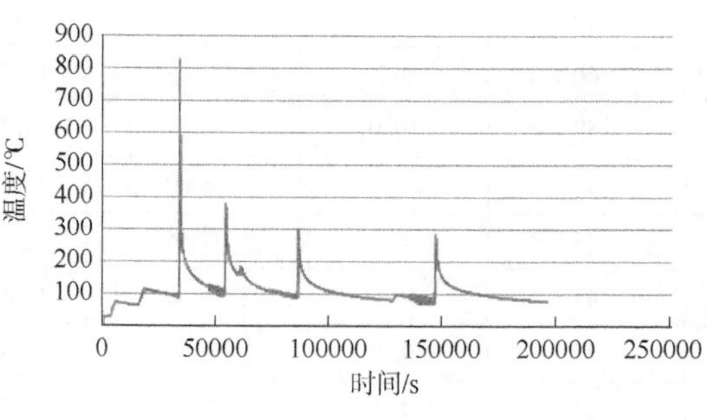

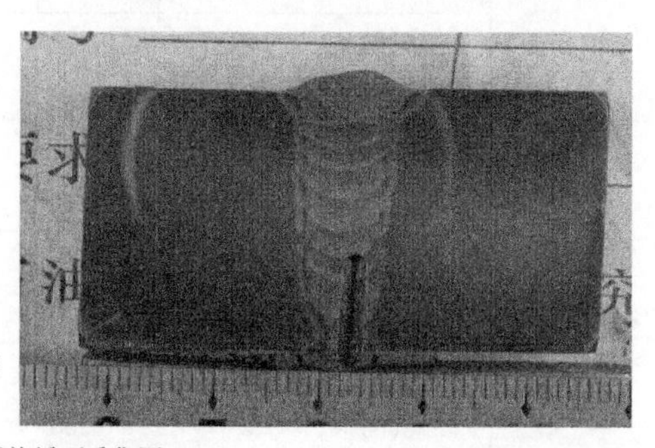

（d）填充4层热循环采集图

图3-2-10 实心焊丝自动焊热循环曲线图

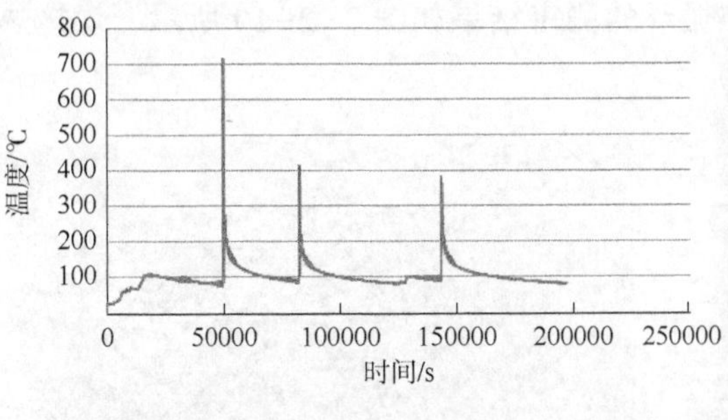

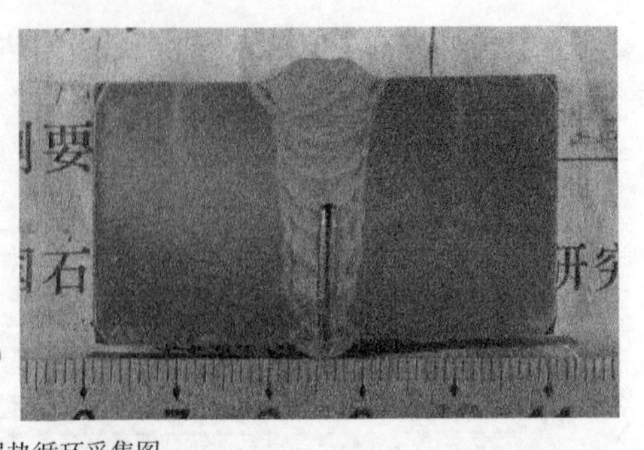

（e）填充5层热循环采集图

图 3-2-10　实心焊丝自动焊热循环曲线图(续)

3. 热循环特征参数

从数据发现，实心焊丝自动填盖工艺的焊接热输入均小于 1.0kJ/mm，其焊缝 $t_{8/5}$大致位于 1.5~5.6s 范围，而药芯焊丝自动填盖工艺的焊接热输入均大于 1.0kJ/mm，且焊缝 $t_{8/5}$均大于 6.0s，甚至达到 21.6s。后者焊接热输入大，其焊接过程的熔池及能量较前者大，导致焊后熔池冷却速度较前者慢，从而 $t_{8/5}$较长。同种焊接工艺条件下，针对每种壁厚钢管，其 $t_{8/5}$的变化趋势表现为：随着填充层增加，$t_{8/5}$时间减小；而采用不同管径、不同壁厚的 X80M 钢管进行自动填盖焊接，测试获得焊接热输入和 $t_{8/5}$相差不大(表 3-2-5 和表 3-2-6)。

表 3-2-5　实心焊丝自动填盖工艺条件下焊接热输入及 $t_{8/5}$

编号	焊层	电压/V	电流/A	焊接速度/(cm/min)	送丝速度/(m/min)	焊接热输入/(kJ/mm)	$t_{8/5}$/s
GGJ-S-W-00	填充(1)	24	220	55	10.0	0.58	5.02
	填充(2)	23	200	40	9.2	0.69	5.54
	填充(3)	23	210	40	9.2	0.72	3.60
	填充(4)	24	200	40	9.2	0.72	3.22
	填充(5)	23	185	40	9.0	0.64	3.40
	填充(6)	23	180	42	9.0	0.59	3.76
	盖面(7-1)	23	130	38	6.3	0.47	2.34
	盖面(7-2)	23	135	38	6.3	0.49	
GGJ-S-W-02	填充(1)	22	220	60	10.0	0.48	5.52
	填充(2)	22	210	50	9.1	0.55	3.92
	填充(3)	23	220	46	9.1	0.66	1.60
GGJ-S-W-03	填充(1)	23	215	58	10.0	0.51	0.51
	填充(2)	23	200	46	9.0	0.60	5.73
	填充(3)	23	210	45	9.0	0.64	3.24
	填充(4)	22	220	45	9.1	0.65	1.80
	填充(5)	23	210	45	9.1	0.64	3.04
	填充(6)	23	200	45	9.0	0.61	2.98
	填充(7)	23	200	44	9.0	0.63	3.70

表 3-2-6　药芯焊丝自动填盖条件下焊接热输入及 $t_{8/5}$

编号	焊层	电压/V	电流/A	焊接速度/(cm/min)	送丝速度/(m/min)	焊接热输入/(kJ/mm)	$t_{8/5}$/s
GGJ-Y-W-01	填充(1)	23	215	17	6.4	1.75	12.58
	填充(2)	23	220	16	6.8	1.90	13.22
	填充(3)	23	230	15	8.5	2.12	21.60
	填充(4-1)	23	230	20	7.3	1.59	6.68
	填充(4-2)	23	220	20	6.9	1.52	
	盖面(5-1)	23	190	18	5.1	1.46	6.32
	盖面(5-2)	22	186	17	5.0	1.44	
GGJ-Y-W-02	填充(1)	23	215	17	6.4	1.75	9.86
	填充(2)	23	220	16	6.8	1.90	11.62
	填充(3)	23	230	15	8.5	2.12	12.50
	填充(4-1)	23	230	20	7.3	1.59	8.36
	填充(4-2)	23	220	20	6.9	1.52	
GGJ-Y-W-03	填充(1)	23	210	18	6.5	1.61	0.51
	填充(2)	23	220	16	6.8	1.90	5.73
	填充(3)	23	225	16	8.0	19.4	3.24
	填充(4)	23	230	18	7.0	1.76	1.80
	填充(5)	23	200	18	5.2	1.53	3.04
	填充(6)	23	200	17	5.4	1.62	2.98
	填充(7)	23	200	18	5.6	1.53	3.70

不同规格 X80M 钢管环焊接头热影响区焊接热循环测试结果见表 3-2-7 和表 3-2-8。其中，实心焊丝的热影响区 $t_{8/5}$ 基本小于 5s，药芯焊丝的热影响区 $t_{8/5}$ 大致位于 1~8s 之间。

表 3-2-7　实心焊丝自动填盖工艺条件下焊接热输入及 $t_{8/5}$

编号	焊层	电压/V	电流/A	焊接速度/(cm/min)	送丝速度/(m/min)	焊接热输入/(kJ/mm)	$t_{8/5}$/s
GGJ-S-H-01	填充(1)	22	220	56	10.0	0.52	2.28
	填充(2)	22	215	46	9.0	0.62	0.16
	填充(5)	22	220	45	9.2	0.65	2.24
	填充(6)	22	220	45	9.2	0.65	1.40

续表

编号	焊层	电压/V	电流/A	焊接速度/(cm/min)	送丝速度/(m/min)	焊接热输入/(kJ/mm)	$t_{8/5}$/s
GGJ-S-H-02	填充(1)	22	215	55	10.0	0.52	4.45
	填充(2)	22	215	45	9.0	0.63	4.18
	填充(3)	22	220	45	9.0	0.65	3.52
	填充(5)	22	220	45	9.2	0.65	3.54
GGJ-S-H-03	填充(1)	22	220	60	10.0	0.48	4.80
	填充(2)	22	220	46	9.0	0.63	3.84
	填充(4)	22	230	46	9.2	0.66	3.08

表 3-2-8　药芯焊丝自动填盖条件下焊接热输入及 $t_{8/5}$

编号	焊层	电压/V	电流/A	焊接速度/(cm/min)	送丝速度/(m/min)	线能量/(kJ/mm)	$t_{8/5}$/s
GGJ-Y-H-01	根焊(1)	19~20	基值：50 峰值：355	23	0.11~0.13	—	2.46
	填充(2)	23	210	16	6.4	1.81	5.46
	填充(4)	23	220	17	8.4	1.79	2.18
	填充(5)	23	220	17	8.6	1.79	5.18
	填充(6)	23	220	18	5.0	1.69	1.88
GGJ-Y-H-02	根焊(1)	19~20	基值：50 峰值：355	22	0.11~0.13	—	3.06
	填充(2)	23	215	16	6.4	1.85	2.98
	填充(3)	23	220	16	6.8	1.90	2.14
	填充(4)	23	230	15	8.4	2.12	2.42
	填充(5)	23	230	15	8.6	2.12	3.54
	填充(6)	23	225	15	5.0	2.07	3.28
	填充(7)	23	225	17	5.4	1.83	4.40
	填充(8)	23	230	17	5.6	1.87	2.42
	填充(9)	23	220	16	5.8	1.90	4.00
GGJ-Y-H-03	根焊(1)	19~20	基值：54 峰值：355	22	0.11~0.13	—	4.78
	填充(2)	23	220	16	6.4	1.90	6.86
	填充(3)	23	220	16	6.8	1.90	5.72
	填充(4)	23	220	16	8.4	1.90	3.08
	填充(5)	23	220	16	8.6	1.90	7.96
	填充(8)	23	220	17	5.6	1.79	4.50

四、半自动焊热循环

1. 材料及工艺

试验用试板尺寸为500mm(长)×150mm(宽)，取自X80 ϕ1219mm×18.4mm螺旋焊管，试板坡口形式和焊接工艺参数见表3-2-9。

表3-2-9　MS-01焊接工艺参数

焊道	工艺	填充材料	极性	层间温度/℃	电流/A	电压/V	送丝速度/(in/min)	焊接速度/(cm/min)
根焊	SMAW	LB52U ϕ3.2mm	DCEN	100	87~92	20	—	5.4
填充	FCAW-S	JC-30 ϕ2.0mm	DCEN	100~150	200~230	20	95~100	9.0~19.0
盖面	FCAW-S	JC-30 ϕ2.0mm	DCEN	100~150	210~220	20	100	8.0

2. 焊接热循环曲线

焊接热循环曲线如图3-2-11所示。

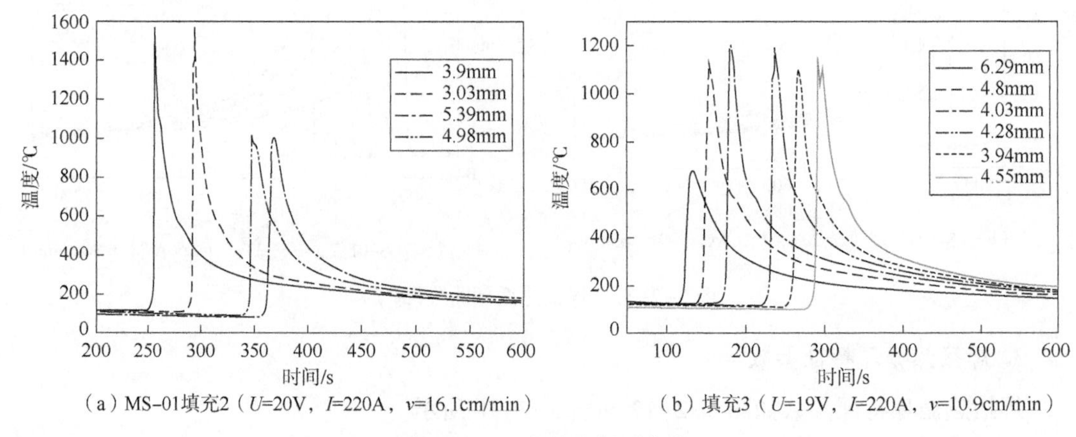

(a) MS-01填充2 (U=20V，I=220A，v=16.1cm/min)　(b) 填充3 (U=19V，I=220A，v=10.9cm/min)

图3-2-11　焊接热循环曲线

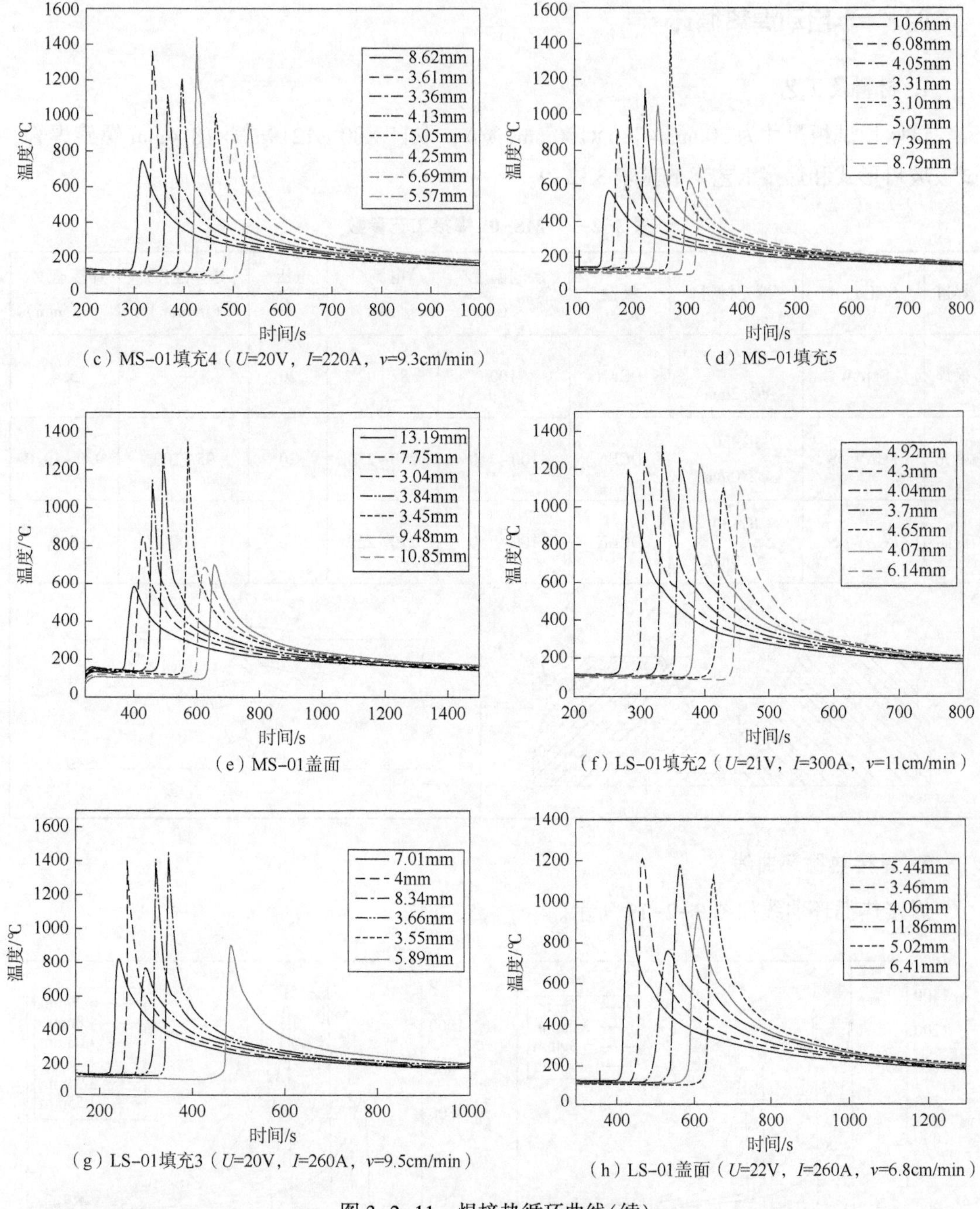

（c）MS-01填充4（U=20V，I=220A，v=9.3cm/min）

（d）MS-01填充5

（e）MS-01盖面

（f）LS-01填充2（U=21V，I=300A，v=11cm/min）

（g）LS-01填充3（U=20V，I=260A，v=9.5cm/min）

（h）LS-01盖面（U=22V，I=260A，v=6.8cm/min）

图 3-2-11　焊接热循环曲线(续)

3. 焊接热循环特征参数

焊接热循环特征参数如图 3-2-12 和表 3-2-10 所示。

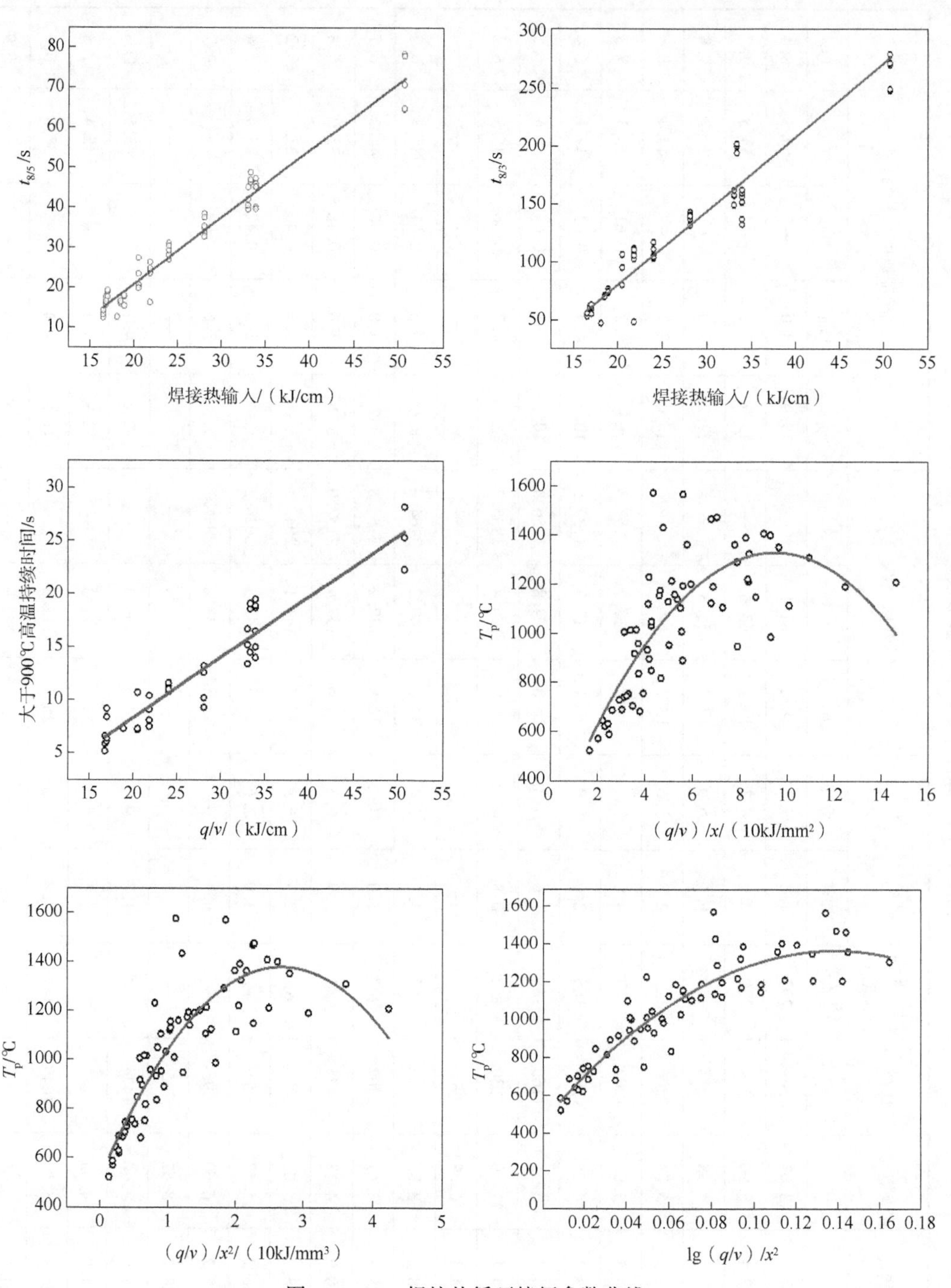

图 3-2-12 焊接热循环特征参数曲线

表 3-2-10　焊接热循环特征参数表

序号	焊接道次	线能量/(kJ/cm)	距离热源/mm	峰值温度/℃	加热速度(900℃)/(℃/s)	高温持续时间(>900℃)/s		冷却时间/s			冷却速度/(℃/s)				
						加热	冷却	$t_{8/5}$	$t_{8/3}$	t_{100}	$v_{8/5}$	$v_{8/3}$	v_{100}	v_{900}	v_{540}
1	MS-F-2	17.1	3.03	1569	293	1.2	7.2	18.8	62.1	—	15.9	8.0	—	50.5	8.4
2	MS-F-2	17.1	3.90	1574	289	0.9	8.3	19.1	63.6	—	15.7	7.9	—	53.5	7.7
3	MS-F-2	17.1	4.98	1015	130	0.1	6.0	17.4	55.8	—	17.2	9.0	—	36.7	7.8
4	MS-F-2	17.1	5.39	1006	123	2.8	3.6	18.7	60.2	—	16.0	8.3	—	40.4	8.3
5	MS-F-3	24.1	4.03	1202	173	4.0	7.3	30.2	117.7	1807.3	9.9	4.2	0.61	40.3	7.3
6	MS-F-3	24.1	4.28	1194	166	2.9	7.9	29.1	111.7	1739.5	10.3	4.5	0.63	39.1	6.4
7	MS-F-3	24.1	4.55	1160	185	1.6	10.0	28.0	104.8	1756.3	10.7	4.8	0.60	38.6	6.5
8	MS-F-3	24.1	4.80	1130	152	0.8	10.2	30.9	106.4	1835.7	9.7	4.7	0.56	35.5	6.2
9	MS-F-3	24.1	6.29	683	—	—	—	—	—	—	—	—	—	—	—
10	MS-F-4	28.2	3.36	1212	162	4.2	8.4	34.7	140.2	2164.0	8.6	3.6	0.51	35.3	6.2
11	MS-F-4	28.2	3.61	1362	200	3.0	10.2	32.6	132.2	2163.8	9.2	3.8	0.58	40.2	6.7
12	MS-F-4	28.2	4.13	1125	141	3.9	6.3	33.6	137.4	2157.0	8.9	3.6	0.48	32.0	5.8
13	MS-F-4	28.2	5.05	1009	67	2.4	6.9	37.4	141.1	2042.1	8.0	3.5	0.44	23.3	5.2
14	MS-F-4	28.2	5.57	953	46	4.0	2.6	34.6	143.3	2028.5	8.7	3.5	0.42	23.4	5.4
15	MS-F-4	28.2	6.69	896	—	—	—	38.3	138.2	2036.7	7.8	3.6	0.39	—	4.7
16	MS-F-4	28.2	8.62	745	—	—	—	—	—	—	—	—	—	—	—
17	MS-F-5	21.9	3.10	1474	264	1.3	9.1	24.5	106.3	—	12.2	4.7	—	83.5	11.6
18	MS-F-5	21.9	4.05	1141	154	1.1	6.4	23.3	111.3	—	12.9	4.5	—	45.4	7.3
19	MS-F-5	21.9	5.07	1049	114	2.8	5.3	26.1	112.5	—	11.5	4.4	—	37.8	6.5
20	MS-F-5	21.9	6.08	918	—	—	—	23.5	102.9	—	12.8	4.8	—	—	3.9

续表

序号	焊接道次	线能量/(kJ/cm)	距离热源/mm	峰值温度/℃	加热速度(900℃)/(℃/s)	高温持续时间(>900℃)/s		冷却时间/s			冷却速度/(℃/s)				
						加热	冷却	$t_{8/5}$	$t_{8/3}$	t_{100}	$v_{8/5}$	$v_{8/3}$	v_{100}	v_{900}	v_{540}
21	MS-F-5	21.9	7.39	729	—	—	—	—	—	—	—	—	—	—	—
22	MS-F-5	21.9	8.79	631	—	—	—	—	—	—	—	—	—	—	—
23	MS-F-5	21.9	10.60	572	—	—	—	—	—	—	—	—	—	—	—
24	LS-F-2	34	4.04	1326	193	2.9	15.8	45.0	162.6	—	6.7	3.1	—	23.3	5.5
25	LS-F-2	34	4.07	1222	132	3.5	16.0	45.0	152.2	—	6.7	3.3	—	24.9	4.4
26	LS-F-2	34	4.30	1292	179	2.6	13.9	45.8	159.6	—	6.6	3.1	—	23.3	5.0
27	LS-F-2	34	4.65	1107	107	4.3	9.7	39.5	137.5	—	7.6	3.6	—	27.2	4.2
28	LS-F-2	34	4.92	1191	185	3.2	15.7	47.1	151.7	—	6.4	3.3	—	15.5	6.3
29	LS-F-2	34	6.14	1105	139	3.2	11.8	40.0	133.0	—	7.5	3.8	—	24.9	4.4
30	LS-F-3	33.1	3.55	1400	207	2.6	14.1	40.4	158.4	2287.0	7.4	3.2	0.57	29.3	5.6
31	LS-F-3	33.1	3.66	1408	234	2.8	12.4	41.9	162.3	2349.0	7.2	3.1	0.56	33.2	5.9
32	LS-F-3	33.1	4.00	1391	224	2.8	10.6	39.4	157.5	2379.0	7.6	3.2	0.54	31.6	6.3
33	LS-F-3	33.1	5.89	890	—	—	—	45.0	149.6	2065.0	6.7	3.3	0.38	—	4.4
34	LS-F-3	33.1	7.01	818	—	—	—	—	—	—	—	—	—	—	—
35	LS-F-3	33.1	8.34	756	—	—	—	—	—	—	—	—	—	—	—
36	LS-C-1	50.8	3.46	1210	135	7.6	17.7	70.7	271.5	2531.0	4.2	1.8	0.44	18.0	3.3
37	LS-C-1	50.8	4.06	1191	54	9.9	18.3	77.8	279.1	2571.0	3.8	1.8	0.42	15.6	3.3
38	LS-C-1	50.8	5.02	1115	72	9.7	12.6	64.7	249.1	2421.0	4.6	2.0	0.42	17.4	3.9
39	LS-C-1	50.8	5.44	987	40	7.9	7.3	64.5	248.0	2568.0	4.6	2.0	0.34	15.6	3.2
40	LS-C-1	50.8	6.41	948	17.4	5.6	6.1	78.3	269.9	2409.0	3.8	1.8	0.35	10.3	2.7

第三节　环焊缝典型组织

一、微观组织

焊缝从开始到形成经历了加热熔化、凝固结晶、固态相变，以及热处理等几个重要阶段。焊缝组织及成分取决于母材、焊接材料，以及焊接工艺参数。因此，了解焊缝组织及其性能，进而控制焊接接头性能，从而制定安全有效的焊接工艺流程，为长输管道的安全运营提供保障。

焊接时焊件的加热和冷却有两个特点：一是接头上各点的最高加热温度不同，焊缝金属加热到熔点以上，紧邻焊缝的母材加热到接近熔化的高温，离焊缝越远，温度越低；二是金属良好的导热性使接头的冷却速度比较快。因此，接头各处相当于进行了不同加工和热处理。焊缝金属相当于受到金属型铸造；紧邻焊缝的母材相当于受到不同的热处理。焊缝两侧呈固态的母材因受热的影响而组织和性能发生变化的区域，称为热影响区。焊缝和热影响区之间的过渡区称为熔合区。焊接接头是由焊缝、熔合区和热影响区这三部分组成（图 3-3-1）。

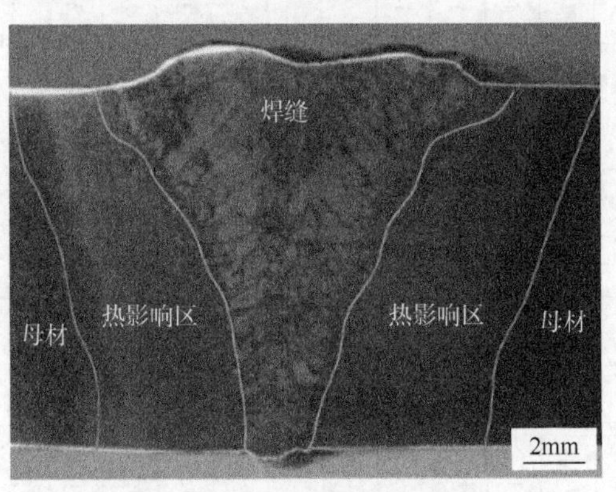

图 3-3-1　焊缝结构剖面图

焊缝的固态相变组织：熔化焊时，焊接热源作用下的熔化金属区域形似盛满液体的半个椭球形池子，故称为焊接熔池。熔池中的液态金属是由熔化了的母材和填充材料混合而成的，凝固后的焊接熔池即是焊缝金属或焊道。焊接熔池由液态变为固态的物态转化称为凝固现象。因为金属及其合金都是晶体，焊接熔池的液态金属变为固态金属要经过结晶过程，称为焊接熔池的结晶过程，即一次结晶。由于焊接热源是不断移动的，所以由焊接热源作用形成的焊接熔池也跟随移动。熔池金属凝固结晶部分与液态金属的交界处称为结晶前沿，它也随焊接熔池的移动而向前推移，这即是焊接熔池的连续运动结晶状态，焊接热源熄灭或远离，熔池结晶完成。焊接接头在冷却时，奥氏体冷到 A_{r3} 温度以下将要发生转变或分解，形成各种各样组织的相变过程称为二次结晶，所生成的组织称为二次组织，如铁素体、珠光体、屈氏体、贝氏体、马氏体等都是二次组织。不同的二次组织具有不同的性能，直接决定了焊接接头的性能和焊接结构的寿命，因此，二次结晶具有重大实际意义。

1. 铁素体

铁素体是碳溶解在 α-Fe 中的间隙固溶体，常用符号 F 表示。具有体心立方晶格，其溶碳能力很低，常温下仅能溶解 0.0008%的碳，在 727℃时最大的溶碳能力为 0.02%。称

为铁素体或 α 固溶体，用 α 或 F 表示，α 常用在相图标注中，F 在行文中常用。亚共析成分的奥氏体通过先共析析出形成铁素体。

这部分铁素体称为先共析铁素体或组织上自由的铁素体。随形成条件不同，先共析铁素体具有不同形态，如等轴形、沿晶形、纺锤形、锯齿形和针状等。铁素体还是珠光体组织的基体。在碳钢和低合金钢的热轧(正火)和退火组织中，铁素体是主要组成相；铁素体的成分和组织对钢的工艺性能有重要影响，在某些场合下对钢的使用性能也有影响。

碳溶入 δ-Fe 中形成间隙固溶体，呈体心立方晶格结构，因存在的温度较高，故称高温铁素体或 δ 固溶体，用 δ 表示，在 1394℃以上存在，在 1495℃时溶碳量最大。碳的质量分数为 0.09%。

铁素体主要性能：纯铁素体组织具有良好的塑性和韧性，但强度和硬度都很低；冷加工硬化缓慢，可以承受较大减面率拉拔，但成品钢丝抗拉强度很难超过 1200MPa。由于铁素体含碳量很低，其性能与纯铁相似，塑性、韧性很好(伸长率 $\delta=45\%\sim50\%$)，强度、硬度较低($\sigma_b \approx 250$MPa，而 HBS=80)。

纯铁在 912℃以下为具有体心立方晶格的结构。碳溶于 α-Fe 中的间隙固溶体称为铁素体，以符号 F 表示。由于 α-Fe 是体心立方晶格结构，它的晶格间隙很小，因而溶碳能力极差，在 727℃时溶碳量最大，可达 0.0218%，随着温度的下降溶碳量逐渐减小，在 600℃时溶碳量约为 0.0057%，在室温时溶碳量约为 0.0008%。因此其性能几乎和纯铁相同，其机械性能如下：

（1）抗拉强度：180~280MPa；

（2）屈服强度：100~170MPa；

（3）延伸率：30%~50%；

（4）断面收缩率：70%~80%；

（5）冲击韧性：160~200J/cm^2；

（6）硬度：HB50~80。

由此可见，铁素体的强度、硬度不高，但具有良好的塑性与韧性。

铁素体的显微组织与纯铁相同，呈明亮的多边形晶粒组织，有时由于各晶粒位向不同，受腐蚀程度略有差异，因而稍显明暗不同。

铁素体在 770℃以下具有铁磁性，在 770℃以上则失去铁磁性。

1）晶界铁素体

先共析铁索体(PF)——是沿原奥氏体晶界析出的铁素体。先共析铁素体也称晶界铁素体。有的沿晶界呈长条状扩展，有的以多边形形状互相连结沿晶界分布。在高温区发生 γ→α，相变时优先形成，因晶界能量较高而易于形成新相核心。先共析铁素体的位错密度较低(图 3-3-2)。

2）侧板条铁素体

是由晶界向晶内扩展的板条状或锯齿状铁素体，实质是魏氏组织。其长宽比在 20∶1 以上。侧板条铁素体在低合金钢焊缝中不一定总是存在，但出现的机会比母材多。

当先共析铁素体和侧板条铁素体长大时，其 γ/α 界面上 γ 一侧的碳浓度增加，极为接近共析成分，故 γ 易分解为珠光体而出现于侧板条铁素体的间隙之中。侧板条铁素体晶内位错密度大致和先共析铁素体相当或稍高一些(图 3-3-3)。

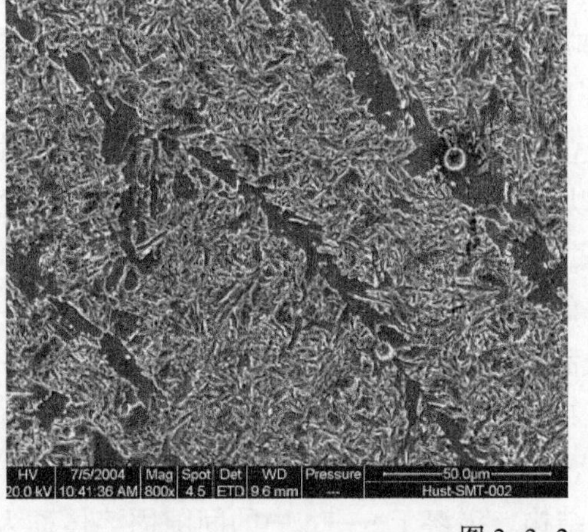

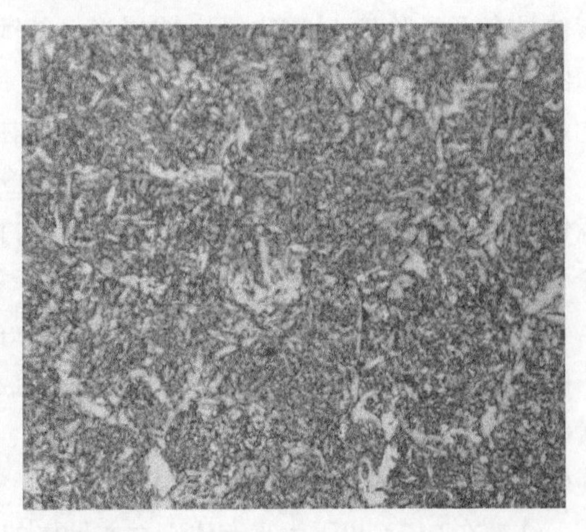

图 3-3-2　晶界铁素体

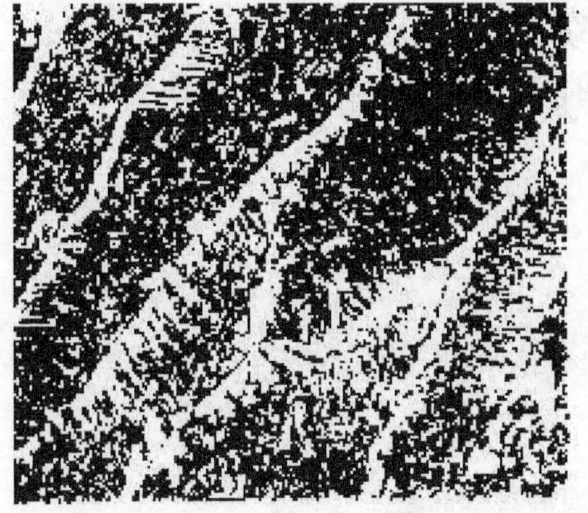
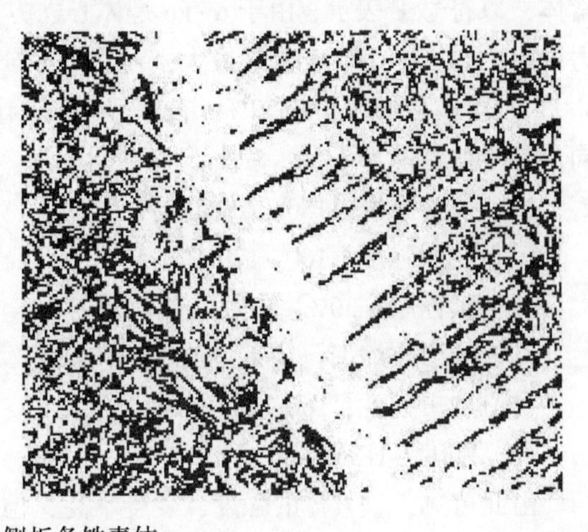

图 3-3-3　侧板条铁素体

3）针状铁素体

出现于原奥氏体晶内的有方向性的细小铁素体，宽约 2μm，长宽比多在 3 : 1 ~ 10 : 1 的范围内。针状铁素体可能是以氧化物或氮化物(如 TiO 或 TiN)为基点，呈放射状生长，相邻 AF 间的方位差为大倾角，其间隙存在有渗碳体或马氏体，多半是 M-A 组元，决定于合金化程度。针状铁素体晶内位错密度较高，为先共析铁素体的 2 倍左右。位错之间也互相缠结，分布也不均匀，但又不同于经受剧烈塑性形变后出现的位错形态。

2. 珠光体

珠光体，是由奥氏体发生共析转变同时析出的，是铁素体与渗碳体片层相间的组织，是铁碳合金中最基本的五种组织之一，代号为 P。得名自其珍珠般的光泽(珠光体组织呈指纹状，其中白色的基底为铁素体，黑色的片层为渗碳体)。

1）形态

珠光体是奥氏体（奥氏体是碳溶解在 γ-Fe 中的间隙固溶体）发生共析转变所形成的铁素体与渗碳体的共析体。得名自其珍珠般的光泽。其形态为铁素体薄层和渗碳体薄层交替重叠的层状复相物，也称片状珠光体。用符号 P 表示，含碳量为 ω_C=0.77%。在珠光体中铁素体占 88%，渗碳体占 12%，由于铁素体的数量大大多于渗碳体，所以铁素体层片要比渗碳体厚得多。在球化退火条件下，珠光体中的渗碳体也可呈粒状，这样的珠光体称为粒状珠光体。

珠光体的性能介于铁素体和渗碳体之间，强韧性较好。其抗拉强度为 750~900MPa，硬度为 180~280HBS，伸长率为 20%~25%，冲击功为 24~32J。力学性能介于铁素体与渗碳体之间，强度较高，硬度适中，塑性和韧性较好。

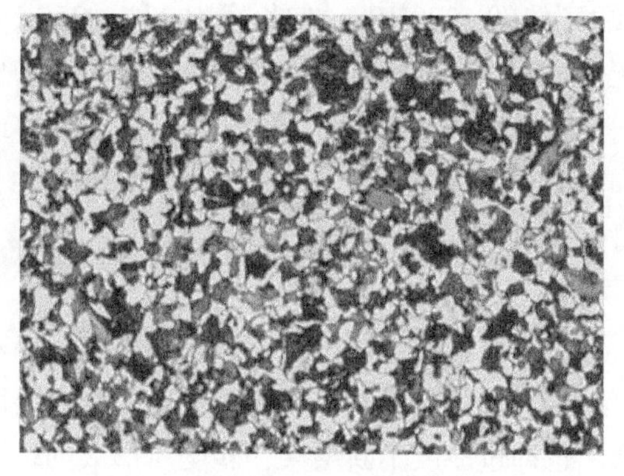

图 3-3-4　珠光体

经 2%~4%硝酸酒精溶液浸蚀后，在不同放大倍数的显微镜下可以观察到不同特征的珠光体组织。当放大倍数较高时，可以清晰地看到珠光体中平行排列分布的宽条铁素体和窄条渗碳体；当放大倍数较低时，珠光体中的渗碳体只能看到一条黑线；而当放大倍数继续降低或珠光体变细时，珠光体的层片状结构就不能分辨了，此时珠光体呈黑色的一团（图 3-3-4）。

2）分类

奥氏体化温度、转变前奥氏体晶粒大小，只影响珠光体团的大小，对片层间距无影响。片状珠光体根据片间距的大小不同，可以分成珠光体、索氏体、托氏体三类。

一般所谓的片状珠光体是指在 A1~650℃温度范围内形成的，在光学显微镜下能明显分辨出铁素体和渗碳体层片状组织形态的珠光体，其片间距为 150~450nm。

在 600~650℃温度范围内形成的珠光体，其片间距较小，为 80~150nm，只有在高倍的光学显微镜下（放大 800~1500 倍时）才能分辨出铁素体和渗碳体的片层形态，这种片状珠光体称为索氏体。

在 550~600℃温度范围内形成的珠光体，其片间距极细，为 30~80nm，在光学显微镜下根本无法分辨其层片状特征，只有在电子显微镜下才能区分，这种极细的珠光体称为屈氏体。在更低的温度下形成片间距为 30~80nm 的珠光体称为托氏体，只有在电子显微镜下才能观察到片层结构。

当渗碳体以颗粒状存在于铁素体基体上时称为粒状珠光体。粒状珠光体可以通过不均匀的奥氏体缓慢冷却时分解而得，也可以通过其他热处理方法获得。

3）屈氏体和索氏体区别

其形态为铁素体薄层和渗碳体薄层交替重叠的层状复相物，根据片层间距分为屈氏体和索氏体。在400倍光学显微镜下可以分辨的(片层间距为0.25~1.9μm)，称为珠光体。在电镜下才可以分辨(片层间距为30~80nm)的称为屈氏体(托氏体也译作屈氏体)。介于两者之间的称为索氏体。三者总称为珠光体。

形成珠光体、屈氏体、索氏体的原因：

(1) 片层间距随转变温度的降低而减小；

(2) 片层间距的倒数与过冷度呈线性正相关关系；

(3) 片层间距的细小程度受可能获得的驱动力限制。

4) 主要性能

珠光体的性能介于铁素体和渗碳体之间，强韧性较好。其抗拉强度为750~900MPa，硬度为180~280HBS，伸长率为20%~25%，冲击功为24~32J。力学性能介于铁素体与渗碳体之间，强度较高，硬度适中，塑性和韧性较好。

珠光体的综合力学性能比单独的铁素体或渗碳体都好。珠光体的机械性能介于铁素体和渗碳体之间，强度、硬度适中，并不脆，这是因为珠光体中的渗碳体量比铁素体量少得多。

5) 温度影响

(1) 片状珠光体中相邻两片渗碳体(或铁素体)中心之间的距离称为珠光体的片间距。

(2) 温度是影响片间距大小的一个主要因素。随着冷却速度增加，奥氏体转变温度降低，也即过冷度不断增大，转变所形成的珠光体的片间距不断减小。

(3) 碳素钢和合金钢的珠光体片间距与形成温度之间的关系：当过冷度很小时有近似的线性关系，但总的来看是非线性的。有些人将碳素钢中珠光体的片间距与过冷度的关系处理为线性关系：

$$S_0 = C/\Delta T \quad (3-3-1)$$

式中 C——常数，nm·K(一般为8.02×10^3nm·K)；

S_0——珠光体的片间距，nm；

ΔT——过冷度，即珠光体转变温度与临界点A1之差，K。

由于珠光体钢合金元素含量相对较低，所以它对整个焊缝金属的合金具有稀释作用，从而使焊缝的奥氏体形成元素含量减少，结果焊缝中可能会出现马氏体组织，导致焊接接头性能恶化，严重时甚至可能出现裂纹。

6) 化学成分的影响

(1)碳含量的影响：

亚共析钢：随含C量增加，先共析F速度减慢，使P转变速度减小。

原因：随含C量增加，F形核率减少，F长大时所需扩散离去的C量增大。

过共析钢：随含C量的增高，渗碳体形核率增大，碳在A中的扩散系数增大，P转变速度增大。

过共析钢不完全奥氏体化更易发生珠光体转变。

奥氏体成分的不均匀性和过剩相均加速珠光体转变。

(2)合金元素的影响：除了 Co 以外，其他所有的合金元素都使“C”曲线右移；除了 Ni、Mn 以外，其他常用合金元素皆使珠光体转变的“鼻尖”温度上移。

原因：合金元素的自扩散、对碳扩散的影响，对相变临界点的影响。

7）加热温度和保温时间的影响

加热温度低、保温时间短，将加速珠光体的转变。

原因：A 成分不均匀，或有未溶渗碳体，有利于形核。

8）奥氏体晶粒度的影响

A 的晶粒越细小，P 的形核部位越多，越促进 P 转变。细小的 A 晶粒也将促进先共析相的析出。

9）应力和塑性变形的影响

对奥氏体施加拉应力，将加速珠光体的转变；

对奥氏体施加压应力，将减慢珠光体的转变。

3. 贝氏体

奥氏体在珠光体转变温度下限到马氏体开始转变的温度区间发生组织转变称为贝氏体转变，或中间转变。相变产物是贝氏体，或称中间转变产物。贝氏体可以在等温条件下形成，也可以在连续冷却条件下形成。焊接冷却条件有利于形成贝氏体。根据形成温度和形成条件不同，贝氏体的形态和性能差别很大，通常分为：上贝氏体、下贝氏体和粒状贝氏体(图 3-3-5)。

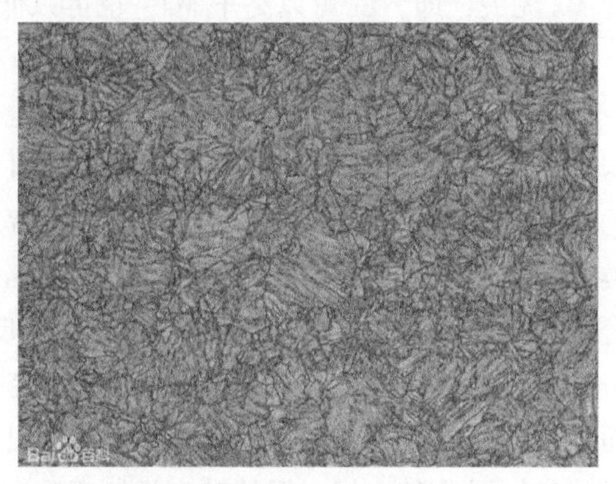
图 3-3-5 贝氏体

1）贝氏体等温淬火

是将钢件奥氏体化，使之快冷到贝氏体转变温度区间(260~400℃)等温保持，使奥氏体转变为贝氏体的淬火工艺，有时也叫等温淬火。一般保温时间为 30~60min。近十年来已经开发出了低温贝氏体，也是利用等温淬火技术，不过等温温度很低，可以低至 200℃以下。

贝氏体，又称贝茵体，钢中相形态之一。钢过冷奥氏体的中温(Ms~550℃)转变产物，α-Fe 和 Fe3C 的复相组织。用符号 B 表示。贝氏体转变温度介于珠光体转变与马氏体转变之间。在贝氏体转变温度偏高区域转变产物叫上贝氏体(350~550℃)，其外观形貌似羽毛状，也称羽毛状贝氏体。冲击韧性较差，生产上应力求避免。在贝氏体转变温度下端偏低温度区域转变产物叫下贝氏体(Ms~350℃)。其冲击韧性较好。为提高韧性，生产上应通过热处理控制获得下贝氏体。上贝氏体由许多从奥氏体晶界向晶内平行生长的条状铁素体和在相邻铁素体条间存在的断续的、短杆状的渗碳体组成。下贝氏体由含碳过饱和的片状铁素体和其内部析出的微细的碳化物组成。

贝氏体转变既具有珠光体转变，又具有马氏体转变的某些特征，是一个相当复杂的到目前为止还研究得很不够的一种转变。由于转变的复杂性和转变产物的多样性，致使还未完全弄清贝氏体转变的机制，对转变产物贝氏体也还是无法下一个确切的定义。

虽然对贝氏体转变了解得还很不够，但贝氏体转变在生产上却很重要，因为在低温度范围内，通过贝氏体转变所得的下贝氏体具有非常良好的综合力学性能，而且为获得下贝氏体组织所采取的等温淬火工艺或连续冷却工艺均可减少工件的变形和开裂。为了获得贝氏体，除了采用等温淬火的方法以外，也可在钢中加入合金元素，冶炼成贝氏体钢，如我国的14CrMnMoVB和14MnMoVB等。这类钢在连续冷却条件下即可得到贝氏体。因此，对贝氏体转变进行研究和了解，不仅具有理论上的意义，而且还有着重要的实际意义。

2）基本特征

贝氏体转变兼有珠光体转变与马氏体转变的某些特征。归纳起来，主要有以下几点：

（1）贝氏体转变温度范围。

对应于珠光体转变的A1点及马氏体转变的Ms点，贝氏体转变也有一个上限温度Bs点。奥氏体必须过冷到Bs以下才能发生贝氏体转变。合金钢的Bs点比较容易测定，碳钢的Bs点由于有珠光体转变的干扰，很难测定。贝氏体转变也有一个下限温度Bf点，但Bf与Ms无关，即，Bf可以高于Ms，也可以低于Ms。

（2）贝氏体转变产物。

与珠光体转变一样，贝氏体转变产物也是由α相与碳化物组成的两相机械混合物，但与珠光体不同，贝氏体不是层片状组织，且组织形态与转变温度密切相关，其中包括α相的形态、大小，以及碳化物的类型及分布等均随转变温度而异，就α相形态而言，更多地类似于马氏体而不同于珠光体。因此，Hehemann称贝氏体为铁素体与碳化物的非层状混合组织。Aaronson则称之为非层状共析反应产物或非层状珠光体变态。可以看出，Aaronson强调的是贝氏体转变与珠光体转变一样，都是共析转变，只是因为转变温度不同而导致转变产物的形态不同。需要特别指出，在较高温度范围内转变时所得的产物中虽然无碳化物而只有α相，但从转变机制考虑，仍被称为贝氏体。

（3）贝氏体转变动力学。

贝氏体转变也是一个形核及长大的过程，可以等温形成，也可以连续冷却形成。贝氏体等温形成需要孕育期，等温转变动力学曲线也呈“S”形，等温形成图也具有“C”形。应当指出，精确测得的贝氏体转变的“C”曲线，明显地是由两条“C”曲线合并而成的，这表明，中温转变很可能包含着两种不同的转变机制。

（4）贝氏体转变的不完全性。

贝氏体等温转变一般不能进行到底，在贝氏体转变开始后，经过一定时间，形成一定数量的贝氏体后，转变会停下来。换言之，奥氏体不能百分之百地转变为贝氏体。这种现象被称为贝氏体转变的不完全性，也称为贝氏体转变的自制性。通常随着温度的升高，贝氏体转变的不完全程度增大。未转变的奥氏体，在随后的等温过程中，有可能发生珠光体转变，称之为“二次珠光体转变”。

(5) 贝氏体转变的扩散性。

由于贝氏体转变是在中温区，在这个温度范围内尚可进行原子的扩散，因此，贝氏体转变中存在着原子的扩散。一般认为，在贝氏体转变过程中，只存在着碳原子的扩散，而铁及合金元素的原子是不能发生扩散的。碳原子可以在奥氏体中扩散，也可以在铁素体中扩散。由此可见，贝氏体转变的扩散性是指碳原子的扩散。

(6) 贝氏体转变的晶体学。

在贝氏体转变中，当铁素体形成时，也会在抛光的试样表面上产生“表面浮凸”。这说明铁素体的形成同样与母相奥氏体的宏观切变有关，母相奥氏体与新相之间维持第二类共格(切变共格)关系，贝氏体中的铁素体与母相奥氏体之间存在着一定的惯习面和位向关系。

(7) 贝氏体中铁素体的碳含量。

贝氏体中铁素体的碳含量一般也是过饱和的，而且随着贝氏体形成温度的降低，铁素体中碳的过饱和程度越大。

由上述主要特征可以看出，贝氏体转变在某些方面与珠光体转变相类似，而在某些方面又与马氏体转变相类似。

4. 马氏体

板条状马氏体属于低碳马氏体，马氏体内部有大量的位错，所以又叫位错马氏体，形成温度高，又常常伴有自回火现象，与针状马氏体相比有更高的韧性，其内应力更小；针状马氏体属于高碳马氏体，马氏体内部有大量孪晶，所以又叫孪晶马氏体，形成温度较低，有较高的强硬性，但也有很多显微裂纹；隐晶马氏体是指晶粒极为细小的马氏体，钢淬火后，除了获得马氏体外还有部分残余奥氏体，高温回火后应为回火屈氏体组织(图 3-3-6)。若还有残余奥氏体，可能的原因：

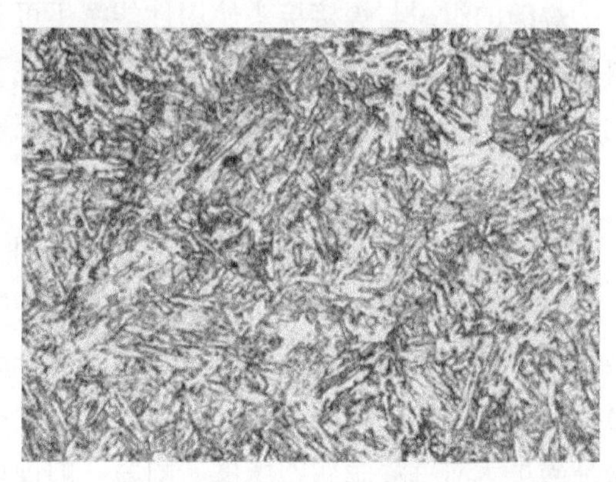

图 3-3-6 马氏体

(1) 回火不及时，使残余奥氏体稳定化；

(2) 回火时间不够，残余奥氏体未能完全分解。

消除残余奥氏体的方法有高温回火、深冷处理等。

1) 隐晶马氏体

片状马氏体的最大尺寸取决于原始奥氏体晶粒的大小，奥氏体晶粒越粗大，马氏体片越大，反之则越细。当最大尺寸的马氏体片小到光学显微镜无法分辨时，便称为隐晶马氏体，在生产中正常淬火得到的马氏体，一般都是隐晶马氏体。

隐晶马氏体在轴承钢中属常规组织，也就是根据隐晶马氏体的数量与其他相的比例，确定淬火是否合格。如：轴承钢淬火评级图谱 2 级是隐晶 M+细小结晶 M+适量残留碳化物+残余奥氏体。

为什么很多人以为隐晶马氏体只有在高碳钢才会有呢？其实这是一个错觉，因为高碳钢通常作为工模具、刃具或轴承用钢，经常采用双细化的热处理工艺——先高温固溶细化碳化物后低温淬火细化晶粒，这样的工艺很容易获得细小的马氏体——隐晶马氏体；而中低碳钢为了获得更多的马氏体需要采用较高的温度淬火，这样获得的马氏体就比较粗大，通常得不到隐晶马氏体。

2）马氏体相变

马氏体最初是在钢（中、高碳钢）中发现的：将钢加热到一定温度（形成奥氏体）后经迅速冷却（淬火），得到的能使钢变硬、增强的一种淬火组织。1895 年法国人奥斯蒙（F. Osmond）为纪念德国冶金学家马滕斯（A. Martens），把这种组织命名为马氏体（Martensite）。人们最早只把钢中由奥氏体转变为马氏体的相变称为马氏体相变。

3）马氏体分级淬火

是将奥氏体化工件先浸入温度稍高或稍低于钢的马氏体点的液态介质（盐浴或碱浴）中，保持适当的时间，待钢件的内、外层都达到介质温度后取出空冷，以获得马氏体组织的淬火工艺，也称分级淬火。分级淬火由于在分级温度停留到工件内外温度一致后空冷，所以能有效地减少相变应力和热应力，减少淬火变形和开裂倾向。分级淬火适用于对于变形要求高的合金钢和高合金钢工件，也可用于截面尺寸不大、形状复杂的碳素钢工件。

二、 合金元素对焊缝组织的影响

焊缝的组织与焊接接头使用性能密不可分，控制焊缝的成分得到预期的组织与焊接材料的设计或选用是直接相关的，因此必须在了解合金成分对组织及性能的影响，以及合金化的方式、机理和规律的基础之上，才能正确设计焊接工艺。

1. 合金化的目的

（1）补偿合金元素在焊接过程中的烧损及蒸发；

（2）满足焊缝金属成分设计的要求，以改善焊缝的组织和性能。不同的焊接材料种类，对焊缝金属合金化的要求也不同。对于碳钢或低合金高强钢焊接材料，关键在于使焊缝金属具有相应强度的同时，保证具有优良的抗裂性和足够的塑性和韧性；对堆焊焊条主要是满足于对堆焊金属的硬度、耐磨、耐蚀或耐热性的要求；对耐热钢、不锈钢等焊条则主要满足与母材化学成分的匹配和耐热性或耐蚀等特殊性能的要求。

（3）增加某些合金元素克制有害杂质的作用。

2. 合金化的方式

（1）通过焊芯或管状药芯焊芯：该方式具有焊缝化学成分均匀、可靠、合金元素损失少的优点。但一般只能选用与焊缝设计成分相近的标准焊芯如 H08A，H0Cr21Ni10，非标准焊丝受到限制。

（2）通过药皮：将所需要的合金元素以纯金属或铁合金的形式加入焊条药皮中。这种方法简单、灵活、方便且制造容易。但氧化损失较大，合金利用率较低。

(3) 通过药芯焊丝：将所需要的元素以粉末的形式填充到焊接用薄钢带卷成的焊丝中，经过拔制使之密实。其优点是合金成分的配比任意可调，得到成分变化达到堆焊金属，合金的损失较小。

(4) 通过焊剂：将合金剂加入焊剂中，该方法虽然可满足任意成分要求，但很容易受到焊接规范的影响，使焊缝成分有较大的波动。该方法合金利用率低。

(5) 利用金属氧化物的还原：利用与氧亲和力大的元素置换出一定量的合金渗入焊缝中，该方法主要用于埋弧焊。该方法渗合金是有限的，且易于使焊缝增氧。

(6) 利用粉末冶金的堆覆：直接将粉末状合金混合物覆盖在待堆焊的表面上，用电弧熔化。该方法主要在硬质合金堆焊中采用，合金量的配合可以任意，但不易在曲面上堆焊，成分也难均匀控制。

3. 合金元素对焊缝组织的影响

不同钢材的焊缝金属加入的合金元素无论在数量还是类别上都是不同的。如耐热钢焊缝中往往加入Cr、Mo元素；在低温钢焊缝中通常加入较多的Ni；在高强钢焊缝中，为了提高强度和改善韧性，除了加入Mn、Ni、Cr、Mo等主要元素外，还加入适量的Si、Cu等辅助元素；为了提高焊缝韧性，除了常规元素外，还可加入Ti、B、Al、Re等。

1）Mn对焊缝金属组织和性能的影响

（1）Mn对焊缝组织的影响。

Mn含量从0.66%变化到1.82%，随Mn含量的增加，先共析铁素体的数量明显减少，针状铁素体数量显著增加，而侧板条铁素体的数量稍有下降。并且，随Mn含量的增加，焊缝粗晶区和细晶区及针状铁素体本身都得到了细化。随着Mn含量的增加，晶粒尺寸直线下降。

（2）Mn含量对焊缝力学性能的影响。

焊态下焊缝强度与含锰量数值关系如下：

$$\sigma_s = 314 + 108 w_{Mn} \quad (3-3-2)$$

$$\sigma_b = 394 + 108 w_{Mn} \quad (3-3-3)$$

式中 σ_s——屈服强度，MPa；

σ_b——抗拉强度，MPa；

w_{Mn}——Mn含量，%。

消除应力状态下，焊缝强度与含锰量数值关系如下：

$$\sigma_s = 311 + 89 w_{Mn} \quad (3-3-4)$$

$$\sigma_b = 390 + 98 w_{Mn} \quad (3-3-5)$$

每增加0.1%的Mn，焊缝的屈服点和抗拉强度约提高10MPa；1.5%Mn时焊态和消除应力态下焊缝的冲击韧性为最佳。

2）C 对焊缝金属组织和性能的影响

（1）对低强度焊缝金属组织的影响。

含碳量从 0.045%变化到 0.145%时，随含碳量的增加，焊缝中 AF 数量增加，PF 减少；粗晶区与细晶区都得到细化；增加了二次相数量。

（2）对低强度焊缝金属力学性能的影响。

$$\sigma_s=335+439w_C+60w_{Mn}+361w_Cw_{Mn} \quad (3-3-6)$$

$$\sigma_b=379+754w_C+63w_{Mn}+337w_Cw_{Mn} \quad (3-3-7)$$

含碳量从 0.045%变化到 0.145%时，随含碳量的增加，提高了硬度、屈服点和抗拉强度；当含碳量为 0.07%~0.09%时，含 1.4%Mn 可获得最佳韧性。

（3）对高强度焊缝金属组织和性能的影响。

含碳量从 0.05%变化到 0.12%，随 C 含量增加，AF 增加，PF 减少。当达到 0.12%时，几乎得到 100%的 AF；消除应力状态下碳化物数量增多；焊态下焊缝的硬度、屈服点、抗拉强度均提高；含碳量 0.07%~0.10%的焊缝在焊态和消除应力状态下均可得到良好的强度和韧性的匹配。

3）Si 对焊缝金属组织和性能的影响

（1）对组织的影响。

Si 含量从 0.2%变化到 0.94%，焊态焊缝金属 AF 随之增加，且其长宽比发生变化。

（2）对焊缝力学性能的影响。

① 硬度。

焊态焊缝金属的平均硬度随 Si 的增加而呈非线性增加：

$$HV_5=107+56w_{Mn}+158w_{Si}-57w_{Si}^2-39w_{Mn}w_{Si} \quad (3-3-8)$$

② 拉伸性能。

焊后状态时：

$$\sigma_s=293+91w_{Mn}+228w_{Si}-122w_{Si}^2,\ \sigma_b=365+89w_{Mn}+169w_{Si}-44w_{Si}^2 \quad (3-3-9)$$

消除应力状态时：

$$\sigma_s=288+91w_{Mn}+95w_{Si}-10w_{Si}^2,\ \sigma_b=344+89w_{Mn}+212w_{Si}-79w_{Si}^2 \quad (3-3-10)$$

Si 既可提高强度，又能降低焊缝中的氧，但过高的 Si 会引起焊缝金属塑性和韧性的下降。因此当焊缝中含有最佳锰含量(1.4%)时，含 Si 量只要不超过 0.5%，焊缝可具有所需的各项力学性能。

另外，在低氢型焊条中合理控制 Mn 含量和 Si 含量的比值，不仅可以体现联合脱氧效果，使焊缝金属达到较高纯度，在提高强度的同时，还可获得良好的塑性和韧性。一般 Mn 含量和 Si 含量的比值应大于 2，随强度级别的提高，Mn 含量和 Si 含量的比值应大于 3。

4）Mo 对焊缝金属组织和性能的影响

（1）对焊缝组织的影响。

Mo 含量从 0 变化到 1.11%时，焊缝金属中先共析铁素体量逐渐减少，AF 先增后减；

粗晶区和细晶区普遍晶粒细化，不完全相变区形成铁素体与碳化物束团。

(2) 对性能的影响。

① 硬度：无 Mo 焊缝较 1.1%Mo 的焊缝硬度相差 40~50HV。

② 拉伸性能。

焊态时：

$$\sigma_s = 305+121w_{Mn}+140w_{Mo}+27w_{Mn}w_{Mo},\ \sigma_b = 383+116w_{Mn}+150w_{Si}+8w_{Mn}w_{Mo} \quad (3-3-11)$$

消除应力状态时：

$$\sigma_s = 287+113w_{Mn}+193w_{Mo}+29w_{Mn}w_{Mo},\ \sigma_b = 373+113w_{Mn}+167w_{Mo}+37w_{Mn}w_{Mo} \quad (3-3-12)$$

Mo 含量从 0 变化到 1.11%，随 Mo 含量的增加，焊缝的硬度、屈服点和抗拉强度均得到提高；焊缝的韧性，在焊态、低 Mn 时添加 0.25%的 Mo 是有益的，在消除应力状态下添加 Mo 均有害。含 0.25%Mo、1.0%Mn 的焊缝可得到最佳的力学性能匹配。

5) Cr 对焊缝金属组织和性能的影响

(1) 对焊缝组织的影响。

Cr 含量从 0 变化到 2.35%，随 Cr 含量的增加，PF 减少，AF 先增加，当 Cr 含量超过 1%时快速减少；在粗晶区和细晶区出现显微组织均匀化；在不完全相变区形成铁素体/碳化物集合体。

(2) 对焊缝性能的影响。

① 对硬度的影响：Cr 含量从 0 变化到 2.35%，随 Cr 含量的增加，焊态焊缝金属的硬度逐渐增高，且在低 Mn 时基本上呈线性，高 Mn 时呈非线性。

② 对拉伸性能的影响。

焊后状态时：

$$\sigma_s = 320+113w_{Mn}+64w_{Cr}+42w_{Mn}w_{Cr},\ \sigma_b = 395+107w_{Mn}+63w_{Cr}+36w_{Mn}w_{Cr} \quad (3-3-13)$$

消除应力状态时：

$$\sigma_s = 312+100w_{Mn}+58w_{Cr}+22w_{Mn}w_{Cr},\ \sigma_b = 393+106w_{Mn}+66w_{Cr}+10w_{Mn}w_{Cr} \quad (3-3-14)$$

Cr 含量从 0 变化到 2.35%，随 Cr 含量的增加，屈服点、抗拉强度均有提高；在焊态时 Cr 对韧性有害，热处理后更低；在约 1%Mn 时呈现最佳显微组织和力学性能。

6) Ni 对焊缝金属组织和性能的影响

(1) 对组织的影响。

随 Ni 含量从 0 变化到 3.45%，焊态焊缝中 PF 的比例逐渐减少，AF 逐渐增多，在高锰焊缝中还出现 M；在粗晶区多边形铁素体的比例减少，AF 增加，在 1.8%焊缝中出现马氏体岛；细晶区的等轴晶逐渐改变，铁素体晶粒减少，含二次相的铁素体团增多；二次相的形态从渗碳体薄膜和珠光体变为 M-A，并最后变为分离的碳化物和马氏体；条带状显微组织和化学不均匀性增加。

（2）对焊缝性能的影响。

① 硬度：随 Ni 含量从 0 变化到 3.45%，焊缝金属的硬度随 Ni 的增加非线性提高，但增加的硬度均比添加 Mo 或 Cr 时小。

② 拉伸性能。

焊后状态时：

$$\sigma_s=332+99w_{Mn}+9w_{Ni}+21w_{Mn}w_{Ni},\ \sigma_b=401+102w_{Mn}+16w_{Cr}+15w_{Mn}w_{Ni} \quad (3-3-15)$$

消除应力状态时：

$$\sigma_s=319+85w_{Mn}+17w_{Ni}+21w_{Mn}w_{Ni},\ \sigma_b=393+95w_{Mn}+17w_{Ni}+19w_{Mn}w_{Ni} \quad (3-3-16)$$

随 Ni 含量从 0 变化到 3.45%，屈服点和抗拉强度均有提高；低 Mn 时 Ni 增加对抗解理断裂有益，高 Mn 则有害，在 0.6%Mn 时得到最佳韧性；消除应力处理对 Mn、Ni 匹配焊缝的韧性几乎没有影响，但不匹配时产生严重脆化。

7）Cu 对焊缝金属组织和性能的影响

（1）对焊缝组织的影响。

随 Cu 含量从 0.02%变化到 1.4%，焊缝中含有高比例的 AF，且 0.02%Cu 时 AF 量最高；组织细化；二次相的体积百分数增加；消除应力导致碳化物析出和球化、ε-Cu 析出。

（2）对焊缝性能的影响。

① 硬度：在焊态含 Cu 量小于等于 0.19%时，Cu 对硬度没有影响，超过则硬度增加；在消除应力时，1.4%Cu 焊缝的硬度具有最高值。

② 拉伸性能。

焊态下时：

$$\sigma_s=484+57w_{Cu},\ \sigma_b=562+58w_{Cu} \quad (3-3-17)$$

消除应力状态下时：

$$\sigma_s=472+693w_{Cu},\ \sigma_b=531+107.1w_{Cu} \quad (3-3-18)$$

随 Cu 含量增加，屈服点、抗拉强度提高，在消除应力时，1.4%焊缝得到最高值；焊缝的夏比冲击韧性在 0.66%Cu 以内几乎保持不变，但 1.4%Cu 时明显降低；消除应力后 1.4%Cu 焊缝的冲击性能最差。

8）铁粉对焊缝金属组织和性能的影响

在低氢碱性焊条药皮中增加铁粉数量将增加焊缝的含氧量；改进药皮的基本组分比限制药皮中铁粉的数量更重要。

9）Al 对焊缝金属组织和性能的影响

（1）对焊缝组织的影响。

随焊缝中 Al 含量从 0 增加到 610μg/g，焊态焊缝的 AF 量在 Al 含量小于 100μg/g 以前逐渐减少，然后逐渐增加，当 Al 含量超过 200μg/g 后又逐渐减少；含二次相的铁素体数量的变化与此相反；MnO 和 SiO_2 非金属夹杂物逐渐被 Al_2O_3 取代。

（2）对性能的影响。

随焊缝中 Al 含量从 0 增加到 610μg/g，焊缝金属的硬度、屈服点、抗拉强度均稍有提高；含铝量为 0 时韧性最佳，增加 Al 后韧性下降，达到 80~350μg/g 时韧性有适度恢复。

10）Ti 和 B 对焊缝金属组织和性能的影响

（1）Ti、B 对焊缝组织的影响。

焊缝含 Ti 量由 70μg/g 增加到 700μg/g 时，AF 增多，PF 减少，从而使焊缝组织得到细化。当 B 含量小于 11μg/g 时增加 Ti 并不会使 AF 发生大幅度的变化，并且 PF 的变化也不大。当 B 含量小于 45μg/g 时，含 Ti 含量在 450μg/g 足以得到最多的 AF；当 B 含量大于 45μg/g 时，Ti 含量在 200μg/g 左右可得到最多的 AF。

随着 B 含量从 5μg/g 变化到 90μg/g，先共析铁素体减少，细化了晶粒。但在 Ti 含量小于 80μg/g 时，增加 B 的含量并未引起 AF 明显增加和 PF 明显减少。因此，Ti 的含量不可过低。B 含量最佳值与 Ti 含量的关系为：当 Ti 的含量在 200~700μg/g 时，B 含量的最佳值为 30~60μg/g。当 B 含量为 42μg/g，Ti 含量为 420μg/g，AF 最多，PF 最少。

（2）Ti-B 系焊缝韧性高的原因：

① 凝固过程中，Ti 保护 B 不被氧化，使大量偏析的 B 与 N 充分反应，生成 BN；

② 含 Ti 的氧化性夹杂促进了 A 晶内形核，利于 AF 的生成；

③ 由于 B 和 Ti 形成 BN 和 TiN，减少了固溶于焊缝中的 N 含量；

④ A 冷却时，Ti 通过形成 TiN 而保护了残余的 B 不被氧化，有一定量的 B 向 A 晶界偏析，由于 B 聚集在晶界，降低了晶界的能量，故不利于 PF 的形核，另外，B 在晶界上形成 Fe23（C、B），它先于 F 生成，当这类碳化物尺寸很小时可阻碍 F 形核。

11）Re 对焊缝金属组织和性能的影响

（1）Re 元素的作用。

Re 主要通过改变焊缝中夹杂物的形状、数量及分布状态，达到改善焊缝韧性、减少有害非金属夹杂物的目的。

（2）Re 元素对夹杂物和晶粒尺寸的影响

不加入 Re 时，焊缝中存在着 Fe 和 Mn 的硫化物夹杂（达 40μm）、大量的氧化物（13μm）及尖角状的硅夹杂物。加入 Re 后，夹杂物既被细化又被球化，且尺寸波动较小。硫化物夹杂减小到 14μm 以下，氧化物夹杂在 6.5μm 以下，硅夹杂物不超过 10μm。夹杂物弥散分布，减小了 A 晶粒尺寸且趋于均匀化。

（3）对焊缝金属力学性能的影响。

随着 Re 含量从 0 变化到 1.5%，焊缝的抗拉强度和屈服点均有提高，塑性稍有下降。原因在于 Re 还原性较强，导致更多的 C、Si 和 Mn 元素进入焊缝中。

随着 Re 含量的增加，焊缝韧性在高温下先升后降。这是由于夹杂物的细化和球化引起了焊缝韧性的上升；进一步增加 Re，随着晶格结构的稳定，冲击韧性也保持恒定；Re 更高时，有更多的 C 和 Mn 过渡到焊缝中，尖角状硅的夹杂物含量也增多，导致冲击韧性下降。在较低的温度下，随着 Re 含量的增加，冲击韧性逐渐下降，但比较缓慢。

三、 X80管线钢环焊缝组织

X80管线钢是采用超低碳、微合金、控轧控冷技术生产的以针状铁素体组织为主的高强度韧性钢种，是石油天然气输送管道工程中的基本选材，广泛在西二线和西三线管道工程建设中应用。

低合金高强钢焊缝中针状铁素体的微观组织如图3-3-7所示，可以看出，晶内形核是针状铁素体的典型特征。针状铁素体通常首先在夹杂物上单个或者多维形核形成，也可以随后在先形成的铁素体板条表面激发形核，并与贝氏铁素体竞争长大。铁素体板条间保持大角度，取向自由度大，几乎可以向任何方向长大，与母相保持一定的晶体学取向关系。在经历一定时间的快速长大之后，针状铁素体之间发生大量相互膨胀和交织现象，形成具有良好强度和韧性匹配的细小针状铁素体连锁组织。组织内部含有大量位错，其平均密度为$10^{8}\sim10^{10}$条/cm^{2}。其组织形态既不同于贝氏体铁素体，也不同于魏氏体铁素体。

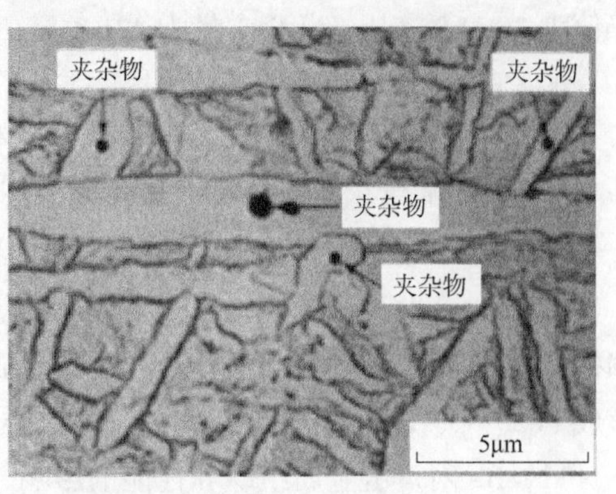

图3-3-7　焊缝中针状铁素体的光学纤维组织

虽然X80管线钢焊缝金属组织主体结构是针状铁素体，但是它的形态和几位结构却是多变的。在一些情况下，比如热输入的情况下，奥氏体晶界会平行长出细密的低碳马氏体(LM)和贝氏体铁素体(BF)板条，甚至枝晶尺寸长大、数量减少，并出现数量较多的多边铁素体(PF)等变化。正是这些细微的变化，改变了针状铁素体(AF)原有的强韧化机制特性。这可能就是X80管线钢焊缝金属韧性对焊接条件(热输入)十分敏感的主要原因。

1. 焊缝组织中的影响因素

合金元素的影响：C是扩大奥氏体相区元素。含碳量在一定范围内适量增加，使奥氏体晶界析出的先共析铁素体PF尺寸变小、数量减少，晶内针状铁素体AF数量增多。C虽然是钢的基本强化元素，但对钢的延性、韧性及焊接性有负面影响。C的含量一般控制在0.06%以下。

Mn也是扩大奥氏体相区元素。具有降低奥氏体转变温度、增加针状铁素体AF含量、细化晶粒的作用。焊缝中Mn含量从0.6%增加到0.8%时，可使针状铁素体AF含量增加，侧板条铁素体SF含量减少；同时Mn含量较高时，可以细化针状铁素体AF晶粒。但Mn含量过高，铁素体被强化，对焊缝韧性不利。Mn的含量一般控制在1.3%~1.6%之间。

Si 是缩小奥氏体相区元素。Si 对焊缝中铁素体形态的影响看法不一。有的观点为，Si 含量的增加会促进针状铁素体 AF 的形成，而使侧板条铁素体 SF 含量减少；有的观点为，Si 对焊缝组织没有明显影响。Si、Mn 同时存在，可作为脱氧剂，随 Si、Mn 的增加，可使连续冷却时的相变温度逐渐降低，组织细化。从焊缝性能考虑，Si 含量应控制小于 0.4%。

Mo 是缩小奥氏体相区元素，能降低相变温度，抑制块状铁素体(PF)的形成，促进针状铁素体的转变，并提高 Nb 的沉淀强化效果。但是 Mo 对韧性有害。Mo 的加入量一般不超过 0.4%，可以在 0.3%~0.45%之间。

Ni 是扩大奥氏体相区元素。单独加入对针状铁素体 AF 形核并无明显影响，当 2.03%~2.91%Ni 与 0.70%~0.995%Mo 联合作用时，对晶界铁素体的抑制作用明显，增加了针状铁素体 AF 的含量，组织韧性显著提升。考虑焊缝的低温韧性要求，Ni 含量可以控制在 1.2%~1.4%之间。

Cr 也是扩大奥氏体相区的元素，降低 $\gamma \to \alpha$ 相变临界温度，使奥氏体转变在较低温度下进行。对焊缝强度的影响与 Mn 相似，随着 Cr 含量的增加，焊缝金属强度增大，只是 Cr 含量超过 0.5%时，Cr 的作用较 Mn 弱。但有人发现，Cr 含量超过 0.5%时，随 Cr 含量的增加，生成带有第二相的 SF 而使焊缝的韧性受到不利影响，对于韧性要求较高的管线钢焊缝，Cr 的添加量应当谨慎。

Cu 具有抗大气腐蚀性能，能细化原奥氏体晶粒尺寸，有固溶强化作用，含量通常控制在 0.2%~0.3%之内。

Nb 是缩小奥氏体相区元素，是最主要的微合金化元素之一，细化晶粒作用十分明显。

V 具有较高的析出强化作用和较弱的晶粒细化作用，在与 Nb、V、Ti 三种微合金元素复合使用时，V 主要在铁素体中以 C 的析出强化来提高钢的强度。

Ti 是缩小奥氏体相区元素。Ti 在焊缝金属中除了脱氧作用外，还作为 B 元素过渡的保护剂。Ti 的氧化物是较为有效的针状铁素体形核剂。有助于提高 Nb 在奥氏体中的固溶度，同时对改善热影响区冲击韧性作用明显。

B 是形成硼化物的主要元素。B 原子在焊接冷却过程中，可以快速扩散到奥氏体晶界，形成与奥氏体共格的细小硼相，降低晶界界面能，抑制先共析铁素体的析出，促进晶内针状铁素体 AF 在硼化物上形核长大。B 单独加入对针状铁素体的形核作用较小，必须与 Ti 联合使用。因为 B 的氧化物或氮化物有抑制铁素体在晶界上的形核作用，所以必须用 Ti 来保护 B 不在电弧中氧化，同时也防止了 B 形成氮化物。

过多的 Ti-B 会产生上贝氏体。当 B、Ti 为最佳含量时，可以获得最多的针状铁素体 AF 含量。有资料显示，Ti 含量为 0.01%~0.025%，B 含量为 0.0015%~0.005%较为合适。

Al 是缩小奥氏体相区的元素，在焊缝中仅以非金属夹杂物形式存在，具有很强的脱氧和细化晶粒的作用。焊缝的硬度和强度随 Al 含量的增加而增大，而冲击韧性则减小，考虑焊缝的韧性，Al 含量应尽可能低些。

O 主要影响夹杂物的尺寸、种类和数量，焊缝中的氧含量一般可以达到百万分之几。含氧量增大，夹杂物尺寸减小。当焊缝中含氧量在合理范围时，夹杂物的尺寸适中，针状铁素体 AF 含量最多。

2. 奥氏体晶粒尺寸的影响

一项研究表明，焊缝中针状铁素体含量随奥氏体晶粒尺寸的增加而增加，只有奥氏体晶粒尺寸增加到约 200μm 时，针状铁素体含量的变化才会很小。另有研究认为，当奥氏体晶粒尺寸达到 140μm 时，可实现晶内针状铁素体含量最大化。还有研究指出，针状铁素体形核能力与奥氏体晶粒大小基本呈“C”曲线关系。随着奥氏体晶粒尺寸的增大，相对形核能力增大；当达到一个最大值时开始减小。通常在焊接热输入较大情况下，焊缝中奥氏体晶粒生长较大，晶内转变产物则是较细的针状铁素体 AF；在焊缝中含氧量增大的情况下，焊缝中奥氏体晶粒则变小，晶内转变产物是较粗的针状铁素体 AF。图 3-3-8 是原奥氏体晶粒尺寸和夹杂物对贝氏体、魏氏体铁素体和针状铁素体形核的影响示意图。可以看出，原奥氏体晶内 2 种类型组织(魏氏铁素体或贝氏体与晶内针状铁素体)是经受 3 种因素(夹杂物、晶粒尺寸及晶界铁素体)的影响结果。(1)夹杂物的影响。无夹杂物时，将从晶界处向晶内形成平行针片状魏氏铁素体或贝氏体；有夹杂物时，将在晶内形成针状铁素体。(2)晶粒尺寸的影响。小尺寸奥氏体晶粒时，在晶内形成魏氏铁素体或贝氏体；而大尺寸奥氏体晶粒时，则在晶内形成针状铁素体。(3)晶界铁素体的影响。无晶界铁素体时，奥氏体晶内没有针状铁素体；而有晶界铁素体时，晶内形成了针状铁素体。不难看出，只有当原奥氏体晶内含有夹杂物，同时原奥氏体晶粒尺寸较大时，才会形成晶内针状铁素体。否则将形成魏氏铁素体或贝氏体。魏氏铁素体或贝氏体存在的奥氏体是没有晶界铁素体的，因此也不能形成晶内针状铁素体。据此，文献认为，通常晶界铁素体是判断奥氏体晶内组织是否是针状铁素体的重要判据。

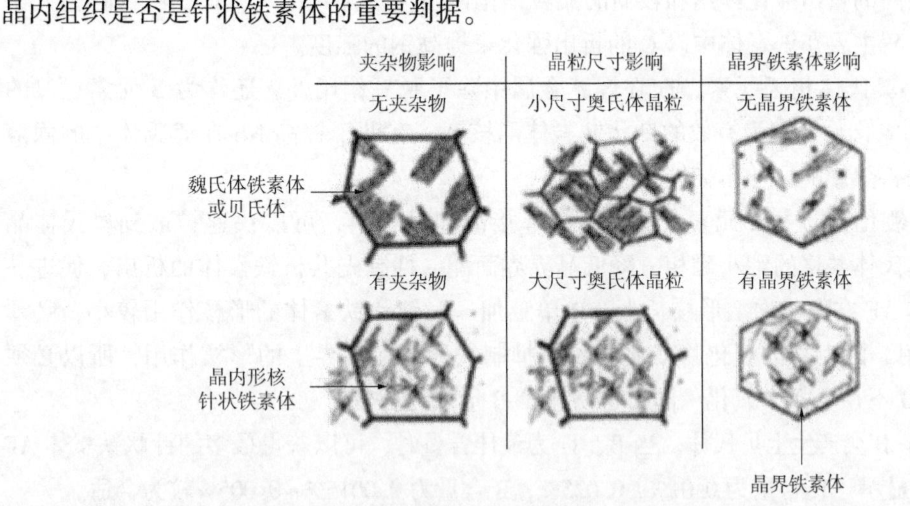

图 3-3-8　原奥氏体晶粒尺寸和非金属夹杂物对贝氏体、魏氏体铁素体和针状铁素体形核的影响

3. 转变温度和冷却速度的影响

针状铁素体是中等冷却速度连续冷却形成的中温转变产物。在奥氏体转变过程中，温度过高则形成晶界铁素体和晶内等轴状铁素体。随着温度的降低，等轴型铁素体逐渐转变为板条状的针状铁素体。温度进一步降低则形成贝氏体铁素体。某研究测得焊缝中针状铁

素体开始形成温度为670℃。有研究者利用连续冷却膨胀计系统研究了冷却速度对焊缝金属组织的影响。结果表明：(1)冷却速度很低(从800℃冷至500℃，冷却速度小于1℃/s)时，焊缝主要组织是晶界铁素体(Grain Boundary Ferrite，GBF)。随着冷却速度增大，GBF变细，并越来越受限于原奥氏体晶界，易在GBF内表面产生魏氏组织的侧板条。(2)中等冷却速度(从800℃冷至500℃，冷却速度为15℃/s)时，焊缝组织是晶内针状铁素体AF和略粗的AF。(3)高冷却速度(从800℃冷至500℃，冷却速度大于200℃/s)时，出现铁素体侧板条结构，包括平行的铁素体板条(板条间是残余奥氏体、M-A组元或碳化物)。利用WM-CCT图可以确定合适的冷却速度，从而得到细小和均匀的针状铁素体组织。

4. 夹杂物类型和尺寸的影响

细小弥散的夹杂物在焊缝中起着重要作用，但并不是所有夹杂物都能促使针状铁素体形成。研究表明，Ti_2O_3 可以非常有效地通过贫Mn区来促进铁素体形成；纯的 TiO_2、MnO、MnO · Al_2O_3、SnO等氧化物，以及MnS、CuS、KNO_3 等可以诱发针状铁素体形核，而纯的 Al_2O_3 和WC不能诱导针状铁素体形成。复合夹杂物使夹杂物诱导针状铁素体形核机理更加复杂化。有文献使用TEM对低合金钢焊缝中夹杂物的大小做了细致的分析，并根据其是否作为针状铁素体形核核心，将夹杂物分为形核核心和非形核核心2类。其中能有效作为形核核心的夹杂物尺寸范围在0.2~1μm之间，而较大的夹杂物更能促进针状铁素体形核。另有研究认为夹杂物尺寸在0.4~0.8μm时最好，还有研究认为夹杂物尺寸在0.3~0.9μm时促进针状铁素体形核的效果最佳，更有研究认为夹杂物尺寸大于1μm时基本都产生针状铁素体多维形核。总之，只有一定尺寸范围的夹杂物才能作为针状铁素体的有效形核核心。

5. 焊缝中含氧量的影响

在Mn-Si系焊缝中，氧含量在0.014%~0.07%之间变化时，焊缝的组织主要是晶界铁素体GBF和魏氏状侧板条铁素体FSP，还有少量针状铁素体AF，其含氧量在0.05%以内可得到良好的韧性；但总体上看，组织变化不明显，焊缝韧性变化也不大。在Mn-Si-Ti-B系焊缝中，当氧含量在0.027%时，其组织主要是针状铁素体AF，含氧量在0.03%左右时，韧性达到最高值；含氧量更低或更高，组织发生变化，韧性都会降低。

第四节 环焊接头组织转变规律

一、 焊接热模拟试验

在上述 $t_{8/5}$ 和焊接热输入计算的基础上，采用焊接热模拟试验，模拟焊接热影响区的组织与性能变化规律。

焊接热循环是指焊件上某点经历焊接过程时的温度变化，它可以用 $T=f(t)$ 这一函数关系来描述。按此关系所画出的曲线称为该点的热循环曲线。焊接过程中，焊件上直接被热源加热的部位将被熔化形成熔池。连续相接的熔池冷却凝固后即成为焊缝。焊缝以远的部位则保持固态，焊件上各点由于在焊件上所处位置不同，受到焊接热的作用不同而经历着不同的热循环，它们的热循环曲线也就不同。图 3-4-1 为低合金钢手弧焊时焊件上热影响区不同点的焊接热循环曲线。从图 3-4-1 可以看出：离焊缝熔合线越近的点，加热速度越大，峰值温度越高，冷却速度也越大，并且所有各点的加热速度都比冷却速度要大得多。这表示焊接接头热影响区的金属都经历了一个自发的、特殊的热处理过程，产生了相变、晶粒长大、应力和变形等变化，从而对焊件金属的组织和性能产生强烈的影响。因此，测量并正确控制焊接热循环对于控制接头热影响区金属的组织和性能具有重要意义。

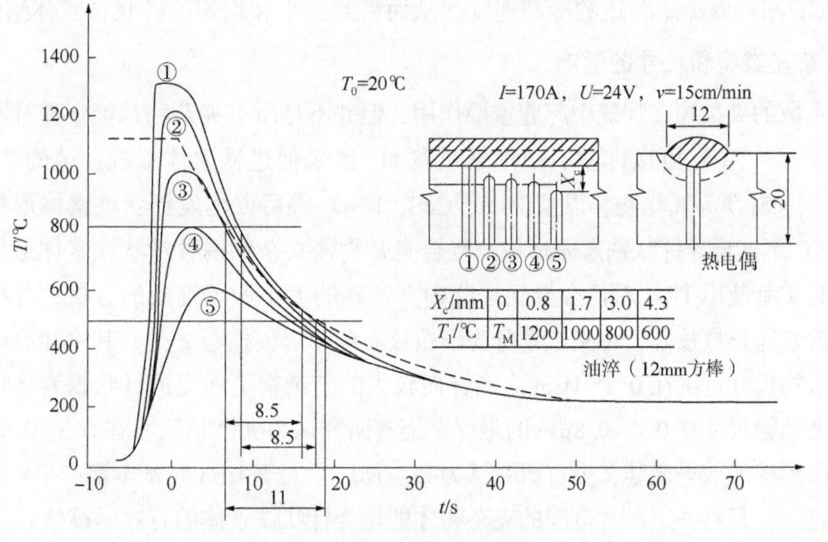

图 3-4-1　低合金钢手弧堆焊时焊缝附近各点的热循环

t 表示从电弧通过测温点正上方时开始算起的时间

焊接热循环曲线固然可以借助焊接热过程的理论公式 $T=f(x, y, z, t)$ 计算出来，但由于计算时所采用的假定条件与实际焊接条件出入较大，计算所得的理论热循环曲线对比实际测得的曲线仍有很大误差，故在实际中多用实测的方法来获得热循环曲线。

焊接是一个不均匀加热和冷却的过程，它给母材造成了不均匀的组织和不均匀的性能，又使焊件产生复杂的应变和应力。掌握近缝区的热循环，对于控制和提高焊接质量相当重要。

（1）加热速度：焊接的加热速度比普通的金属热处理条件下快得多，它受焊接方法、焊接热输入、板厚及几何尺寸和金属热物理性质的影响。焊接钢材时，加热速度越快，钢中奥氏体的均质化和碳化物溶解就越不充分，必然影响到焊接热影响区冷却后的组织与性能。

（2）峰值温度：即加热最高温度，它决定着焊后母材热影响区的组织与性能，例如，接头熔合线附近的过热段，就是因为温度高，引起晶粒粗大，致使韧性下降。

（3）高温停留时间：是指在相变温度以上停留的时间，该时间对于金属相的溶解、析出、扩散均质化，以及晶粒粗化等影响很大。对于低碳钢和低合金钢，相变温度以上的停留时间越长，越有利于奥氏体的均质化和奥氏体晶粒长大。常把高温停留时间分成加热过程的高温停留时间和冷却过程的高温停留时间。

（4）冷却速度或冷却时间是影响焊接热影响区组织与性能的主要因素。在热循环曲线上，每一温度下的瞬时冷却速度都不相同，各点的冷却速度可用该点切线的斜率表示。对于低合金钢，在连续冷却条件下组织转变最快。

焊接接头组织因材料不同而不同，对于大多数低碳钢而言，其组织为 F+P。组织不同，其力学性能等也就有差异。一般情况下，焊接热循环对焊缝施加热影响，势必会影响到接头晶粒大小，从而对接头性能产生影响。但是，热循环不会影响到接头组织的改变。组织成分的改变主要取决于母材及焊材等。焊接接头包括焊缝、熔合区、热影响区，其中焊接最容易出现问题的部位就是热影响区和熔合区，热影响区就是热循环过程中受热的母材区域，一般的参数有 $t_{8/3}$、$t_{8/5}$等。

X80 低合金钢的焊缝组织较复杂，随化学成分和焊接过程不同会出现不同的混合组织，力学性能的变化也较大。为了预测不同的冷却速度下的焊缝组织，有必要对连续冷却过程中焊缝组织的变化情况进行研究，并绘制焊缝金属连续冷却转变规律图(WM-CCT)和热影响区连续冷却转变规律图(SH-CCT)。本研究采用热模拟法并结合金相—硬度法模拟临界点 A_{c1}、A_{c3}，以及过冷奥氏体的连续冷却转变过程。首先在 Gleeble3500 热模拟试验机中进行热模拟试验，得到温度—膨胀量曲线，并找到相转变点，再结合金相及硬度等试验数据绘制焊缝组织的连续冷却转变曲线。

二、焊缝组织转变规律

以 X80 管线钢为例介绍环焊接头中焊缝位置的组织转变规律。热模拟试验使用试板材料为 X80 管线钢，规格为 ϕ1219mm×18.4mm，力学性能参数见表 3-4-1。

表 3-4-1　X80 管线钢的力学性能参数

材料	屈服强度/MPa	抗拉强度/MPa	伸长率/%	冲击韧性(-30℃)/(J/cm^2)
X80	555	715	27	70

焊接试验采用的焊接方法为自保护药芯焊丝半自动焊焊接工艺，选用焊材为 ϕ3.2mm 的 LB-52U 焊条作根焊层焊材，ϕ2.0mm 的 JC-30 自保护药芯焊丝作为填充层和盖面层焊材。为了能够获得足够厚度且性能均匀的焊缝原始组织，确保可以取出符合热模拟和冲击试验的有效试样，焊缝最后一填充层的填充厚度大约为 5mm。如此可以获得焊缝原始柱状晶组织。

1. 试验方法

研究中使用 Gleeble3500 热模拟试验机来实现特定热循环过程，并形成该热循环作用下的焊缝组织。热模拟试样从焊接试板焊缝中取出，尺寸为 10.5mm×10.5mm×71mm。焊接热模拟机的热特征参数主要包括加热峰值温度 T_p、加热速度、800℃降至 500℃的冷却时间 $t_{8/5}$、800℃降至 300℃的冷却时间 $t_{8/3}$等。为了将焊缝中冲击韧性特征明显的组织模拟出来，试验了一次热循环、二次再热热循环不同加热峰值温度的组织模拟过程，图 3-4-2 所示为根据实测焊缝填充层的热循环过程和 SYSWELD 数值模拟过程进行对比，选择最佳热特征参数。最高加热峰值温度选取 1350℃。选择最佳热特征参数，$t_{8/5}$设定为 15℃/s，$t_{5/3}$为 2.5℃/s，焊接热过程的加热速度设定为 150℃/s。一次热循环、二次再热热循环模拟试验参数中的加热速度及冷却过程设置相同。由于一次热循环的峰值温度（$T_{p,1}$）为1350℃时的焊缝组织晶粒粗大，被称为焊缝粗晶区，粗晶区性能较差，因此在二次再热热模拟试验中，第一次热循环 $T_{p,1}$ 选取1350℃，重点模拟焊缝粗晶区在后续不同再热峰值温度下组织的变化。根据实测焊缝位置处的最高加热峰值温度，$T_{p,2}$ 选取1100℃、900℃和750℃。一次热循环及二次再热热循环模拟过程的特征参数如图3-4-2所示。其中 $T_{p,2}$ 选取750℃的依据是图3-4-3中焊材JC-30的热膨胀曲线（A_{c1}<750℃<A_{c3}）。

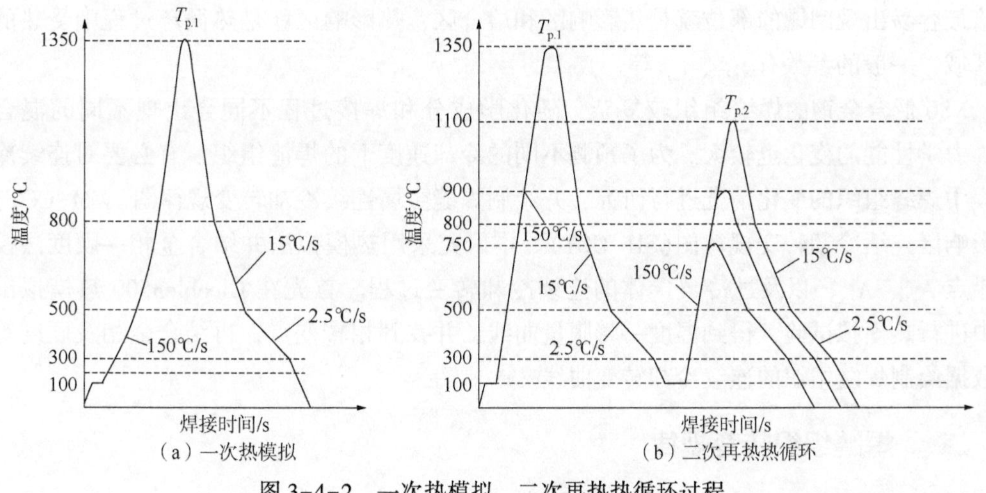

图3-4-2　一次热模拟、二次再热热循环过程

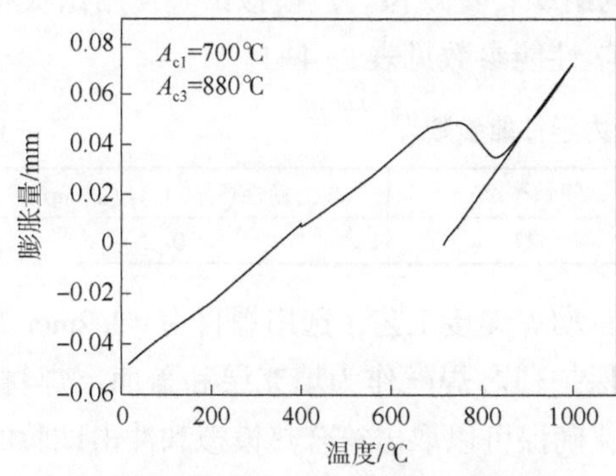

图3-4-3　JC-30焊材的热膨胀曲线

对热模拟试样用金相显微镜（Zeiss Upright Light Microscopes），扫描电镜（JEOL-7000F），EBSD和透射电镜（JEM-2200FS）进行组织分析。用Lepera试剂对组织中的M-A组元进行观察并用Image Pro Plus 6.0软件对M-A组元进行统计。各模拟试样组织中的晶粒尺寸同样用Image Pro Plus 6.0软件进行统计。

夏比冲击试验温度为-20℃，其断口表面用扫描电镜（JEOL-7000F）进行观察。

2. 焊缝组织

1）微观组织

图3-4-4（a）为焊缝的原始柱状晶组织，以针状铁素体（AF）和粒状贝氏体（GB）为主，晶界明显，晶粒粗大。当加热峰值为 $T_{p,1}=1350$℃时，组织晶粒粗大，表现出粗晶区特点，可称为焊缝粗晶区（WM-CG），主要是粒状贝氏体（GB）、贝氏体铁素体（BF）及M-A组元，如图3-4-4（b）所示。当粗晶区经过焊层的再次热循环时，原WM-CG组织发生变化，当 $T_{p,1}=1350$℃，$T_{p,2}=1100$℃时，如图3-4-4（c）所示，组织表现出粗晶区的特点，但晶粒要比图3-4-4（b）的粗晶区稍细小，晶粒大小不均匀，组织以BF、GB为主，粒状贝氏体较多，同时分布不均匀，还有准多边形铁素体（QF）存在，在一些位置分布较集中，但

不均匀，M-A 组元沿着晶界断续分布，在晶内也有分布。该区域可定义为焊缝再热未变粗晶区(WM-UACG)。当 $T_{p,1}=1350℃$，$T_{p,2}=900℃$ 时，组织表现出细晶区特征，晶粒较细小，但组织分布不均匀，组织以 GB、BF、多边形铁素体(PF)、QF 及块状 M-A 为主，块状 M-A 组元含量较高，分布较均匀，如图 3-4-4(d)所示。由于该区域的峰值加热温度超过临界温度，可定义为焊缝过临界粗晶区(WM-SCCG)。当 $T_{p,1}=1350℃$，$T_{p,2}=750℃$ 时，该温度处在焊材的 A_{c1} 至 A_{c3} 之间，组织以板条贝氏体和粒状贝氏体为主，板条束比较细小致密，晶粒稍变细小，可以看出 M-A 组元在晶界呈断续分布，部分勾勒出晶界轮廓，该区域可称为焊缝临界粗晶区(WM-ICCG)，如图 3-4-4(e)所示。

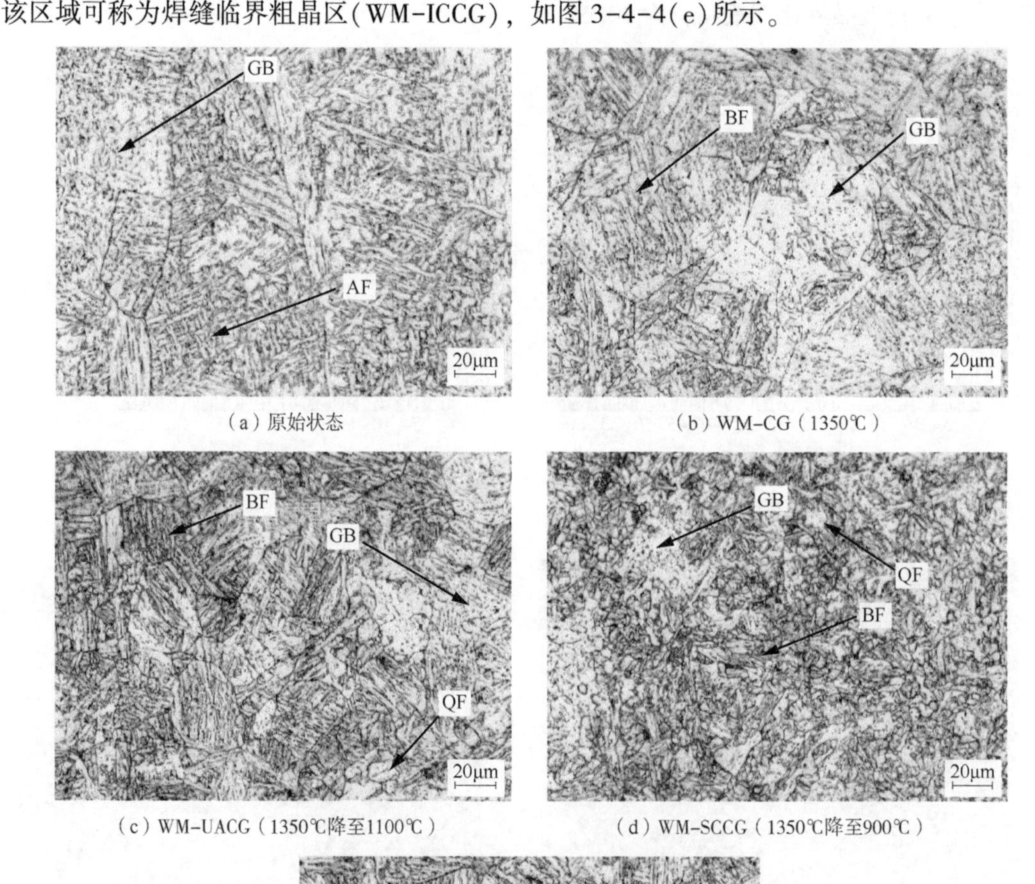

（a）原始状态

（b）WM-CG（1350℃）

（c）WM-UACG（1350℃降至1100℃）

（d）WM-SCCG（1350℃降至900℃）

（e）WM-ICCG（1350℃降至750℃）

图 3-4-4 焊缝原始及粗晶区受热循环作用后的组织

在 EBSD 中，通过对焊缝组织中相邻晶粒取向差的统计分析结果显示，图 3-4-5(a)和图 3-4-5(b)的纵坐标是某一特定的取向差角度在 EBSD 区域总的分析点数中出现的频率，用于表征该角度的相对强度或所占比例。图 3-4-5 中白色柱状图标识为“相关”，深色柱状图为“不相关”。所谓“相关”是指给出的取向图中相邻点的取向差，它反映了具有特定角度晶界出现的概率。图 3-4-5(c)(d)所示为 WM-UACG 和 WM-SCCG 区域的组织取向差分布，图 3-4-5(c)和图 3-4-5(d)中白色线和黑色线为大于 15°大角度晶界，灰色线为 5°~15°的小角度晶界。WM-UACG，其大角度晶界所占比例最少，为 9.7%；而 WM-SCCG 中，大角度晶界比例最高，为 30.6%。

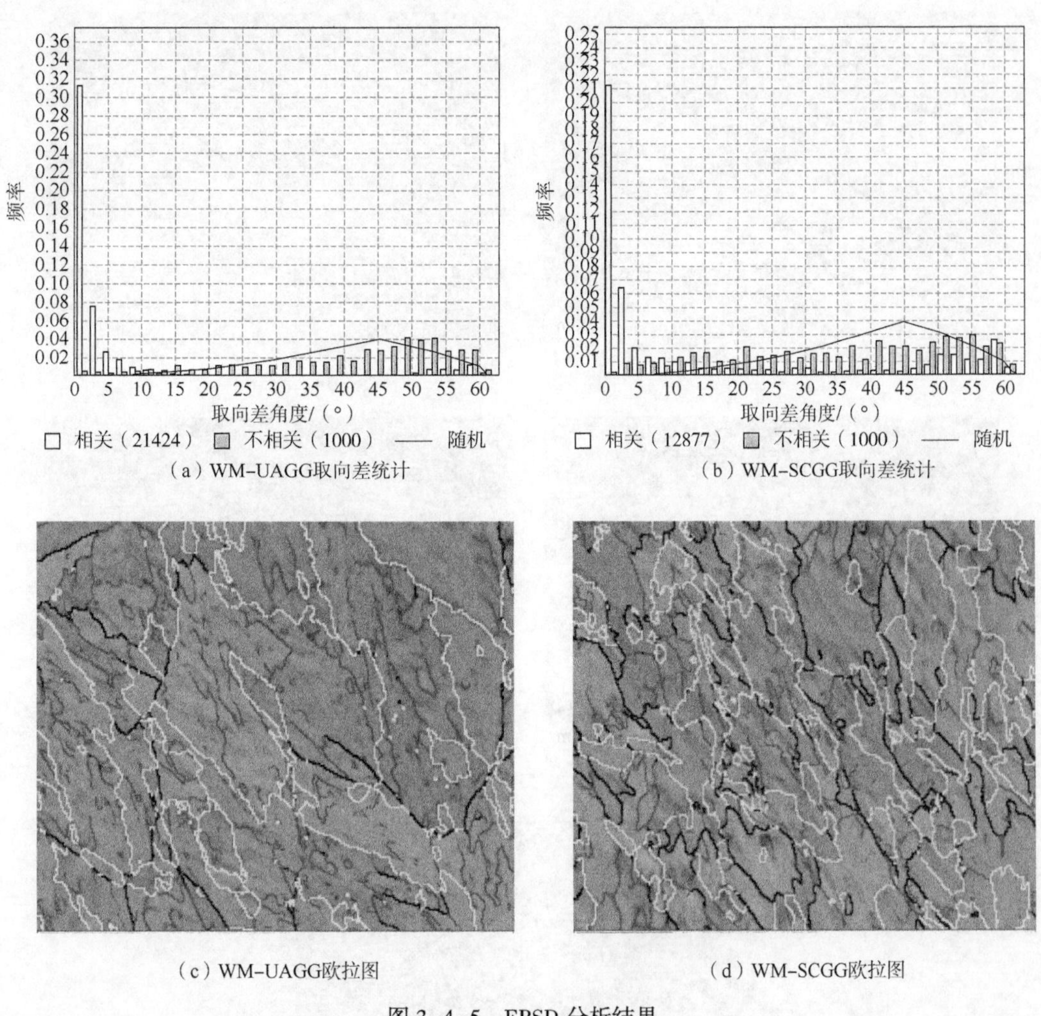

(a) WM-UAGG取向差统计　(b) WM-SCGG取向差统计
(c) WM-UAGG欧拉图　(d) WM-SCGG欧拉图

图 3-4-5　EBSD 分析结果

2) 晶粒尺寸

各热模拟试样的组织晶粒尺寸如图 3-4-6 所示。焊接热作用对组织晶粒尺寸产生一定影响。对于原始焊缝组织，由于柱状晶粗大，平均晶粒尺寸达到 106μm。对于 WM-CG，由于受到较高的焊接加热温度，平均晶粒为 75μm。对于 WM-UACG，组织晶粒尺寸有所下降，但由于受到的再加热温度较高，组织晶粒仍相对粗大，平均晶粒为49μm。对于第二次焊接加热温度为900℃时形成的WM-SCCG，由于晶粒发生完全重结晶，组织的晶粒尺寸较小，为32μm。当第二次加热温度在750℃临界区时，组织中部分晶粒发生重结晶，组织晶粒粗大，为51μm。

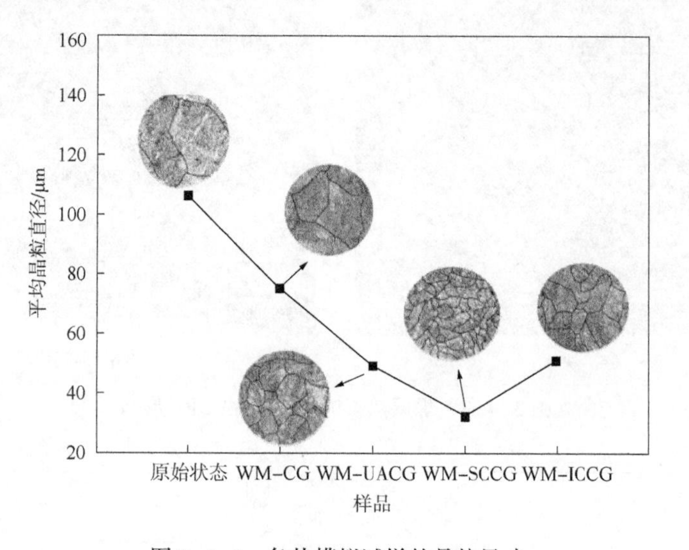

图3-4-6 各热模拟试样的晶粒尺寸

3）M-A组元

M-A组元在焊缝组织中的存在形式很多，如图3-4-7所示，在所研究的WM-CG及经历不同热循环过程的焊层粗晶区中发现M-A组元有的呈块状，如图3-4-7(a)所示，有的呈薄膜状，如图3-4-7(b)所示。从图3-4-7(a)中可以看出M-A组元内部的层状结构。M-A组元属于硬脆相，含C量高，一些M-A组元呈尖角状，硬脆相的尖角处容易产生应力集中。因此在焊缝金属中M-A组元被认为是降低韧性的主要因素。

通过对焊层粗晶区和再热粗晶区组织中可能对韧性有影响的大尺寸M-A组元、条状M-A组元、块状M-A组元，以及大尺寸块状M-A组元含量进行统计，根据相关文献，长度大于2μm的M-A为大尺寸粒子；长宽比大于3的为条状组元，反之为块状组元。通过Image Pro Plus软件对该位置的M-A组元进行统计。统计结果如图3-4-8所示。从M-A总含量来说，如图3-4-8(a)所示，WM-CG含有的M-A组元含量最高，为2.8%；而WM-UACG中M-A组元含量最低，为1.86%。从M-A组元的形态来说，如图3-4-8(b)所示，WM-ICCG中存在最多的条状M-A组元，为20.9%；WM-SCCG中存在最多的块状M-A组元，为70.9%。从M-A组元尺寸来说，如图3-4-8(c)所示，在WM-CG中，大尺寸M-A组元含量最高，为12.1%。结合M-A组元的形态和尺寸，文献中指出的对韧性影响最显著的大尺寸块状M-A组元，WM-UACG中的含量最多，为7.7%。可以看出，不同类型的M-A组元在WM-CG、WM-UACG、WM-SCCG和WM-ICCG中含量变化波动不大，曲线都较平缓。

（a）块状

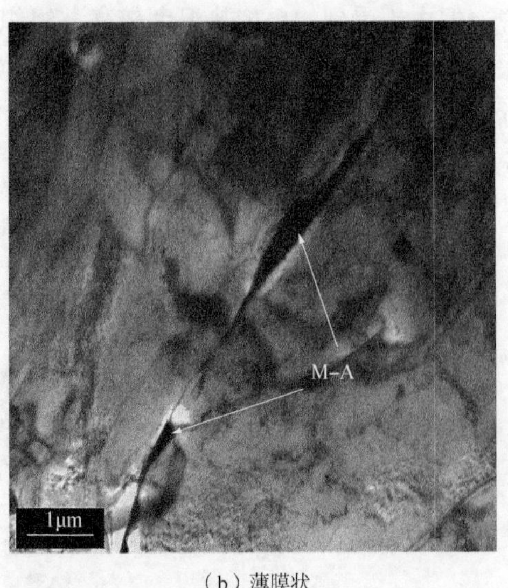

（b）薄膜状

图 3-4-7　焊层热影响区中 M-A 组元形态

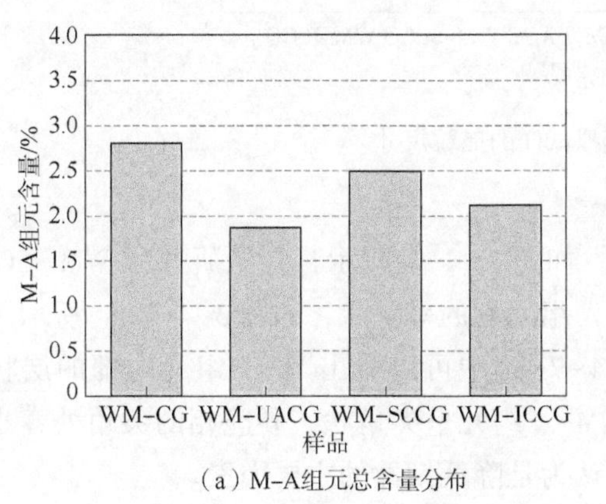

（a）M-A组元总含量分布

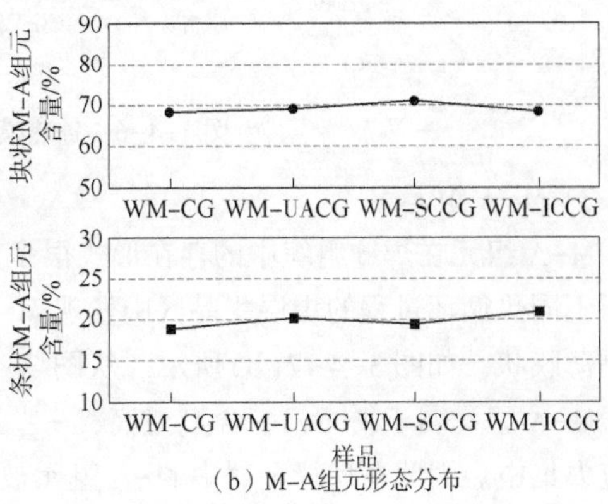

（b）M-A组元形态分布

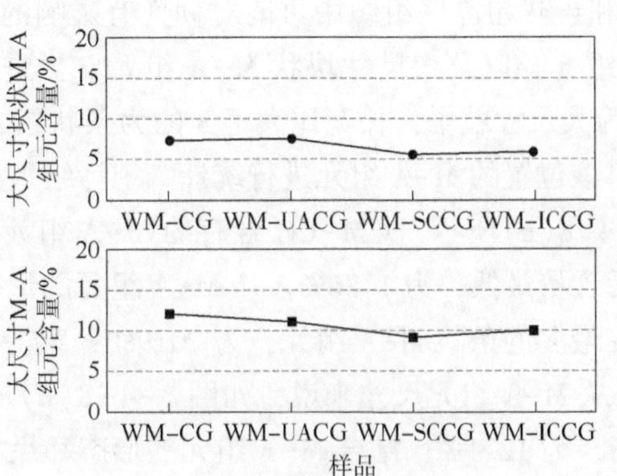

（c）M-A组元尺寸分布

图 3-4-8　各试样组织 M-A 组元比较

3. 冲击韧性

由冲击试验的结果可以看出(图 3-4-9)，原始焊缝组织韧性达到约 46.5J。热模拟结果显示，经过一次热循环的焊缝粗晶区(WM-CG)具有更好的韧性，韧性值要高于原始焊缝组织，约为 83.5J。经过一次热循环作用，焊缝组织的韧性有所改善。相关文献表明，焊缝原始组织中有较大的柱状晶，针状铁素体形核的位置要多于 WM-CG，因此冲击韧性应该高于 WM-CG。从本节研究得出 WM-CG 的冲击韧性要比焊缝原始组织高。当 WM-CG 受焊接热作用后，即焊缝原始组织经过两次热循环后，冲击韧性普遍下降。特别是当 $T_{p,2}$ = 1100℃时，即 WM-UACG 区，冲击韧性急剧下降，仅约为 7.5J。当 $T_{p,2}$ = 900℃时，即 WM-SCCG 区，晶粒细小，冲击韧性约为 45J。当 $T_{p,2}$ = 750℃时，正好处于 A_{c1} ~ A_{c3}之间，即 WM-ICCG 区，冲击韧性约为 32.5J。总体来说，经过一次热循环的 WM-CG 韧性最好，当 WM-CG 经过后续焊接再热作用后，韧性整体下降，尤其是 WM-UACG 韧性最差。

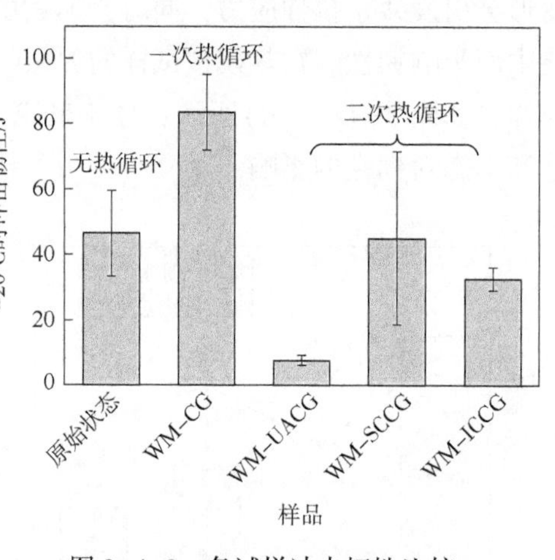

图 3-4-9 各试样冲击韧性比较

各试样 M-A 的百分含量与低温韧性的关系如图 3-4-10(a)所示。研究发现，并不是 M-A 组元的含量越多，韧性就越差。因此在本节的研究中 M-A 组元的总含量不是影响 WM-CG 在后续焊接热循环形成的各区域的韧性的关键因素。在一些文献中也提到 M-A 组元并不会使组织韧性降低，反而还对韧性有利。如 X70、X80，以及 X120 的管线钢中正是由于 M-A 组元的存在，韧性才得到。对焊缝和母材的粗晶热影响区(CGHAZ)的研究也表明 M-A 组元对韧性是有利的。其中特别是细条状和块状 M-A 组元特别有利于韧性的提高。但由于 M-A 组元属于硬脆相，尺寸约 0.7μm 的 M-A 组元对韧性没有明显影响，而大块状并且带尖角的 M-A 组元的确是对韧性有害。对于焊层热影响区，在 WM-CG 经过一次热循环的 WM-UACG 区虽然韧性最差，但研究发现该区域组织中的大尺寸 M-A 组元，特别是大尺寸的块状 M-A 组元含量并不高，这也就是说 M-A 组元并不是影响这个区域韧性的主要原因。图 3-4-10(b)显示在 WM-CG 经过一次热循环的 WM-SCCG 区，加热峰值温度都稍高于 A_{c3}，这时出现的大尺寸块状 M-A 组元较多。大尺寸 M-A 组元会使焊缝的冲击韧性不稳定。当加热峰值温度降低，大尺寸块状 M-A 组元会相对减少。相关研究也表明当焊缝组织加热峰值温度处在回火范围时，M-A 组元会分解使其平均尺寸减小。在 WM-ICCG 区，M-A 组元在原奥氏体晶界呈“链状”分布，如图 3-4-10(c)所示。这是由于原组织(WM-CG)被后续焊接过程再次加热至 A_{c1} 至 A_{c3}之间时，部分基体组织又转变为奥氏体。这些逆转的奥氏体岛优先在原奥氏体晶界处形核并且富碳。在随后的冷却过程中部分逆转的奥氏体在相对较高的温度首先转变为贝氏体铁素体，当冷却至 M_s 以下时发生马氏体转变。仅有一小部分奥氏体在室温下残留。因此，逆转的富碳奥氏体岛转变成第二相粒子，在原奥氏体晶界处呈“链状”分布。这种“链状”M-A 组元的存在形式由于重叠变形会引发残余拉伸应力，同时会加重由于 M-A 组元与基体组织强度不匹配引发的应力集中而影响韧性。在热模拟试样的 M-A 组元周围确实发现了由应力集中而产生的波纹状花样，如图 3-4-10(d)所示。总体来说。M-A 组元的分布形式对韧性的影响要大于其尺寸和形态对韧性的影响。

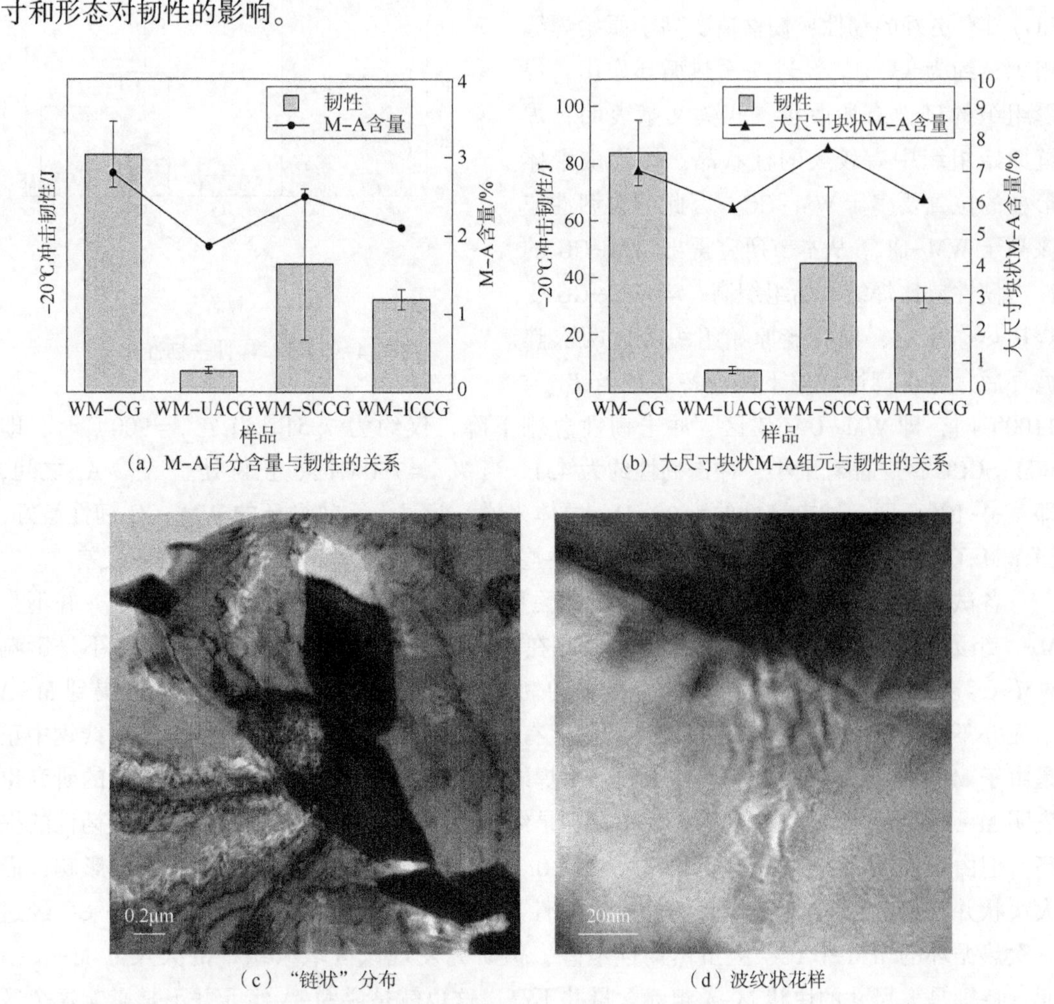

(a) M-A百分含量与韧性的关系　(b) 大尺寸块状M-A组元与韧性的关系

(c) “链状”分布　(d) 波纹状花样

图 3-4-10　各试样组织中 M-A 组元与韧性关系

由于焊缝组织主要由针状铁素体(GB 和 BF 混合)、M-A 组元，以及少量 QF 和 PF 构成，一般认为，焊缝组织中含有大块状的 GB 会影响组织韧性，而 BF 对韧性有利。各试样 GB 的百分含量与低温韧性的关系如图 3-4-11(a)所示。低温韧性最差的 WM-UACG 试样组织中含 GB 最多，为 75%。在其余试样组织中，GB 的百分含量与低温韧性基本呈相反的变化趋势，即 GB 含量越高，焊缝组织韧性越差。在管线钢焊缝组织中，大部分 GB 呈伸长的铁素体条，具有板条的轮廓并排列成束，在铁素体板条间隙存在 M-A 组元，M-A 组元呈条状或块状。从各试样组织的 TEM 照片[图 3-4-11(b)和图 3-4-11(c)]中可以看出，韧性最差的 WM-UACG 试样不仅 GB 含量高，其 GB 板条宽度达到约 1.1μm，而 WM-CG 试样组织中的 GB 板条宽度约 0.55μm。由此可以看出，当 WM-CG 再次被加热至 A_{c3}以上的较高温度会对 GB 板条宽度产生影响，板条宽度越大，韧性越差。

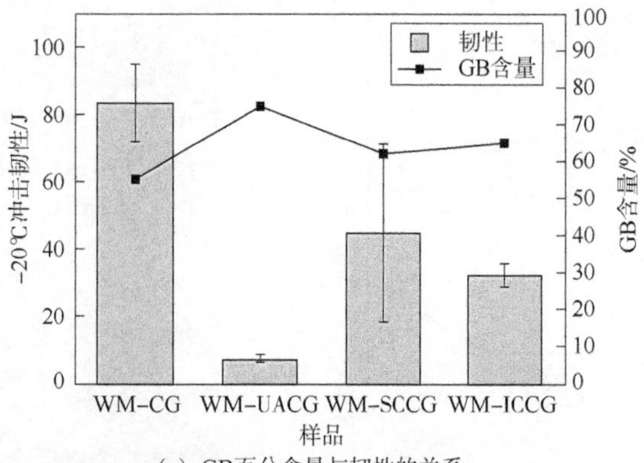

(a) GB百分含量与韧性的关系

(b) WM-CG

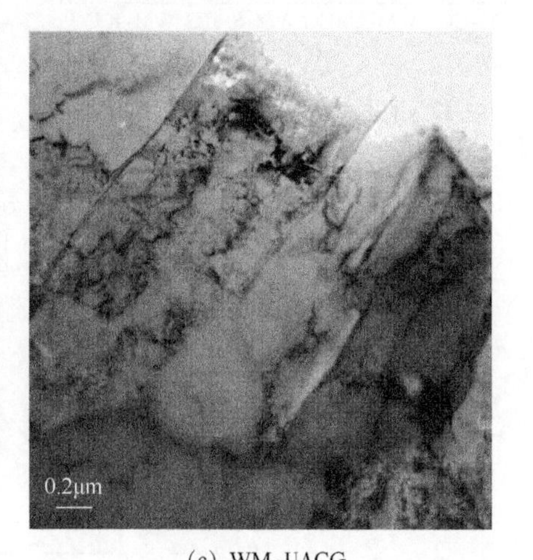

(c) WM-UACG

图 3-4-11　GB 含量与冲击韧性关系及 GB 形态

各热模拟试样的晶粒尺寸与韧性的关系如图 3-4-12 所示。一些文献中表明尺寸大的晶粒会降低组织韧性。这个规律并不适用于焊缝组织的变化。当焊缝原始柱状晶组织经过一次焊接热循环作用后的 WM-CG 虽然晶粒尺寸大，但韧性仍高于经过两次热循环后的焊缝组织。WM-CG 再经过一次热循环后的 WM-UACG、WM-SCCG，以及 WM-ICCG 基本遵循上述规律。对于韧性最差及晶粒尺寸较粗大的 WM-UACG，通过 TEM 观察到在组织表面存在大量位错，如图 3-4-13 所示。文献研究也指出位错密度高会提高韧性，但也有文献指出位错的合并及在障碍物的塞积会促使裂纹形核，降低韧性。

各热模拟试样组织中的大角度晶界与韧性的关系如图 3-4-14 所示。WM-UACG 组织中存在大量 GB，而 GB 基本不存在大角度晶界，因此韧性较差。WM-SCCG 组织中大角度晶界含量最高，但韧性仍处于较低水平，这是由于虽然 WM-SCCG 中 BF 含量稍高，但组织中还存在一部分 QF，同时 WM-SCCG 中大尺寸块状 M-A 组元含量相对较高。晶界取向差从一定角度可以反映组织成分，由此可以看出 WM-CG 受到后续焊接热循环作用而具有的韧性水平不是只与组织中某一相有关，而是一个综合作用的结果。

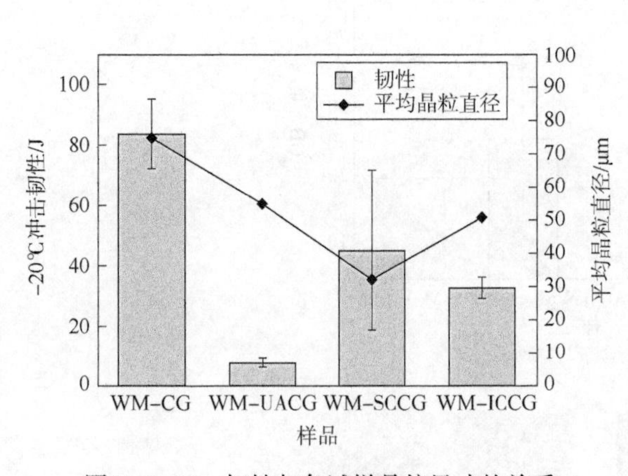

图 3-4-12　韧性与各试样晶粒尺寸的关系

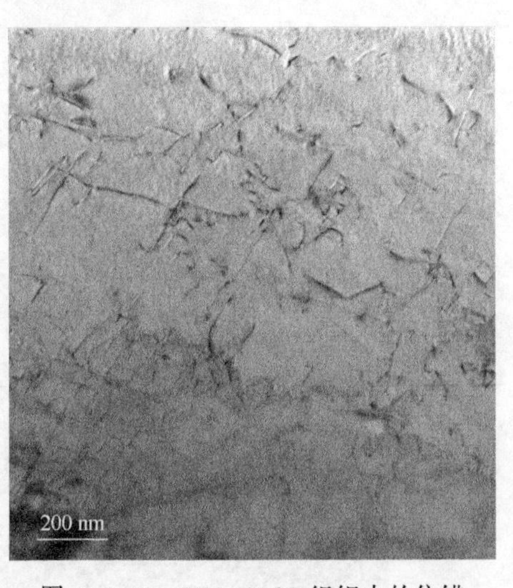

图 3-4-13　WM-UACG 组织中的位错

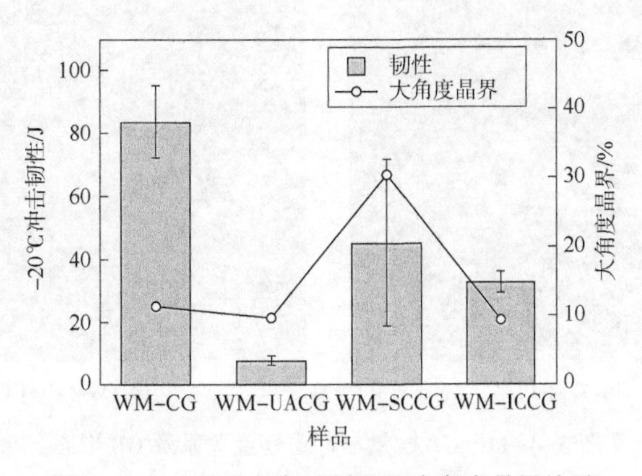

图 3-4-14　韧性与各试样组织大角度晶界关系

三、 热影响区组织转变规律

收集现有自动焊工艺的材料材质 X80M，规格为 ϕ1219×22mm 钢管，化学成分见表 3-4-2，进行模拟焊接热影响区组织转变试验研究，不同冷速（热输入）下热影响区显微组织转变温度、相比例的分析。

表 3-4-2　X80 钢化学成分表　　单位：%

成分	C	Si	Mn	P	S	Cr	Cu	Mo	Nb	V	Ti	Al	B	N
含量	0.048	0.17	1.83	0.007	0.0009	0.27	0.02	0.10	0.048	0.002	0.012	0.036	0.0004	0.04

采用热膨胀法和金相法测定 X80 钢的 SH-CCT 图。试样尺寸：ϕ6mm×90mm 圆棒；试验设备：Gleeble3500 热模拟试验机，热循环曲线采用 Rykalin-3D，热输入 E 和冷却时间的计算公式如下：

$$E = \frac{2\pi\lambda\Delta t}{\frac{1}{T_2 - T_0} - \frac{1}{T_1 - T_0}} \tag{3-4-1}$$

式中 λ——导热系数，W/(cm · ℃)；

E——热输入，J/cm；

T_0——环境温度，℃；

Δt——冷却时间，s；

T_1——峰值温度，℃；

T_2——预热温度，℃。

加热速度为 200℃/s，峰值温度为 1350℃，具体试验参数见表 3-4-3。

表 3-4-3 试验参数表

加热速度/(℃/s)	峰值温度/℃	保温时间/s	预热温度/℃	$t_{8/5}$/s	冷速/(℃/s)
200	1350	1	100	6	50
				7.5	40
				10	30
				15	20
				20	15
				30	10
				60	5
				150	2
				300	1

1. 热影响区组织

不同 $t_{8/5}$ 冷速下的金相组织如图 3-4-15 所示，从金相组织相比例分析可知，钢管母材的金相组织主要由块状铁素体+粒状贝氏体+珠光体组成，当 $t_{8/5}<7.5$s 时，组织主要由贝氏体铁素体+粒状贝氏体+马氏体组成，随着冷速的增加，粒状贝氏体的含量逐渐减少，贝氏体铁素体和马氏体的含量增加，当冷却时间 $t_{8/5}=7.5$s 时，冲击韧性最高为 333.0J，此时金相组织中粒状贝氏体的含量为 20%，贝氏体铁素体的含量为 70%，马氏体的含量为 10%，贝氏体铁素体含量的增加对韧性的提高具有一定作用，这是因为离散分布有小尺寸的马氏体—奥氏体(M-A)，能够阻止位错滑移作用，从而提高韧性。然而马氏体是脆性

相，所以随着马氏体含量的提高，韧性略有下降。当冷却时间 7.5s<$t_{8/5}$<60s 时，金相组织主要由粒状贝氏体和贝氏体铁素体组成，随着冷却时间的增加，贝氏体铁素体的含量逐渐增加，粒状贝氏体的含量逐渐减少。当冷却时间 $t_{8/5}$≥60s 时，金相组织主要由粒状贝氏体组成，粒状贝氏体的含量为 100%，此时的冲击韧性极低。

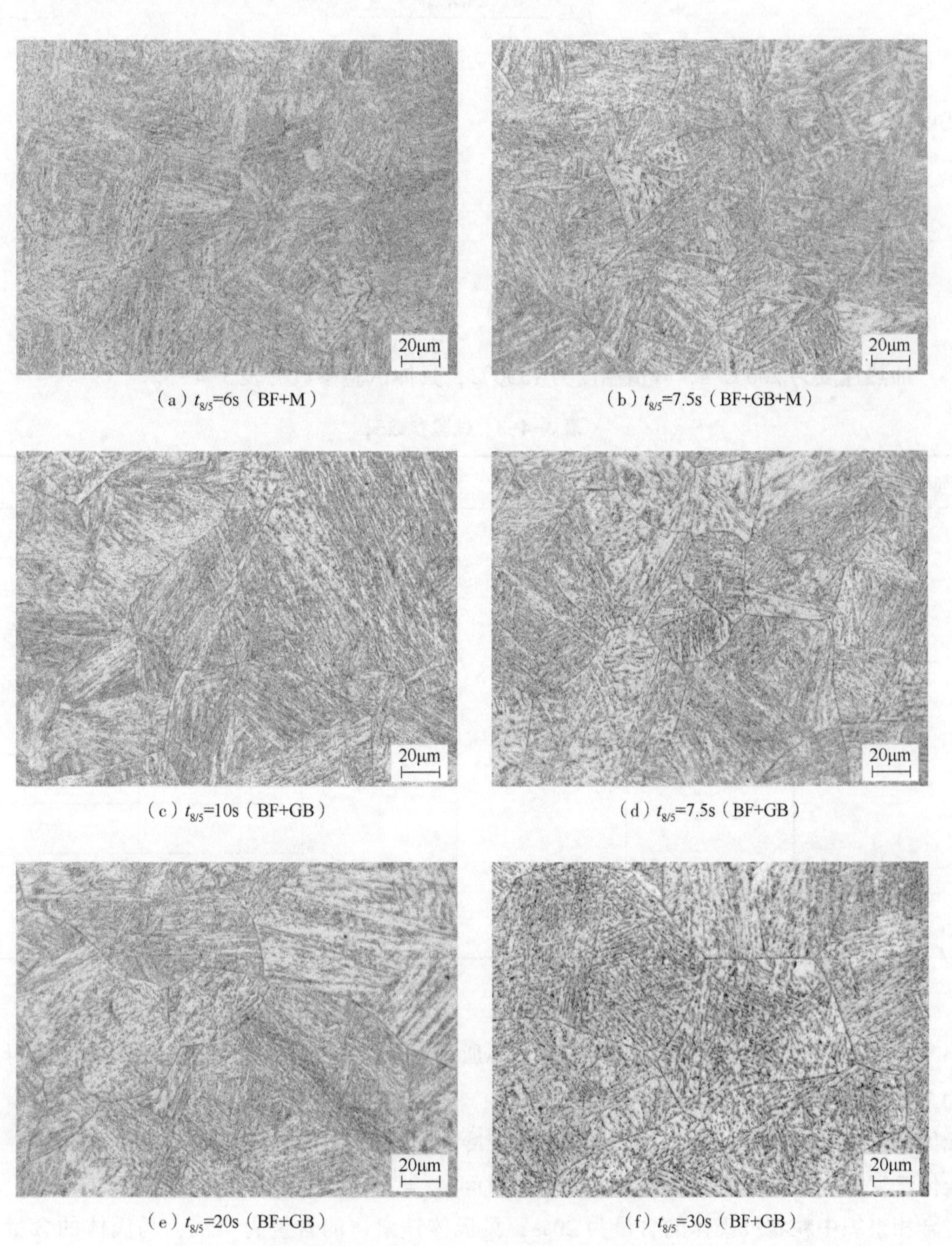

（a）$t_{8/5}$=6s（BF+M）　（b）$t_{8/5}$=7.5s（BF+GB+M）

（c）$t_{8/5}$=10s（BF+GB）　（d）$t_{8/5}$=7.5s（BF+GB）

（e）$t_{8/5}$=20s（BF+GB）　（f）$t_{8/5}$=30s（BF+GB）

图 3-4-15　不同 $t_{8/5}$ 冷速下的金相组织

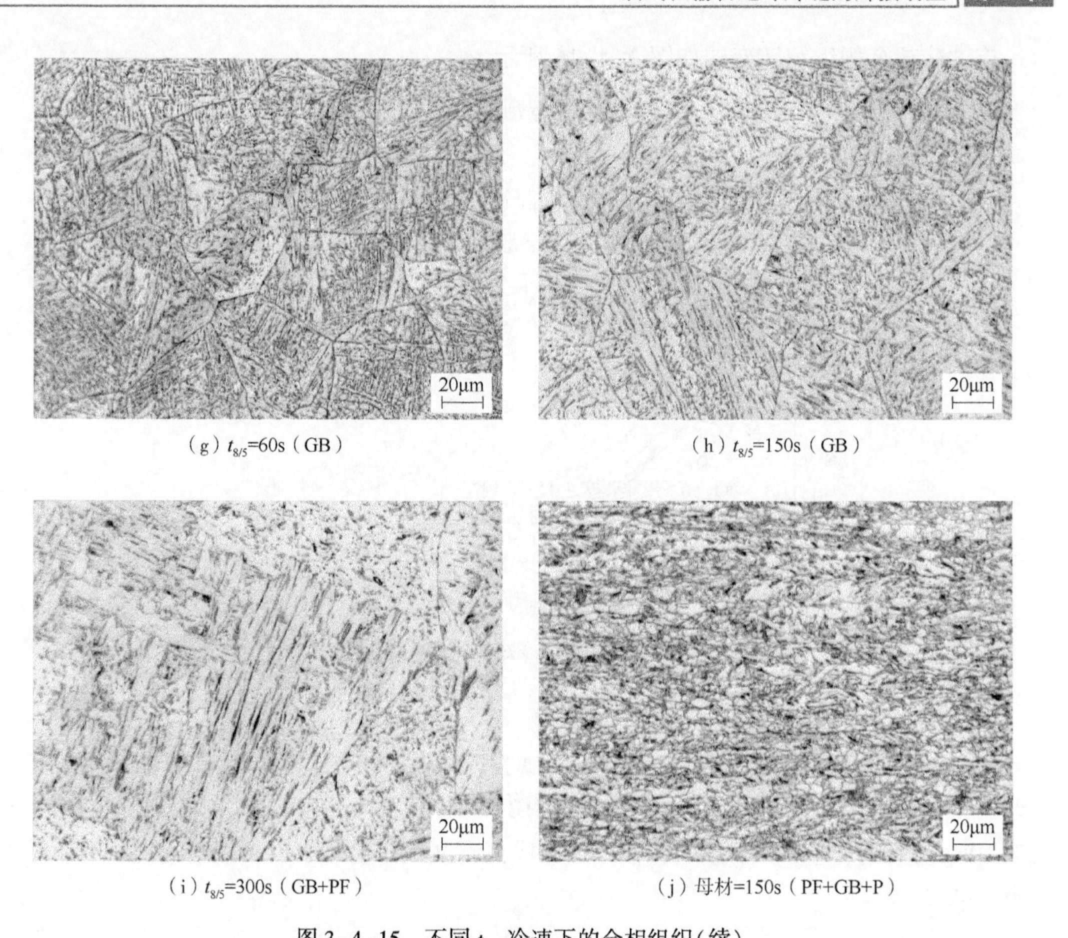

（g）$t_{8/5}$=60s（GB）

（h）$t_{8/5}$=150s（GB）

（i）$t_{8/5}$=300s（GB+PF）

（j）母材=150s（PF+GB+P）

图 3-4-15 不同 $t_{8/5}$ 冷速下的金相组织(续)

对不同冷速下相转变温度和金相组织相比例进行分析，见表 3-4-4。

表 3-4-4 X80 钢 SH-CCT 相比例分析结果表

编号	加热速度/(℃/s)	峰值温度/℃	恒温时间/s	冷却速度/(℃/s)	相变温度/℃				组织比例/%			
					Fs	Ps	Bs	Bf(M)	PF	GB	BF	M
1	200	1350	1	50	—	—	572	387	—	10	75	15
2				40	—	—	568	393	—	20	70	10
3				30	—	—	573	379	—	40	60	—
4				20	—	—	572	399	—	60	40	—
5				15	—	—	580	418	—	70	30	—
6				10	—	—	597	429	—	90	10	—
7				5	—	—	612	452	—	100	—	—
8				2	—	—	659	432	—	100	—	—
9				1	672	—	—	468	10	90	—	—

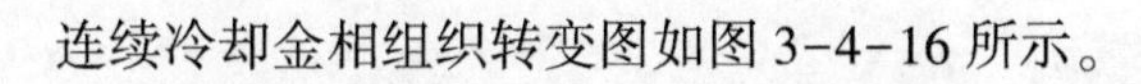

连续冷却金相组织转变图如图 3-4-16 所示。

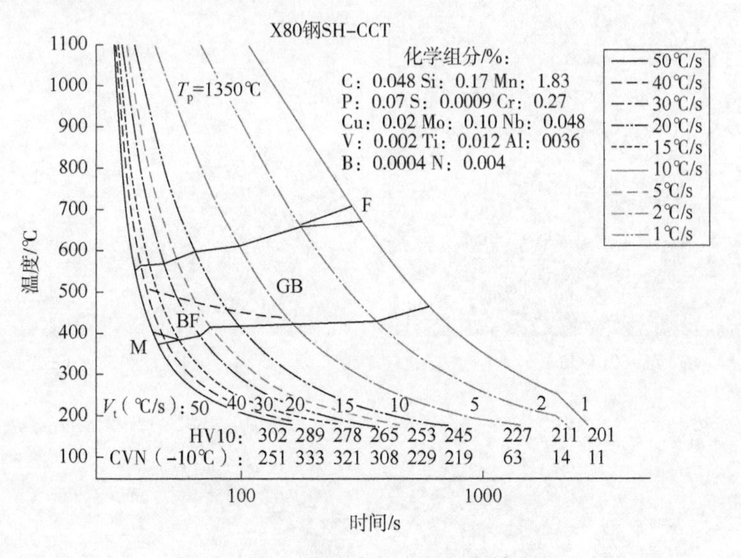

图 3-4-16　连续冷却金相组织转变图

2. 硬度试验结果

在模拟后的圆棒试样上进行 HV10 硬度试验，将制备好的样品安装在自动水平校正固定架上，利用数字化维氏硬度测试仪(型号 HBV-30A)进行硬度测量，对标准金刚锥压头施加 10kg 的载荷，保载时间为 10s，每个试样在测试截面上打 3 点，取平均值，试验结果见表 3-4-5。

表 3-4-5　不同冷却速度下的硬度值

序号	冷却时间 $t_{8/5}$/s	冷却速度/(℃/s)	硬度(HV10)
1	6	50	302
2	7.5	40	289
3	10	30	278
4	15	20	265
5	20	15	253
6	30	10	245
7	60	5	227
8	150	2	211
9	300	1	201

以 HV10 为纵坐标，$t_{8/5}$ 为横坐标，绘制硬度随冷却时间变化曲线，如图 3-4-17 所示。

从硬度曲线图可知，随着 $t_{8/5}$ 冷却时间的增加，硬度值逐渐减小。

3. 冲击试验结果

将热模拟试验后的试样加工成 10mm×10mm×55mm 标准夏比冲击试样，V 形缺口开在均温区并沿壁厚方向，每组 3 个试样。冲击试验按照 GB/T 229—2020《金属材料 夏比摆锤冲击试验方法》在 750J 冲击试验机上进行。试验温度为-10℃，试验结果见表 3-4-6。

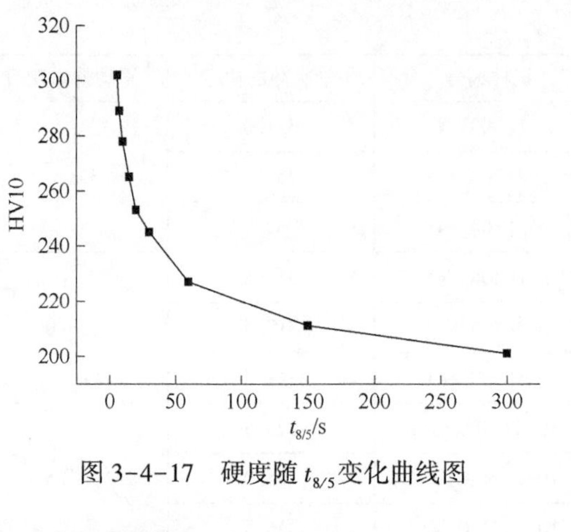

图 3-4-17 硬度随 $t_{8/5}$ 变化曲线图

表 3-4-6 不同 $t_{8/5}$ 冲击试验结果

试样编号	单次冲击功/J	平均冲击功/J	单次剪切断面率/%	平均剪切断面率/%
1-1(母材)	343.0	329.0	100	97
1-2(母材)	279.0		90	
1-3(母材)	364.5		100	
2-1(1℃/s)	11.5	11.0	5	5
2-2(1℃/s)	11.0		5	
2-3(1℃/s)	11.0		5	
3-1(2℃/s)	19.5	14.5	5	5
3-2(2℃/s)	13.5		5	
3-3(2℃/s)	10.5		5	
4-1(5℃/s)	167.5	63.5	30	13
4-2(5℃/s)	12.5		5	
4-3(5℃/s)	10.0		5	
5-1(10℃/s)	21.5	219.5	5	65
5-2(10℃/s)	296.5		90	
5-3(10℃/s)	340.0		100	
6-1(15℃/s)	341.5	229.0	100	77
6-2(15℃/s)	301.5		90	
6-3(15℃/s)	43.5		40	
7-1(20℃/s)	310.0	308.5	100	100
7-2(20℃/s)	311.0		100	
7-3(20℃/s)	304.5		100	

续表

试样编号	单次冲击功/J	平均冲击功/J	单次剪切断面率/%	平均剪切断面率/%
8-1(30℃/s)	321.0	321.5	100	98
8-2(30℃/s)	359.5		100	
8-3(30℃/s)	283.5		95	
9-1(40℃/s)	338.5	333.0	100	100
9-2(40℃/s)	319.5		100	
9-3(40℃/s)	341.5		100	
10-1(50℃/s)	320.5	251.5	100	87
10-2(50℃/s)	105.0		60	
10-3(50℃/s)	328.5		100	

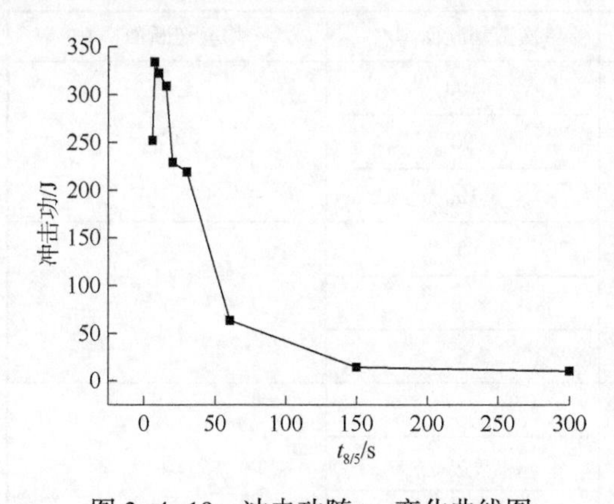

图 3-4-18　冲击功随 $t_{8/5}$变化曲线图

以 $t_{8/5}$为横坐标，冲击功为纵坐标，绘制冲击功随冷却时间变化曲线，如图 3-4-18 所示。

从冲击试验结果和冷却曲线可知，当 $t_{8/5}$为 7.5s 时，冲击功最大为 333.0J，随着热输入的增大，冲击功逐渐降低，当 $t_{8/5}$为 300s 和 150s 时，冲击功仅为 11J 和 14.5J，在较小冷却时间时，随着 $t_{8/5}$的降低，冲击功有下降趋势，当 $t_{8/5}$为 6s 时，冲击功为 251.5J，略有下降，因此，在制定焊接工艺时需合理制定 $t_{8/5}$冷却时间。

第四章　油气长输管道环焊缝焊接工艺与技术

长输管线安装焊接方法经历了传统药皮焊条和手工钨极氩弧上向焊→单焊炬熔化极活性气体保护半自动下向焊和单焊炬埋弧自动焊→高纤维素型和铁粉低氢型焊条下向焊→自保护药芯焊丝半自动下向焊和熔化极活性气体保护单焊炬下向或上向自动焊→熔化极活性气体保护多焊炬下向自动焊(如双焊炬自动外焊机、8焊炬自动内焊机等)和多焊炬埋弧自动焊(如双丝埋弧焊)的进展历程。本章介绍了环焊缝焊接工艺特点及现场应用情况，借此提出了焊接工艺选择原则，同时结合现场施工经验提出了焊接过程中的关注点。

第一节　焊接工艺与技术概述

一、手工电弧焊

手工电弧焊主要包括药皮焊条电弧焊和手工钨极氩弧焊。手工钨极氩弧焊，具有操作简单、单面焊双面成形良好、焊缝质量高、焊缝背面不需清渣等特点，目前主要应用于长输管道工程站场各种材料和各种管径的环焊缝根焊中，对于薄壁(≤4mm)、小管径(≤89mm)钢管的对接，一般采用手工钨极氩弧焊完成各层焊道的焊接。在长输管道干线安装焊接过程中，因其效率低限制了其有效推广。因此本书重点介绍焊条电弧焊。

焊条电弧焊是利用电弧放电产生的热量将焊条与工件互相熔化并在冷凝后形成焊缝的过程。该方法适应性强、设备简单、操作灵活、移动方便，同时对现场操作的要求较低，是长输管道焊接中最常见的焊接工艺。依焊接方向和焊条不同，可分为纤维素焊条下向焊、低氢焊条下向焊、低氢焊条上向焊、组合焊接4种方法。

1. 低氢焊条上向焊技术

我国管道建设初期可以回顾到20世纪70年代(1970—1971年)的“八三”工程：起步项目是大庆至抚顺管道(庆抚线)，自林源首站至抚顺末站，管径720mm，全长664km。第二期工程为抚顺至鞍山管道(抚鞍线)，管径426mm，全长117km；铁岭至秦皇岛管道(铁秦线)，管径720mm，全长454km；大庆至铁岭复线(庆铁复线)，管径720mm，全长525km；铁岭至大连管道(铁大线)，管径720mm，全长460km，初步形成了东北管网。“八三”工程在1971—1975年共建设原油管道2471km，其中主干线2181km，形成了东北原油管网。上述工程的管材均是16Mn钢，焊材为J506、J507焊条，均采用低氢焊条电弧上向焊技术。

低氢焊条电弧上向焊工艺具有应用灵活、可控性强，接头的力学性能好等优点，尤其是低温冲击韧性优良，具有优良的抗冷裂性能，即使焊接接头存在较大错边量，仍然具有较高的 RT 合格率，但焊接速度相对较慢，仅为 8～12cm/min，采用的代表性焊条为 E7016、E8016 等。同时也具有受焊工技术水平及焊接环境影响大的特点，焊缝表面成形比较差，焊接过程中容易产生夹渣、气孔等焊接缺陷，且具有焊接效率低、焊接质量差的缺点。低氢焊条上向焊工艺多用于小口径管道的焊接，长输管道连头口、碰死口的焊接，以及焊缝的返修。

2. 低氢焊条下向焊技术

20 世纪 80 年代初，中国石油引进了美欧的手工下向焊工艺，并逐步推广到大部分施工企业，质量上了一个台阶。手工焊接方法克服了在野外较差自然条件下使用设备复杂、操作不便的不足，被广泛应用于长输管道现场焊接，尤其是大直径薄壁长输管道的焊接。手工下向焊接方法的焊接特点：在管道水平放置固定不动的情况下，焊接热源从顶部中心开始垂直下向焊接，一直到底部中心。其焊接部位的先后顺序是平焊、立平焊、立焊、仰立焊、仰焊。下向焊接工艺采用下向焊专用焊条。下向焊条以其独特的药皮配方设计，与传统上向焊焊条相比，具有电弧吹力大，焊接熔深大，打底焊时可以单面焊双面成型，焊条融化速度快，熔敷效率高等优点。另外，此焊接方法避免了大量的点状未焊透及层间夹渣，提高了焊接质量，节省了挑弧停顿时间，加快了焊接速度，简化了运弧工艺，降低了焊工劳动强度，不足之处是根焊难以看到熔池。相对于自动焊，克服了在野外较差的自然条件下使用设备复杂、操作不便的不足。因此，下向焊以其焊接质量好、焊接速度快等优点，已经广泛地应用于焊接工程，尤其是大直径薄壁长输管道的焊接。

3. 纤维素焊条下向焊技术

高纤维素焊条下向电弧焊，因其焊条具有焊接工艺性能好、熔渣量少、吹力较大、熔透能力良好、熔敷速度快、能够有效防止熔渣和铁水下淌、各位置单面焊双面成型效果好等优点，而被广泛用于长输管道环焊缝的根焊和热焊当中。有代表性的焊条如奥地利伯乐公司生产的 BOHLERFOXCEL(AWS A5. 1-91 E6010)和 BOHLERFOXCEL85(AWS A5. 5-96 E8010—P1)焊条，中船重工七二五所研制生产的 SRE425G(AWS A5. 1-91 E6010)、SRE505(AWS A5. 5-96 E7010—G)和 SRE555(AWS A5. 5-96 E8010—G)焊条等。纤维素焊条上向根焊，则主要应用在管道连头焊接当中。该焊接工艺主要适用于材质等级在 X70 以下的薄壁大口径管道焊接，具有优异的熔透和填充间隙能力，且熔敷速率高，根焊速率可达 10～15cm/min；缺点是纤维素焊条的含氢量较高，可达 40mL/100g，且焊缝的低温韧性和抗裂性较低氢焊条差。在寒冷地区焊接高强度管道时，应采取必要的焊前预热和层间保温措施，以防止产生裂纹。

4. 混合型焊接

(1)根焊采用纤维素焊条下向焊，填充和盖面采用低氢焊条下向焊的焊接工艺，其优点在于：纤维素下向焊的根焊速度快、焊口组对要求低、根焊质量好，低氢下向焊焊接填充和盖面速度快，层间清渣容易，盖面成型美观。该混合型方法多用于焊接韧性要求高、材质级别较高、输送酸性介质、在寒冷环境中运行的管道。

(2)根焊采用纤维素焊条下向焊，填充和盖面采用低氢焊条上向焊的焊接工艺，主要用于焊接壁厚超过16mm的管道。

(3)根焊采用纤维素焊条上向焊，填充和盖面采用低氢焊条下向焊。上向焊工艺对坡口的精度要求低于下向焊工艺，故该混合型焊接工艺多用于连头口、碰死口和返修口的焊接。

二、 半自动焊

半自动焊是指借助于设备进行焊接，但设备只负责填充金属的供给，焊接速度由焊工控制。半自动焊的优点是劳动强度低，工作效率高，焊接质量优，综合成本低。半自动焊接方法为纤维素型焊条手工下向根焊，自保护药芯焊丝半自动焊填充、盖面焊接。焊接熔敷效率高，全位置焊接成型好，环境适应能力强，是目前管道施工的一种重要的焊接工艺方法。我国半自动化焊接技术在长输管道建设中的应用是从20世纪90年代逐步引进并不断发展的。目前，国内主要采用手工焊打底、半自动焊填充盖面方式。目前在用的半自动焊主要有STT(Surface Tension Transfer™)气体保护实心焊丝半自动焊、RMD(Regulated Metal Deposition)气保护金属粉芯焊丝半自动焊和自保护药芯焊丝半自动焊。

1. STT气体保护实心焊丝半自动焊

STT技术特指熔滴的表面张力过渡技术，它是美国林肯电气公司针对根焊成型而开发研制的一种技术，其熔滴过渡属于短路过渡的一种特殊形式。

其相应STT电源输出波形与常规的CV、CC工艺不同(图4-1-1)。STT电源既不是恒流，也不是恒压，它是一种宽带、电流控制的设备，其输出是根据瞬间的电弧要求而产生的。在此电源的控制下，熔滴实现表面张力过渡熔滴长大到与熔池断路的瞬间，当检测到电弧短接信号，使电流在0.75μs内缩减到10A，而后又以双曲线的形式向短接的熔滴施加一个大电流，促使电磁收缩效应加剧，进而加快缩颈形成迫使熔滴和焊丝分离，当电源感知熔滴和焊丝将要分离时，输出电流瞬间又减小到50A，此时熔滴在表面张力的作用下过渡，并获得焊缝成型。

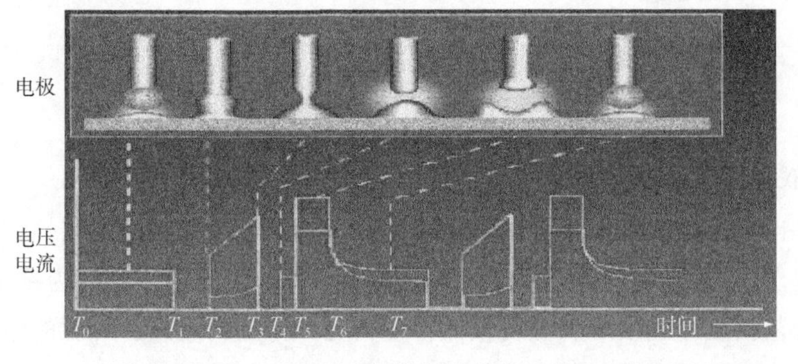

图4-1-1 STT技术焊接电源电流、电压波形

进行 STT 焊接时常采用 $\phi(CO_2)$ 100%或 $\phi(CO_2)$(15%~20%)+ϕ(Ar)(85%~80%)作为保护气，施焊时具有焊接过程稳定、焊肉厚、熔敷速度快、焊缝含氢量低、飞溅较少、焊缝成型美观、热输入量小、变形小、合格率较高(95%左右)等特点，特别适于全位置下向焊接。

目前，在长输管道焊接施工当中，STT 技术熔化极气体保护半自动焊主要应用于大口径管道的环焊接头根焊当中。

2. RMD 气保护金属粉芯焊丝半自动焊

RMD 是指短弧控制技术，它是美国米勒公司开发的一种技术，可实现管道焊接所有工艺，且极为适合野外环境下的施工作业。RMD 技术由软件控制，能够对短路过渡做出精确控制。在焊接过程中，通过对焊丝短路过程的高速监控，动态检测焊丝短路，控制并减少焊接电流上升速度，从而控制熔滴过渡和电弧吹力的大小，使熔滴过渡迅速而有规律，形成高质量的稳定的熔池。其通过控制短路过程中各个阶段的电流波形(图 4-1-2)，从而控制多余的电弧热量，提高电弧推力，结果在根部产生高质量的熔深，获得好的焊接质量和焊缝成型。

RMD 软件集成了强大的专家系统，每个程序各个阶段的电流波形根据电流大小自动优化到最佳的电弧特性，具有规范适应性强、电弧穿透性强、过渡频率快、焊接效率高、飞溅小、热影响区小、熔池稳定、容易控制、焊缝两端熔合好、焊缝质量高，而且对大小间隙和错边适应性强，焊道成型更加美观等特点，

目前在西气东输二线工程现场焊接根焊当中，应用了 RMD 技术气保护金属粉芯焊丝半自动焊方法，焊接设备为美国米勒 MILLER RMD Pipepro 450RFCRMD 焊接电源匹配 PipePro 12RC SuitCase™ 送丝机，采用的是 80% Ar+20% CO_2 保护气体，焊接速度 25~35cm/min。

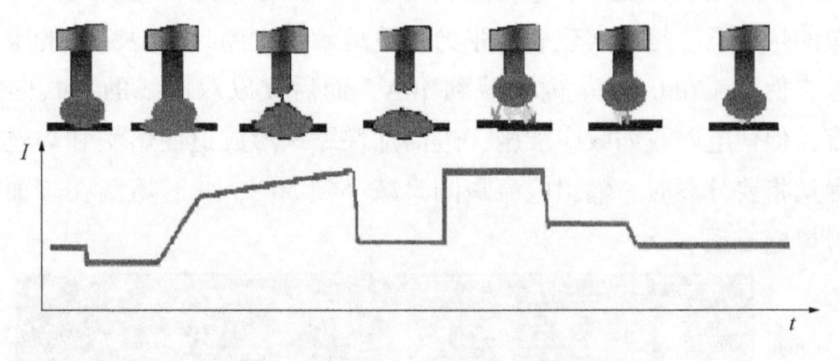

图 4-1-2　RMD 技术电流波形图

3. CMT 技术熔化极气体保护半自动焊

CMT(Cold Metal Transfer)技术，是一种全新的 MIG/MAG 焊接工艺，它由奥地利福尼斯公司最先推出，被誉为弧焊史上的一个里程碑。CMT 熔滴过渡方式为冷金属过渡方式，与传统焊接工艺相比，过渡熔滴温度较低，可实现异种金属连接，焊丝的熔化和过渡两个过程分别独立。

在焊接中，焊丝不仅有向前送丝的运动，而且还有往回抽的动作，这种送丝/回抽运动的平均频率高达70Hz，用回抽运动帮助熔滴脱落，更加灵活地控制焊接线能量；通过精确的弧长控制，CMT过程结合脉冲电弧，实现了无飞溅焊接和电弧钎焊，大大降低了焊接的热输入；通过控制脉冲电弧影响热输入量，实现所谓无电流或小电流状态下的熔滴过渡。

焊缝成型美观，很好地解决了在零间隙组配外部根焊中4~6点位置的焊缝成型难题；母材熔化时间极短，起弧速度提高了两倍，热输入低，焊接变形小，搭桥能力显著提高，焊接性能优异；和预留间隙组配的外部根焊相比，具有坡口加工简单、对口容易、对口精度容忍性好、焊接效果重复精度高的优点。

目前，CMT技术熔化极气体保护半自动焊已应用于西气东输二线、三线管道工程安装焊接根焊当中，焊接设备为奥地利福尼斯CMT焊接电源匹配VR7000 CMT送丝机，采用实心焊丝，焊接时采用(15%~20%)CO_2+(85%~80%)Ar作为保护气，焊接速度40~60cm/min。

4. 自保护药芯焊丝半自动焊(FCAW-S)

利用自保护药芯焊丝作熔化极的电弧焊称为自保护药芯焊丝电弧焊，英文简称FCAW-S。焊接时，在电弧作用下母材熔化成熔池，焊丝熔化成熔滴过渡到熔池当中，同时适量的脱氧剂、脱氮剂削弱和减少空气对熔融金属的有害作用，某些药粉气化和分解，释放出气体形成保护屏障来隔绝空气，以进一步防止焊缝氧化和氮化。随着焊枪的移动，前方的金属继续熔化，后方的熔池凝固成焊缝，熔池表面的液态熔渣冷凝后形成薄薄的渣壳(图4-1-3)。

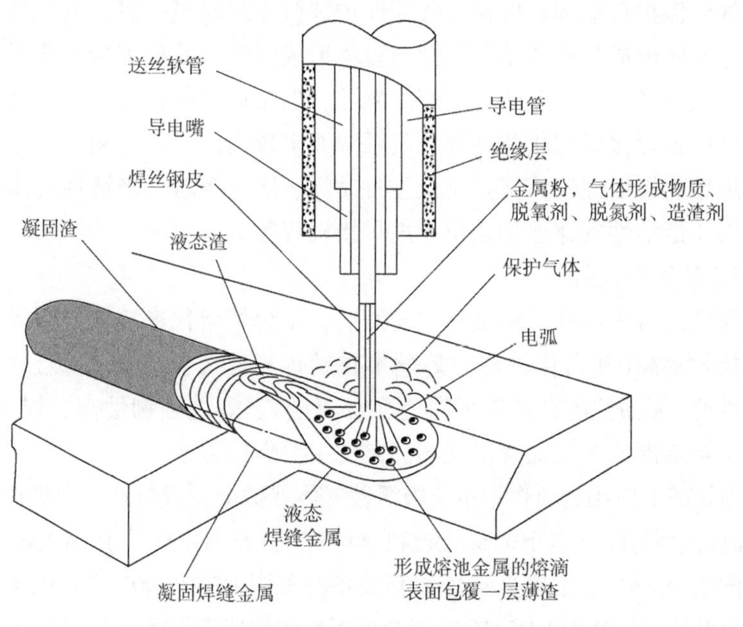

图4-1-3 自保护药芯焊丝半自动焊原理示意图

自保护药芯焊丝半自动焊特别适用于户外有风场合，靠药芯高温分解释放出的大量气体对电弧和熔池进行保护，同时有少量熔渣对熔池和凝固焊缝金属进行保护，是一种高效优质焊接方法。药芯焊丝的连续作业方式可减少焊接接头数目，提高焊缝质量和劳动生产率，药芯焊丝工艺性能优良、电弧稳定、成型美观，适合全位置管道焊接，通过选择一定牌号的药芯焊丝含有的合适过渡元素，力学冲击韧性可得到极大提高。

目前自保护药芯焊丝半自动焊是我国长输管道建设的主要焊接方法之一，这几种类型焊丝全位置操作性能好、飞溅小、熔敷速度快、成型好、焊接施工综合成本低、同时焊缝金属韧性好，被广泛应用于管外径不小于406mm的X52~X80钢级钢管环焊缝的填充焊与盖面焊焊接施工当中。

三、 自动焊接

随着油气管道建设用管道等级的提高和管径、壁厚的不断增大，自动焊在长输油气管道焊接施工中不断被推广应用。自动焊接是焊接操作工借助设备进行焊接，设备负责全过程焊接。该焊接方法可实现全位置多机头同时工作，可从管道内部和外部实现根焊。该焊接工艺操作简单、焊接质量高、焊接速度快、焊缝成型美观，多用于大口径、大壁厚管道焊接，但自动焊对接头坡口加工的精度、管口组对及焊接环境要求较高。其适用于地形平坦地段的管道焊接施工，尤其是在自然环境条件比较恶劣的地区，如戈壁、沙漠、无人区等，自动焊技术具有不可替代的应用空间和优势。自动焊技术主要包括实芯焊丝气体保护焊和药芯焊丝自动焊两种。

1. 实芯焊丝气体保护焊

实芯焊丝气体保护自动焊是熔化极气体保护焊(GMAW)的一种，其原理是利用可熔实芯焊丝与被焊金属间形成的电弧熔化焊丝与母材形成焊缝。此种焊接工艺对焊工的要求较低，广泛应用于大口径、大壁厚的管道焊接领域，但是在野外作业时，应该配备相应的防风设施，并且全位置焊接对焊接装备及控制系统要求较高。目前在用的实芯焊丝气体保护自动焊有单焊炬熔化极活性气体保护全位置自动焊、双焊炬熔化极活性气体保护全位置自动焊、多焊炬熔化极活性气体保护全位置内焊接根焊等。

1）单焊炬全位置自动焊

随着长输管道向着大口径、厚壁化方向发展，单焊炬熔化极活性气体保护全位置自动焊因其具有焊接效率高(和自保护药芯焊丝半自动焊相比可提高30%以上)、成型十分美观、焊缝致密性好(无损检测合格率可高达97%以上)、焊缝强韧性高、焊工劳动强度低、焊接环境好等优点逐渐成为长输管道现场焊接的主要焊接方法。

目前在长输管道上应用的单焊炬熔化极活性气体保护全位置自动下向焊成套设备有中国石油天然气管道科学研究院(以下简称管道科学研究院)研制生产的PAW2000全位置自动焊成套设备，英国NOREST全位置自动焊成套设备，美国CRCM300、CRCP200、CRCP260全位置自动焊成套设备，加拿大RMSMOW-1全位置自动焊成套设备，意大利PWTCWS. 02NRT全位置自动焊成套设备。上述设备中PAW2000全位置自动焊焊枪为平摆方式，其他自动焊焊枪为角摆方式。除意大利 PWTCWS. 02NRT 全位置自动焊用于全位置下向根焊场合外，其他自动焊设备都应用于管道环焊缝的全位置下向热焊、填充焊和盖面焊焊接当中。

上述自动焊中，PAW2000 全位置自动焊使用的焊丝直径为 ϕ1. 0mm。NOREST 全位置自动焊、CRCM300、CRCP200、CRCP260 全位置自动焊、RMSMOW-1 全位置自动焊使用的焊丝直径为 ϕ0. 9mm。PWTCWS. 02NRT 全位置自动焊使用的气保护实心焊丝直径为 ϕ1. 2mm。上述自动焊采用的保护气体一般为 $\phi(Ar)$75%~85%+$\phi(CO_2)$25%~15%，应用在热焊和填充焊场合时也可以采用 100%CO_2 作为保护气体。

PAW2000、CRCM300、CRCP200、CRCP260、RMSMOW-1 等自动焊应用药芯焊丝进行热焊、填充焊和盖面焊时，焊丝直径为 ϕ1. 2mm 和 ϕ1. 32mm，保护气体为 $\phi(Ar)$75%+$\phi(CO_2)$25%，焊接方向为全位置上向。

值得注意的是，与焊条电弧焊相比，熔化极气体保护焊系统的投资大，对设备和人员要求高，必须考虑所要求的高级维护，要考虑配件和符合卫生要求的气体的供应。另外，气体保护焊抗风能力差(通常小于 2m/s)也需要引起足够的重视。

2）双焊炬自动焊

目前在国内管线上应用的双焊炬活性气体保护自动焊有两种产品，一种是美国 CRC 公司生产的 P600 双焊炬全自动焊机，一种是管道科学研究院自行研制的 PAW3000 双焊炬自动焊机。P600 双焊炬全自动焊机是当今为提高生产率和降低成本而应用的最先进的外焊机系统。它是新一代外焊机的代表。除了可以调节单、双焊炬进行焊接，同时也提供了电弧跟踪、智能卡编程、在线数据采集和触摸屏控制等功能。P600 采用了对称的部件设计以便于相互替换两边机头的部件，并以人体工程学原理制造，更小更轻，极大地减轻焊工的疲劳度。

P600 设备包括行走小车、双焊炬送丝机构、自动控制系统、焊接机头和焊接电源。P600 通过板载微处理器实现了对焊接参数的精确控制，这些参数包括：电压、送丝速度、行走速度、焊炬摆动频率等。对焊接过程中参数的交互式的控制，确保在每次焊接过程中焊缝都符合规范。P600 数据存储和输出功能，确保实时记录的焊接数据能够被就地打印或是下载到计算机上。

PAW3000 双焊炬自动焊机是管道科学研究院在 PAW2000 单焊炬自动焊机的基础上研发的新一代高效管道全位置自动焊机。具有独特的单面焊双面成型根焊功能，可完成根焊、热焊、填充、盖面等工序。两个焊炬可同时进行双层叠焊或排焊，所以可大幅度提高焊接效率。自主开发的 DSP(数字信号处理器)和 CPLD(复杂可编程逻辑芯片)全数字化运动控制技术，采用角度传感器实现焊道空间位置自动识别，实现焊炬任意位置起弧焊接。使用 PDA 编程器，使得焊接参数修改方便。整机具有结构紧凑、控制先进、自动化程度高、焊接速度快、操作简单等特点。与单焊炬相比，焊接效率可提高 30%~40%，在技术上达到国外同类产品的水平。

3）多焊炬管道环缝自动内焊机根焊

对于管外径大于等于 813mm 的大口径管道，为进一步提高管道安装焊接速度，国内外还开发了一种可在管道内进行根焊的高效活性气体保护的内焊机根焊，这种焊机进行内根焊时，由安装在液压内对口器上的6个或8个内部焊枪完成，每个焊枪焊60°或45°，其中3个或4个焊枪同时作业，焊接方向为全位置下向。如英国NOREAST全位置气体保护自动内焊机、美国CRC公司开发的CRCIWM全位置气体保护自动内焊机和管道科学研究院开发的PIW3640型内焊机。上述内焊机采用直径为ϕ1.2mm实心焊丝，保护气体一般为ϕ(Ar)(75%~85%)+ϕ(CO_2)(25%~15%)。

4）CMT技术气保护实心焊丝自动焊

CMT技术，是一种全新的MIG/MAG焊接工艺，它由奥地利福尼斯公司最先推出。CMT熔滴过渡方式为冷金属过渡方式，与传统焊接工艺相比，过渡熔滴温度较低，可实现异种金属连接，焊丝的熔化和过渡两个过程分别独立。在CMT焊接方法中，焊丝不仅有向前送丝的运动，而且还有往回抽的动作，这种送丝/回抽运动的平均频率高达70Hz，用回抽运动帮助熔滴脱落，更加灵活地控制焊接线能量；通过精确的弧长控制，CMT过程结合脉冲电弧，实现了无飞溅焊接和电弧钎焊，大大降低了焊接的热输入；通过控制脉冲电弧影响热输入量，实现所谓无电流或小电流状态下的熔滴过渡；焊缝成型美观，很好地解决了在零间隙组配外部根焊中4~6点位置的焊缝成型难题；母材熔化时间极短，起弧速度提高了两倍，热输入低，焊接变形小，无飞溅，搭桥能力显著提高，焊接性能优异；和预留间隙组配的外部根焊相比，具有坡口加工简单、对口容易、对口精度容忍性好、焊接效果重复精度高等特点，并且焊接效率可提高60%以上。目前CMT技术气保护实心焊丝自动焊已应用于西气东输二线管道工程安装焊接根焊当中，焊接时采用的保护气体为100%CO_2或(15%~20%)CO_2+(85%~80%)Ar。

2. 药芯焊丝自动焊接(FCAW-G)

药芯焊丝自动焊(FCAW)是以药芯焊丝代替实芯焊丝，可分为药芯焊丝自保焊和药芯焊丝气保焊(CO_2或CO_2+Ar等)两种。基本原理与实芯焊丝气体保护焊相似。药芯焊丝与实芯焊丝比较具有以下优点：(1)熔敷速度快。药芯焊丝独特的结构特点和熔滴过渡特性等使得其熔敷速度较快。(2)焊接质量好，特别是冲击韧性好。(3)经济性好。(4)对各种管材的适应性好。其药粉成分可以方便地调整。

四、组合自动焊

组合自动焊是对手工焊焊条焊或半自动焊根焊和全自动焊填充盖面的组合使用方式的称谓，组合自动焊的发展使全自动焊接在整个焊接过程中提高了使用率，具有使用条件相对全自动焊要求低的优点。目前，国内自动焊技术已经在西气东输一线、二线、三线等重要管道线路工程中得到应用。对于西气东输管道，其典型的自动焊焊接工艺组合如下：(1)STT半自动焊+PAW2000管道外焊自动焊；(2)STT半自动焊+NOREAST管道外焊自动焊；(3)STT半自动焊+CRC管道外焊自动焊。

第二节 焊接工艺适用性

一、焊接工艺选择原则

长输管线安装焊接方法的选择通常要考虑到以下几个方面的问题：

（1）业主相应焊接施工技术规范要求及其他要求；

（2）钢管的类型、级别及其规格；

（3）国内外管线安装焊接施工经验；

（4）国内外焊接设备和焊接材料性价比情况，以及各种焊接方法的特点；

（5）施工现场的地形地貌、焊接位置、方向和焊接环境（包括焊接环境温度、湿度、风速）；

（6）输送压力和介质性质；

（7）施工队伍素质和设备拥有状况；

（8）现场安装焊接方法的适应性及焊接质量情况及要求（包括焊缝成型状况、焊接质量合格率、焊缝表面质量要求、无损检测要求、常规理化性能要求及特殊性能要求），见表4-2-1；

表4-2-1 常用焊接方法对比分析

焊接方法	操作难度	根焊	其余焊道	焊接速度	适用壁厚/mm	接头性能	抗裂性	气孔敏感性	缺陷率	抗风能力	风速限值/（m/s）
纤维素下向焊	一般	较好	好	快	6~17	一般	一般	不敏感	一般	一般	8
低氢下向焊	偏难	较差	较好	快	6~17	优良	优良	敏感	较大	较低	5
低氢上向焊	较难	较好	好	慢	≥17	优良	优良	敏感	较小	较低	5
钨极氩弧焊	一般	较好	一般	慢	≤6	优良	优良	敏感	较小	差	2
STT型气体保护半自动焊	较易	较好	一般	快	≤6	优良	优良	敏感	较小	差	2
药芯焊丝半自动焊	较易	一般	好	快	≥8	较好	较好	一般	较小	较强	8
气体保护自动焊	较易	较差	好	快	≥8	优良	优良	敏感	较小	差	2
药芯焊丝自动焊	较易	较差	好	快	≥8	优良	优良	一般	较小	较强	8

（9）安装焊接施工效率及其经济性；

（10）相应焊接操作技术掌握的难易程度；

（11）相应焊接设备及其配套装置的再次投入所需成本；

（12）焊接新技术的推广使用要求；

（13）相应焊接设备及其配套装置故障率及维修难易程度和维修费用；

（14）焊接用气体的现场供应情况；

（15）对人员健康、周围环境的影响及相应法规和管理规范的要求等。

这15个方面需要焊接技术人员全盘综合考虑，进而选定合适的焊接方法和合适的焊接设备。

二、 地震断裂带的高强匹配焊接工艺

由于管道运行环境复杂多变，在地震和地质灾害多发区，管道将承受较大的位移及应变，管道的失效不再由应力控制，而是由应变控制。因此，在这些地震断裂带地区，管道设计引入了基于应变的设计理念，即在管道设计过程中考虑管道承受内压的同时也考虑管道承受土壤移动引起的变形破坏。这一方面要求采用特殊的抗大变形X80钢管，另一方面要求焊接接头韧性好且强度高于母材，从而使管道在承受土壤移动时由钢管而不是焊缝来抵抗变形。这对焊接材料选择和焊接工艺提出了更高的要求。X80大变形钢管是具有足够强度和变形能力的管线钢管，要求纵向屈服强度和抗拉强度符合要求，其纵向屈强比优于X80钢。为实现X80大变形钢管环焊接头的高强匹配，收集了更高强度级别的焊接材料。

试验过程中发现，无论是半自动焊工艺还是自动焊，焊接接头拉伸试验主要的断裂位于热影响区位置，如图4-2-1和图4-2-2所示。自保护药芯焊丝半自动焊的焊接接头横向拉伸试样断裂位置均为起裂于盖面焊缝热影响区和根焊焊缝热影响区并横穿焊缝金属，气保护药芯焊丝自动焊的焊接接头横向拉伸试样断裂位置均为起裂于盖面焊缝热影响区和根焊焊缝热影响区并横穿焊缝金属的地方。

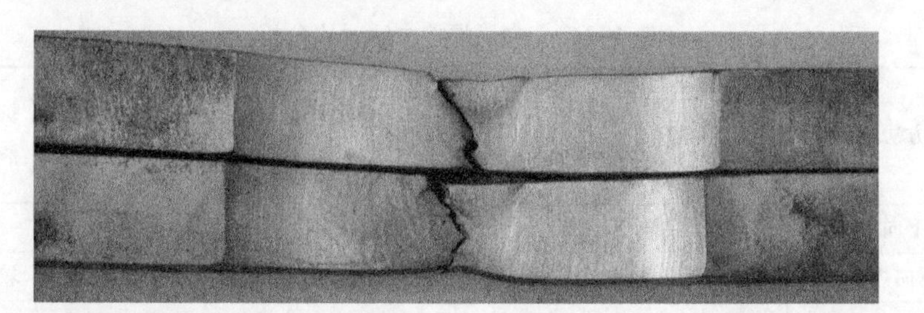

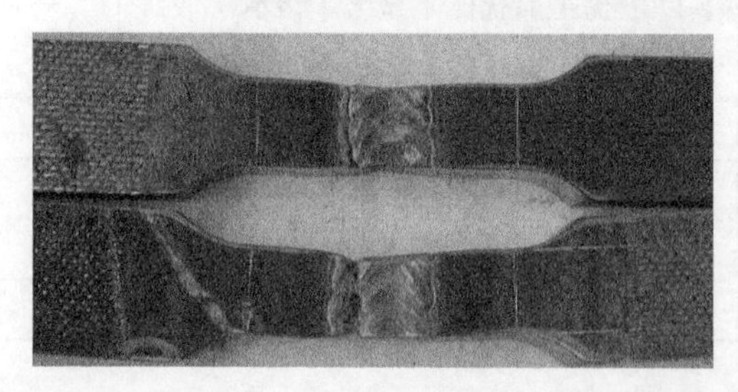

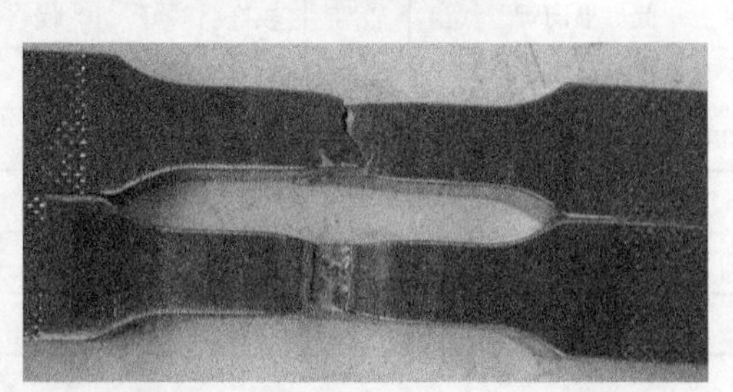

图4-2-1　自保护药芯焊丝半自动焊接头断裂位置

分析认为，焊接热过程中由于焊后冷却速度低于轧制冷却期间的冷却速度，热影响区的晶粒长大，微合金元素形成的第二相质点溶解，使得HAZ出现软化现象，强度降低。因此，采用补强覆盖焊接法（图4-2-3），通过增加盖面焊缝的宽度和余高来改变HAZ软化带的形状和方向，并通过适当地补强，保证了焊接接头拉伸试样全部断裂在母材位置（图4-2-4）。

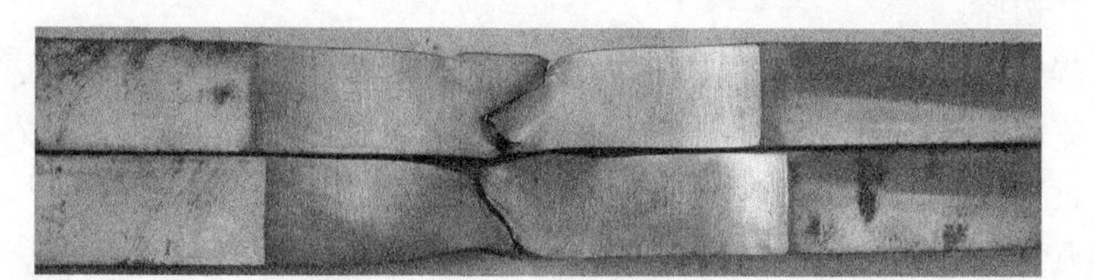

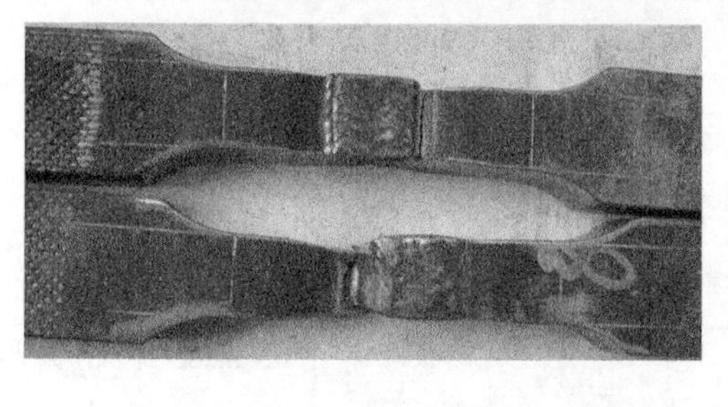

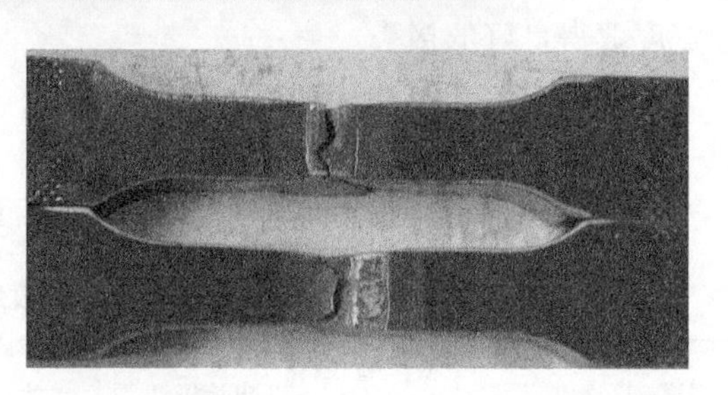

图 4-2-2　气保护药芯焊丝自动焊接头断裂位置

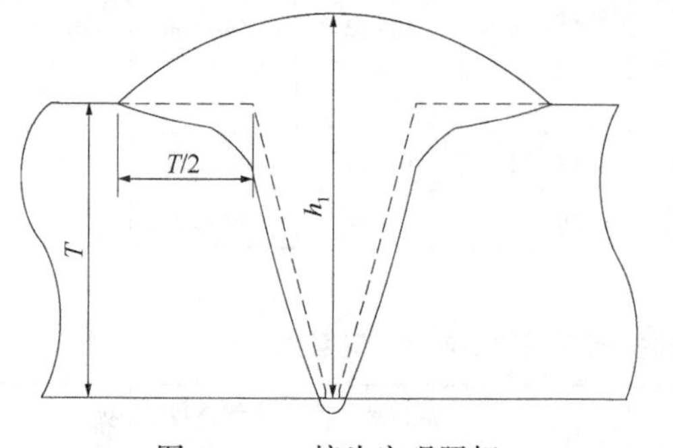

图 4-2-3　接头宏观照相

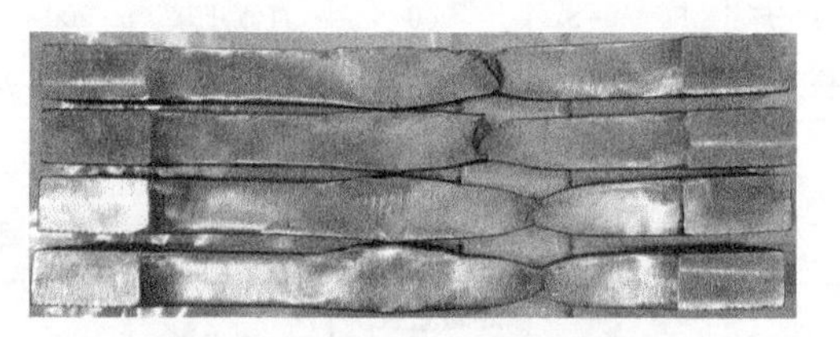

图 4-2-4　补强焊接接头断裂位置

三、 山区焊接工艺

在山区丘陵地带，由于地形条件苛刻、纵向坡度大、施工区域狭窄，因而成为管道施工过程中的难点。由于地形复杂，在焊接技术上，既要满足钢材的可焊性和焊缝的各项性能，又要保证焊工在山区焊接的可操作性及安全生产，因此必须采用合适的焊接工艺、焊接材料及焊接设备。

1. 传统焊接工艺

传统坡地管道施工多采用在管沟内布管组焊的方式，焊接方法为焊条电弧焊和 STT 半自动焊。以西气东输二线第 18 标段为例对山区大口径管道焊接工艺选择进行介绍。该标段位于三门峡境内，管道沿线地形地貌主要为河川谷地、阶地、低山、丘陵、黄土丘陵、黄土台塬。其中低山、黄土丘陵地段地形起伏较大，沟壑发育，管线常常要翻越冲沟、沟谷、陡坡，管线在青龙涧、苍龙涧等地穿越数十条冲沟，冲沟陡而深，受地形限制，弯头、弯管使用量较大，施工作业空间狭小。

焊接工艺选择：

（1）根焊：在主线路施工时采用 STT 半自动焊进行根焊，STT 半自动焊通过精确的基值和峰值电流和电压控制熔滴过渡成型，采用表面张力进行过渡，线能量输入较小，飞溅较少，焊接过程稳定，单面焊双面成型，焊接速度快、焊道光滑，焊接完成后清根方便；而在连头和返修时由于组对尺寸或坡口不规则，所以采用手工电弧焊上向焊，以大的熔深和宽度取得良好的接头。

（2）填充和盖面焊：对于主线路和连头，均采用半自动下向焊方法进行；对于返修焊，则采用手工焊下向焊进行。

（3）焊接工艺参数：具体焊接工艺参数见表 4-2-2 至表 4-2-4。

表 4-2-2　主线路 STT 半自动焊根焊+自保护药芯焊丝下向焊工艺参数

焊道	工艺	焊丝直径/mm	电流极性	电流/A	电压/V	焊接速度/(cm/min)	送丝速度/(in/min)	气体流量/(L/min)
根焊(STT)	GMAW	1.2	直流反接	峰值电流 350~450 基值电流 50~65	14~18	18~35	130~160	20~35
填充焊	FCAW-S	2.0	直流正接	200~280	18~22	15~28	85~120	—
盖面焊	FCAW-S	2.0	直流正接	180~240	18~20	12~26	80~95	—

注：保护气体为 100% CO_2，纯度≥99.5%，含水量≤0.005%。

表 4-2-3　连头手工电弧焊+自保护药芯焊丝下向焊工艺参数

焊道	工艺	焊材直径/mm	电流极性	电流/A	电压/V	焊接速度/(cm/min)	送丝速度/(in/min)	焊接方向
根焊	SMAW	3.2	直流正接	90~120	18~24	8~12		上向
填充焊	FCAW-S	2.0	直流正接	200~280	18~22	25~35	85~120	下向
盖面焊	FCAW-S	2.0	直流正接	180~240	18~20	20~30	80~95	下向

表 4-2-4　返修：焊条电弧焊工艺参数

焊道	工艺	焊材直径/mm	电流极性	电流/A	电压/V	焊接速度/(cm/min)	焊接方向
根焊	SMAW	3.2	直流正接	90~120	18~24	6~12	上向
填充焊	SMAW	4.0	直流反接	180~240	19~27	8~16	下向
盖面焊	SMAW	4.0	直流反接	170~240	18~26	7~15	下向

2. 自动焊

在各类管道焊接施工方法中，自动焊具有高效简便、质量稳定的优点，其中使用内焊机打底+双枪外部填盖的方法施工效率较高，现场应用较为广泛。随着自动焊技术的发展及不断提升，自动焊在山区段的应用势在必行。

1）山区段自动焊技术难点

（1）山区管道施工对自动焊焊接工艺的要求。

焊接工艺是影响焊接质量和效率的主要因素。对于山区自动焊施工，如何克服坡度环境下重力对熔池流动的影响是解决问题的关键因素。山区管道自动焊施工时，熔池处于一种特殊的受力状态，假设纵向坡度为30°，以立焊位置为例，该位置熔池的受力状态如图4-2-5所示。熔池主要受重力G、电弧力F、表面张力σ的作用。重力在沿焊接方向的分力驱动熔池向电弧下方流动，阻碍了电弧对坡口底部的热输入，容易出现层间熔合不良的缺陷；重力沿垂直于焊接方向的分力驱动熔池向较低一侧的坡口流动堆积，阻碍了电弧对该侧坡口的热量传递，容易出现侧壁未熔合的缺陷。同时，熔池受到两侧坡口和坡口底部表面张力的作用，以及熔池后方已经凝固的焊缝的表面张力作用，焊接过程中应尽量维持熔池关于焊缝中心对称，则这些力的合力简化为与焊接方向相反的一个力。电弧力方向受焊枪角度影响，调整焊枪向上指向熔池时[图4-2-5(a)]，电弧力可以阻碍熔池下淌；当焊枪指向较高一侧坡口时[图4-2-5(b)]，电弧力可以阻碍熔池向较低侧坡口流动堆积。

为保证焊缝成型和焊缝质量，需尽量减小或避免熔池下坠对其的影响。熔池下坠主要是受合力(由上述受力分析可知，重力为熔池下坠的驱动力，通过调整焊枪角度，电弧力可以作为熔池下坠的阻力)，以及熔池处于熔融态的时间(即冷却时间，相当于其运动时间)的影响，因此，减小熔池重力、增大电弧力、加快熔池冷却速度均有利于抑制熔池下坠。提高焊接速度，降低送丝速度均有利于减小熔池重力、缩短冷却时间，但同时电弧力也相应降低，因此，在坡度焊接条件下对焊接速度、送丝速度的匹配要求更严格，需探索合适的焊接工艺参数以满足对焊缝质量的要求。

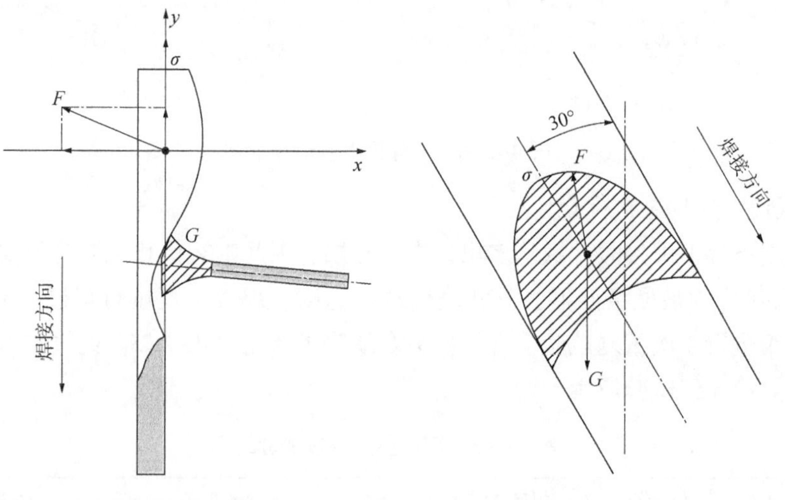

（a）熔池纵向剖面受力分析　　（b）熔池横向剖面受力分析

图4-2-5　立焊位置受力分析

（2）山区管道施工对自动焊焊接工艺的要求。

在各类管道焊接施工方法中，自动焊具有高效简便、质量稳定的优点，其中使用内焊机打底+双枪外部填盖的方法施工效率较高，现场应用较为广泛。而在山区地带，受限于特殊的作业环境，传统的自动焊设备很难进行施工作业。

内焊机在管道自动焊施工作业中承担管口组对和根焊的任务，其焊接过程及原理如图4-2-6所示。通过定位和涨紧机构完成管口组对后，控制装有8个焊接单元(CW1~CW4，CCW1~CCW4)的旋转盘旋转，分别完成CW和CCW两个方向的焊接。在山区地带，受纵向坡度的影响，内焊机行走过程中易打滑，甚至容易出现内焊机下滑的危险情况，这将导致内焊机无法完成管口组对；在坡度较大的地段，内焊机停驻时也会出现机身下滑，影响焊接单元焊枪对中，继而产生焊缝焊偏、热焊烧穿等缺陷。因此，在山区管道自动焊施工中，内焊机必须有足够的行走驱动力以保障其能够上坡行走，同时具备良好的停驻能力以确保焊枪精确对中。外焊机负责完成外部热焊、填充和盖面层的焊接，主要由焊接小车、小车行走轨道、焊接控制系统、焊枪和焊接电源系统组成，山区管道自动焊施工对外焊机无特殊要求，轨道装卡稳定、小车行走平稳即可。

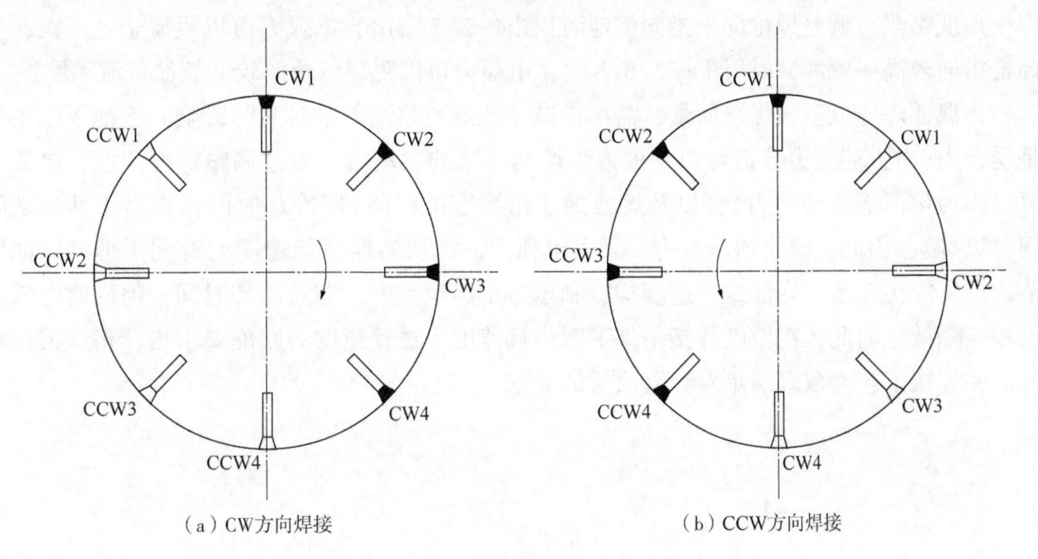

图4-2-6　内焊机焊接过程示意

2）山区段自动焊工艺优化

在大坡度条件下焊接时，缺陷多出现在填充层，因此工艺优化主要是针对填充层的焊接工艺。在30°纵向坡度条件下，分别改变送丝速度、焊接速度进行焊接试验。共进行9组试验，每组进行3次重复试验，合格次数及缺陷类型见表4-2-5。经过试验，最佳的焊接工艺参数为第5组试验所用参数。

表4-2-5　不同参数焊接试验结果

序号	送丝速度/(m/min)	焊接速度/(mm/min)	合格次数	缺陷类型
1	6.5~8	250~350	1/3	不完全熔合
2	6.5~8	350~450	1/3	不完全熔合
3	6.5~8	450~550	0/3	成型不良，未熔合
4	8~9.5	250~350	0/3	成型不良，未熔合

续表

序号	送丝速度/(m/min)	焊接速度/(mm/min)	合格次数	缺陷类型
5	8~9.5	350~450	3/3	—
6	8~9.5	450~550	1/3	不完全熔合
7	9.5~11	250~350	0/3	成型不良，未熔合
8	9.5~11	350~450	1/3	不完全熔合
9	9.5~11	450~550	2/3	不完全熔合

3 组典型的焊缝金相对比如图 4-2-7 所示。3 条焊缝是使用不同的填充焊焊接参数获得，其中图 4-2-7(a)和图 4-2-7(c)中的焊缝检测不合格，缺陷均为立焊位置未熔合，试样取自缺陷位置，图 4-2-7(b)中的焊缝检测无缺陷，试样同样取自立焊位置。对比图 4-2-7(a)、图 4-2-7(b)可知，当送丝速度减小时，填充量减小，焊接层数增加，虽然能减小熔池体积，但由于电弧力减小，无法托住熔池使其不下坠，因此在熔池底部和坡口侧壁出现未熔合；对比图 4-2-7(b)和图 4-2-7(c)，保证相同的填充量，增大焊接规范，在填充层出现坡口侧壁未熔合。

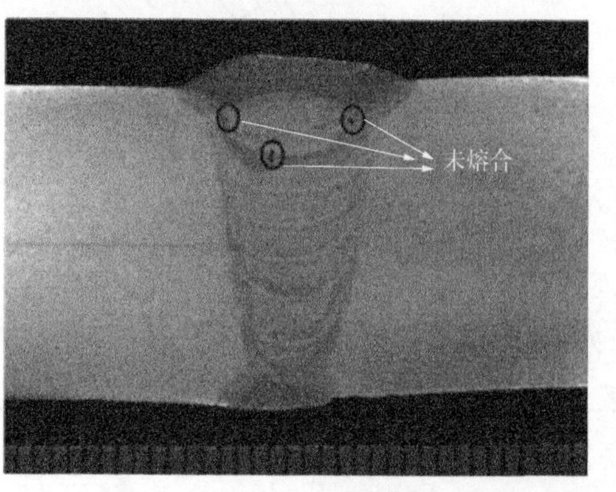

(a) 送丝速度6.5 ~ 8m/min，焊接速度350 ~ 450mm/min

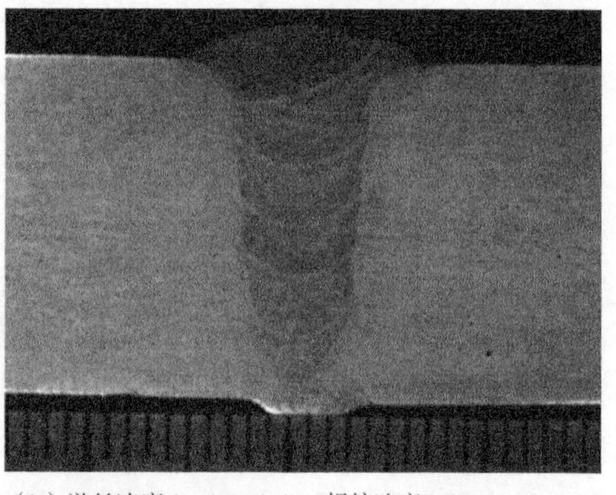
(b) 送丝速度 8 ~ 9.5m/min，焊接速度350 ~ 450mm/min

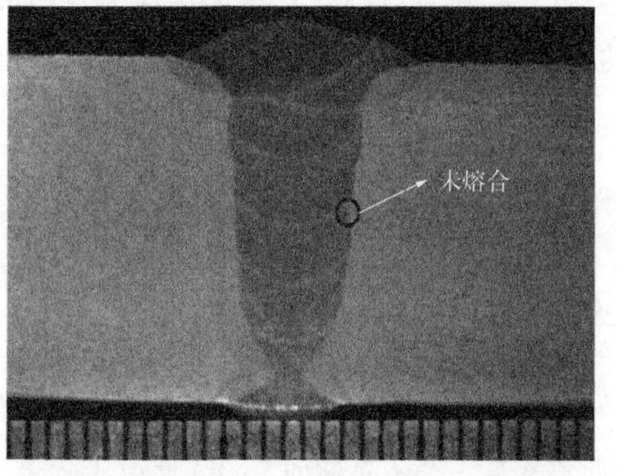

(c) 送丝速度9.5 ~ 11m/min，焊接速度450 ~ 550mm/min

图 4-2-7　不同焊接参数得到的接头宏观金相照片

工艺试验结果表明：(1)送丝速度和焊接速度过大或者过小均会影响焊缝质量，导致焊缝检测不合格。(2)坡度条件下自动焊焊缝的主要缺陷为侧壁未熔合，缺陷多位于较低一侧坡口，且缺陷多出现在立焊位置填充层。(3)该条件下焊接对坡口尺寸和对口精度要求较高，需严格按照尺寸要求加工坡口，并保证对口间隙小于 0.5mm，最大错边小于 1mm。此外，设置不同的焊枪倾角进行焊接试验，结果表明，过大的焊枪倾角同样不利于焊缝成型和坡口熔合，30°纵向坡度条件下，适宜的倾斜角度为沿纵向倾角 5°、沿横向倾角 7°，如图 4-2-8 所示。

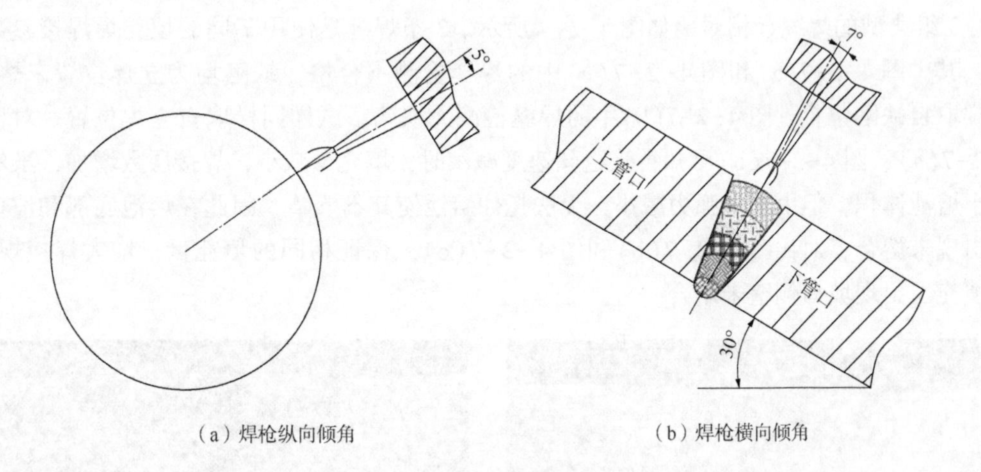

(a) 焊枪纵向倾角　　(b) 焊枪横向倾角

图 4-2-8　焊枪倾角示意

3) 山区段自动焊设备优化

CPP900 是中国石油天然气管道局自主研发的自动焊设备，包括坡口机、内焊机、外焊机，已广泛应用于漠大、陕四、中靖、中俄东线等各大管线，获得一致好评。为确保内焊机能够在大坡度条件下顺利爬坡行走和平稳停驻，中国石油天然气管道局开展了一系列研究，对内焊机行走及刹车机构进行了优化设计。使用 CPP900-IW48 内焊机，通过更换大扭矩气动马达、更改驱动轮材料及纹路，从增大驱动力及增大滑动摩擦系数两方面着手，实现了 30°坡度下的管道组对和根焊。

第三节　典型案例

一、西气东输二线

1. 概况

2008 年 2 月，中国西气东输二线(简称西二线)管道工程开工。西起新疆霍尔果斯，东达上海，南抵广州、香港，横跨我国 15 个省市及特别行政区，与中国—中亚天然气管道衔接，是我国第一条引进境外天然气资源的大型管道工程，也是目前世界上最长的一条天然气管道。工程设计年输气能力 $300\times10^8m^3$，这条管道已于 2011 年 6 月贯通送气。

西气东输二线工程全长 8704km，包含一条主干线和八条支干线，其中干线全长 4978km，八条支干线全长约 3726km，配套建设了 3 座地下储气库。途经地区的地质地貌复杂多变，如沙漠、山区、水网、黄土塬、滑坡、地质沉降或地震断裂带等。

西气东输二线管道工程干线用钢管等级为 API 5L X80，外径 1219mm，以宁夏中卫为界分东、西两段，其中西段壁厚 18.4~33mm，设计压力 12MPa，东段壁厚 15.3~26.4mm，设计压力 10MPa。

2. 焊接特点

要完成这样一条大口径、厚壁、高压输气管线的主体建设任务，焊接技术是制约其建设质量和效率的重要环节之一。西气东输二线管道工程焊接施工的难点主要体现在以下几个方面：

(1)X80 管线钢管焊接性分析与评价。X80 管线钢管的大规模应用于我国管道建设史中尚属首次，工程供管由国内外的多家钢厂和管厂共同完成。因此，对 X80 钢管的冷裂敏感性分析，以及不同供货商的 X80 钢管焊接性差异评价是保证工程质量的关键环节之一。

(2)根焊工艺的选择。管道焊接施工采用流水作业的方式，即前一道焊口完成根焊后，立即进行下一道焊口的根部焊接，其余填充层和盖面层分别由另外的焊工完成。因此，根焊焊接速度是决定管道施工效率的关键环节。

(3)焊接工艺评定。为适应不同的人文环境、地形地貌、气候环境，以及承包商的施工技术能力，管道施工的焊接工艺是多种多样的，涉及的焊接材料更是种类繁多。焊接工艺评定不仅难度高，而且工作量相当大。

(4)焊接接头坡口形式设计。随着管径和壁厚的增大，焊接材料消耗量和焊工的劳动强度大大增加。针对厚壁钢管设计适用的窄坡口，可显著提高管道施工经济性。

(5)地震断裂带地区的焊接技术。干线管道将穿越 20 余处地震烈度 8 级及以上的断裂带。在这些地区引入了应变设计理念，即在管道设计过程中考虑管道承受内压的同时也考虑管道承受土壤移动引起的变形破坏。这一方面要求采用特殊的抗大变形 X80 钢管，另一方面要求焊接接头韧性好且强度高于母材，从而使管道在承受土壤移动时由钢管而不是焊缝来抵抗变形。这对焊接材料选择和焊接工艺提出了更高的要求。

(6)低温环境条件下焊接施工。由于工期要求，本工程不可避免地要在冬季进行焊接施工，涉及保证低温环境条件下焊接质量的问题。

3. 焊接工艺

为适应多种多样的地理环境、气候条件和人文特点，西气东输二线工程线路焊接工艺以自动焊、自保护药芯焊丝半自动焊为主，见表 4-3-1。其中自动焊的施工量约为全线的 10%，自保护药芯焊丝半自动焊为 90%，选用的焊接材料见表 4-3-2。

表 4-3-1　西二线主要焊接工艺

自动化程度	应用位置	焊接工艺	主要设备类型
半自动焊	平坦地段，山区地段，水网地段	STT 根焊+自保护药芯焊丝填充盖面	STT 特性焊接电源，送丝机
		RMD 根焊+自保护药芯焊丝填充盖面	RMD 特性焊接电源，送丝机
手工焊	返修焊，连头焊	LB52U 根焊+低氢焊条上向焊填充盖面	陡降特性焊接电源
自动焊	新疆、甘肃等平坦地段	内焊机根焊+双焊炬外焊机填充盖面	坡口机、内焊机，单、双焊炬外焊机
		内焊机根焊+单焊炬外焊机填充盖面	坡口机、内焊机，单焊炬外焊机
		外焊机根焊+单焊炬外焊机填充盖面	坡口机、根焊专用外焊机、单焊炬外焊机

表 4-3-2　西二线主要焊接材料

序号	焊接方式	焊接工艺	根焊材料/mm	填充/盖面焊材/mm
1	自动焊	GMAW(内焊机根焊+双焊炬填充盖面)	AWS A5. 18ER70S-Gϕ0. 9	AWS A5. 28 ER90S-Gϕ1. 0
				AWS A5. 28 ER80S-Gϕ1. 0
				AWS A5. 28 ER80S-Nilϕ1. 0
2		GMAW(根焊 RMD 或 STT)+FCAW-G(单焊炬填充盖面)	AWS A5. 18 E70C-6Mϕ1. 2	AWS A5. 29 E101T1-GMϕ1. 2
				AWS A5. 29 E91T1-K2ϕ1. 2
			AWS A5. 18 E80C-Nilϕ1. 2	AWS A5. 29 E81T1-Nilϕ1. 2
3	半自动焊	SMAW+FCAW-S	AWS A5. 1 E7016-1ϕ3. 2	AWS A5. 29 E81T8-Ni2ϕ2. 0
				AWS A5. 29 E81T8-Gϕ2. 0
4		GMAW+FCAW-S	AWS A5. 18 ER70S-Gϕ1. 2	AWS A5. 29 E81T8-Ni2ϕ2. 0
				AWS A5. 29 E81T8-Gϕ2. 0
5			AWS A5. 18 E80C-Nilϕ1. 2	AWS A5. 29 E81T8-Ni2ϕ2. 0
				AWS A5. 29 E81T8-Gϕ2. 0

4. 焊接坡口

西气东输二线用 X80 钢管有 15. 3mm、18. 4mm、22mm、26. 2mm 和 33mm 五种壁厚，相对较厚。为提高焊接效率，针对不同的焊接方法采用了不同的窄坡口，如图 4-3-1 所示。

图 4-3-1(a)的下坡口角度大，对口间隙小，有利于根部的焊接操作和背面成型。通过 30°和 10°的组合使体积减小，减少焊接材料填充量，降低劳动强度。这种坡口可以在钢管厂预制。图 4-3-1(b)是美国 CRC 公司推荐的坡口形式，适用于内焊机根焊的自动焊，这种坡口曾在西气东输一线工程中应用，为我国自动焊焊工所熟悉和掌握。该坡口应在施工现场用坡口机加工。图 4-3-1(c)适用于外焊机根焊的自动焊，1/4 圆弧将钝边与

10°圆滑地连接起来，有利于避免变坡口拐点处的未熔合。这种坡口应在施工现场用坡口机加工。图 4-3-1(d)为单边 23°V 形坡口，适用于连头或现场割管后的焊接。

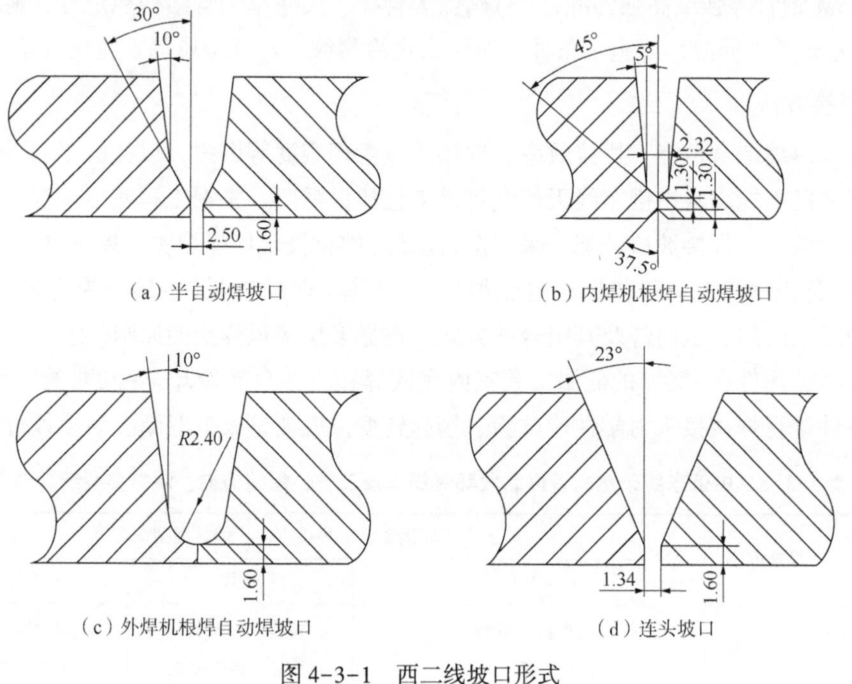

(a) 半自动焊坡口　(b) 内焊机根焊自动焊坡口

(c) 外焊机根焊自动焊坡口　(d) 连头坡口

图 4-3-1　西二线坡口形式

二、 中俄东线黑河—长岭段

1. 概况

中俄东线天然气管道是中国石油工程有限公司与俄气公司的联合项目，由布拉戈维申斯克进入中国，线路长度 3000 多千米，管径包括 1422mm 和 1219mm 这 2 种。中俄东线天然气管道工程是我国管径最大、钢级最高、压力最高的长输管道，分为黑河—长岭段、长岭—永清段、永清—上海段三段施工。中俄东线自 2017 年开始建设施工，已经完成了黑河—长岭段和长岭—永清段的建设施工。

中俄东线天然气管道黑河—长岭段，起自黑龙江省黑河首站，止于吉林省长岭末站，设计输量 $380\times10^8m^3/a$，设计压力 12MPa。管道沿线地处中国东北寒冷地区，冬季最冷月平均气温-24～-14℃，极端最低温度-48. 1℃。埋地管道施工期的极端温度低至-40℃，地上钢管、管件的设计温度低至-45℃。管道线路工程用钢管为 GB/T 9711—2017《石油天然气工业　管线输送系统用钢管》规定的 L555M 低合金高强度管线钢，壁厚 21. 4～30. 8mm，管径 1422mm。

2. 焊接特点

中俄东线天然气管道工程是中国首次采用管径 1422mm、L555M 级管线钢建设的天然气管道工程，具有管径最大、钢级最高、低温工况等特点，对于中国管道建设是一项全新的挑战。考虑到管道焊接施工特点，焊接时需注意：(1)使用高品质、高稳定性的 L555M 钢管，焊前避免热影响区出现脆化和软化现象；(2)选择高强度、高韧性的焊接材料，实现与 L555M 钢管等强或高强匹配；(3)确保大管径、大壁厚钢管结构稳定性，避免强力组对；(4)充分考虑低温环境施工条件，避免出现冷裂纹、焊缝金属晶粒脆化现象。

3. 焊接方法

考虑环焊缝综合性能、焊接效率、现场质量管理难度等因素，以往的半自动、手工焊等焊接工艺已不能满足中俄东线天然气管道工程建设需要。根据工程实际情况，钢管管径和壁厚相对较大，焊接坡口较深，采用全自动焊(熔化极气体保护实心焊丝电弧焊)、组合自动焊(熔化极气体保护药芯焊丝电弧焊)、手工焊(焊条电弧焊)等作为主要焊接方法，采取环焊缝下向焊、上向焊及其组合的方式，遵循多层多道焊接的原则(表 4-3-3)。焊接工艺评定时，焊件在-30℃的低温实验室内完成焊接，并自然冷却至-30℃的室温。随后，对这些焊件进行焊接接头力学性能试验、韧脆转变温度测试及低温断裂韧性评价等。

表 4-3-3　中俄东线天然气管道北段环焊缝焊接工艺、焊接方向、焊材类型统计结果

<table>
<tr><th rowspan="2">焊接部位或工况</th><th rowspan="2">焊接方法</th><th colspan="3">焊接工艺、焊接方向、焊材类型</th></tr>
<tr><th>根焊</th><th>热焊</th><th>填盖焊</th></tr>
<tr><td>线路</td><td>全自动焊</td><td>内焊机自动焊、下向、实心焊丝</td><td>单焊炬自动焊、下向、实心焊丝</td><td>双焊炬自动焊、下向、实心焊丝</td></tr>
<tr><td rowspan="4">自由口连头</td><td rowspan="4">组合自动焊</td><td>STT 半自动焊、下向、实心焊丝</td><td rowspan="4">—</td><td rowspan="8">单焊炬自动焊、上向、药芯焊丝</td></tr>
<tr><td>RMD 半自动焊、下向、粉芯焊丝</td></tr>
<tr><td>手工焊条焊、上向、低氢焊条</td></tr>
<tr><td>手工氩弧焊、上向、实心焊丝</td></tr>
<tr><td rowspan="2">内斜坡口变壁厚</td><td rowspan="2">组合自动焊</td><td>手工焊条焊、上向、低氢焊条</td><td rowspan="2">—</td></tr>
<tr><td>钨极氩弧焊、上向、实心焊丝</td></tr>
<tr><td rowspan="2">固定口连头</td><td rowspan="2">组合自动焊</td><td>手工焊条焊、上向、低氢焊条</td><td rowspan="2">—</td></tr>
<tr><td>钨极氩弧焊、上向、实心焊丝</td></tr>
<tr><td>返修</td><td>手工焊</td><td>手工焊条焊、上向、低氢焊条</td><td>—</td><td>低氢焊条手工焊、上向、低氢焊条</td></tr>
</table>

全自动焊工艺的主要焊接设备为内焊机和双焊炬外焊机，自动化程度属于机动焊，焊材为实心焊丝，保护气体为 80%氩气与 20%二氧化碳的混合气。该工艺优点是环焊接头的强韧性极好，韧脆转变温度达-60℃及以下；缺点是由于焊接电弧的特性使得熔宽窄、熔深浅，对焊接坡口的容错性差，易产生坡口壁未熔合。该工艺用于线路段焊口的顺序焊接，要求必须在现场采用坡口机加工坡口，且对坡口加工尺寸、管口组对精度要求严格。

组合自动焊工艺的主要焊接设备为单焊炬外焊机，自动化程度属于机动焊，焊材为药芯焊丝，保护气体为 80%氩气与 20%二氧化碳的混合气体。该工艺优点是环焊接头强韧性极好，韧脆转变温度达-30℃，且对焊接坡口的容错性强，不易产生未熔合；缺点是由于焊接冶金过程有造渣、造气机制，为方便熔渣和一氧化碳气体浮出，不适宜使用过窄的坡口，焊接填充量大，也影响焊接效率，主要焊接缺欠是气孔、夹渣。该工艺用于固定口连头、金口、变壁厚焊口等坡口尺寸精度难以控制的场合，本工程为保证焊接质量要求，焊接坡口在现场用坡口机加工。

由于当前中国除内焊机以外的其他根焊自动焊方法尚不够成熟，缺少工程应用的经验，因此，中俄东线天然气管道工程选择 STT 和 RMD 半自动焊、钨极氩弧焊、低氢焊条电弧焊等方法，作为组合自动焊配套的根焊工艺。这些单面焊双面成型的根焊工艺各有优势和不足，其中，钨极氩弧焊的根焊质量好，焊接工艺稳定，但焊接效率低，受环境风速、管内外温差影响大；低氢焊条电弧焊的根焊质量好，焊接工艺稳定，焊接效率一般，但飞溅、熔渣等常常落至仰焊焊缝及其附近，影响无损检测评判；STT 和 RMD 半自动焊的焊接效率高，操作容易，但热输入量小，当操作姿势不当、坡口钝边或组对间隙误差大时，易产生根部未熔合。手工焊工艺对焊接设备要求不高，具有陡降特性的电焊机即可满足焊接要求，自动化程度属于手工焊，焊材为低氢焊条，不需要保护气体。手工焊的优点是环焊接头强韧性良好，韧脆转变温度达-45℃，对焊接坡口、施工环境的适应性强；缺点是不适宜使用窄坡口，焊接效率低，劳动强度大，主要焊接缺欠是气孔、夹渣。该工艺主要用于返修焊接，焊接坡口是在现场用角向磨光机修磨出来的。为避免返修焊接过程因拘束应力过大而产生裂纹，规定了 100mm 的最小返修长度，以及不大于 1.45 的修磨坡口深宽比。

4. 焊接材料

虽然 L555M 管线钢的整体焊接性较好，但钢管强度和屈强比较高，需采用低氢型焊接材料，并考虑环焊接头的整体强度与母材的等强或高强匹配性。其中，根焊焊接材料可选择塑性与延伸率好、抗拉强度稍低的焊接材料，避免打底焊时出现淬硬组织而引发冷裂纹。填充、盖面焊接材料可根据焊接材料类型及其抗拉强度进行选择，确保与钢管形成等强或稍高强匹配。例如：实心焊丝的焊缝金属强度一般比熔敷金属强度高 100MPa 左右，通常选择比母材抗拉强度低一个等级的焊丝；药芯焊丝的焊缝金属强度一般与熔敷金属强度相当，通常选择与母材抗拉强度相等的焊丝；低氢焊条的焊缝金属强度一般比熔敷金属强度稍低，通常选择与母材强度高一个强度等级的焊条（表 4-3-4，其中实心焊丝、金属粉芯焊丝、气保护药芯焊丝及低氢焊条的扩散氢含量均低于 5mL/100g，属于低氢型焊材）。

表 4-3-4　中俄东线天然气管道北段环焊缝焊接材料统计结果

根焊工艺及方向	焊材型号	焊材型号	填盖焊工艺及方向
内焊机、下向	AWS A5. 18 ER70S-G	AWS A5. 28 ER80S-G	双焊炬、下向
STT 焊、下向	AWS A5. 18 ER70S-G	AWS A5. 29 E91T1	单焊炬自动焊、上向
RMD 焊、下向	AWS A5. 28 E80C-Nil	AWS A5. 29 E101T1	
钨极氩弧焊、上向	AWS A5. 18 ER70S-G		
低氢焊条焊、上向	AWS A5. 1 E7016	AWS A5. 5 E10018	低氢焊条、上向

全自动焊工艺使用的是实心焊丝。该工艺对焊丝的质量波动较为敏感，如焊丝表面粗糙度、丝径偏差、送丝挺度、丝盘层绕条理、镀铜厚度、焊丝与导电嘴磨损程度等，均影响送丝稳定性和电弧燃烧稳定性，从而影响自动焊质量。有时仅仅因更换焊丝或变化焊丝批号就会发生电弧飞溅突然增大、电弧稳定性变差，导致未熔合缺欠率增加。因此，某些自动焊设备通常使用专门定制的实心焊丝，如 CRC 使用 CRC 焊丝、SERIMAX 使用 SERIMAX 焊丝等。

该工程中的单焊炬自动焊使用的是药芯焊丝。该工艺对施工环境、保护气体较为敏感，如果施工环境潮湿，或焊丝贮存条件不好，或保护气体纯度、配比、流量不正确，均会导致产生条状或虫状的一氧化碳气孔。

低氢型焊条对施工环境、焊条的烘干与保温条件较为敏感，如果焊条未烘干或施工过程中焊条保护不好，将产生圆形的氢气孔。

5. 焊接设备

该工程针对采用的焊接方法选择适用的焊接设备(表 4-3-5)。由于不同品牌自动焊设备产品的焊接电源外特性、熔滴过渡方式有所不同，因此，针对自动焊设备品牌进行了焊接工艺评定。因手工焊、半自动焊所用的焊接电源外特性相同或类似，故未针对该因素单独进行焊接工艺评定。

表 4-3-5　中俄东线天然气管道北段环焊缝焊接设备统计结果

焊接方法	焊接设备			自动焊设备品牌
	根焊	热焊	填盖焊	
全自动焊	内焊机	单焊炬外焊机	双焊炬外焊机	CPP900 W2，CRC P600/P625，熊谷 A610
组合自动焊	STT 特性电源，RMD 特性电源，陡降外特性焊接电源，钨极氩弧焊电源	—	单焊炬外焊机	CPP900 W1，CRC M300/P260，熊谷 A-300X
手工焊	陡降外特性焊接电源	—	单焊炬外焊机	—

6. 焊接坡口

1）全自动焊坡口

全自动焊坡口(图 4-3-2，其中 h 为内坡口高度；α 为坡口面角度；β 为上坡口角度；γ 为内坡口角度)的关键参数有 3 个，分别为坡口表面宽度 $W/2$、拐点至内壁高度 H_1、钝边高度 H_2。开展全自动焊坡口设计时，可根据 3 个关键参数值及钢管壁厚适当调节上坡口角度 β 的取值。

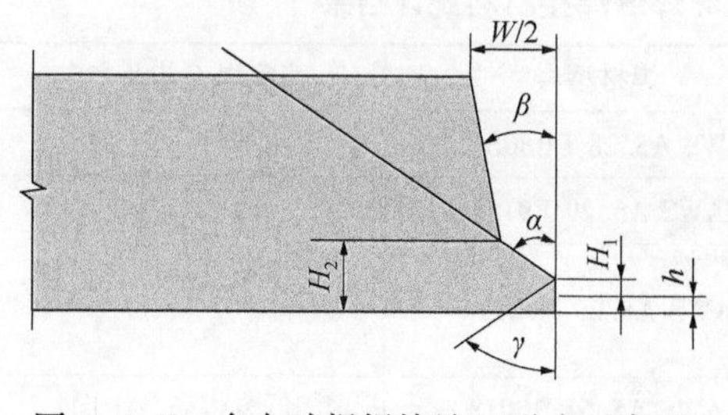

图 4-3-2　全自动焊焊接坡口形式示意图

通常坡口表面宽度为8mm左右，最佳范围为7.8~8.3mm，以保证双焊炬可一次性完成盖面焊道成型；拐点至内壁高度通常为5.25mm左右，该数值的确定原则是热焊层完成后，其表面刚好覆盖住变坡口的拐点处；钝边高度通常为1.0mm左右，其主要目的是保证热焊层能够将其完全熔透，并与内焊机完成的根焊缝良好熔合(表4-3-6)。另外，内焊机的内坡口角度和高度均为固定值，能够保证完成的内焊道具有良好的成型和适合的余高。

表4-3-6 全自动焊的焊接坡口参数

坡口表面宽度/mm	拐点至内壁高度/mm	钝边高度/mm	内坡口高度/mm
3.5~4.5	5.1±0.3	1.3±0.3	1.3±0.3
对口间隙/mm	坡口面角度(°)	上坡口角度(°)	内坡口角度(°)
0~0.5	45±1.5	5±1.5	37.5±1.5

2) 组合自动焊坡口

对于组合自动焊的坡口(图4-3-3，其中b为对口间隙)，坡口面角度为22°~25°，钝边高度为1.6mm±0.4mm，对口间隙为2.5~3.5mm。

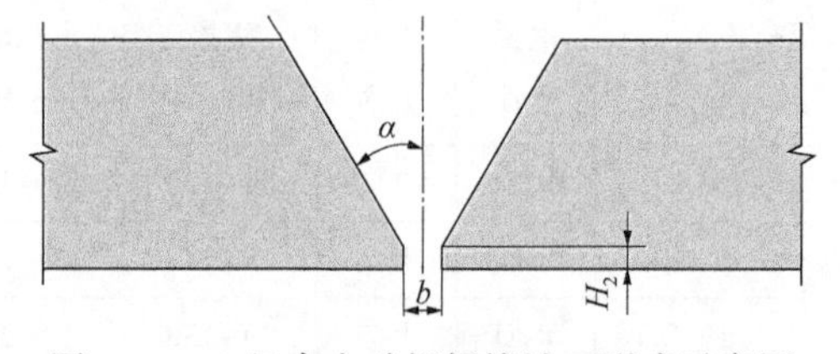

图4-3-3 组合自动焊焊接坡口形式示意图

7. 焊接工艺参数

针对不同的设备、焊材、管材及施工单位，选用的焊接工艺参数均不相同，文中选取了其中1种仅供参考，具体见表4-3-7至表4-3-9。

表4-3-7 全自动焊焊接工艺参数

焊道	焊接方法	焊接方向	极性	焊接电流/A	电弧电压/V	摆动宽度/mm	边缘停留/s	送丝速度/(cm/min)	保护气体流量/(L/min)	焊接速度/(cm/min)	热输入/(kJ/mm)
根焊	GMAW	下向	DCEP	160~218	19~25	—	—	787~1118	20~36	62~74	0.34~0.39
热焊(单枪)	GMAW	下向	DCEP	173~275	19~25	0~1	0~0.02	1130~1461	20~36	56~77	0.39~0.50
填充(双枪)	GMAW	下向	DCEP	115~228	20~26	1~4	0.01~0.06	648~1194	20~36	29~52	0.45~0.71
盖面(双枪)	GMAW	下向	DCEP	91~148	19~26	2~6	0.02~0.07	559~699	20~36	32~60	0.31~0.41

表 4-3-8　组合自动焊焊接工艺参数

焊道	焊接方法	极性	焊接方向	焊接电流/A	电弧电压/V	摆动宽度/mm	边缘停留/s	送丝速度/(cm/min)	保护气体流量/(L/min)	焊接速度/(cm/min)	热输入/(kJ/mm)
根焊(1)	GTAW	DCEN	上向	135~170	11~13	—	—	—	9~13	5~8	1.63~1.74
填充(1~2)	GTAW	DCEN	上向	160~205	11~14	—	—	—	9~13	10~14	1.05~1.23
填充(3~4)	FCAWG	DCEP	上向	135~240	19~25	1.5~7	0.2~0.3	559~762	24~40	15~28	0.78~1.61
填充(5~7)	FCAWG	DCEP	上向	162~240	20~27	7~14	0.2~0.3	584~762	24~40	11~18	1.74~2.17
盖面(8~9)	FCAWG	DCEP	上向	150~215	20~26	3.5~7	0.2~0.3	457~660	24~40	13~25	1.21~1.53

表 4-3-9　手工焊焊接工艺参数

焊道	焊接方法	填充材料		电源极性	焊接方向	焊接电流/A	电弧电压/V	焊接速度/(cm/min)	热输入/(kJ/mm)
		型号	规格/mm						
填充 1	SMAW	E10018-GH4R	ϕ3.2	DCEP	上向	85~125	19~28	9~13	0.82~2.00
填充 2	SMAW	E10018-GH4R	ϕ3.2	DCEP	上向	85~140	19~28	8~12	0.90~2.54
盖面	SMAW	E10018-GH4R	ϕ3.2	DCEP	上向	90~130	19~28	8~12	0.90~2.25

8. 预热及后热措施

预热主要是为了防止裂纹，同时兼有一定改善接头性能的作用。对于强度级别高或有淬硬倾向的钢材、导热性能特别好的材料、厚度较大的焊件，或者当焊接区域周围环境温度太低时，焊接前往往需要对焊件进行预热。要求预热焊接的钢材需要进行多层焊时，其道间温度的作用与预热作用相当。但预热会恶化劳动条件，延长焊接周期，增加制造成本，过高的预热温度和道间温度反而会使接头韧性下降。因此，焊接前是否需要预热及确定预热温度，应慎重考虑。

预热温度的确定取决于钢材的化学成分、焊接结构形状、拘束度、环境温度、焊后热处理措施等。根据预热温度理论计算及焊接冷裂纹敏感性试验，L555M 管线钢的最小预热温度确定为 100℃；最高预热温度的确定以不破坏钢管防腐层为宜，设定为 150℃。多层多道焊的最小道间温度确定为 60℃。

火焰加热、环形火焰加热等方法通常采用丙烷气体作为燃料。丙烷的气化与温度有关，若温度降至-15℃，丙烷气化会明显变慢；若温度降至-40℃，丙烷则完全停止气化。因此，环境温度越低，使用丙烷作燃料加热的效果越差，而在有风的情况下，使用丙烷加热将很难保证焊口加热均匀。该工程冬季施工不可避免，冬季风大，环境温度普遍低于-15℃，且钢管管径和壁厚大，使用火焰加热方法很难达到要求的预热温度和预热效果，故规定采用中频感应加热方法，并要求焊接过程中采用电伴热措施，以保证预热温度和道间温度。预热温度的监测在距管口 25mm 处的母材上均匀测量，道间温度的监测在距施焊点 200mm 范围内的焊缝上进行。如果焊接中断，重新开始焊接前应将焊口重新加热至预热温度。

焊后热处理的作用是焊后消氢、焊后消应力及改善接头组织和性能。L555M 钢管属于形变热处理钢，不适合进行焊后热处理。其焊接工艺评定的焊件是在−30℃的低温环境实验室内焊接完成的，并自然冷却至−30℃的室温。经环焊接头微观组织分析、力学性能试验及断裂韧性评价等多方面评价均认定合格。据此，规定在−30℃及以上的焊接环境温度条件下施焊，无需采取焊后保温、焊后热处理等后热措施。

9. 焊接施工措施

全自动焊和组合自动焊的焊接坡口应在施工现场使用坡口机加工，加工好的坡口宜在 24h 内使用。坡口两侧 150mm 范围内应清理干净，符合随后 AUT 检测工序对钢管表面的质量需求。坡口两侧 20mm 范围内应打磨出金属光泽，满足焊接前坡口准备的质量需求。

内焊机和外焊机焊接前需调节好焊丝位置，确保与坡口中心保持对齐。采用专用卡具将地线与被焊钢管牢固接触，确保不产生电弧灼伤母材。引弧在坡口内或已完成的焊缝表面进行，禁止在钢管表面引弧。全自动焊和组合自动焊在全封闭的防风棚内进行，遵循多层多道焊的原则。焊道排布要具有一致性，在坡口两边依次交替排列，严格控制焊接热输入量，采用薄层焊的方式可避免母材边缘咬边现象。当内焊机出现焊枪漏焊现象时，可在原内坡口上重新焊接。当出现成型不良、气孔等缺陷时，将缺陷处打磨去除，修磨出坡口后采用内焊机所配备的补焊枪进行内修补焊接。内补焊单个长度应不小于 100mm，总长度应不大于 1/3 管周长。内对口器应在根焊道全部完成后方可撤离。外对口器应在根焊道均匀对称完成 50%以上且每段焊道长度不小于 100mm 后方可撤离。对口吊具则应在钢管完全稳定在管墩上后方可撤离。

固定口连头地点宜选择在地势平坦的直管段上，不允许设置在热煨弯管、冷弯管及不等壁厚焊缝处。固定口连头施工前，应预留足够的两侧未回填长度。当现场需要切割焊口时，切割宽度应至少比盖面焊道每侧宽 5mm，以去除原焊缝热影响区。切割后形成的焊口，应根据新焊口的分类，按照管理人员指定的焊接工艺规程进行焊接。全壁厚返修时应进行整口预热，非全壁厚返修时可对返修部位及其上下各 100mm 范围内进行局部预热。返修焊总长度应不大于 1/3 管周长。

第四节　焊接时的其他关注点

一、强度匹配

对焊接结构匹配强度的认知，是系统解决高钢级管道环焊缝结构可靠性的基础。随着高钢级管道的发展，低强匹配带来的环焊缝断裂风险推动了对高钢级管道环焊缝结构匹配问题的研究。基于国家石油天然气管网集团有限公司在高钢级管道环焊缝失效机理研究的成果，通过厘清环焊缝强度匹配的定义、研究历史、基本特征，分析其对环焊缝失效的影响及现有设计、评估标准的发展现状。

目前，对管道环焊缝结构匹配的定义尚不统一，根据高钢级管道焊接结构完整性的需要，考虑工程应用的可行性，建议使用轴向屈服强度的差值来定义匹配性，并利用管体材料轴向取样与焊接材料全尺寸取样测试值进行表征，以满足管道设计、工程质量管理等需求。

不同强度匹配条件下的母材和焊缝金属变形分区概念能够促进对低强匹配危害性的认识。管道在仅承受弹性范围内的应变时，低强匹配环焊缝也可能发生塑性变形，导致性能劣化甚至失效，这是现有标准和研究中尚未充分认识和应对的。未来的管道设计中，尤其是对于高强钢管道，即使没有承受塑性应变的需求，也需对弹性范围内的应变及后果进行评估，明确高强匹配的技术要求。

高钢级管道建设需高度重视低强匹配可能带来的问题。在役管道的低强匹配风险管控需重点解决的问题包括匹配性表征与测试技术的研究、低匹配的管道拉伸应变能力评估模型的开发、在役管道低匹配结构风险的识别、不同匹配条件下的失效评估、利用大数据结合机器学习等方法的预测技术等。

二、 氢致开裂

在油气管道服役过程中，因油气对管道的腐蚀、冲刷导致管道壁厚局部减薄，或因机械损伤导致管道破损，需要对其修复。传统的修复方法为：泄压、停输、清理残余油气，焊接施工，这种方式使得管道输送中断、居民用气受阻、环境受到污染、经济损失严重。而带压焊接修复因具有修补速度快、供油供气持续、施工成本低、生态污染小等优点，具有极高的经济效益、社会效益和环境效益。管道带压焊接时，管道内部输送介质的流动带走焊接接头热量，这样致使接头处产生非平衡的淬硬组织，在拉应力和氢的作用下易产生氢致裂纹(Hydrogen Induced Cracking，HIC)，导致管道油气的泄漏。因此，对于带压管道焊接而言，HIC是人们关注的一个焦点。

近年来，我国油气管道不断采用大管径、高强度的管线钢进行铺设。由于管线钢强度等级的提高，碳当量也相应提高，管道带压焊时面临的HIC风险也越大。为减少带压焊氢致裂纹，可以从减少氢含量、降低敏感组织的硬度和减少拉应力等方面采取措施。

三、 管道焊接剩磁

长输管道在建设及维抢修过程中，经常产生剩磁。钢管剩磁的现场测量通常在0.5~5mT范围内，但有时可远远超过5mT，如在壁厚较大的高钢级管道中测得的剩磁最高可以达到35~65mT，甚至有些钢管的磁场强度可以大到吸附大锤。氩弧焊在焊接时会产生具有一定电离程度的气体，形成焊接电弧。焊接电弧的微观结构由分离且有运动方向的正、负电荷组成，流动电荷产生的电流促使电弧周围产生感应磁场。而管口剩磁会破坏分布均匀的电弧磁场，使局部的洛伦兹力过大，受力不均匀的电弧将偏离焊条的轴线方向，与电极轴形成倾斜角度，从而产生电弧磁偏吹。若不对磁偏吹加以控制，电弧的稳定燃烧将受到影响，造成焊缝根部未焊透、未熔合，必须重新焊接管道；更有甚者将使焊接作业无法正常进行，影响工程进度和工程质量，恶化管道的物理特性，造成严重的经济损失。目前，除了一些简单实用的消磁技术之外，也有专业公司已经开发并投产了一些先进的磁中和消磁设备，其中很多已经商业化。在高寒环境的管道工程中，电磁感应制热装置逐渐被用于焊前预热处理，但对于消磁装置与电磁热感应装置之间的干扰，由于尚无专业的评估报告，目前还没有明确的结论。

第五章　油气长输管道环焊缝焊接装备

随着社会技术进步和人类对石油和天然气需求量的急剧增加，长输管道在向着大口径、长距离、高压力、高钢级方向发展。为了满足管道现场焊接的实际需求，焊接技术及相关的设备也在同步提高。近年来自动焊技术凭借其焊接热输入量小、环焊接头力学性能稳定、自动化程度高、可以最大限度地减少人为因素影响等优势，目前已成为高钢级、大口径管道焊接施工主要焊接方式，也因此对自动焊装备提出了更高要求。本章重点针对自动焊焊机及配套设备进行介绍。

第一节　油气长输管道焊接对焊接设备的要求

（1）焊接设备在严酷环境下的稳定性。施工过程中会遇到严寒、酷热和潮湿等各种环境，焊接电源、管道自动焊系统等要有不同环境下的适应能力，应具有良好的环境适应能力，可在极端气候条件下正常运行。

（2）精确控制。长输管道全自动焊施工时，管口坡口加工、组对和焊接都是在施工现场完成。为了提高施工效率，通常采用尽量窄间隙的复合坡口形式，因此对坡口加工精度和管口组对要求都很高。相关设备如坡口机、内焊机、热焊机及外焊机均是流水作业，要求精确控制，将误差控制在较小范围。

（3）一机多用。现在国内长输管道及场站使用的焊接方法有：纤维素焊条焊，低氢焊条焊，自保护药芯焊丝半自动焊，气体保护半自动焊、全自动焊，TIG 焊等。施工中，往往一名焊工需完成从打底到填充、盖面的所有工作，而根焊和填充、盖面往往采用不同的焊接方法，所以需焊接电源最好同时适应较多的焊接方法，研发多功能焊机。

（4）小巧轻便。长输管道既有戈壁滩机械化大流水施工，又有山地陡坡及隧道施工，要求焊接设备既要能满足机械化大流水施工的连续工作，又要能满足山地及隧道施工小型轻便、安全可靠的要求。

（5）对供电电源的补偿能力。由于长输管道建设必然会经过地域偏僻、交通不便的地区，靠市电供电的电源电缆都比较细，线损很大，380V 的电压送到焊机时只有 340V 左右，电源电压不可能满足一般焊机的需要。而野外内燃机发电设备，电源频率往往得不到保障，所以要求焊机具有对电网电压的补偿能力和对 45～60Hz 频率的适应能力，才能满足焊接的基本要求。

（6）便于升级。焊机接口标准化，同一类型的焊机，功能的改进可以经互联网传输、通过软件设计来实现。对现今技术更新特别快的情况，可以大大提高焊机的使用寿命和使用范围。

第二节 焊接电源

在我国大口径长输管道建设中，自保护药芯焊丝手工焊以一次焊接合格率高和生产效率高等优势得到了广泛的应用。随着管线建设向戈壁、荒漠、高原、丘陵、山区等恶劣的地理环境延伸、国家环境保护法的严格执行，以及“以人为本、以效益为中心”理念的贯彻，对管线用焊接工程车提出了更高的要求。焊接工程车应具备良好的适应性和实用性。体积小、便于转场运输；抗严寒、耐高温、抗颠簸、耐风沙，适应不同季节、不同地域施工；噪声低，改善作业环境；能耗低，利于节能减排；性能稳定，焊接电源应能满足2名焊工同时采用焊条电弧焊或手工焊方法焊接的要求(陡降特性、平特性)，持续焊接稳定性良好(较大容量)，单枪(焊钳)焊接和双枪(焊钳)同时焊接互不干扰等。

全球著名焊接厂家生产的焊接电源有奥地利 FRONIUS 焊接电源最新推出的 TPSI 系列，芬兰 KEMPPI 焊接电源最新推出的 X8 系列，瑞典 ESAB 焊接电源最新推出的 Aristo ® 5000i/U5000i、意大利 TELWIN 电源和 SELCO 电源、美国 LINCOLN 电源等，这些电源均具有强大的组网管理、数据存储传输、远程数据诊断、APP 监管等信息互联共享功能。

焊接种类繁多，针对不同的焊接母材如碳钢、不锈钢、铝合金、钛合金或复合材料，以及配套的多种焊材等，焊接电源开发设计满足多种材料的焊接技术需求，采集系统的采集对象须涵盖所涉及的所有相关参数，除了焊接过程中相关的焊接参数、运动参数外，还需获取母材信息、焊材信息、焊缝轮廓、保护气体等，采集对象根据不同工艺要求相对宽泛。

由于焊接电源一般配套使用，在车间、船厂、工厂等环境较为良好的场景，针对固定场地的焊接作业，可采用多种监测手段进行焊接外观检测、激光轮廓扫描、熔池监测等，与焊接过程的焊接参数、运动参数进行更进一步的对比分析。因此对于焊接电源的使用场景，可多维度地分析焊接过程，优化焊接工艺。

第三节 自动焊焊机

中国石油天然气管道局工程有限公司在21世纪初自主生产了第1代 PAW 系列自动焊装备，是当时中国唯一一家拥有自动焊装备的企业。该设备可代替操作人员完成部分焊接过程控制，使管道焊接步入自动焊接时代，其曾广泛应用于西气东输一线、西气东输二线、陕京三线、印度东气西输、中哈、中亚、中乌、中俄等国内外重大油气管道工程。

第1代 PAW 系列自动焊装备为2000年的产品，在当时属于先进装备。随着科学技术的不断发展，该装备技术上的不足逐渐显现出来。基于此，于2014年开发了第2代 CPP900 系列自动焊装备，该系列装备融入浮动刀座仿形、智能控制、电弧跟踪等前沿技术，更加注重系统的稳定性和可靠性。2016年5月，第2代CPP900自动焊装备陆续在漠大原油二期工程、中靖联络线、中俄东线开展工程应用。第2代自动焊装备依托新材料、新技术、新工艺，其稳定性和可靠性得到了进一步提升，装备的适应温度范围扩展为-40°~50°，焊接管径由813mm提升至1422mm，适用壁厚由12.5mm提高至30.8mm，并于2017年增加了数据存储、读取、无线传输等新功能。

随着自动焊装备应用比例的逐步上升，中国相关公司也逐渐开始研发自动焊装备，四川熊谷以焊接电源起家，于2008年开始从事自动焊相关装备的研发和生产工作，2016年XG-A系列管道全自动焊接系统已在大庆、新疆、辽河、四川等油建公司及俄罗斯管道施工企业现场使用，2017年成功应用于中俄东线二期试验段工程。洛阳德平成立于2005年，主要从事管道施工设备的专业制造，2015年成功研发了管道焊接机器人，在大庆油建公司的LNG工程中得以应用。

20世纪七八十年代，国外已采用自动焊装备进行管道建设，其施工长度占总里程的80%以上，目前应用最广泛的国外自动焊装备包括：美国CRC-Evans公司的PFM坡口机、IWM内焊机、P260单焊炬外焊机，以及P600双焊炬外焊机，焊接工艺主要采用内焊机根焊+外焊机填充盖面，目前已开展X100钢级的相关焊接实验；法国Serimax公司的PFM坡口机、MAXILUC带铜衬对口器、Saturnax系列的外焊机，焊接工艺主要采用带铜衬对口器+外焊机根焊+外焊机填充盖面。

目前，中国焊接装备的技术先进性与国外基本持平，包括同步涨紧技术、快速定位技术、坡口加工技术、内根焊技术、对接搭接技术、自动控制技术、电弧跟踪技术等，在无线传输技术方面甚至超过了国外同类产品。但在装备的使用可靠性和耐用性方面，由于加工工业、材料工业等基础工业的差别，中国产品和技术与国外先进水平相比仍存在一定差距。

一、自动焊技术及对应焊机

自动焊技术是在自动焊接加工原理的支持下，通过自动控制类设备、机械运动类设备对焊接行为进行有效控制，进而实现对焊接加工过程的完全自动化控制的技术方法。与传统焊接技术不同，自动焊技术是利用现代电子技术、数字技术等技术完成以往需要手工完成的焊接作业内容，使整个焊接过程呈现出自动化、机械化和高效化的特点。管道全自动焊接其整个焊接过程是一个从平焊状态到立焊状态再到仰焊状态的平滑过渡过程。管道全自动焊机的焊接速度、送丝速度、摆动宽度、摆动速度、焊接电压和焊接电流都要随着状态的变化而变化。圆周各点参数均由计算机程序自动控制完成，实现焊接工艺参数的连续变化（图5-3-1）。

（1）单焊炬焊机自动焊技术。

该技术的研究起步较早，目前已是非常成熟的管道焊接技术。单焊炬焊机自动焊接技术是长输管道自动焊接中的一项关键技术，也是保证长输管线安全运行的重要保障。所谓单焊炬焊机自动焊技术是指一种以计算机为基础，通过对被焊接材料进行实时检测与控

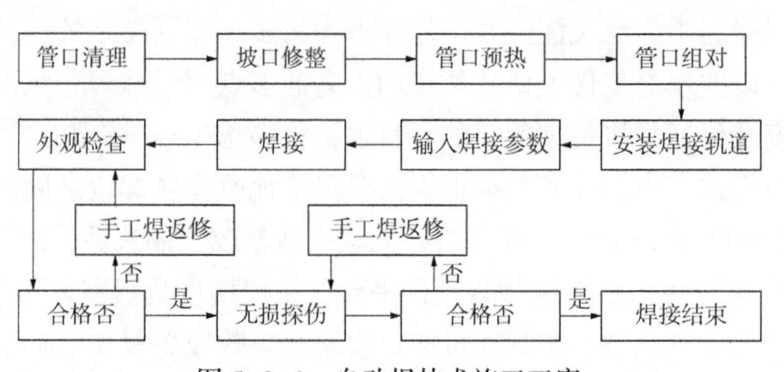

图 5-3-1 自动焊技术施工工序

制，从而实现焊接工艺参数自动控制的新技术，其特点在于能够显著提高焊缝成型质量和自动化程度。在实际应用过程中，单焊炬焊机自动焊技术具有非常高的推广应用价值，不仅可以有效减少人工操作环节，还能大幅提高生产效率，降低工人劳动强度。

国外的单焊炬焊机被推广应用最多的是美国 CRC 公司、意大利 PWT 公司、加拿大 RMS 公司、英国 NOREST 公司生产的焊接设备。其中美国 CRC-Evans 公司生产的 P260 焊机应用最为广泛，是管道全自动焊接技术领域的领跑者。

中国石油天然气管道局研制的 PAW2000 为代表的国产单焊炬焊机，1999 年首次应用于郑州义马煤气管道，随后中国石油集团工程技术研究院生产的 APW-Ⅱ型焊机和四川成都熊谷加世电器有限公司生产的 A-300 型单焊炬焊机在国内西气东输一线、二线、三线管道工程中均有应用。

(2) 双焊炬焊机自动焊技术。

双焊炬焊机自动焊接技术是将两个或多个焊接头在同一台设备上进行连接的一种方式，主要应用于对一些需要同时完成多道工序加工的产品生产中。双焊炬焊机自动焊技术的工作原理为，利用双气缸驱动两根电极丝分别与被焊工件两侧的两导电块相接触实现点焊操作，通过控制电弧焊电源来达到控制焊缝位置和熔深的目的。由于采用了电子控制技术，使得整个系统具有较高的稳定性和可靠性，并且可以有效地保证焊接过程稳定、可靠。与此同时，它也是目前国际上最先进的自动化焊接机具之一，不仅能适用于复杂曲面零件的焊接作业，而且还能够适应不同尺寸、形状及厚度等多种规格的工件焊接作业。在长输管道自动焊接施工中，采用双焊炬焊机焊接时，既可避免传统手工电弧焊所造成的劳动强度大、效率低下、环境污染严重等问题，又可大大提高焊接质量和焊接速度。

该技术是一种已在国际管道工程中普遍应用的、成熟的管道焊接技术。其中，国外双焊炬自动焊机以美国 CRC 公司生产的 P600 和 P625 焊机、法国 DASA 公司生产的 Saturnax 焊机、加拿大 RMS 公司生产的双丝自动焊机应用最为广泛。

中国石油天然气管道局研制并量产的 PAW3000、CPP900 型，四川成都熊谷加世电器有限公司研制并量产的 A-600A、A-600B 型双焊炬自动外焊机，先后在国内西气东输二线、三线天然气管道及漠大二线原油管道工程中推广应用。

(3) 多焊炬焊机自动焊技术。

在长输管道自动焊设备施工中，多焊炬管道内焊机自动焊接技术由于其焊缝成型美观、质量好等特点受到了广泛关注。其工作原理为将多个不同类型的焊枪通过一个控制系统进行组合使用，以实现对工件上任意位置和方向的多点同时施焊，从而达到提高生产效率、降低劳动强度及保证焊接精度等目的。目前，很多施工单位将PLC系统引入到多焊炬管道内焊机自动焊接技术中，使其能够根据需要灵活地改变各焊枪之间的连接方式并能方便地组立焊枪，但PLC系统控制过程复杂且无法在线修改控制参数，故而，技术人员又设计出一套用于安装与调试PLC系统的软硬件平台，采用模块化程序设计思想开发出具有良好人机交互界面的上位机软件，包括人机接口模块、参数设置模块、通信模块，以及故障处理模块。其中，人机接口模块主要是完成与PLC控制器之间的通信，PLC控制器则负责控制各个焊炬的动作。为了满足实际应用需求，PLC系统软件还提供了相应的报警功能，当发生焊接缺陷时可以及时发出报警信号提醒操作者采取措施消除隐患，防止事故再次发生。总之，多焊炬管道内焊机自动焊接技术不仅能大幅提高焊接作业效率，还能大大提高焊接作业安全性，减少安全事故发生率。

美国CRC公司率先推出了多焊炬管道内焊机，主要用于大口径管道根部焊接；法国Serimax公司和荷兰Vermaat公司在2000年左右先后推出了各自的龙门式多焊炬自动外焊机。焊机采用多头全自动焊接系统，驱动多个焊头同时工作，采用液压、机械联合定位，旋转驱动，并配备多点焊缝跟踪系统，实现了真正高效的焊接施工。这两家公司的装备体积庞大、笨重，导致该技术只能在固定工位的海洋管道施工条件下应用。

该技术是在国内管道工程中得以普遍应用的、较为成熟的管道根部焊接技术。中国石油天然气管道局研制生产的PIW型、CPP900-IW32、CPP900-IW40、CPP900-IW48、CPP900-IW56型系列管道内环缝自动焊，四川成都熊谷加世电器有限公司研制生产的A-806/40、A-806/48、A-806/56型智能化管道内焊系统，先后在国内西气东输二线、三线天然气管道及漠大二线原油管道工程中推广应用。

二、 CPP900-IW系列内焊机

CPP900-IW系列管道内环缝自动焊机主要用于长输油气管道管端坡口组对及根焊。适应管径D559～1422mm（22～56in），包括4种技术规格：CPP900-IW32；CPP900-IW40；CPP900-IW48；CPP900-IW56，可根据用户需求定制规格。其特有的三点同步定位技术、同步涨紧技术、自动控制技术，可保证定位准确性、组对的一致性、根焊焊接过程的稳定性、搭接的准确性。整机可在2min内完成内焊缝高质量焊接，真正实现了快速高效的管口组对及根焊，配合外自动焊机可实现15°坡度内的管道自动焊大流水高效施工作业。通过西气东输、漠大二线、中俄东线、唐山LNG管线、天津南港管线等国内重点工程的成功应用，目前已成为中国大型长输管道建设的第一品牌，完全符合国际特种装备生产制造、安全、环保相关标准，其性能达到国际先进水平。

1. 结构

CPP900-IW48内焊机主要负责管道焊接流水作业的根焊工序，其整体结构如图5-3-2所示，其包括了搭载8台焊枪的焊接单元（图5-3-3）、用于管道组对的涨紧组对单元、供

电单元、供气单元及行进控制单元等。该内焊机结合了三点同步定位技术、智能控制技术及同步涨紧技术等管道组对技术，可保证管道内部组对的精准性及同步性。根焊工序过程稳定，搭接合理准确，可在短时间内完成大口径管道全位置根焊焊接。

焊接过程中，内焊机将整个环焊缝划分为左右两个半圆各 180°，每个半圆部分被进一步划分成角度为 45°的 4 个分区域。处在左侧半圆的 1～4 号焊枪首先起弧，每台各负责 45°分区域的焊接，焊接至相应位置收弧停止焊接，5～8 号焊炬负责焊接右侧半圆的 180°焊口，其工作状态与 1～4 号焊炬一致。

图 5-3-2　CPP900-IW48 内焊机

图 5-3-3　内对口器/内焊机涨紧组对单元和单个焊枪

2. 主要性能参数

CPP900-IW 系列内焊机主要性能参数见表 5-3-1。

表 5-3-1　CPP900-IW 系列内焊机主要性能参数

项目	参数			
	CPP900-IW32	CPP900-IW40	CPP900-IW48	CPP900-IW56
外形尺寸(长×宽×高)/(mm×mm×mm)	4500×760×810	4900×940×1020	5200×1175×1300	5300×1400×1450
整机质量/kg	1500	2100	2700	3500
适用管径/in	32	40	48	56
焊接单元数量	4	6	8	8
涨靴数量	2 组			
定位时间/s	≤5			

续表

项目	参数			
	CPP900-IW32	CPP900-IW40	CPP900-IW48	CPP900-IW56
单口焊接时间/s	≤90	≤90	≤90	≤120
焊丝直径/mm	ϕ0.9			
送丝速度/(mm/min)	8000~11000			
行走速度/(m/min)	0~60			
爬坡能力/(°)	0~30			
适应环境温度/℃	-40~70			
额定工作压力/MPa	1.2			
额定工作电压/V	DC24			

3. 特色技术

1）快速涨紧定位系统

稳：各涨紧顶杆伸出、回缩速度稳定；三点定位气缸具有同步性。

快：5s 内快速定位；5min 内完成组对。

精：三点定位精确，保证同一平面；各顶杆涨紧力一致，伸出长度一致。

2）快装式焊接单元

稳：送丝稳定、气电混合系统运行稳定；焊接性能稳定、环境适应性强。

快：抬枪迅速、顺畅无滞后；90s 内完成根焊。

精：焊枪定位焊缝对中位置精确；接头搭接位置精确。

三、 CPP900-FIW 管道柔性内焊机

管道柔性内焊机基于 5*D* 弯管通过性研发设计，整机在柔性内焊机机头、中机架和气罐之间采用柔性双节导向轮机构连接，并通过浮动导向轮组支撑，实现了柔性内焊机在 5*D* 弯管的通过能力。同时，取得了伸缩式四驱差动、刚柔一键互换、气电混合动力供给等重大技术创新，具备了 5*D* 弯管通过能力及 30°坡度爬升能力，可用于山地、丘陵等施工环境下的弯管—直管、直管—直管的管口组对与焊接（图 5-3-4 和图 5-3-5）。其主要性能指标见表 5-3-2。

图 5-3-4　CPP900-FIW 管道柔性内焊机

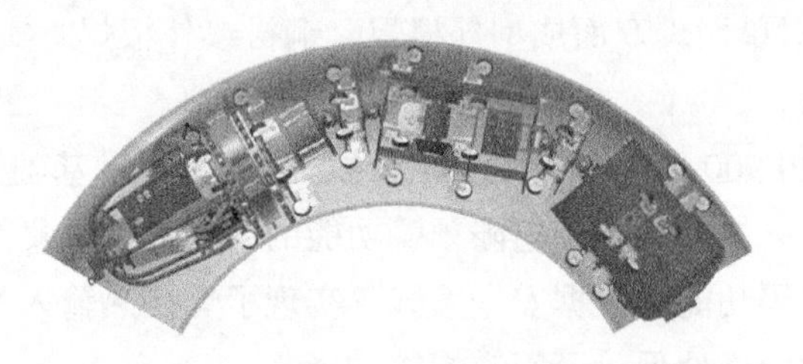

图 5-3-5 管道柔性内焊机弯管通过状况

表 5-3-2 CPP900-FIW 管道柔性内焊机主要性能指标

项目	参数
型号	CPP900-FIW32
外形尺寸(长×宽×高)/(mm×mm×mm)	4500×760×810
整机质量/kg	1500
适用管径/in	32
适用弯管曲率半径	≥5*D*(*D* 为管径)
焊接单元数量	4
定位时间/s	≤5
单口焊接时间/s	≤90
焊丝直径/mm	ϕ0.9
送丝速度/(mm/min)	8000~11000
行走速度/(m/min)	0~60
爬坡能力/(°)	0~30
适应环境温度/℃	-40~70

主要特点：

(1) 柔性—刚性交互式转换机构：通过软体气缸布局设计，气量压力联动控制，实现整机柔性—刚性交互式转换。

(2) 伸缩式差动驱动机构：驱动轮组采用伸缩式差动驱动机构设计，实现通过 5*D* 弯管时的轮组实时速度调整。

四、 CPP900-W1N 单焊炬自动焊机

CPP900-W1N 单焊炬自动焊机是结合新一代控制技术和焊接工艺技术的新型自动焊设备(图 5-3-6)。主要用于长输油气管道根焊、填充焊、盖面焊等焊接过程。适应管径 *D*273~1422mm(10~56in)，可根据用户不同需求配备最高效的组合。其特有的超短距离拉丝技术、自动控制技术、独有的 G1 焊缝自动跟踪技术，可保证送丝过程的稳定性、焊接过程的可靠性、焊枪高度的一致性、焊缝质量的优质性，低飞溅、脉冲、恒压等多元化的模式配置使其可以满足不同地形和环境条件下焊接作业要求。目前使用 CPP900-W1N 可

实现管道有/无间隙组对单面焊双面成型外根焊、铜衬垫外根焊、实心/药芯焊丝热焊、填充、盖面焊接。

在智能化方面，CPP900-W1N 在现有的无线数据采集技术基础上，开发了具备实时数据数字和曲线显示、分区能量显示和超限预警功能的高频数据采集系统，以及具备数据加密、权限访问、数据解码功能的数据安全系统，实现了焊接热输入的精准控制，以及焊接过程的真实记录，最大限度地保障了管道焊接质量。

此外，在 CPP900-W1N 的设计中创新性地增加了一个旋转自由度，保证了坡度条件下焊接时熔池处于水平状态，解决了山区焊接施工时熔池下坠的问题，能够适应 6G 位置焊接。

作为第三代管道单焊炬自动焊产品，自 2020 年推出以来，该设备已经在中俄东线、京石邯输气管道项目、山东管网西干线、西气东输三线、新疆黄水河穿越项目等国内重点工程成功应用，焊接合格率达到 95%以上，目前 CPP900-W1N 已成为大型长输管道建设的首选品牌，完全符合国际特种装备生产制造、安全、环保相关标准，性能达到国际先进水平。

图 5-3-6　CPP900-W1N 单焊炬自动焊机

主要特点：

(1) 内送丝技术，可保证送丝稳定可靠性，提高焊接质量；

(2) G1 焊缝自动焊跟踪技术，保证焊炬的自动对中和固定的干伸长度；

(3) 系统结构简单，可用于复杂施工环境下的自动焊作业；

(4) 可实现管道外自动根焊、热焊、填充焊接和盖面焊接；

(5) 具有数据采集与无线传输功能。

五、 CPP900-W2N 双焊炬管道全位置自动焊机

CPP900-W2N 双焊炬管道全位置自动焊机是新一代基于 FPGA+DSP 全数字化控制系统的高效自动焊设备，相较于上一代自动焊设备，CPP900-W2N 双焊枪外焊机系统有效地提升了各种数字信号处理算法运行速度，在原有器件基础上增加了门电路数量，实现系统运动控制与焊缝跟踪的深度融合，保证焊缝跟踪精度及跟踪效果，使其焊接控制的精准性、稳定性及焊接质量都有了显著的提高；同时其体积、质量都有所减小，更易搬运和存放。主要用于长输油气管道填充焊、盖面焊等焊接过程。工作站具体配置：焊接小车、钢

质柔性导向轨道、可视化智能控制系统、焊缝跟踪系统、专用焊接电源等，适用管径：D813～1422mm(32～56in)。全新数字化控制方式和焊缝跟踪系统的深度融合，提高了系统焊接控制的准确性、稳定性和丰富性。目前，该设备已在中俄东线、天津南港、唐山 LNG 工程现场取得规模应用。已成为中国大型长输管道建设的第一品牌，完全符合国际特种装备生产制造、安全、环保相关标准，其性能达到国际先进水平。

1. 结构

CPP900-W2N 自动焊系统包括机械部分、智能控制部分和焊接电源。机械部分包括：焊接小车、导向轨道。智能控制部分主要包括：主控单元、信号处理单元、角度传感单元、动力单元、手持操作单元、焊接电源控制单元及触控单元等。其可以配置焊缝跟踪设备，实时调节焊接工艺参数，精准控制焊接电流、电弧电压、焊接速度、送丝速度、焊枪摆宽、摆动时间和边缘停留时间等；其焊接电源为 AOTAI Pulse MIG-500，采用混合气体($Ar+CO_2$)保护焊、实芯焊丝下向焊工艺，完成管道全位置自动焊接。

2. 主要规格参数

CPP900-W2N 双焊炬管道全位置自动焊机主要规格参数见表 5-3-3。

表 5-3-3　CPP900-W2N 双焊炬管道全位置自动焊机主要规格参数

项目	参数
焊接小车质量/kg	15
焊接小车尺寸/(mm×mm×mm)	535×350×325
焊接驱动方式	R 形齿孔传动
导向轨道宽度/mm	122
适应工作环境温度/℃	-40～70
适应管径/mm	D323～1422
摆频/(osc/min)	0～240
摆宽/mm	0～16
边缘停留时间/ms	0～1000
角度传感器精度/(°)	0.1
焊丝直径/mm	标配 ϕ1.0(可定制 ϕ0.9、ϕ1.2)
行走速度/(mm/min)	0～1200
送丝速度/(mm/min)	0～15000
焊炬上/下、左/右调整范围/mm	±20
焊缝跟踪功能	二维焊缝自动跟踪(可选)

3. 主要特点

(1) 体积尺寸小，质量减轻，便于运输；

(2) 采用总线通信方式，系统简化、高度集成，运算速度和反应快；

(3) 与焊缝跟踪的良好融合，确保焊缝跟踪的精度和跟踪效果；

(4) 具有数据采集与无线传输功能。

六、 自动焊数字采集及数据传输系统

2017 年至今，国内的自动焊装备已推广应用焊接过程的数据采集和无线传输技术。按照建立的数据字典，自动焊装备可实现焊接过程中关键参数的实时采集。

1. 采集系统组成

(1) 硬件方面。主要采用 2 种方式进行数据采集工作：①结合自动焊装备控制系统加装对应传感器(包括：电压传感器、电流传感器、角度传感器、位置传感器)，直接获取采集参数；②通过控制系统内部的闭环反馈计算、换算间接获取采集参数。

(2) 软件方面。将采集到的焊接参数，按照规定格式进行分类和整理；通过数据传输协议，建立数据包处理数据，为数据发送做好准备工作。

2. 无线传输及本地存储系统组成

现场自动焊装备通过局部区域组网，每台自动焊装备安装数据采集和无线传输设备，采用通用协议将采集数据无线传输至现场主站接收系统。主站接收系统通过 4G 网卡将数据无线传输回基地中。

当现场无法建立网络时，先将数据预存储于本机系统中，在有网络的地域导出数据，进行远程上传。该方式是一种数据备份措施，本地存储主要包括以下 3 种方式：

(1) 通过控制系统内部 Flash、铁电存储器、RAM 等存储空间完成采集参数的本地存储工作，采用专用软件导出、打开、读取数据，没有标注和格式，只包含完整数据；

(2) 通过控制系统内部建立数据库，按照规定格式存储，可通过 SD 卡、U 盘等外部存储设备导出，数据多以 . Xlsx、Csv 等通用格式读取；

(3) 通过 Internet 网页登录系统，进行历史数据的查看、导出，导出的数据多以 . Xlsx 格式读取。

目前国内自动焊装备制造厂家均已开发数据采集、无线传输系统，并由中油龙慧科技有限公司(以下简称龙慧公司)开发的管道工程建设管理系统(Pipeline Engineering Construction Management System，PCM 系统)完成对数据整理、分类、显示、分析等工作，如 CPP900 自动焊数据和无线传输系统所示。

20 世纪 70—80 年代，国外已大面积推广应用自动焊装备，以其焊接效率和质量的明显优势迅速推广，较为知名的国外自动焊装备厂商包括：美国 CRC-Evans 公司和法国 Serimax 公司。

(1) CRC-Evans 公司主要在陆地管道建设中使用，推出一款具有自诊断功能、实时数据记录、无线传输和卫星定位功能的轻型 P-625 型双焊炬自动焊系统。该自动焊系统依托 GPS 技术，可实时监测群组内各台自动焊动态参数变化、系统运行状态，上传质量分析性能数据。此外，通过蓝牙无线传输技术上传、下载焊接参数，为用户修改焊接参数提供便

利。但由于国内自动焊技术的发展推广，从技术层面上已和国际水平相当，P-625 国内引进较少。对于之前引进的 P600 自动焊装备没有此项功能，通过国内代理机构设计外部采集和传输系统进行数据存取工作。

（2）Serimax 公司的产品主要在海洋管道建设中使用，推出的 Saturnax 系列，具有数据监控和记录功能，在海洋施工上很少能够建立无线网络，因此 Saturnax 系列属于一种本地数据存储。

目前国外设备在国内管道建设使用过程中，其数据的采集、无线传输可通过现场局域网络传输至主站接收系统，上传于龙慧公司的 PCM 系统中。

第四节　对　口　器

管道建设施工中，管子的对口焊接就是把布好的管子一根根地通过管—管环焊缝组焊起来。焊接前，两待焊管必须进行管口组对，使所对管口达到规范要求的圆度、错边量及对口间隙。管道对口器具有规格相对统一、大直径、重复使用的特点，是管道施工中实现实时快速、准确的管口组对，为管道焊接提供技术保证的一种专业设备。这部分工作在管线建设中占有重要地位，是保证管道工程质量和施工速度的一个重要环节。

一、外对口器

油气长输管道用外对口器主要有液压式外对口器、螺杆式外对口器（又称顶丝式外对口器）、链式外对口器 3 种。

1. 液压式外对口器

手动液压式外对口器由上弧板、中心铰销、下弧板、支撑板、杠杆式压紧及液压千斤顶组成。上、下弧板各装有几个凸板，对口时凸板成均布状态保持与管壁接触，找好对口间隙后，启动千斤顶，使两根管口同时受到挤压直至对好口为止。这种手动式液压对口器制造简单、操作省力、经济适用。

2. 螺杆式外对口器

螺杆式外对口器也称为顶丝式外对口器。该对口器为圆轮形结构，整个“圆轮”由可拆开的两个半圆基体组成，其直径应略大于需要进行对管焊接施工的管口外直径。设备整体呈一个重叠的双层轮形，轮的周边均匀对称分布两排若干对夹紧螺钉。夹紧螺钉为螺旋杆结构，用于夹紧管段。施工时整个外对口器套在管口上需要对口焊接部位，固定需要焊接的管端，通过调整顶丝，保证管口对接达到适合焊接要求。

管道施工中，螺杆式外对口器相对于一般的千斤顶式外对口器主要优点在于，它将主体支架上的固定压板改为可以调动的顶丝压脚，操作中不需要使用楔铁、大锤等辅助工具，可以更方便地调整局部错边量，提高了对口质量，降低了劳动强度。

3. 链式外对口器

链式外对口器是采用片式起重链来代替传统外对口器的两刚性环结构，使整体质量减轻。由于链条是柔性结构，附着在管口外壁，可根据管道口径不同调节链长，因此在管道作业中适合任何管径的作业要求。作业时，先用螺旋拉紧机构定位安装外对口器，滑块式螺母与活动丝杆组成旋拉紧机构，旋动丝杆使滑块式丝母在固定套中往复移动来调节链条串联各压块与管外壁接触的紧度，通过对各顶丝的调节实现对口与矫正的目的。

随着管道建设的发展，外对口器也更加多样化，带顶丝的液压外对口器、爪式外对口器等在管道建设中都有一定的使用。管道外对口器是管线野外施工专用装备中的常用产品，是管道施工焊接时的辅助工具，适合手工焊接和手工半自动焊接工艺。其结构简单、成本低廉，从20世纪七八十年代开始，就被广泛应用到管道施工中。外对口器规格众多，一般能够适应准50mm至准2438mm的管径要求，抱紧力20~160kN，整机质量5~250kg。管道外对口器一般用于较短距离管线的焊接施工和较小管径管线的焊接施工中。相对于内对口器，外对口器主要优点是：(1)外对口器不需要能源供应，使用携带比较方便；(2)在“碰死口”、弯头或弯管处对口，以及部分沼泽地段、陡坡地段施工时，内对口器不能作业，而外对口器可以照常对口焊接。

二、 内对口器

在国内外长输管线建设中，内对口器已成为施工中必不可少的设备。常用的内对口器有气动内对口器、液压式内对口器2种。

1. 气动内对口器

气动内对口器整机由扩涨装置、间隙调整装置、行走装置、导向保护栏操纵装置、气动系统等部件组成。操作开关可使机体沿钢管内壁前后运行，并能准确停止在需要对口的位置；扩涨装置的两套涨管器将对接的两根钢管管端准确定位涨紧，完成钢管的对接工作；间隙调整装置可以根据焊接工艺要求随时调整对口间隙；刹车制动与驱动轮互锁，行走马达停止运动时，制动机构即发挥作用，实现整机停车，从而确保设备和操作人员安全。

气动内对口器采用独有专利的力传动方式、全新的汽缸布局形式，涨紧力是普通对口器的5~10倍。该设备已广泛应用于管道工程建设中，具有结构紧凑、涨紧力强、行走灵活、制动可靠、操作方便等特点。

近几年来，随着气动内对口器在国内外管道建设中的大量使用，为了更好地配合半自动焊、自动焊根焊要求，一些学者提出并成功研制了一种带铜衬垫管道气动内对口器。这种改进式的内对口器是在传统气动内对口器涨紧装置中间加入了一套同步的铜衬垫结构，即铜衬垫随着外涨靴的升起与降落，铜衬垫也在圆周方向上张开与缩回。改进的内对口器很好地解决了半自动焊、自动焊根焊时由于焊缝背面悬空，出现的穿丝、未熔、焊缝背面成型太差等问题。目前，由于我国管道行业没有明确的标准来量化评定焊缝的粘、渗铜量，而铜元素的加入对焊缝的性能有正反两方面的影响，所以用带铜衬的对口器的自动焊打底焊工艺尚未推广。

随着管道建设施工朝着自动化的迈进，人们将管道内焊机打底技术整合到气动内对口器上，得到一种新型的管道内环缝自动焊机。此设备可以依次实现对口、根焊工序，操作简便、快速，根焊质量高，在国内外的管道建设自动化机组中推广备受好评。

2. 液压式内对口器

液压式内对口器的机械部分主要包括行走轮、定位卡头、组对卡头、操作连杆等，卡头为可开合的一系列圆环，当受到推力张开后，其外表面与管道内壁精密贴合，进行校圆及组对。液压部分主要包括液压泵、液压软管、液压缸、调节阀和接头等，主要作用是提供液压能转换成机械能，使定位、组对卡头依次开合，执行先定位校圆后组对管口的施工工序。

液压式内对口器结构相对简单，在2000年以前得到大量应用；气动内对口器从20世纪70年代末引入国内，其性能更加优良，逐渐取代了液压内对口器。内对口器也有很多规格，适应不同的管径要求，国内机械厂生产的内对口器适应的管径范围一般为168～2032mm，撑起力15～850t，整机质量55～3800kg。内对口器的优势在于：结构紧凑，故障率低，能够适应野外施工环境；其涨紧力较外对口器更大，在油气长输管道施工中对大口径、大壁厚钢管作业更加快速精准；行走灵活，可以依靠行走马达在管道内自由行走；制动可靠，能够适应陡坡地段施工等。

三、 CPP900-PC系列遥控气动内对口器

CPP900-PC系列遥控式管道内对口器是结合遥控技术和对口器技术的新型高效管口组对设备，适应管径D323～1422mm(12～56in)，包括几种技术规格：CPP900-PC1214/2224，CPP900-PC24/32/36/40/48/56。对口器主要由涨紧组对系统、行走驱动系统、独立气控系统及遥控操作系统等组成，分为无铜衬、带铜衬、间隙可调内对口器等多种类型。

CPP900-PC系列遥控式管道内对口器采用逆向连杆刹车系统、无线遥控技术及双侧四轮驱动技术，在保证系统制动可靠性和安全性的前提下，可在3min内完成管口组对，同时实现20°坡度内的连续施工作业。整机结构合理、紧凑，操作简单、组对精度高、环境适应能力强，是复杂地区管道高效施工作业必备的配套设备。

图5-4-1 CPP900-PC1214/2224遥控式、带铜衬垫管道气动内对口器

以带铜衬垫管道气动内对口器为例进行详细介绍(图5-4-1)。

带铜衬垫管道气动内对口器，整机采用卧式长构架结构，主要由机械结构和气动控制系统两大部分组成。

1. 机械结构及其工作原理

带铜衬垫管道气动内对口器的机械结构主要由涨紧装置、铜衬垫结构、行走装置、导

向及操纵装置四部分组成。

1）涨紧装置及工作原理

涨紧装置设有两套涨管器，每套涨管器沿圆周方向上均匀布置 22 个压块，通过两套气缸及两套机械连杆机构使压块均匀地顶靠在需组对的两根钢管的内壁上，并保证两根钢管管口在对口器涨紧时处于同心圆上。

涨紧装置的气缸采用两套双作用单伸出气缸结构。气体从气缸后端入口进气时，推动活塞杆伸出，通过连杆改变运动方向，使活塞杆的水平运动变为垂直运动，从而完成涨紧、定心动作。气体从气缸前端进气口进气时，推动活塞杆带动连杆及压块缩回，完成管口组对。

2）铜衬垫结构及工作原理

在两排涨紧装置中间沿圆周方向设置了 22 组铜衬垫，每组铜衬垫通过支撑体分别固定在外排涨靴的顶杆上，支撑体中设置了两个导向轴，各装有一组弹簧和带动铜衬垫运动的滑动体，如图 5-4-2 所示。当前涨靴落下时，滑动体带动铜衬垫随径向尺寸的缩小沿导向轴压缩弹簧轴向运动，当前涨靴升起时，随径向尺寸的加大滑动体在弹簧力释放的作用下带动铜衬垫沿导向轴另一方向移动。

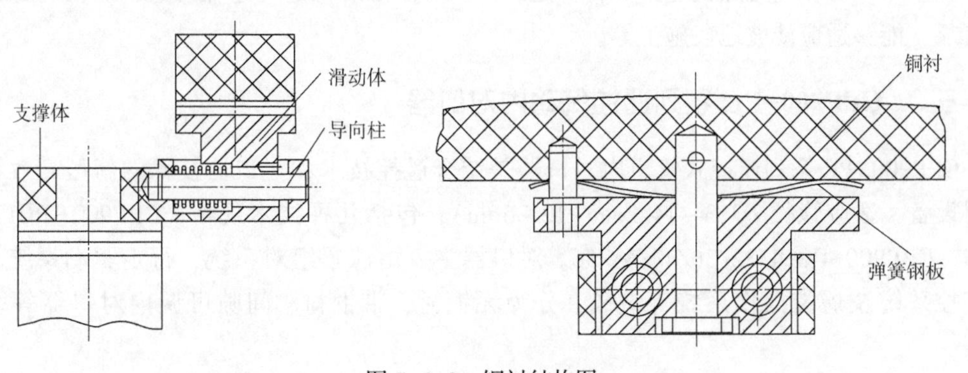

图 5-4-2　铜衬结构图

铜衬垫的外形设计成梯状，随着外涨靴的升起与降落，铜衬垫也在圆周方向张开与缩回。当铜衬垫处于工作状态时其首尾能够紧密相连，当涨靴缩回时，铜衬垫可随逐步减少的圆周尺寸在轴向方向相互产生错位，达到铜衬垫缩回的目的。同时，考虑到钢管的不圆度，为保证焊接时每块铜衬垫都能与管壁接触，在径向方向上为铜衬垫设置了弹性装置。

3）行走装置及工作原理

行走装置与涨紧装置相连，并与涨紧装置共同组成对口器的长构架式机身。行走装置上设有两套驱动轮机构、一套刹车制动装置、四个行走轮、一个支撑轮、一个储气罐，分别安装在行走构架的不同位置。驱动轮机构设置在行走机架的正上方，两套驱动轮均为动力轮，分别由气动马达驱动，并通过一级链轮减速，将动力分别传到两套驱动轮，在驱动轮机构装置下方设有一套气缸顶起机构，当气缸活塞杆伸出时，可将两个驱动轮紧紧地顶靠在管内壁上，这样驱动轮旋转时可产生足够的摩擦扭矩。通过四个行走轮带动整机在管内行走，两套驱动轮行走时支撑在管壁上构成运动过程的平衡力系，使机身在行走过程中保持平衡状态。在两套驱动轮机构中还设置了抱闸式刹车制动机构，在两个驱动轮轮芯中分别安装了摩擦式离合器，通过轮架下方安放气缸的活塞杆的运动，可使摩擦式离合器张开与缩回，从而实现驱动轮随行走停止而制动的目的。四个行走轮布置在机体的下方，每个行走轮上均设有调整机构，通过调整可保证每个行走轮均匀接触到管子的内壁，同时还可保证对口器在行走过程中不出现翻转。在行走构架的后部装有储气罐，当外部气源切断后由储气罐提供整机工作的气源及压力。

4）导向及操纵装置

导向装置由六根弧形筋板组成，安装在前机架上，在前机架的正前方分别安装有前后涨管器涨紧、放松按钮，行走气马达的开关控制阀，驱动轮伸出、缩回等操作元件。在前机架的正前方中心位置上还设有长杆操纵盘，用于管口组对后在管子外面进行操作。

2. 气动控制系统及工作原理

1）气动控制系统组成

气动控制系统主要由气动三联件、减压阀、手动换向阀、气动换向阀、梭阀和储气罐等部件组成，控制五套气缸、两个气动马达动作和若干气路元件等。

2）工作原理

气源通过气体管路、快换接头进入储气罐，在管路上设有单向阀以保持回路系统压力。储气罐的气体通过三联件的过滤器滤去尘埃，并经调压阀将压力调整到系统规定的压力后即可直接进入气动回路。

选用两个二位五通阀实现对口器前后涨管器的涨紧和放松，并通过二位二通先导阀实现前后涨紧器二位五通阀的换向。考虑到涨靴要通过较快的顶起速度达到较大的涨紧力，故在两个涨紧气缸的回路上加装了快速排气阀，使气缸排气时通过快速排气阀直接排出。

为保证对口器在管口组对时定位准确，对口器设有长行走和点动行走两种功能。为使点动行走具有正反向功能，设计选用三位五通气控换向阀，并且在该阀的出气口处加装调速阀以控制对口器点动行走的速度。为实现行走和刹车互锁功能，在刹车气缸的进气管路上采用弹簧复位的二位三通气控阀。长行走不工作时刹车换向阀处于通气状态，刹车气缸活塞杆伸出，始终保持刹车状态。对口器行走时设有二位三通换向阀使刹车自动解除。

3. 主要性能技术指标

CPP900-PC1214/2224 遥控式、带铜衬垫管道气动内对口器主要性能技术指标见表 5-4-1。

表 5-4-1　CPP900-PC1214/2224 遥控式、带铜衬垫管道气动内对口器主要性能技术指标

项目	参数	
	CPP900-PC1214	CPP900-PC2224
外形尺寸(长×宽×高)/(mm×mm×mm)	2700×310×350	2800×530×600
整机质量/kg	150	290
适用管径/in	12~14	22~24
涨靴数量/铜衬数量	2 组×6	2 组×12

续表

项目	参数	
	CPP900-PC1214	CPP900-PC2224
组对时间/min	1	
行走速度/(m/min)	0~60	
爬坡能力/(°)	0~20	
无线遥控距离/m	≤50	
适应环境温度/℃	-40~70	
额定工作压力/MPa	1.0	
额定工作电压/V	DC 24	

4. 主要技术特点

(1) 单人完成管口组对工作；

(2) 快速定位，2min 完成对口；

(3) 无线遥控技术，实现 50m 范围内远程控制管口组对；

(4) 双侧四轮驱动系统，达到 20°爬坡能力；

(5) 逆向连杆刹车系统，提高整机制动的可靠性和安全性。

四、 CPP900-FPC 柔性带铜衬垫管道内对口器

CPP900-FPC 柔性带铜衬垫管道内对口器基于 6*D* 热煨弯管通过性研发设计，主要由涨紧组对机构、衬垫机构、刚柔转换机构、行走驱动机构、刹车制动机构、混合动力供给系统、无线操控系统等组成。实现了伸缩式四轮差速驱动、刚性与柔性一键互换、侧向伸缩式衬垫机构、无线遥控、混合动力等系列技术创新，适应管径 *D*323~1422mm(12~56in)。具备同规格 6*D* 热煨弯管通过能力及 25°坡度爬升能力，可用于山地、丘陵等施工环境下的弯管与直管不同组合形式的管口组对(图 5-4-3 和图 5-4-4)。本设备也可通过拆除铜衬机构用于单面焊双面成型焊接施工时的管口组对。

图 5-4-3 CPP900-FPC 柔性带铜衬垫管道内对口器

主要特点：

(1) 伸缩式四轮差速驱动技术，实现了曲率半径不小于 6*D* 弯管的整体通过、平稳行走及 25°爬坡。

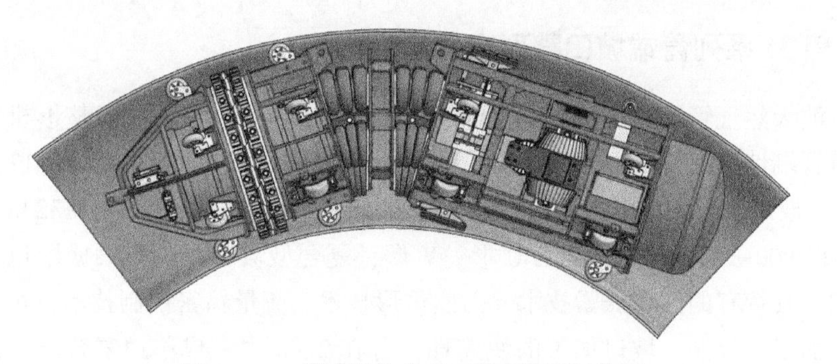

图 5-4-4　管道柔性内对口器弯管通过状况

（2）刚性与柔性一键互换，实现了内对口器在柔性与相对刚性状态间的一键切换。

（3）侧向伸缩式衬垫机构，实现了衬垫的顺畅升降与精确组圆。基于金属与非金属复合材料制成的衬垫，实现了衬垫的可修复性与重复利用，提高了使用寿命。

（4）无线操控系统，实现了 50m 范围内各种动作的精准控制。

（5）混合动力供给系统，优化了不同功能机构的动力匹配，节约能源。

第五节　坡口整形机

管端坡口整形机主要用于长输管道焊接时现场坡口加工，是管道施工建设中采用全自动焊接技术的关键配套设备。

随着长输管道焊接技术的不断升级和管道施工对高效化的日益追求，自动化高效焊接技术愈加备受青睐，其焊接工艺在大幅度提高焊接效率的同时，亦对管端坡口形式及精度的要求越来越高，传统的手工坡口精度及单一坡口形式已无法满足高效焊接技术发展的需要，迫切需要一种能提高坡口加工精度并可加工多种形式坡口的专用设备。

由于国产钢管圆度公差较大，而自动焊接要求坡口钝边的厚度公差不大于 0.5mm，加工坡口时，管道端面是一个非常不规则的环形曲面，若刀具旋转是一个固定的圆形轨迹，则加工后的坡口钝边厚度尺寸满足不了焊接工艺要求。因此在切削过程中，刀具必须要沿管道内壁不规则的形面随形旋转，从而保证坡口钝边尺寸加工精度要求。同时还要兼顾加工规格及壁厚尺寸的变化(刀具在轴向、径向两个方向的可调性)。

目前，管端坡口整形机在国际管道施工中已得到普遍的应用。国外已有多家公司研制并开发生产了具有自己独立知识产权的管端坡口加工设备，如：美国的 CRC 公司、CCI 公司，德国的 VIETZ 公司，以及加拿大的 PROLINE 公司等。

管道全位置自动焊机和内焊机，以及相关设备的发展方向极大地影响着管端坡口机的发展。从技术上看，国外管端坡口机的机械结构、动力驱动，以及控制方式等在技术上已经基本发展成熟。从发展的趋势上看，主要朝着采用复合材料、单排涨杆、大功率粗切削，以及加工复合坡口形式为主的方向发展。国内目前只有中国石油天然气管道科学研究院所生产的 PFM 系列适用于大管径长输管道施工现场进行坡口加工。

一、 PFM 系列管端坡口整形机

中国石油天然气管道科学研究院生产的 CPP900-FM 系列管端坡口整形机主要用于长输油气管道管端坡口加工(图 5-5-1 和图 5-5-2)。适应管径 323~1422mm(12~56in)，包括五种技术规格：CPP900-FM1222，CPP900-FM2428，CPP900-FM3236，CPP900-FM4048，CPP900-FM4856，可加工 U 形、V 形、复合型坡口，也可根据用户需求定制坡口加工形式。其特有的同步涨紧技术、刀座仿形技术、流量精密控制技术，可保证定位精准性、坡口加工一致性、坡口加工的快速性，可在 2min 内完成单边复合坡口加工，为管口组对质量、焊接质量提供强有力的保障。通过印度东气西输、中亚原油管道、中俄远东管道、西气东输、漠大二线、中俄东线、唐山 LNG 管线、天津南港管线、青藏油气管道等国内外重点工程的成功应用，目前已成为中国管道建设市场的首选品牌，完全符合国际特种装备生产制造、安全、环保相关标准，其性能达到国际先进水平。

(a) CPP900-FM1222　　(b) FM24~56in

图 5-5-1　CPP900-FM 管端坡口整形机——主机

图 5-5-2　CPP900-FM 管端坡口整形机——液压动力站

PFM 系列管端坡口整形机使用自动调速器，可根据工作要求使柴油机处于额定转速或怠速状态，大大降低了柴油消耗量；液压系统采用闭式回路，降低了能耗。另外，在自动定心、刀具组合等方面均有重大技术创新。与美国 CEC-Evans、CCI、加拿大 PROLINE、德国 VIET 等国外公司生产的同类产品相比较，整体技术水平相当，部分性能指标优于国外同类产品。

1. 结构

PFM 坡口机由主机和液压站两部分组成。主机由自动涨圆定心装置、切削主传动机构、旋转刀盘轴向进给机构、护板及导向机构等组成。液压控制部分主要由液压泵站、连接油管、液压集成块及各种手动控制阀等组成。

1）自动定心装置

（1）功能。

自动定心装置有两个基本的功能：首先，保证坡口机对管端进行加工时在管内的中心定位；其次，保证坡口机在切削时的定位精度，即必须保证加工出的坡口端面和管道轴线的垂直度。管内的定位为整机固定提供支撑，以保证切削时自动定心装置能提供足够的切削扭矩；坡口端面和管道轴线的垂直度控制在不大于0.20mm范围内，以保证被焊接两管在对缝时钝边间隙均匀一致，从而保证根焊的质量和焊接效率。

（2）结构。

自动定心装置由涨紧油缸、涨紧花盘、传动连杆、涨紧顶杆、涨紧基盘及涨紧块组成。油缸推动活塞杆带动顶杆动作，由涨块实现自动定位。顶杆的排数及每排的顶杆数由切削扭矩计算确定。当然顶杆的安排还要考虑到管内的螺旋焊缝的位置，避免定位时因螺旋焊缝使坡口机轴线偏离管道基准线，影响坡口加工的精度。设计时根据不同管径螺旋管的焊缝螺距分配双排顶杆的间距和数量。

2）切削盘及主传动机构

（1）基本功能。

切削盘是切削的主要执行元件。切削盘上布置了4~6个切削刀座，每个刀座上可以装卡一把切刀，通过对刀盘刀架上的切刀进行组合可加工V形、U形、X形，以及各种复合型坡口，每种坡口的角度、深度、钝边厚度等参数可方便地调节。主传动机构是切削盘的动力来源。液压马达通过两级减速驱动切削盘，实现切削的主运动。

（2）结构。

切削盘固定在与定心装置连接的主轴上，且可以实现轴向移动；由液压马达经减速器驱动切削盘实现主旋转，并根据计算得到的切削扭矩选低速大扭矩液压马达作为主切削马达。切削盘上均布4~6个刀座。每个刀座上都装有切削刀杆和滚轮，滚轮与刀杆相对固定，刀杆上的刀具可以自由更换。整个刀座采用角摆弹性浮动结构，切削过程滚轮和管内壁始终保持接触，以内圆面为基准实现跟踪仿形加工，以保证加工坡口的形状、尺寸一致。同时整个刀座在切削盘上可以沿径向调整位置(上下位置各设一个定位块)，在自动定心装置进入管内时，通过弹簧用滚轮锥面进行定位，以适应不同的管径和壁厚，从而实现一机多用和一刀多用。

（3）切削加工的刀具选择。

在对国内外的硬质合金刀片进行调研和实验的基础上，选择了满足切削速度及工况要求的山特维克(SANDVIK)TNMM系列刀片。在刀杆设计上，本着切削稳定、排屑顺畅的原则，确定不同刀杆的各个几何角度，同时为了方便施工现场工人更换刀片，刀杆设计采用螺钉杠杆式的夹紧方式。

3）刀盘轴向进给机构

刀盘轴向进给机构主要实现切削盘的轴向进给运动(包括工进和快进)。它由进给液压马达经摆线减速器、丝杠、螺母和驱动销带动切削刀盘实现轴向进给；进给的行程根据实际切削要求及管口的情况确定为60mm，轴向进给速度通过调整液压马达的调速阀改变(进给速度范围为0~40mm/min)；经计算切削力得到轴向进给扭矩，进而确定进给减速器的减速比并选择低速大扭矩液压马达作为进给马达。

轴向进给顺序是：空刀快进→切削工进→无进给切削→回位快退。这四个顺序动作可以手工操作，亦可在切削刀盘上设置行程开关和定位挡块，由控制板控制液压阀自动完成。

4）液压系统

（1）系统构成。

整机全部采用液压控制，主要由液压泵站和液压控制系统组成。

液压泵站是整个操作系统的动力源。它主要包括液压油箱、柴油箱、油泵、过滤器、油路接头等部分。在确定泵站的各个执行元件时，首先通过计算得到系统切削力的准确数据，按照切削力反推以选择液压泵和系统流量；按照液压系统热平衡计算确定液压油箱的容积为系统流量的5倍，液压泵选择定量泵，从而降低了系统的能耗；柴油箱的容积为柴油机一天连续工作8h的燃油量。

液压控制系统安装在坡口机主体上，控制整个坡口机的所有动作。主要由多路阀、节流阀、溢流阀、顺序阀、行程阀、比例分流阀、液压锁、连接油管等组成，并通过油管穿过工程车吊臂与液压泵站相连，同时连接各个执行元件以完成要求的各个动作。

（2）液压控制原理。

采用定量泵时，系统的压力是靠外界负载建立起来的。考虑到整个系统的发热，以及降低柴油机的能耗，选择了SUNDSTARD的具有中位卸荷功能的多路换向阀，以分别控制各个执行元件。由于管端坡口机的整个切削过程要求各参数匹配、稳定性好，所以在主回路上设置比例分流阀以匹配切削马达和进给马达的流量；为了实现对进给行程的监控，在进给马达的进给回路上设置了行程阀，避免由于误操作可能带来的问题，保护进给马达和进给减速器。

另外，在液压系统调试时必须将油路的沿程阻尼考虑进去。初调定量泵时，预先将系统的压力调整到克服阻尼的压力；同时由于实际切削中因断屑带来的瞬间冲击，为了避免切削马达堵转，在切削马达上加1.5~2.0MPa的背压。

2. 工作原理

PFM坡口机以柴油机作为动力源，工作时，先通过扩涨装置使涨靴与管壁贴合，保证设备与管道同心，并为坡口加工提供足够的摩擦力和切削扭矩；再由液压或机械传动系统驱动安装有切削刀具的大盘旋转和进给，从而实现对管端坡口的加工。切削盘可组合安装多组刀具，以满足V形、U形、X形及复合型坡口等不同型式坡口的加工要求。液压站以柴油机作原动力，使用油门调速器，保证加工坡口时柴油机达到工作额定转速，刀盘停止运动时，柴油机处于怠速状态，大大节省了油耗。

3. 主要规格参数

CPP900-FM系列主要规格参数见表5-5-1。

表 5-5-1 CPP900-FM 系列主要规格参数

参数	CPP900-FM1222/2428	CPP900-FM3236	CPP900-FM4048	CPP900-FM4856
外形尺寸/(mm×mm×mm)	3000×950×1400	3300×1300×1500	3500×1500×2000	3950×1600×2100
整机质量/kg	1500	3200	4500	5300
适用管径/in	12~22/24~28	32~36	40~48	48~56
最大适用壁厚/mm	30	30	42	42
适用钢管材质	碳钢、不锈钢、合金钢			
坡口形式	U 形、V 形、X 形及各种复合型坡口			
坡口精度	尺寸误差±0. 15mm；平面度误差±0. 15mm；粗糙度 Ra6. 3μm			
坡口时间/min	<2	<2	<3	<5
刀盘转速/(r/min)	0~40			
工进速度/(mm/r)	0~0. 4			
工作压力/MPa	12			
适应温度/℃	-40~70			

4. 特色技术

1）新型浮动刀座

稳：整机性能稳定、环境适应性强；坡口尺寸稳定、切削过程稳定。

快：涨紧定位准、移动快；2min 完成单口加工。

精：定位精确，保证坡口平面精度；复合刀杆，坡口尺寸精度高。

2）B 式液压控制技术

高：液压系统容积效率高；动力系统功率利用率高。

省：压力反馈自动油门控制；燃油消耗省 50%以上。

慢：系统温升慢，热平衡温度 55℃；系统对环境温度适应性强。

PFM 系列管端坡口整形机具有定位取心准确、切削力大、切削速度快、精度高、可加工复杂的复合坡口、液压系统油门自动调节可实现加工速度与怠速互换、操作方便等优点，已成为管道全位置自动焊接不可或缺的关键设备。随着国内管道建设又一次高峰期的到来及全位置自动焊接技术的进一步推广应用，该产品的推广应用前景广阔。

二、 CPP900-FMZ 锥孔型管端坡口整形机

CPP900-FMZ 锥孔型管端坡口整形机是用于在油气管道变壁厚连接处将厚壁管道内壁削薄实现管道等内径自动焊焊接的专用坡口装备(图 5-5-3)。能够有效解决目前我国油气管道等外径设计建造，在钢管变壁厚连接处为不等内径焊接，焊缝质量不理想、易发生缺陷漏检、应力集中较大等问题。CPP900-FMZ4856 适应管径 1219~1422mm(48~56in)，坡口形式为锥孔形内坡口，锥孔长度不小于 90mm、内壁减薄最大壁厚 12mm。该装备为西

气东输四线等管道工程在变壁厚处采用等内径设计和建造提供了设备支撑、奠定了基础。其主要性能参数见表 5-5-2。

图 5-5-3　CPP900-FMZ 锥孔型管端坡口整形机

表 5-5-2　CPP900-FMZ 锥孔型管端坡口整形机主要性能参数

项目	参数
型号	CPP900-FMZ4856
外形尺寸(长×宽×高)/(mm×mm×mm)	4100×1600×2100
整机质量/kg	5400
适用管径/in	48~56
最大适用壁厚/mm	42
刀盘转速/(r/min)	20~30
工进速度/(mm/r)	0.1~0.3
坡口形式	锥孔型内坡口
	V 形、X 形和其他复合坡口
加工坡口平面度误差/mm	≤0.15
坡口精度	尺寸误差±0.15mm；平面度误差±0.15mm；粗糙度 Ra6.3
内锥孔壁厚偏差/mm	0~1.25
内锥孔长度/mm	90
工作压力/MPa	15
适应温度/℃	-40~70
整机功率/kW	≤130

主要特点：

（1）高强合金铝部件，整机重量轻；

（2）外仿形浮动刀座和专用加长刀杆，实现高效、高精度内锥孔加工；

（3）独特的液压动力系统设计，发热低；

（4）实时压力反馈速度控制，节省燃油；

（5）适用环境温度-40~70℃，适用最高海拔高度5500m。

第六节　自动焊技术发展方向

一、管道自动焊自适应焊缝跟踪技术

针对多层多道焊的管道环焊缝焊接，自动焊开发智能跟踪技术，建立基于坡口边缘状态判别的自适应机器学习算法，建立自适应跟踪系统模型，提取焊接过程中坡口边缘的特征参数，进行运动参数和焊接参数的自主调整（焊接行走速度、焊枪摆宽和摆频、送丝速度、电弧的干伸长度），在保证焊接质量的前提下实现复杂坡口情况下的智能焊接。

二、焊缝自动打磨技术

目前现场焊接过程打磨均是由人工完成，包括：接头打磨、余高打磨，打磨过程费时费力。而接头打磨依靠经验、质量不易控制，经常会因为打磨不到位而出现接头未熔缺陷，导致整道焊口不合格。通过对比磨削和铣削方案，建立三维打磨系统空间模型，开发接头和余高位置的多维自动打磨机构，开发区域扫描成像技术，建立多维打磨控制算法。由人机配合在指定区域、位置完成焊缝的自动打磨，降低人工劳动强度，提高打磨精度和质量。

三、焊接机器人远程故障诊断

目前自动焊装备工程应用环境复杂多样，区域广泛。设备施工参数现场录入，没有监测、分析、整理功能，技术服务团队在技术服务、系统维护保养、运行状态掌控等方面花费很大精力。通过自动焊装备远程监测系统的开发，建立焊接工艺数据库和故障代码数据库，以及工艺参数包的远程推送，结合“北斗”技术，实现远程监控自动焊装备的使用位置、使用过程、使用数据、数据分析、规律摸索。通过多传感器的引入，增加系统可测性和可判性，建立故障诊断数据模型，采用机器学习的方式，建立远程的故障诊断系统。

四、山区自动焊技术

针对复杂地区的施工工程，装备方面：采用柔性控制设计理念设计柔性内焊机和对口器，采用差速驱动技术强化装备过弯能力（可通过6D弯管），结合无线遥控技术为操作提供方便，采用智能下坡速度控制技术保证下坡过程的安全性。工艺方面：主要“0”间隙自动焊单面焊双面成型工艺包括：（1）实心焊丝气保护外根焊（铜衬对口器组对）+实心焊丝气保护下向填盖焊；（2）实心焊丝气保护外根焊（铜衬对口器组对）+药芯焊丝气保护上/下向填盖焊。

五、双枪四丝技术

单枪双丝技术采用超窄间隙坡口，突破了现有的摆动焊接方式，降低了焊接过程的操作难度和质量控制难度，是一种新型高效焊接技术。通过将该技术拓展使用，开展双枪四丝自动焊电源控制技术研究，开展双枪四丝电源输出模式组合及协同控制技术研究，开展基于双丝焊系统的跟踪技术研究，开发管道全位置焊接的双枪四丝自动焊控制系统，并开展工艺试验，保证双枪四丝焊接工艺和跟踪精度可靠性。

六、 外组对自动焊接技术

目前，管道连头管口组对普遍采用基于温差法的普通外对口器管口组对方式。管道连头焊接主要采用“手工氩弧焊根焊+自动焊填充焊、盖面焊”的组合焊接方式。管口组对后及时进行多段分段定位焊接后拆除外对口器，而后进行手工氩弧焊根焊。亟须研发外组对自动焊装备，开展连头口专用装备组对机构与焊接机构一体化设计。开展多自由度管口组对技术研究。开展多焊炬定位对中与焊缝跟踪技术研究。开展接头自动打磨技术研究。开展搭接智能化控制技术研究。为连头口焊接提供新装备和工艺技术支持。

七、“无人化”施工

该项技术是最终的技术愿景，以上部分技术会对该技术提供技术支撑。无人化的焊接是第一步要实现的内容。无人化焊接需要解决的第一个问题是“眼睛”，目前电弧传感和视觉传感在不同领域进行推广应用，而对于熔池监控的视觉系统仍在发展中。今后多种类型的传感技术的联合开发应用会成为主流方向。第二个问题是“执行机构”，需开发自行走机器人代替现有工程车和焊工棚，涉及的开发难点如：微型防风棚设计，复杂工况下的行走机构设计，焊接系统的装载模式设计等。第三个问题是“大脑”，也是最关键的一步，结合工业总线采用边缘计算模式进一步加强实时性和群控性，融合机器学习的智能算法提升自主学习，搭建焊接过程的逻辑控制系统，合理完成预热、定位、焊接、打磨等过程的逻辑控制。现在该项技术处在初级探索阶段。

八、 提高设备严酷环境下的适应性

从施工环境上，既要在东北、西北冬季的严寒(-20℃)条件下施工，又要在夏季沙漠地带的酷热(地表温度高达50~70℃)环境中施工；既要在西北多风沙的黄土高原地带施工，又要在西南、东南潮湿的环境中施工，设备要有适应不同环境的能力，如国产焊接设备对低温环境的适应性和高温状态下的稳定性等都需要加强；在高原地区施工时，因为缺氧，内燃机发电设备自然降耗，导致发电电源频率下降，理论上50Hz的工频经常只有45Hz，所以要求自动焊设备具有弥补自然降耗或对45~60Hz频率的适应能力。

九、 研发管道自动焊上向焊焊接工艺

国外绝大多数知名管道焊接设备公司提供的设备及工艺都是气体保护下向焊。从目前国内长输管道涉及的母材、焊材、焊接设备、焊接方法来看，从母材和焊材的化学成分、规格，焊接电流、电弧电压、焊接速度、热输入量和线能量的计算而知，焊接热输入的裕

度是很大的。若采用直径略大的焊丝、较慢速度、大一些的焊接规范、上向焊的焊接工艺，其综合效率或许更高。

国外管道焊接设备工艺大多为气体保护下向焊，从当前我国长输管道所涉及工艺与施工特点来看，该技术在国内的应用尚处于起步阶段。因此，当务之急是要研发一套自动焊上向焊焊接工艺，其主要难点在于如何实现对焊缝形状、尺寸等参数进行精确控制，在保证接头质量的同时提高生产效率。通过实践研究，发现基于PLC和触摸屏的管道自动上向式焊接系统，主要将PLC与触摸屏相结合，通过触摸屏界面来显示焊接过程中各物理量信息及操作状态，并根据用户输入信号完成相关动作。其控制系统软件包括：组态控制程序和人机接口程序。组态控制程序可用于实时监控焊机运行情况，人机接口程序则用于人机交互。

十、 建立石油化工管道视觉焊接系统

现阶段，尽管自动焊技术在石油化工长输管道工程中得到广泛应用，但受到技术水平的限制，管道焊接与检测环节的衔接程度较低，无法在管道焊接作业期间实时发现全部的质量通病与隐患部位，而是需要在管道焊接完毕后，再开展管道检测作业，对质量缺陷部位进行返工处理。这一问题的存在，使得管道焊接作业流程较为烦琐，返工率有待降低。因此，施工企业在石油化工长输管道工程中可选择建立配套的管道视觉焊接系统，系统由坡口与根焊道视觉检测设备、视觉清渣设备、自动视觉外焊机三部分组成。其中，坡口与根焊道视觉检测设备负责持续监视焊接作业情况与成果质量，包括实时测量坡口尺寸、获取根焊道轮廓图像、上传缺陷问题等，起到替代人工发现、反馈焊接质量问题的作用；视觉清渣设备负责实时监测管道清理情况，执行系统下发的控制指令来清理管道背部附着的灰尘污渍与残渣，尽可能保持管道在焊接期间的洁净状态，避免因焊渣未得到及时清理而出现氧化现象，同时，在舱内参数实时监测值超过预先设定的控制阈值后，视觉清渣设备将自动发送报警信号；自动视觉外焊机则采取激光视觉方法，基于程序运行准则，通过发送与接收激光束来获取管道焊缝部位特征信息，对比分析焊缝特征信息和预先导入的管道焊接方案，自动对焊接作业方案与工艺参数进行纠偏调整，实现对焊接质量缺陷的快速发现、实时解决，避免因参数设定不当而形成气孔、夹渣等质量通病，其本质上属于一种闭环控制系统，可以自动纠正工艺参数偏差。

第六章　油气长输管道环焊缝焊接质量

随着高钢级、大口径、高压力输气管道已在国内大范围应用，在建设和服役过程中，管道环焊缝断裂失效事故时有发生，造成了巨大的经济损失和严重的社会影响。本章基于国内外现场失效案例，对环焊缝失效原因进行了初步分析，同时结合焊接工艺评定数据及现场检测数据，对环焊缝质量现状及焊接工艺对质量的影响进行了探讨，在此基础上提出了不同类型焊口的质量控制措施。

第一节　油气长输管道环焊缝典型事故

一、北美地区长输管道环焊缝失效统计

据美国运输部(DOT)所辖的管道和危险材料安全管理局(PHMSA)与加拿大安全运输委员会(TSB)官网公布的2003—2017年北美地区油气长输管道共发生的8起环焊缝失效事件，起裂位置为根焊位置，管材级别从B级到X70级，管径从219mm至762mm(表6-1-1)。

美国管道和危险材料安全管理局(PHMSA)2010年第78号公告文件指出，焊口失效的原因与变壁厚、错边、焊接工艺执行不当、外部载荷等因素有关。

1. 美国西弗吉尼亚州天然气管道环焊缝断裂失效

2015年1月26日，西弗吉尼亚州福兰斯比附近的一个乡村，ATEX-1天然气管道发生环焊缝断裂失效(图6-1-1)。失效管道环焊缝为管径508mm、壁厚7.9mm的高频电阻焊管，失效时工作压力8.2MPa(设计压力10MPa)。该管线全长2035km，钢级为X70级，管道外部涂有熔结环氧树脂，自施工以来采用外加电流阴极保护系统进行保护。

失效原因：周围土壤施加的应力导致管道韧性拉伸过载(露天采矿弃土堆积、加盖，以及管道上方放置浮力控制措施共同造成管道沉降)，引起环焊缝断裂失效。力学性能试验数据表明，失效管道上下游环焊缝完好，满足API 1104的质量要求和力学性能要求，紧邻破裂位置的管道接头，以及上下游的下一个管道接头的机械性能也符合X70级管道性能要求。

表 6-1-1　2003—2017 年北美地区油气管道发生的 8 起环焊缝失效事件

序号	失效事件	失效时间及阶段	主要失效原因	起裂/失效位置	焊口类型	钢管壁厚
1	美国西弗吉尼亚州天然气管道环焊缝断裂失效(X70/D508mm)	2015 年（运行 1 年）	外部载荷，管道在失效位置沉降 1m 多，周围土壤重量产生的应力使管道韧性拉伸过载，导致环焊缝断裂	环焊缝	线路口	7. 9mm
2	美国哥伦比亚千禧天然气管道环焊缝泄漏失效(X70/D762mm)	2011 年（运行 3 年）	环焊缝外表面存在焊瘤超差缺陷，导致环焊缝开裂	环焊缝外表面	线路口	10. 3mm
3	美国堪萨斯州南星天然气管道环焊缝断裂失效(X60/D660mm)	2010 年（运行 42 年）	地下水位上升时管道浮力产生附加弯曲应力，使施工期间产生的氢致裂纹扩展，导致环焊缝断裂	环焊缝 9 点	线路口	7. 1mm
4	美国北部天然气管道环焊缝破裂失效(X52/D610mm)	2009 年（运行 61 年）	管道横坡敷设，降雨引起土壤运动对管道形成附加外载，导致管体弯曲，形成褶皱，最终环焊缝破裂失效	环焊缝 9 点至 3 点	线路口	6. 4mm
5	美国南部天然气管道环焊缝断裂失效(X52/D406mm)	2007 年（运行 56 年）	焊缝两个烧穿、熔渣和气孔缺陷处形成裂纹源，焊接接头低匹配，在未知附加拉伸载荷作用下失效	环焊缝	线路口	12. 7mm
6	美国田纳西天然气管道环焊缝开裂失效(X52/D660mm)	2011 年（运行 61 年）	环焊缝氢致裂纹起裂，裂纹起始于根焊热影响区处，在焊缝中扩展，低温运行增加了拉应力，最终导致环焊缝开裂	根焊热影响区/10 点至 2 点	线路口	10. 1mm
7	加拿大 TransCanada 管道公司 400-1 号天然气管道环焊缝断裂失效(X52/D762mm)	2014 年（运行 54 年）	环焊缝的热影响区(硬度高)中存在管道施工时造成的焊接缺陷，形成延迟氢裂纹，导致脆性断裂。内压作用管道部分抬起，导致管道顶部的环焊缝处出现急剧的皱褶，导致二次破裂	环焊缝	线路口	9. 5mm
8	美国格兰德河液化石油气管道环焊缝断裂失效(B 级/D219mm)	2011 年（运行 59 年）	焊缝未焊透的区域，在外部应力的作用下，断裂以延性方式开始，并在环焊缝内和周围扩展	环焊缝	线路口	29mm

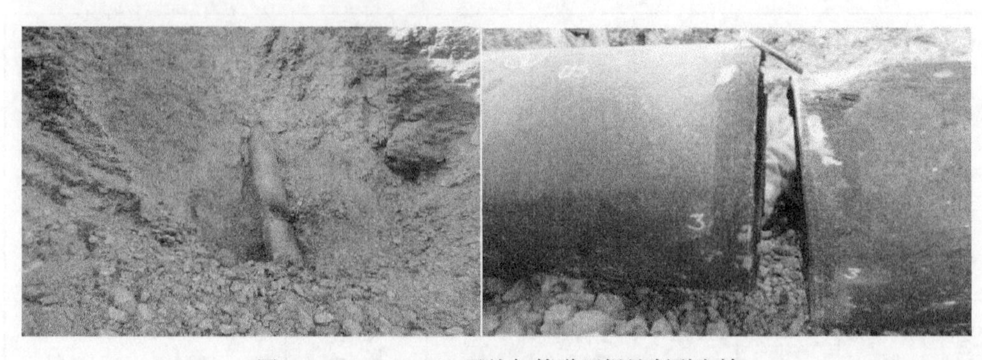

图 6-1-1 ATEX-1 天然气管道环焊缝断裂失效

2. 美国哥伦比亚千禧天然气管道环焊缝泄漏失效

2011 年 1 月 11 日，在纽约蒂奥加县奥维戈附近，哥伦比亚千禧天然气管道环焊缝发生天然气泄漏(图 6-1-2)。失效管道环焊缝为管径 762mm、壁厚 10.3mm，该管线全长 288km，钢级为 X70 级，管径由 D762mm/D610mm 组成，输送压力 8.3MPa，埋深 1.83m，防腐层良好，无泄漏、维修和露管等相关事件。

失效原因：通过目视检查环焊缝外表面存在焊瘤，2008 年通过水压试验稳压 8h 无泄漏，投产使用。审查 2008 年该段的施工记录(焊接记录和无损检测记录)，发现两个无损检测存疑焊口(需要返修并重新探伤评估)和一个无底片焊口。

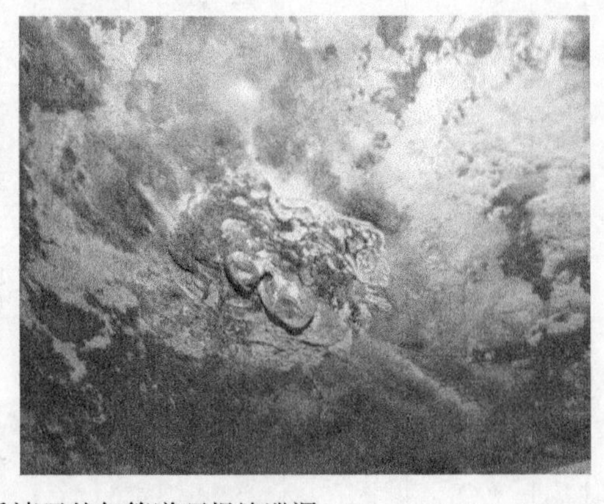

图 6-1-2 美国哥伦比亚千禧天然气管道环焊缝泄漏

3. 美国堪萨斯州南星天然气管道环焊缝断裂失效

2010 年 3 月 2 日，南星天然气管道环焊缝在 9 点位置处起裂，扩展至断裂失效(图 6-1-3)。失效管道(X60/D660mm×7.1mm)为双面埋弧焊管，设计压力 6.2MPa(1968 年建设)。失效管道位于 Ninnescaw 河附近的湿地，该处地下水位很高，管道在失效区域的 9.1m 处设置了管道锚固墩，通过对失效管道上下游的焊口进行排查，发现了 32 处环焊缝存在裂纹，已全部割除。

失效原因：失效管道锚固墩没有起到固定作用，地下水位上升时管道浮力产生附加弯曲应力，使施工期间产生的氢致裂纹(裂纹最深处达 5.04mm，长 419mm)扩展，导致环焊缝断裂。

图 6-1-3　美国南星天然气管道环焊缝断裂失效

4. 美国北部天然气管道环焊缝破裂失效

2009 年 12 月 31 日，北部天然气管道位于亚拉巴马州赫夫林镇东南偏东约 14.5km 处发生褶皱屈曲，裂纹起始于管道内表面的管体焊缝，扩展至环焊缝破裂失效，环焊缝开裂处为 9 点至 3 点位置(图 6-1-4)。该焊口为线路口，失效管道(X52/D610mm×6.4mm)为双面埋弧焊管，设计压力 8.3MPa。

失效原因：管道横坡敷设，坡度约为 25°，2008 年对最远下坡的北干线管道(管径 508mm)进行维护时破坏了该管道附近的土壤支撑作用，当地持续降雨引发土壤边坡下陷侧滑，外载荷导致钢管侧向变形，在低韧性的管体纵焊缝处起裂，并导致管体屈曲、形成褶皱，最终导致环焊缝破裂失效。

图 6-1-4　美国北部天然气管道环焊缝破裂失效

5. 美国南部天然气管道环焊缝断裂失效

2007 年 1 月 23 日，南部天然气管道(1951 年建设投产)，环焊缝断裂失效(图 6-1-5)。该焊口为线路口，失效管道(X52/D406mm×12.7mm)为电阻焊管。该管道采用环氧树脂防腐涂层，设计压力 8.3MPa。

失效原因：焊缝存在两个烧穿、熔渣和气孔原始缺陷，在该处形成裂纹源。失效环焊接头可能存在低匹配现象(焊缝硬度值低于母材和热影响区)，在未知附加拉伸载荷作用下扩展、断裂失效。

图 6-1-5　美国南部天然气管道环焊缝断裂失效

6. 美国田纳西天然气管道环焊缝开裂失效

2011 年 3 月 1 日，美国俄亥俄州汉诺顿田纳西天然气管道的 214-4 号管道发生环焊缝破裂失效(该焊口未进行无损检测)，失效管道(X52/D660mm×10.1mm)为电容焊钢管(图 6-1-6)。该管线 1950 年建设，设计压力 5.45MPa(运行压力 4.54MPa)。裂纹起裂于根焊的热影响区，10 点至 2 点 40 分位置，原始裂纹长 792mm、最深处为 8.05mm，氢致裂纹穿晶扩展。

失效原因：管道失效时环境温度为-4.4℃，较低工作温度可能会增加管道拉伸应力；环焊缝断裂处附近的弯管段更换过管道（弯曲角度由 7.9°变为 5.4°），2.4°角度差表明弯曲应力可能作用于失效环焊缝上；环焊缝氢致裂纹起裂，裂纹起始于根焊热影响区处，在焊缝中扩展，低温运行增加了拉应力，最终导致环焊缝开裂。

图 6-1-6　美国田纳西天然气管道环焊缝开裂失效

7. 加拿大 TransCanada 管道公司 400-1 号天然气管道环焊缝断裂失效

2014 年 1 月 25 日，TransCanada 管道公司的 400-1 号管道在曼尼托巴省奥特伯恩（人口约 120 人）附近的 402 号干线阀室处发生天然气管道环焊缝二次断裂（位置相距 11m），失效管道（X52/*D*762mm×9.5mm）为电阻焊钢管（图 6-1-7）。该管线 1961 年建设，在施工时每道环焊缝未进行射线检测，缺少焊缝检查和测试记录。

失效原因：由于焊接工艺执行不当和焊接质量差，环焊缝的热影响区（硬度高）中存在管道施工时造成的焊接缺陷（裂纹），形成延迟氢裂纹，断裂始于预先存在的裂纹处，400-1 号管道由于周向脆性断裂而失效。402 号干线阀室以南的管道部分抬起，使管道顶部的环焊缝处出现急剧的皱褶，导致二次断裂。

图 6-1-7　400-1 号天然气管道环焊缝断裂失效

二、 国内长输管道环焊缝失效统计

2003—2018 年国内油气长输管道共发生 23 起环焊缝失效事件，经统计发现环焊缝失效事件均发生在采用半自动焊接、手工电弧焊接的环焊缝接头，起裂均为根焊位置，其中 X80 钢级失效占比 30.4%、X70 钢级失效占比 26.1%、X65 钢级及以下占比 43.5%（图 6-1-8和表 6-1-2）。

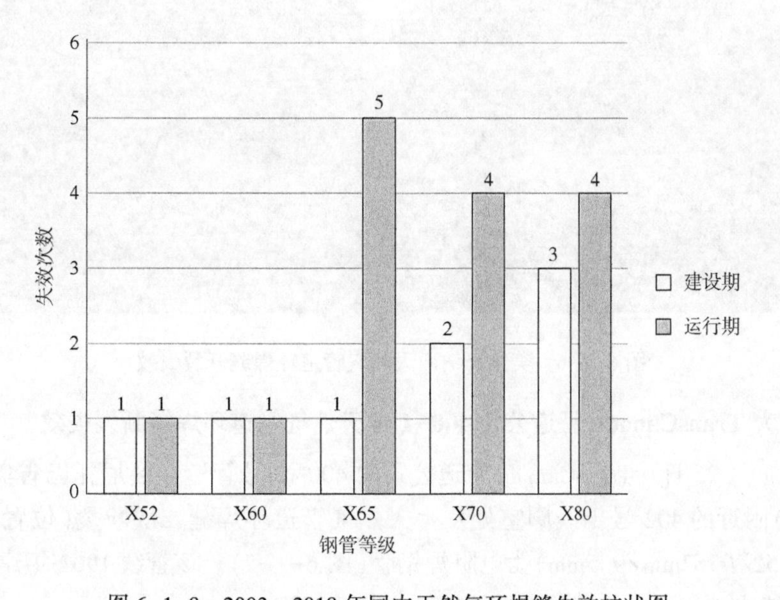

图 6-1-8　2003—2018 年国内天然气环焊缝失效柱状图

1. 西二线彭家湾穿越段环焊缝泄漏失效

2011 年 6 月 30 日，西二线东段 132#阀室（25 标段）彭家湾定向钻穿越管道出土处，螺旋缝埋弧焊钢管（X80/D1219mm）环焊缝在投产过程中发生泄漏，该焊口为未参与试压的返修连头口，裂纹起裂处为返修焊口 1 点钟位置（图 6-1-9）。

失效原因：管道因强力组对受到附加载荷作用；根焊内表面返修位置有与焊瘤相邻的未熔合缺欠，裂纹从该处起裂并扩展至焊缝外表面；填充层数未达到焊接工艺规程要求，焊缝冲击韧性低。

2. 西二线湘潭支干线环焊缝断裂失效

2013 年 5 月 26 日，西二线东段樟树—湘潭联络线第 2 标段直缝埋弧焊钢管（X70/D660mm）环焊缝发生泄漏，管道沿环焊缝完全断裂，该焊口为返修焊口，起裂位置非返修位置（图 6-1-10）。

失效原因：管道受到附加载荷作用；焊缝填充层数不符合焊接工艺规程要求，焊缝韧性低。

表 6-1-2　2003—2018 年国内环焊缝失效事故汇总

序号	失效事故	失效时间及阶段	主要失效原因	焊接工艺	起裂/失效位置	焊口类型	钢管壁厚
1	西二线第 27 标段环焊缝泄漏失效（X80/*D*1219mm）	2011 年（投产）	组对应力，错边 5mm，应力集中	SMAW	根焊/12 点至 1 点	返修/连头口	18. 4mm
2	西二线彭家湾穿越段环焊缝泄漏失效（X80/*D*1219mm）	2011 年（投产）	组对应力，错边 3. 5mm，应力集中	SMAW	根焊/1 点至 2 点	返修/连头口	18. 4mm
3	中贵线南部—铜梁段环焊缝泄漏失效（X80/*D*1016mm）	2013 年（投产）	试压应力（6. 3MPa 环向应力），焊缝质量差、韧性低	STT+FCAW	根焊/6 点	返修/线路口	15. 3mm
4	中贵线南部—铜梁段环焊缝泄漏失效（X80/*D*1016mm）	2016 年（运行 3 年）	不等壁厚、补焊焊趾处缺陷密集，应力集中	SMAW	根焊/11 点	返修/线路口	15. 3/18. 4mm
5	中缅天然气管道环焊缝断裂失效（第一次）（X80/*D*1016mm）	2017 年（运行 4 年）	外部载荷，不等壁厚应力集中	STT+FCAW	根焊/9 点	线路口	12. 8/15. 3mm
6	西二线东段 13A 标段环焊缝泄漏失效（X80/*D*1219mm）	2017 年（运行 7 年）	根部缺陷，组对应力	SMAW+FCAW	根焊/6 点	连头口	15. 3mm
7	中缅天然气管道环焊缝断裂失效（第二次）（X80/*D*1016mm）	2018 年（运行 5 年）	外部载荷，不等壁厚应力集中	STT+FCAW	根焊/3 点至 5 点	线路口	12. 8/15. 3mm
8	西一线管道环焊缝开裂失效（X70/*D*1016mm）	2003 年（试压）	组对应力，试压应力（13. 3MPa 环向应力），错边 5mm，应力集中	SMAW+FCAW	根焊/9 点	返修/连头口	17. 5mm

续表

序号	失效事故	失效时间及阶段	主要失效原因	焊接工艺	起裂/失效位置	焊口类型	钢管壁厚
9	西南油气田分公司北内环管道环焊缝开裂失效（X70/*D*813mm）	2011年（运行3年）	外部载荷造成弯曲应力，不等壁厚应力集中	SMAW	根焊/4点至8点	线路口	8.8/11mm
10	西南油气田分公司南干线东段管道环焊缝泄漏失（X70/*D*813mm）	2011年（运行3月）	不等壁厚应力集中	SMAW	根焊/12点	线路口	8.8/11mm
11	西二线湘潭支干线环焊缝断裂失效（X70/*D*660mm）	2013年（运行2年）	外部载荷造成弯曲应力	SMAW+FCAW	根焊/9点	返修/线路口	13.7mm
12	中国石化涪陵—王场管道环焊缝开裂失效（X70/*D*1016mm）	2015年（运行0.5年）	外部载荷边坡垮塌，不等壁厚应力集中	SMAW+FCAW	根焊/12点至9点	线路口	21/27mm
13	陕西省天然气公司靖西三线3标段环焊缝泄漏失效（X70/*D*900mm）	2018年（运行5年）	外部载荷造成弯曲应力（滑坡），热输入量过大（焊接电流大）	SMAW	根焊/6点	连头口	12.7/16mm
14	长庆油田分公司苏榆外输管道环焊缝泄漏失效（X65/*D*1016mm）	2008年（运行0.5年）	焊接缺陷在应力作用下产生	SMAW+FCAW	根焊	返修/线路口	10.3/11.9mm
15	漠大线环焊缝开裂失效（X65/*D*813mm）	2012年（运行1年）	附加弯曲应力、内压、焊接残余应力等共同作用	STT+FCAW	根焊/12点	连头口	14.2mm
16	湘娄邵供气管道环焊缝开裂失效（X65/*D*508mm）	2013年（投产）	焊接缺陷超标，存在应力集中，焊缝质量差，冲击韧性低	SMAW	根焊/6点	返修/弯头连接口	6.4/7.1mm

续表

序号	失效事故	失效时间及阶段	主要失效原因	焊接工艺	起裂/失效位置	焊口类型	钢管壁厚
17	长庆油田分公司长呼输气管道复线环焊缝泄漏失效(X65/*D*864mm)	2014年(运行2年)	焊接残余应力、补焊部位的附加应力	SMAW+FCAW	根焊/12点	返修/线路口	8.8/14mm
18	涩宁兰复线环焊缝泄漏失效(X65/*D*660mm)	2015年(运行4.5年)	环焊缝缺陷、冲击韧性低	SMAW+FCAW	根焊/3点至5点	连头口	7.9mm
19	广深支干线求大段环焊缝断裂失效(X65/*D*914mm)	2015年(运行3年)	山体滑坡产生的外部载荷	SMAW+FCAW	2点至5点	线路口	21.4/25.4mm
20	陕西省天然气公司靖西输气管道扩建工程(二期)环焊缝断裂失效(X60/*D*610mm)	2004年(试压)	焊趾裂纹、错边和咬边等超标缺陷	SMAW+FCAW	根焊/11点至12点	连头口	10mm
21	阿独线环焊缝泄漏失效(X60/*D*813mm)	2014年(运行2年)	焊缝根部存在高12.8mm的焊瘤，焊接质量差，热裂纹等共同作用	SMAW	根焊/1点至2点	返修/连头口	8.7mm
22	陕西省天然气公司靖西输气管线上安村跨越处弯管环焊缝泄漏失效(X52/*D*426mm)	2003年(运行6年)	未熔合焊接缺陷	SMAW	根焊/9点	连头口	6/9.2mm
23	西二线十堰支干线枣阳—襄樊段环焊缝泄漏失效(X52/*D*508mm)	2011年(投产)	返修焊缝内壁存在未熔合缺陷	SMAW	根焊/1点	返修/连头口	7.9mm

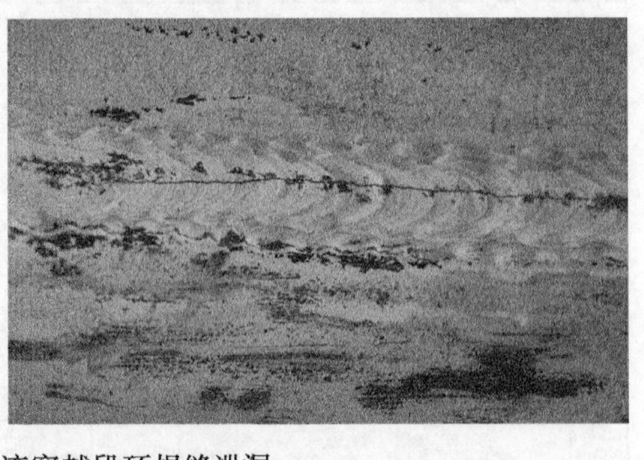

图 6-1-9　西二线彭家湾穿越段环焊缝泄漏

图 6-1-10　西二线湘潭支干线环焊缝断裂

3. 西二线东段 13A 标段环焊缝泄漏失效

2017 年 7 月 28 日，西二线东段 73#阀室（13A 标段）上游 900m 处（位于宁夏回族自治区银川市同心县河西镇）螺旋缝埋弧焊钢管（X80/*D*1219mm）环焊缝发生天然气泄漏，造成天然气放空 $270 \times 10^4 m^3$（图 6-1-11）。该焊口存在施工单位私割擅改、监理单位隐瞒不报等违规行为。

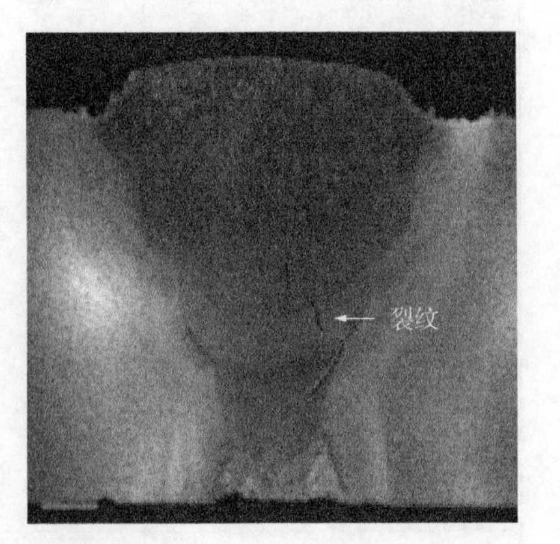

图 6-1-11　西二线东段 13A 标段环焊缝泄漏

失效原因：焊口 12 点位置冲击韧性平均值 39J，低于标准要求的 80J，焊接层数 4 层，未达到标准要求的 5 层。根焊与母材存在未熔合，在应力作用下首先开裂，与焊缝内部热裂纹贯通，形成贯穿裂纹，致使天然气泄漏。

4. 中缅天然气管道环焊缝断裂失效(第一次)

2017 年 7 月 2 日，中缅天然气管道贵州黔西南州晴隆县沙子镇段环焊缝断裂(运行 4 年)。焊口为冷弯管(D1016mm×15. 3mm 直缝埋弧焊钢管弯制)与直管段螺旋缝埋弧焊钢管(D1016mm×12. 8mm)不等壁厚环焊缝连接处(图 6-1-12)。

失效原因：当地持续降雨引发公路边坡下陷侧滑，外载荷导致钢管侧向变形，环焊缝接头形变发生剪切断裂，断口断裂形变特征表明该焊口为低强匹配焊口。

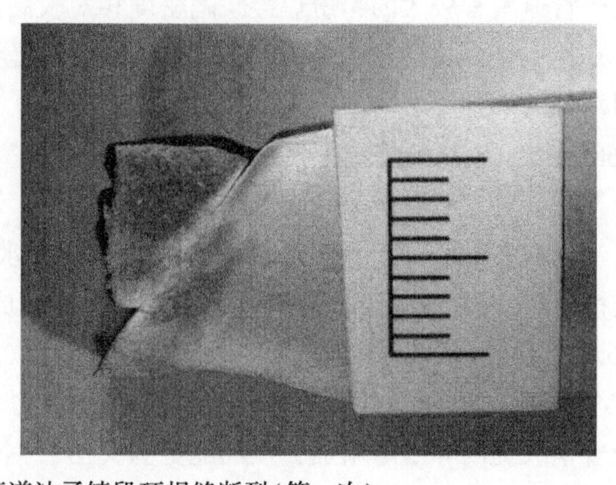

图 6-1-12　中缅天然气管道沙子镇段环焊缝断裂(第一次)

5. 中缅天然气管道环焊缝断裂失效(第二次)

2018 年 6 月 10 日，中缅天然气管道贵州晴隆沙子镇三合村蒋坝营环焊缝断裂(运行 5 年)。焊口为冷弯管(D1016mm×15. 3mm 直缝埋弧焊钢管弯制)与直管段螺旋缝埋弧焊钢管(D1016mm×12. 8mm)不等壁厚环焊缝连接处(图 6-1-13)。

图 6-1-13　中缅天然气管道沙子镇段环焊缝断裂(第二次)

贵州省“6. 10”事故调查组针对事故焊口(ZMQ-CPP306-QBC011+052-ML)技术分析初步结论为：事故段管线在施工过程中存在焊接质量问题，断口宏观特征为脆性断裂，造成脆性断裂的主要因素：焊接接头冲击韧性低于标准要求(最小 14J，标准单值要求 60J)、焊接缺欠和由降雨及施工引发的地层蠕动形成的外部载荷组合条件。

通过国内在役管道(天然气、原油、成品油管道)环焊缝质量风险排查及不合格焊口产生的原因分析，主要有以下原因：

(1) 环焊缝强度匹配的问题。

高钢级管道焊缝和母材的强度匹配是影响焊接结构承载能力的重要因素，也是环焊缝发生断裂失效的主要原因。通过统计分析 X65、X70、X80 典型管道工程的环焊缝拉伸试验结果，按照焊缝与母材真实抗拉强度等强和/或高强匹配(即拉伸测试断裂在母材)的情况评估，X65、X70 和 X80 存在低匹配的比例分别是 2.3%、35.9%、11.8%(其中焊接工艺评定数据分别占比 4.7%、26.5%、17.1%；现场口数据分别占比 1.9%、38.3%、10.5%)。对于新建管道来说，已经提出了裂纹尖端开口位移(CTOD)为 0.254mm 的韧性指标值，但存在一定比例的 CTOD 性能测试不合格的现象，这也说明了随着强度的增大，韧性恶化的可能性也随之增大。

(2) 环焊缝缺陷的问题。

焊接存在的缺陷与钢级的关系不明显，与管道投产年份的关系较大，建设比较集中、投产管道里程较大的年份焊接缺陷密度相对较高。截至 2021 年 9 月 20 日焊缝质量风险排查开挖不合格焊口比例 X65、X70 和 X80 分别是 15.7%、14.1%和 19.4%。通过管道内检测发现的焊缝异常 X65、X70 和 X80 分别是 6.3 个/km、9.6 个/km、11.2 个/km(其中 X60 及以下钢级的焊缝异常 16.2 个/km)。

(3) 关于母材成分影响的问题。

国内各管线钢板/带/管产线的控制能力和水平存在差异，但均满足 X65/X70/X80 管线钢/管产品相关标准的制造要求；X80 在化学成分离散性控制和有害元素控制方面优于 X65 和 X70。在管线钢/管力学性能离散性方面，X65/X70/X80 三个钢级无明显差异；弯管/管件在截面组织性能均匀性、焊缝韧性波动、性能一致性等方面存在较多技术问题，随着钢级提高和壁厚增加，该问题更为突出；钢管中 Nb、Mo、Cr 等元素降低药芯焊丝自保护焊焊缝韧性，随钢级提高，Nb、Mo、Cr 含量增加，焊缝韧性波动概率增加；管材的化学成分是导致全自动焊缝热区出现韧性波动的原因之一。

(4) 关于焊接工艺的问题。

焊接工艺评定和焊接机组百口磨合抽检焊口的性能数据统计分析表明，两者的环焊接头强度、冲击韧性方面具有相同的规律性，表明工程建设期通过认真执行焊接工艺要求可达到焊接工艺评定的预期质量水平。存在一些在建设期无损检测中未发现而后期开挖复检时发现的裂纹，但在对裂纹解剖分析时未发现裂纹有显著扩展特征，说明管道吊装下沟与试压施工过程中焊缝存在承受较大的轴向应力的可能，应合理控制管道吊装下沟与试压施工过程应力。收集到的裂纹焊口分析报告显示，30%的裂纹与内返修及内补焊相关，说明环焊缝返修及补焊过程可能存在不合规，或返修及补焊工艺有待进一步优化提升。

(5) 关于根焊的问题。

管道施工过程，因根焊承载力较差，撤离对口器后，如果自由端管道支撑不足或被抬高，存在根焊受力过大风险。环焊缝质量风险排查结果分析表明裂纹主要分布于根焊位置，圆周方向主要位于根部仰焊位置。由于施工现场条件恶劣，采用半自动或手工焊封底的环缝，不可避免地存在少量封底焊道余高过高、过渡角偏大(甚至接近 90°)等成型不良情况出现，致使在环缝根部焊趾位置产生严重的缺口性应力集中。

(6) 关于焊接材料的问题。

裂纹焊口焊缝中心整体韧性均较差，而研究表明，焊缝中心的韧性与焊材韧性相关。近些年发生的高钢级管道环焊缝断裂失效事故大多集中在变壁厚、斜接、较大错边等存在严重应力集中的环焊缝金属部位，且几乎所有失效环焊缝都存在韧性不足等问题，可见焊缝金属韧性水平对保证高钢级管道环缝安全性至关重要。焊缝金属韧性一方面与焊接工艺关系较大，另一方面更主要取决于焊接材料性能的高低，包括保证最佳韧性的工艺窗口的宽窄、对钢材化学成分波动的适应性等。

(7) 关于变壁厚的问题。

由于陆地长输管线采用的等外径变壁厚方式，因此在这些变壁厚环缝焊口根部区域则一定产生较大的结构性应力集中。外部载荷和内压等组合的复杂加载作用下，变壁厚、斜接、错边等结构或几何因素在环焊缝焊根部位产生了严重的结构性应力集中现象，而封底焊道余高过高、过渡角偏大等成型不良也会使得环焊缝根部焊趾位置产生严重的缺口性应力集中。

第二节　油气长输管道焊接缺陷

焊接接头中经常存在各种各样的不连续。而所谓的焊接缺陷则是焊接接头中不能容忍的不连续、不致密或连接不良的现象。为了衡量一个特定的不连续是否是一个真正的缺陷，必须有一些标准来规定这些不连续的合格限值。当不连续的尺寸或密集度超过了这些限值，那么它就是缺陷。所以可以认为缺陷就是一个“不合格的不连续”。因此，说它是一个缺陷就意味着它是不合格的，应做进一步的处理，使得它符合相关规范规定的要求。焊接缺陷的分类方法有很多种，参照 AWS 标准 A3.0“焊接术语和定义标准”可以将焊接结构的不连续分为以下几种：裂纹、未熔合、未焊透、杂质、夹杂、夹钨、气孔、咬边、未焊满、焊瘤、焊缝凸起、焊缝加强高、引弧烧伤、飞溅、夹层、层状撕裂、划伤和结疤。根据焊接缺陷的位置和产生的原因可以将以上各种缺陷进行归类：根据焊接缺陷的位置可以把它分为内部缺陷和外部缺陷两种。外部缺陷是指位于焊缝金属外表面的，用肉眼或者低倍放大镜就能观察到的缺陷。这类缺陷包括咬边、焊瘤、下塌、弧坑、表面气孔、表面裂纹及表面夹杂物等。内部缺陷是指位于焊缝内部，必须通过无损检测技术才能检测到的缺陷。属于这类缺陷的有内部夹杂物、未焊透、未融合、内部气孔、内部裂纹等。按照缺陷产生的原因可将其分为两类。其一，焊接工艺设计不合理产生的缺陷。属于这类的典型缺陷有咬边、焊瘤、未融合、未焊透、烧穿、未焊满、电弧擦伤、焊接尺寸不合适、成型不良等。其二，焊接冶金引起的缺陷。焊接冶金引起的缺陷很多，生产过程中常见的有裂纹、气孔、夹杂物。焊接缺陷是焊接产品潜在的隐患，对焊接结构的静载强度、应力腐蚀、疲劳强度、脆性断裂等性能带来很大威胁，因此必须认清常见焊接缺陷对焊接产品的危害并提出防止措施。

一、 环焊缝典型焊接缺陷类型

1. 裂纹

在焊接应力及其他致脆因素共同作用下焊接接头中局部区域的金属原子结合力遭到破坏而形成的新界面所产生的缝隙，具有尖锐的缺口和长宽比特征(图 6-2-1 至图 6-2-3)。

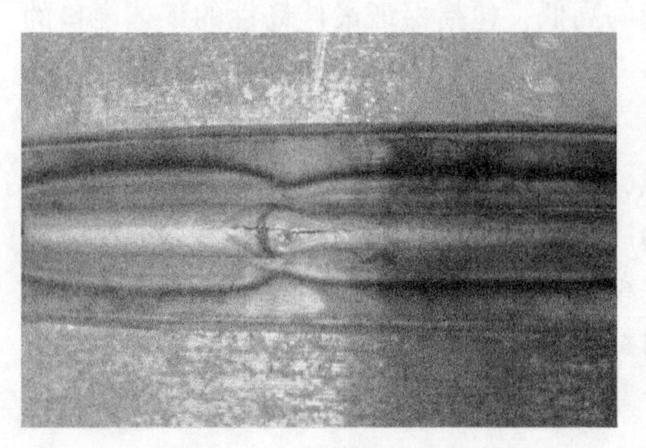

图 6-2-1　焊接纵向裂纹

按照产生的条件可将其分为焊接热裂纹、焊接冷裂纹、再热裂纹及层状撕裂。裂纹是焊缝缺陷中危害最严重的。这是因为裂纹两端的缺口效应会造成严重的应力集中，这种集中的应力很容易扩展而形成宏观开裂或整体断裂。因此，在焊接生产中，裂纹一般是不允许存在的。焊接裂纹产生的原因主要有四个方面：

（1）淬硬组织：钢种原淬硬倾向主要取决于化学成分、板厚、焊接工艺和冷却条件等。钢的淬硬倾向越大，越易产生冷裂纹。

（2）氢的作用：氢是引起超高强钢焊接冷裂纹的重要因素之一，并且有延迟的特征。高强钢焊接接头的含氢量越高，则裂纹的敏感性越大。

（3）焊接接头的应力状态：高强度钢焊接时产生延迟裂纹的倾向不仅取决于钢的淬硬倾向和氢的作用，还决定于焊接接头的应力状态。焊接时主要存在的应力包括不均匀加热及冷却过程中所产生的热应力、金属相变时产生的组织应力、结构自身拘束条件等。

（4）焊接工艺的影响：线能量过大会引起近缝区晶粒粗大，降低接头的抗裂性能；线能量过小，还会使热影响区淬硬，也不利于氢的逸出而增大冷裂倾向。焊前预热和焊后热处理的温度不合适，多层焊的焊层熔深不合适等。

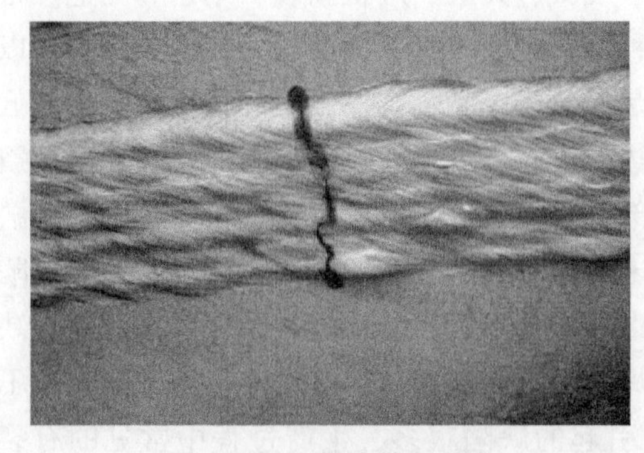

图 6-2-2　焊接横向裂纹

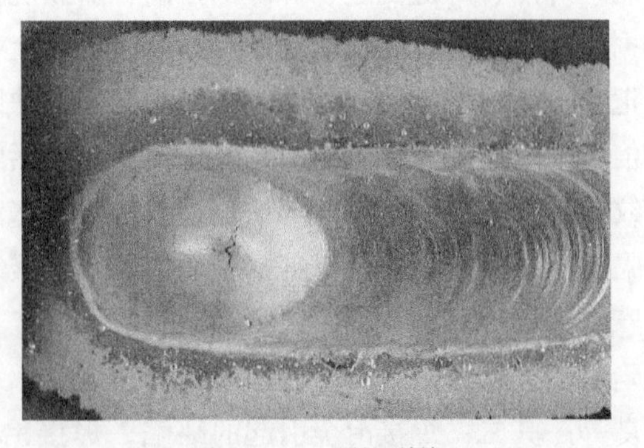

图 6-2-3　弧坑裂纹

防止裂纹产生的具体控制措施如下：(1)减小焊接拉应力，可以通过选择合理的装焊顺序、选择合理焊接参数、预热等方法来减小焊接应力；(2)严格控制焊接热输入量，控制焊接热处输入是焊接过程中必须注意的环节，这是因为通过控制热输入可以确保焊接接头的力学性能，同时还对防止焊接热裂纹起一定的作用；(3)焊缝金属化学成分的控制，这可以通过控制母材金属及焊条或焊接的化学成分来实现。

2. 未熔合

固体金属与填充金属之间(焊道与母材之间)，或者填充金属之间(多道焊时的焊道之间或焊层之间)局部未完全熔化结合的部分称为未熔合(图6-2-4)。一般分为侧壁未熔合、焊道间未熔合和根部未熔合等。未熔合是一种比较危险的焊接缺陷，焊缝出现间断和突变部位，使得焊接接头的强度大大降低。未熔合部位还存在尖劈间隙，承载后应力集中严重，极易由此处产生裂纹。未熔合的起因有很多，通常是由于焊工操作不当引起的。其他原因包括：

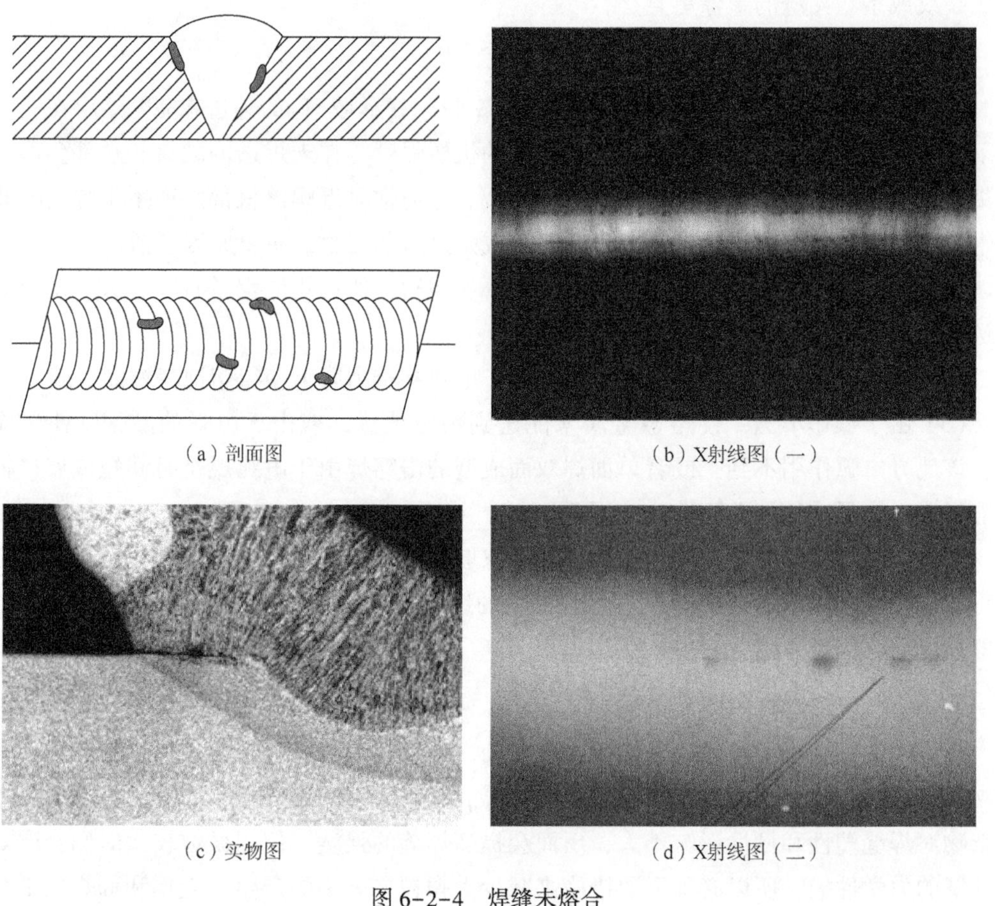
(a) 剖面图　(b) X射线图（一）
(c) 实物图　(d) X射线图（二）

图6-2-4　焊缝未熔合

(1) 电流不稳定，电弧偏吹，使得偏离部位(如母材或上一道焊层)所得到的热能不足以熔化基体金属或上道焊层的熔敷金属。

(2) 在坡口或上一层焊缝的表面有油、锈等脏物，或存在熔渣及氧化物，阻碍了金属的熔合。

(3) 焊接电流过大，焊条熔化过快、坡口母材金属或前一层焊缝金属未能充分熔化，熔敷金属却已覆盖上去了，造成“假焊”。

（4）在横焊时，由于上侧坡口金属熔化后产生下坠，影响下侧坡口面金属的加热熔化，造成“冷接”。

（5）横焊操作时在上、下坡口面击穿顺序不对，未能先击穿下坡口后再击穿上坡口，或者在上、下坡口面上击穿孔位置未能错开一定距离，使上坡口熔化金属下坠产生粘接，造成未熔合。

射线探伤很难发现未熔合，除非射线角度合适。典型的未熔合靠近原来的坡口面而且它的宽度和体积都很小，所以很难在射线探伤底片上观察，除非射线与未熔合平行或是在一条直线上。如果未熔合能在射线探伤底片上看得到的话，它是一条黑度更黑的线，通常要比裂纹或条状夹渣的影像更直。

3. 未焊透

母体金属接头处中间(X形坡口)或根部(V形、U形坡口)的钝边未完全熔合在一起而留下的局部未熔合。未焊透降低了焊接接头的机械强度，在未焊透的缺口和端部会形成应力集中点，在焊接件承受载荷时容易导致开裂。它通常靠近焊缝根部。产生未焊透的原因与未熔合一样，即操作不当，接头形状不当或是过量的污物。主要原因包括：

（1）坡口角度小，钝边过大，装配间隙小或错边，所选用的焊条直径过大，使熔敷金属送不到根部。

（2）焊接电流太小，焊接速度太快，由于电弧穿透力降低使得熔池变浅而造成。

（3）由于操作不当，使熔敷金属未能送到预定位置，或由于电弧的磁偏吹使热能散失，该地方电弧作用不到，或者单面焊双面成型的击穿焊由于电弧燃烧时间短或坡口根部未能形成一定尺寸的熔孔而造成未焊透。

避免未焊透产生具体方法包括合理地选取坡口的规格、确保适当的焊接速度、去除污物等。射线探伤中未焊透的影像通常为黑色的线，主要集中在两个焊接件的坡口连接处，一般比未熔合的影像更直(图6-2-5)。

4. 夹杂

焊缝中的夹杂物是指焊接冶金反应产生的、焊后残留在焊缝金属中的微粒杂质。常见的夹杂物有氧化物、硫化物、氮化物及夹钨等。其危害性与其分布状态有关，均匀细小的夹杂物对焊缝塑性和韧性影响不大，反而会提高焊缝的强度。但当微粒较大时则会严重影响焊缝的力学性能，所以必须采取措施来减少大颗粒夹杂物的产生。立焊和仰焊比平焊容易产生夹渣。由于渣的密度要比金属低得多，所以夹渣在射线照相上是相对较暗的显示，具有不规则的外形(图6-2-6)。夹钨通常与GTAW焊有关，如果钨极与焊接熔池接触，电弧熄灭，熔化的金属沿着钨极的端部凝固。移开钨极时，钨极端部很容易断裂，如果不打磨去除，钨将陷入焊缝中。防止夹杂物的主要方法是控制其来源，这就要求从冶金方面加以控制，选择合适的焊条、焊剂，这样能够保证熔池脱氧彻底(图6-2-7)。此外还要严格控制母材、焊丝及焊条药皮原材料中的杂质，从而减少夹杂物的来源。此外，也可通过选用合理的线能量，保证熔池有必要的存在时间；焊条进行适当摆动，使夹杂物浮出等工艺方面的措施可减少焊缝中的夹杂物。

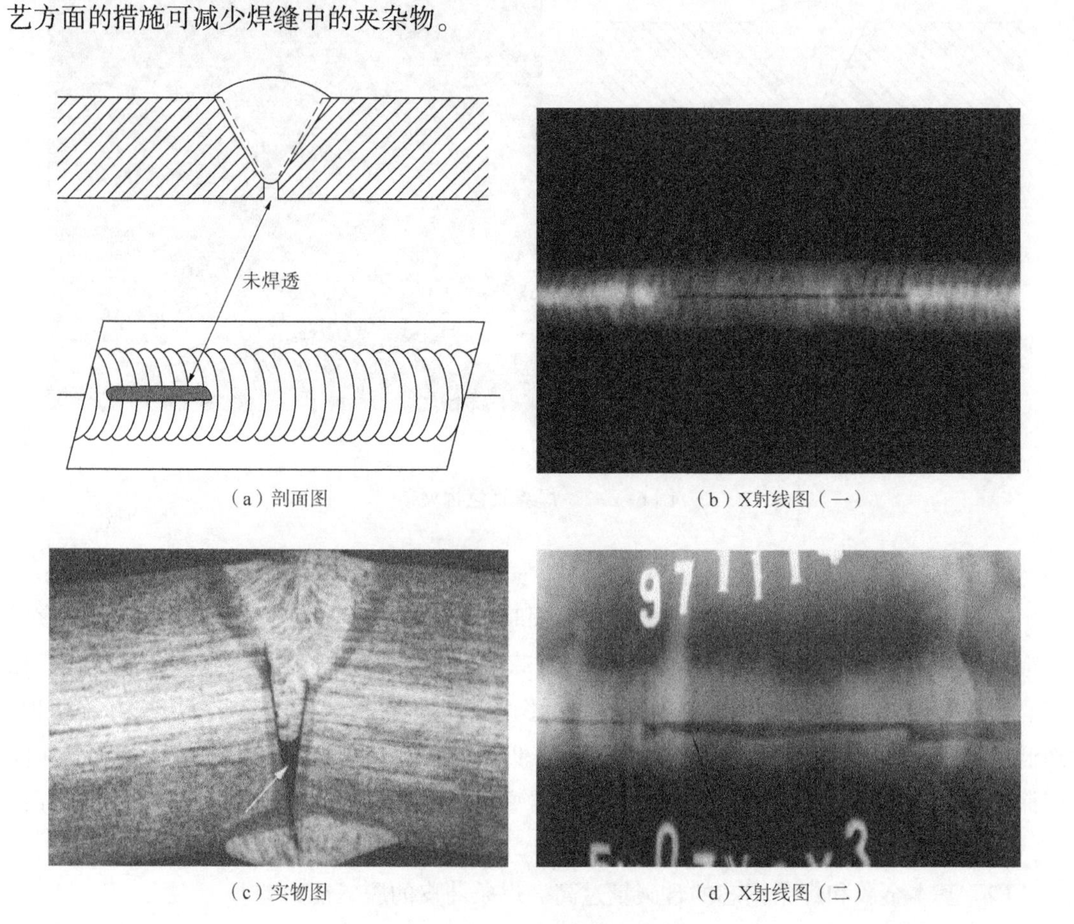

（a）剖面图　（b）X射线图（一）

（c）实物图　（d）X射线图（二）

图 6-2-5　焊缝未焊透

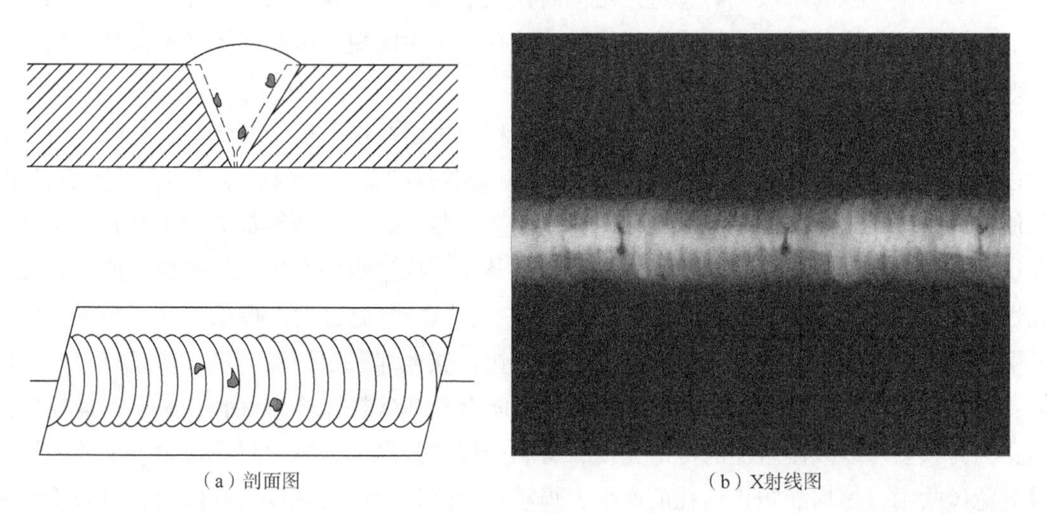

（a）剖面图　（b）X射线图

图 6-2-6　焊缝夹渣

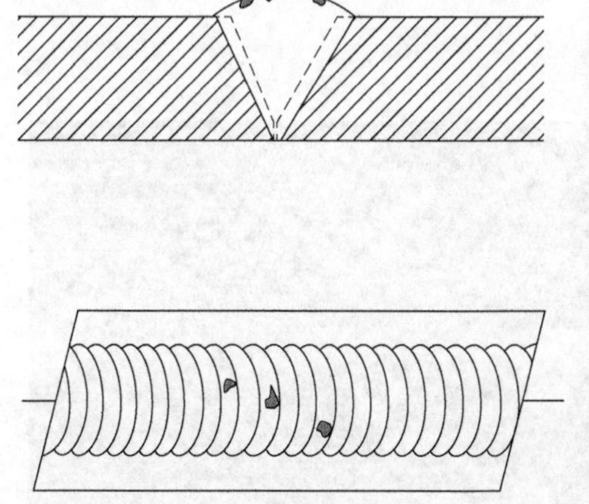

（a）剖面图

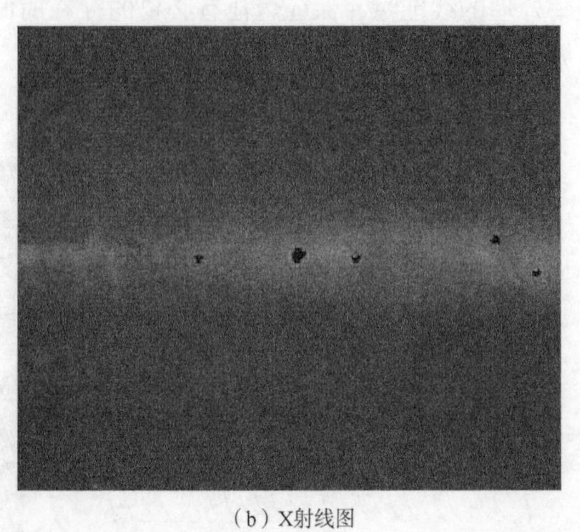

（b）X射线图

图 6-2-7　焊缝氧化物夹杂

5. 气孔

在焊接过程中，熔池金属中的气泡在凝固时未能及时逸出而残留在焊缝金属中所形成的空穴称为气孔(图 6-2-8)。气孔的形状有球形气孔、虫状气孔、条形气孔、针状气孔等。气孔对焊缝主要有三方面的危害：(1)影响焊缝的紧密性；(2)降低焊缝有效面积，降低焊缝承载能力；(3)产生应力集中区，降低焊缝强度和韧性。特别是直径不大、深度很深的圆柱形长气孔(俗称针孔)危害极大，严重者直接造成泄漏。气孔产生原因主要有：

(1) 焊条或焊剂受潮，或者未按要求烘干。焊条药皮开裂、脱落、变质等。

(2) 基本金属和焊条钢芯的含碳量过高。焊条药皮的脱氧能力差。

(3) 焊件表面及坡口有水、油、锈等污物存在，这些污物在电弧高温作用下，分解出来的一氧化碳、氢和水蒸气等，进入熔池后往往形成一氧化碳气孔和氢气孔。

(4) 焊接电流偏低或焊接速度过快，熔池存在的时间短，以致气体来不及从熔池金属中逸出。

为了减少焊缝中气孔的数量，焊接生产过程中可以在焊前准备及焊接工艺两方面对其加以控制：(1)焊前准备方面。焊前应尽量清除焊件坡口面及两侧水分、油污及防腐底漆，若使用焊条电弧焊时，如焊条药皮变潮、变质、剥落、焊芯生锈等都会产生气孔，所以焊前烘干焊条是十分必要的。一般来说，酸性焊条在焊接过程中产生气体较少，所以其抗气孔性较好。(2)焊接工艺方面。焊条电弧焊时，若焊接电流过大，焊条发红，药皮会提前分解，从而失去其机械保护；焊接速度不能过快；碱性焊条要短弧焊接，防止有害气体侵入；焊接复杂工件时要注意磁偏吹，因为磁偏吹会破坏保护，产生气孔；必要时焊前要预热，因为预热可以减慢熔池的冷却速度，有利于气体的逸出，减少气孔数量。此外，焊接时避免风吹雨打等均能防止气孔的产生，焊接重要焊件时，为减少气孔倾向，可采用直流反接。

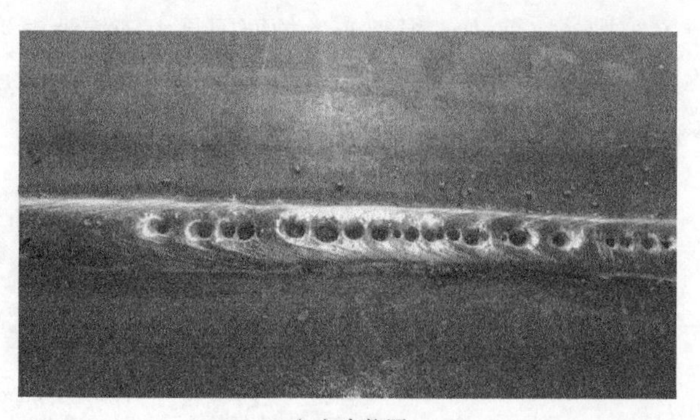

（a）实物图

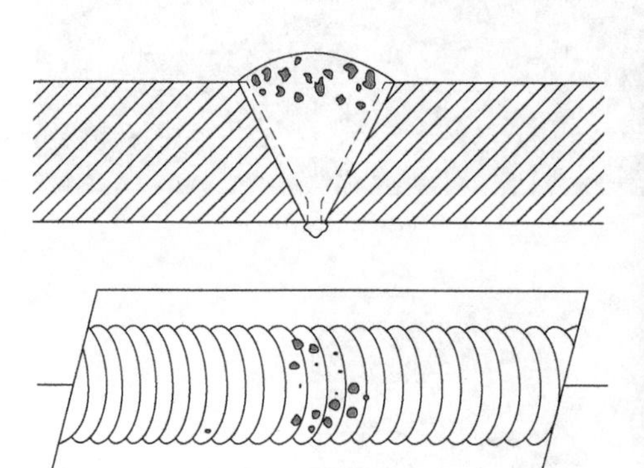

（b）剖面图

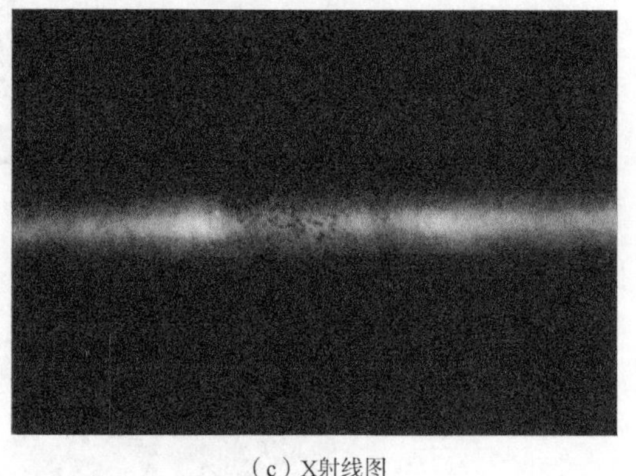

（c）X射线图

图 6-2-8　焊接气孔

6. 咬边

焊接过程中沿焊趾的母材部位产生的沟槽或凹陷称为咬边（图 6-2-9 和图 6-2-10）。咬边减少了基本金属的有效截面，直接削弱了焊接接头的强度。在咬边外，容易引起应力集中，承载后可能在此处产生裂纹。咬边产生的主要原因包括：

（1）焊接电流过大，电弧过长，运条角度不适当等。焊缝部位不平等。

（2）运条时，电弧在焊缝两侧停顿时间短，液态金属未能填满熔池。横焊时在上坡口面停顿的时间过长，以及运条、操作不正确也会造成咬边。

（3）埋弧焊时主要是焊接电流过大，焊接速度过快，焊丝角度不当造成的。

所以焊接过程中可以通过选择正确的焊接电流、电压及合适的焊接速度来减少咬边缺陷的数量，也可以通过正确地调整运条角度和电弧角度等方法来实现。表面咬边可以靠仔细的目视检验发现；一旦发现，有必要在射线探伤前进行修补。

7. 焊瘤

焊接过程中，熔化金属流淌到焊缝之外未熔化的母材上所形成的金属瘤即为焊瘤（图 6-2-11）。焊瘤对焊缝质量的影响是显而易见的，即焊瘤会影响焊缝表面的美观，而且焊瘤下面常有未焊透缺陷，易造成应力集中。为了防止焊瘤的产生，可以通过正确选择焊接工艺参数，灵活调节焊条角度，选择正确的运条方法及运条角度，选择合适的焊接设备，尽量选择平焊位置等措施来实现。焊瘤产生的原因是由于熔池温度过高，液体金属凝固较慢，在自重的作用下形成的。焊瘤的预防措施主要是根据不同的焊接位置要选择合适的焊接工艺参数，严格控制熔池的大小，防止出现焊瘤。

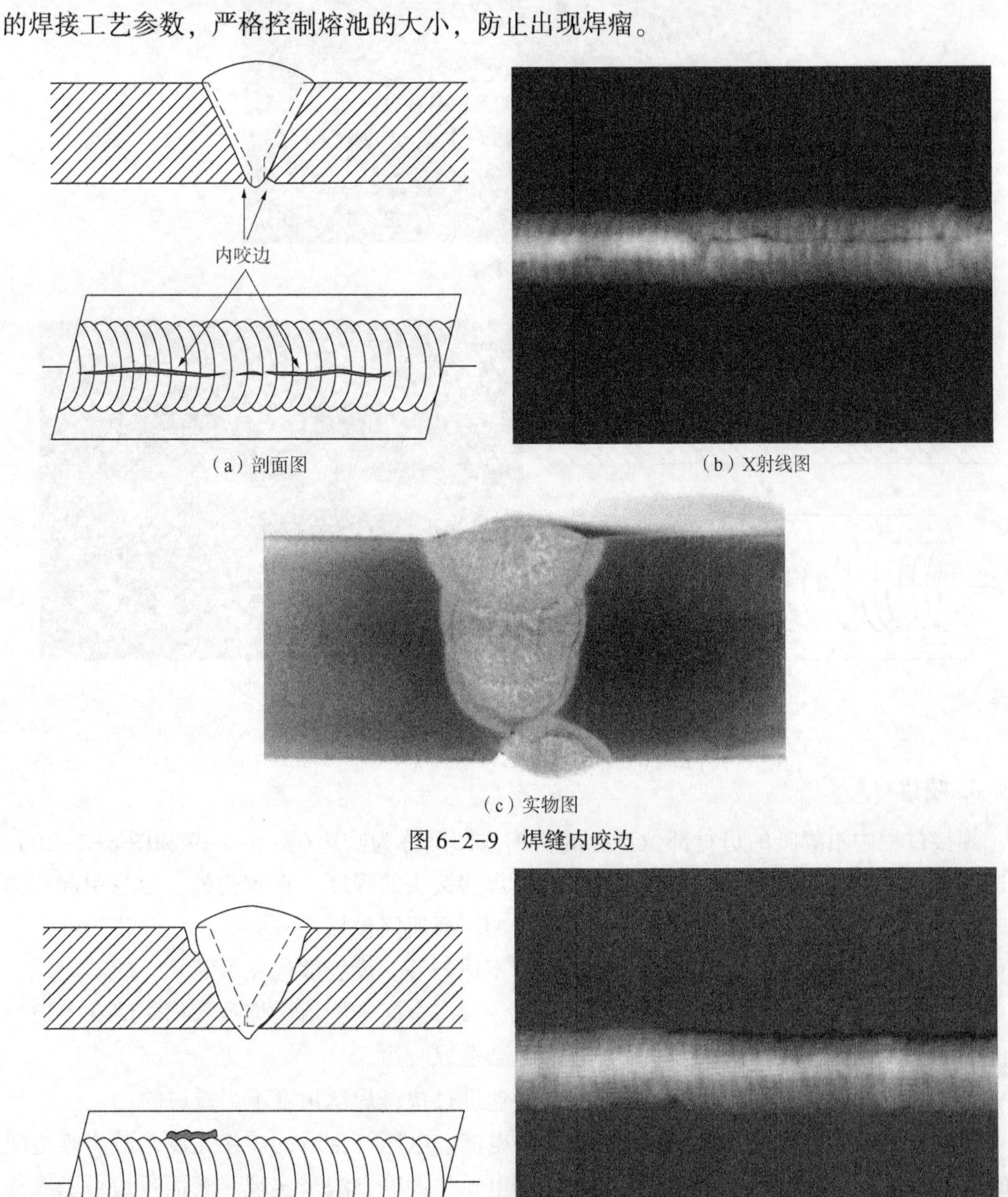

（a）剖面图　（b）X射线图

（c）实物图

图 6-2-9　焊缝内咬边

（a）剖面图　（b）X射线图

图 6-2-10　焊缝外咬边

8. 凹坑和弧坑

凹坑是指焊缝正反面低于母材表面的低洼部分（图 6-2-12 和图 6-2-13）。弧坑是凹坑的一种，发生在焊缝收尾处的凹陷部分。凹坑和弧坑都使焊缝的有效截面减小，降低焊缝的承载能力。弧坑处容易产生偏析和杂质聚集，易导致气孔、夹渣、裂纹等焊接缺陷。凹坑产生的原因：操作技能差，焊接电流过大，焊条摆动不适当及焊接层次安排不合理。弧坑是凹坑的一种，产生的原因是：熄弧时间过短，薄板焊接时电流过大。

凹坑和弧坑的防止措施：提高焊接操作技术，适当摆动焊条以填满凹陷部分。手工焊接收弧时焊条应在熔池处稍做停留或做环形运条，待熔池金属填满后再引向一侧熄弧。埋弧焊接时应分两次按“停止”按钮或采用引弧板和熄弧板避免弧坑的产生。

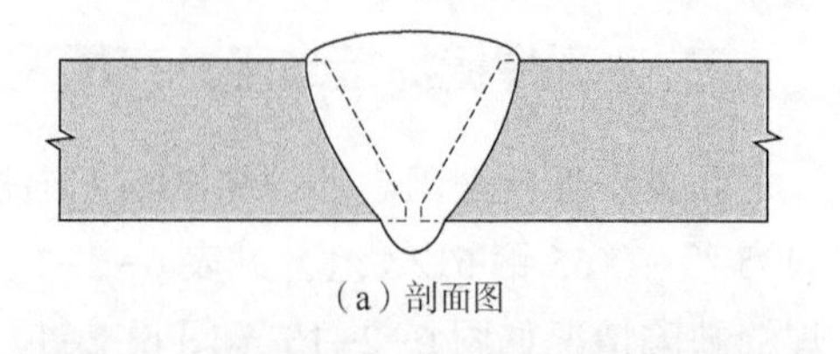

（a）剖面图

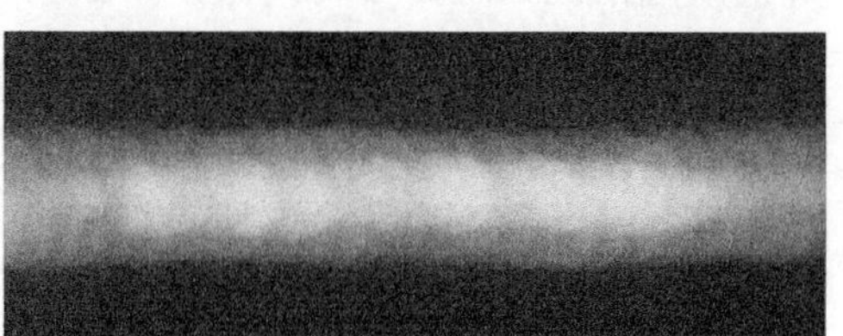

（b）X射线图

图 6-2-11　焊缝根部焊瘤

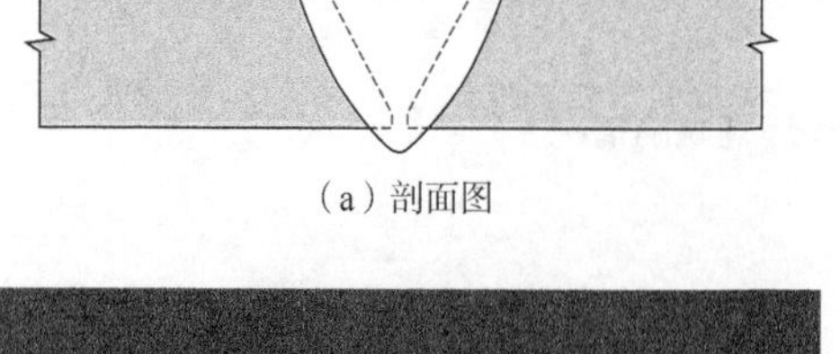

（a）剖面图

（b）X射线图

图 6-2-12　焊缝内凹

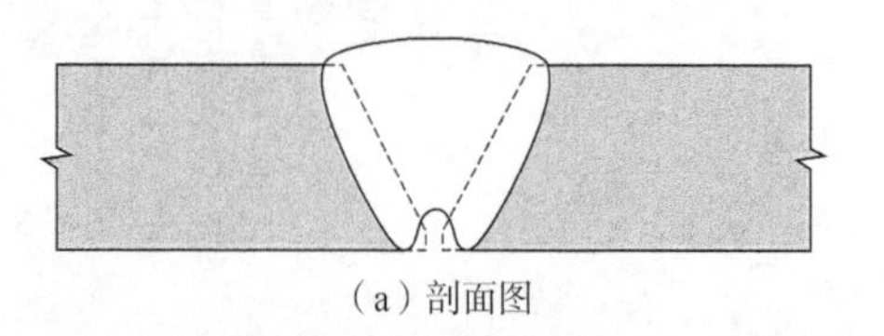

（a）剖面图

（b）X射线图

图 6-2-13　焊缝根部凹陷

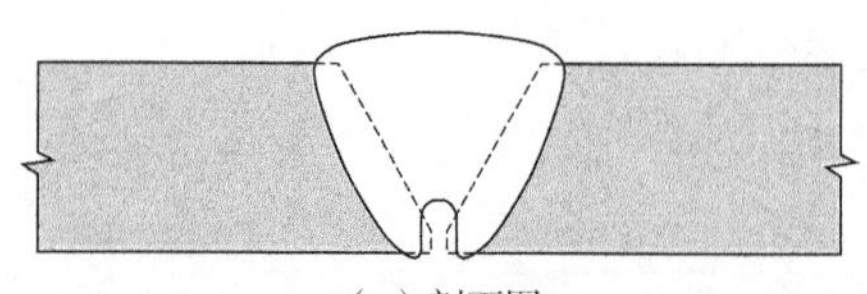

（a）剖面图

（b）X射线图

图 6-2-14　焊缝烧穿

9. 烧穿

烧穿是在焊接过程中，由于焊接参数选择不当，焊接操作工艺不良，或者工件装配不好等原因，熔化金属自焊缝背面流出，造成穿孔的现象（图 6-2-14）。产生烧穿的原因是电流过大、焊速太慢；坡口间隙过大；摆弧不正常。

预防措施：控制接头坡口尺寸，如单面焊双面成型的接头，其装配间隙应为焊条直径、钝边应为焊条直径的一半左右；双面焊时要仔细清根，焊接时应选择合适的焊接速度和焊接电流。

二、 环焊缝焊接缺陷分布情况

收集了近年来国内环焊缝缺陷无损检测数据 39465 组，其中 X80 钢 24908 组，X70 钢 8435 组，X65 钢 6122 组，见表 6-2-1。基于该数据进行环焊缝缺陷统计分析。各钢级环焊缝缺陷情况如图 6-2-15 至图 6-2-17 所示。

表 6-2-1 环焊缝缺陷统计样本收集情况

钢级	X65 及以下	X70	X80	合计
样本数	6122	8435	24908	39465

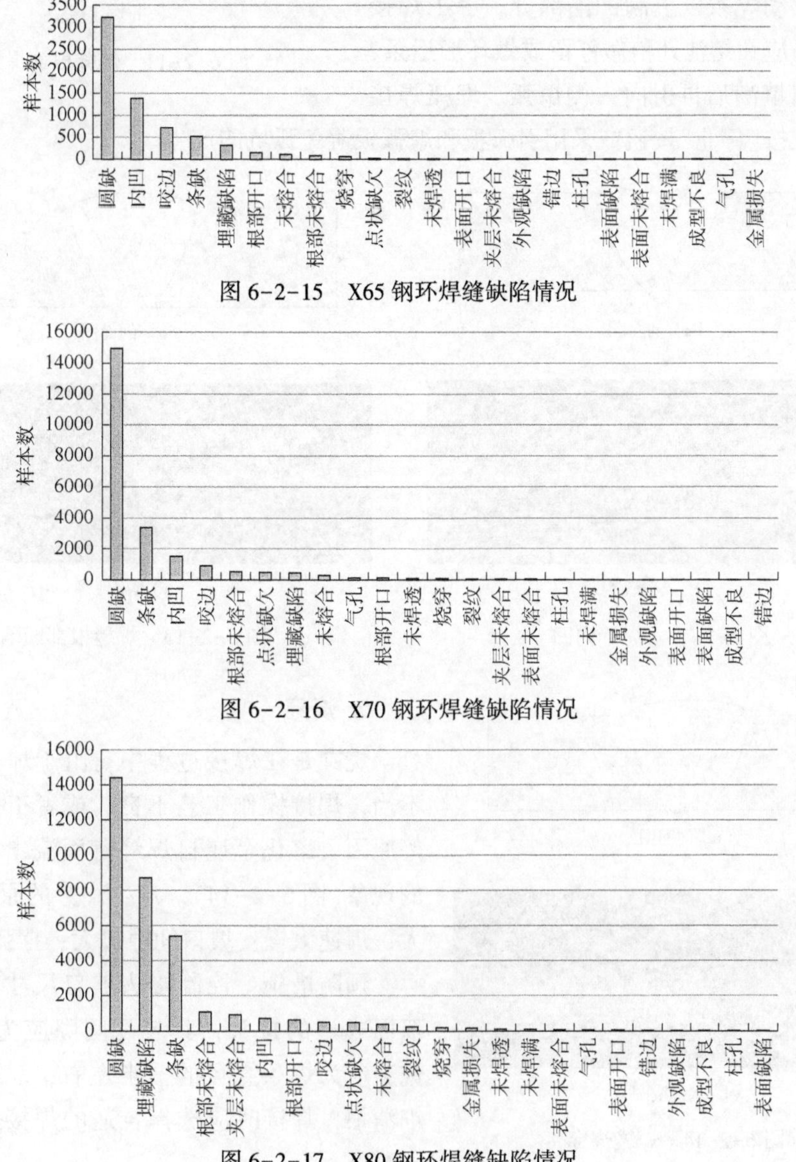

图 6-2-15 X65 钢环焊缝缺陷情况

图 6-2-16 X70 钢环焊缝缺陷情况

图 6-2-17 X80 钢环焊缝缺陷情况

从图 6-2-15 至图 6-2-17 可以看出环焊缝各类缺陷中以焊接缺陷为主，其中以圆缺出现频次最高，其次是条缺、埋藏缺陷（未明确缺陷类型的，可能为气孔、夹渣、未熔合等各类埋藏缺陷）、内凹、未熔合等缺陷。

1. 超标缺陷情况

将各类缺陷中的超标缺陷提取出来，进行统计分析，如图 6-2-18 和图 6-2-19 所示。

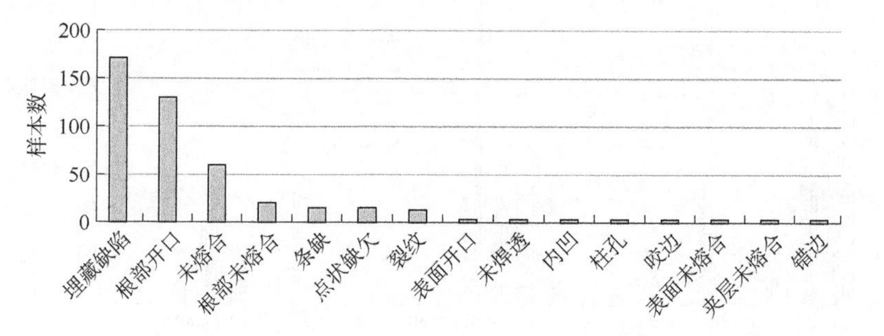

图 6-2-18　环焊缝焊接超标缺陷排序

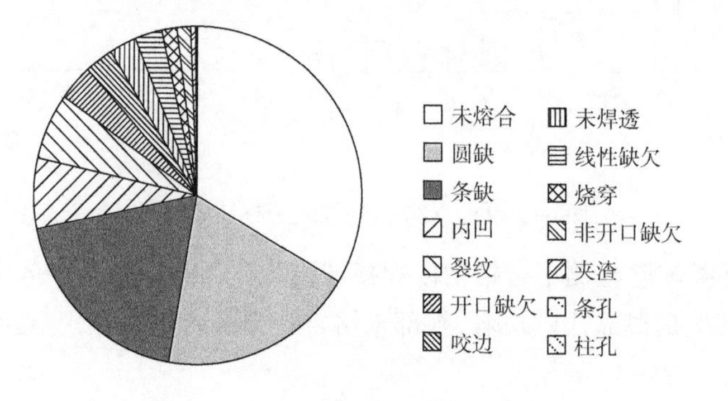

图 6-2-19　环焊缝焊接超标缺陷占比

从图 6-2-18 和图 6-2-19 中可以看出，超标缺陷以未熔合、圆缺、条缺、内凹、咬边、未焊透、烧穿、夹渣等为主，这些缺陷均是与焊接操作过程相关；其次是裂纹缺陷，这类缺陷与焊接操作、焊接材料、环境、应力工况等多因素相关。

将各钢级检测不合格的超标缺陷进行统计，如图 6-2-20 至图 6-2-22 所示。

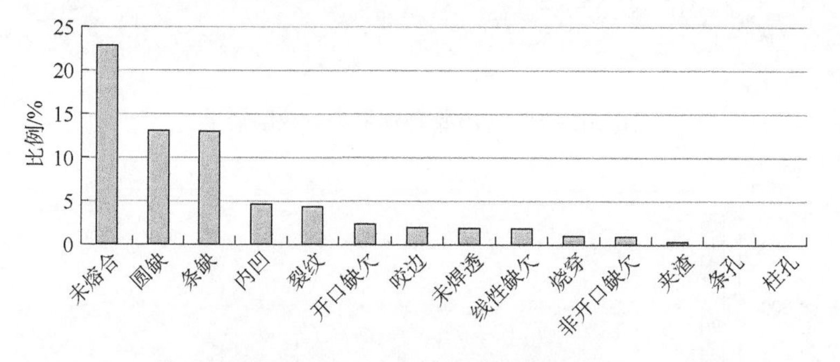

图 6-2-20　X65 钢环焊缝超标缺陷情况

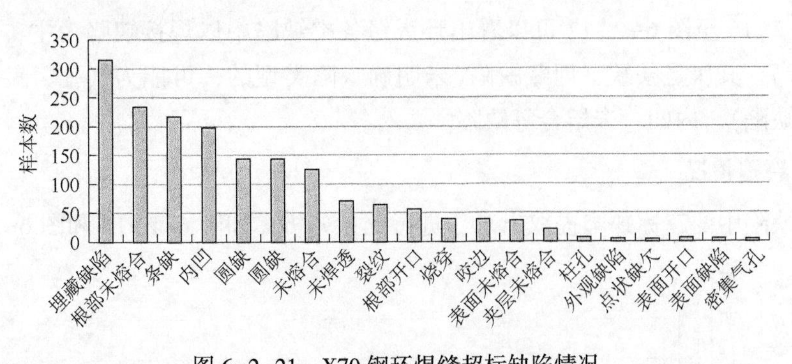

图 6-2-21　X70 钢环焊缝超标缺陷情况

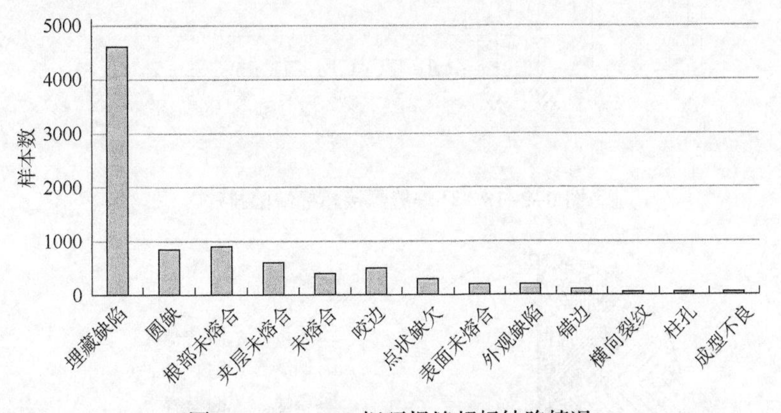

图 6-2-22　X80 钢环焊缝超标缺陷情况

可以看出，各类缺陷检测不合格中以焊接缺陷为主，其中绝大多数焊接过程中形成的是埋藏型缺陷，其次是根部开口缺陷(根部未熔合、根部未焊透等)，这类缺陷也与焊接过程相关。

将 X80 钢环焊缝圆周方向各钟点位置缺陷情况进行统计分析，分析结果如图 6-2-23 所示。

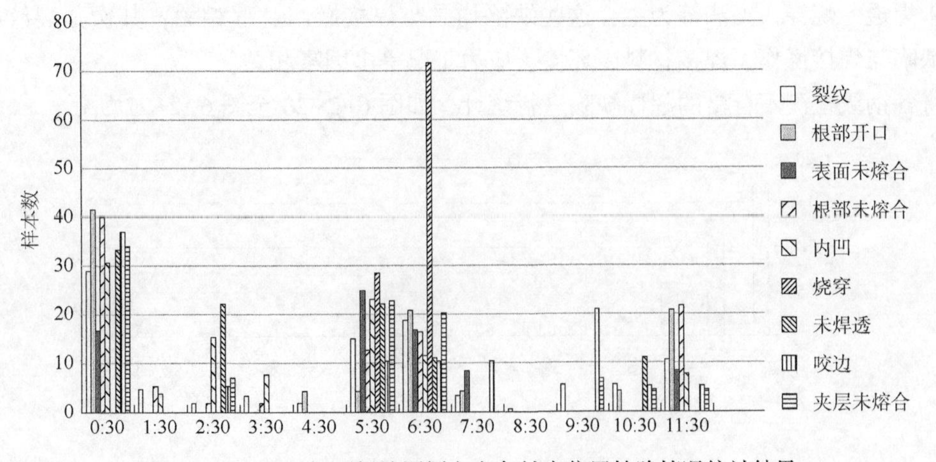

图 6-2-23　X80 钢环焊缝圆周方向各钟点位置缺陷情况统计结果

从图 6-2-24 中可以看出，各类缺陷主要集中在立焊位置和仰焊位置，这一特征与环焊缝受力状态相关，一般 6 点位置是容易出现应力集中的位置；其次与焊接操作有关，6 点与 12 点一般是焊接的起弧和收弧处，焊接起弧收弧的过程中焊接参数瞬时异常，容易导致焊接缺陷的产生；另外，6 点钟位置多数情况下焊接施工操作难度大，焊接质量控制难度大。

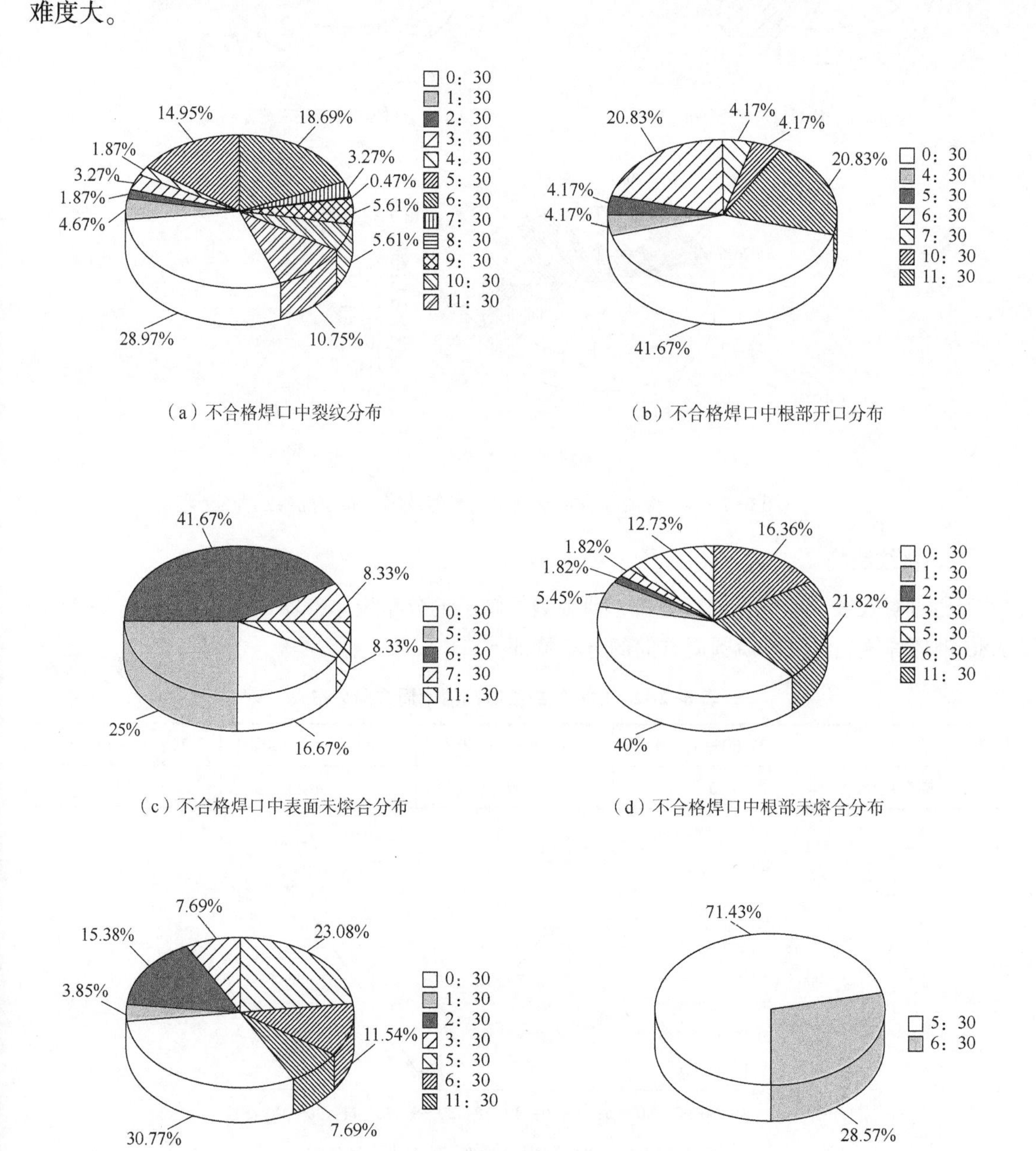

图 6-2-24　检测不合格缺陷中危害型缺陷分布情况

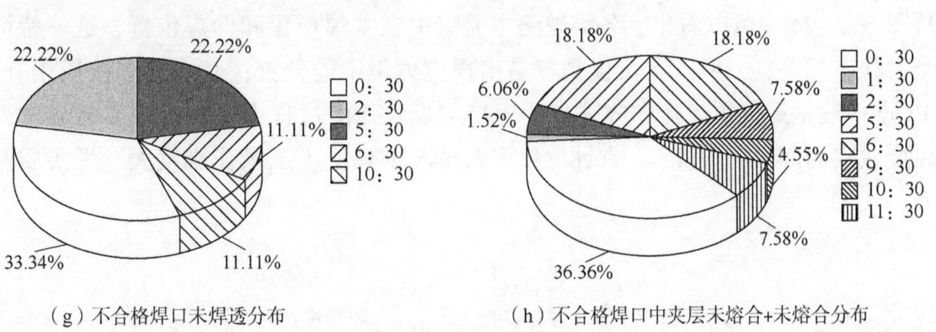

（g）不合格焊口未焊透分布

（h）不合格焊口中夹层未熔合+未熔合分布

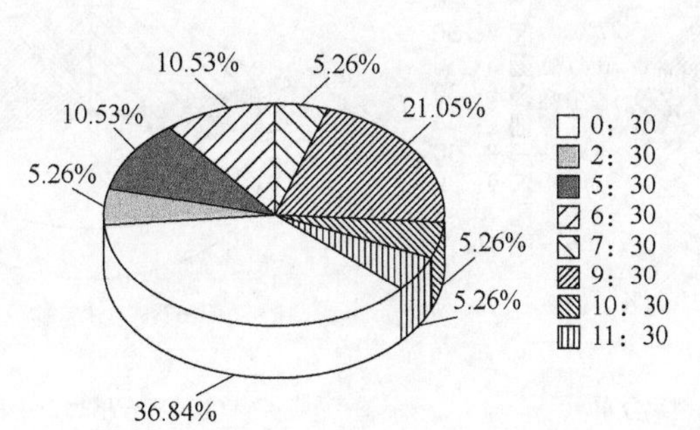

（i）不合格焊口中咬边分布

图 6-2-24　检测不合格缺陷中危害型缺陷分布情况(续)

2. 裂纹缺陷

通过对裂纹缺陷信息进行分析，研究裂纹缺陷的分布规律，表 6-2-2 和图 6-2-25 是 X80 钢环焊缝裂纹缺陷沿圆周方向的分布特征。

表 6-2-2　X80 钢裂纹缺陷沿圆周方向分布

位置	2：30—3：30	5：30—6：30	8：30—9：30	11：30—12：30
样本数	5	57	4	71

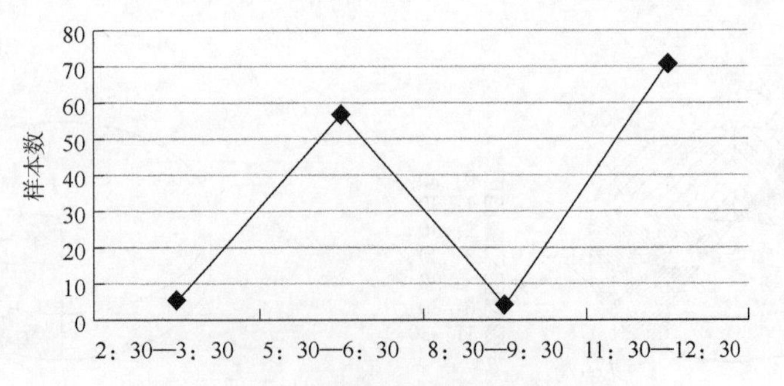

图 6-2-25　X80 钢裂纹缺陷沿圆周方向分布

从表 6-2-2 和图 6-2-25 中可以看出，X80 钢裂纹缺陷主要集中在平焊位置和立焊位置。

第三节 油气长输管道焊接质量分析

通过对典型管道工程百口磨合期抽检的焊口性能检测数据进行统计分析，获得 X65、X70、X80 典型管道工程环焊缝性能，由于现场口检验数据中有效数据仅有拉伸试验数据和夏比冲击试验数据，因此，本部分内容主要分析环焊缝的强度和冲击韧性。

一、 管线钢环焊缝强度匹配情况

X65、X70、X80 典型管道工程环焊缝强度统计结果见表 6-3-1，相应的环焊缝强度分布如图 6-3-1 所示。

表 6-3-1 X65、X70、X80 典型管道工程环焊缝强度

序号	工程名称	钢级	焊口	样本	焊缝强度平均值/MPa	焊缝强度最大值/MPa	焊缝强度最小值/MPa	焊缝强度最大值与最小值差值/MPa	方差/MPa	断在焊缝率/%
1	忠武线	X60	1	4	589.5	598	584	14	5.22	0
2	西一线		18	69	567.0	595	532	63	14.76	0
3	西二线		2	8	575.0	580	565	15	5.59	0
4	西二线	X65	8	32	601.9	630	570	60	13.85	25.0
5	中俄原油二线		150	600	611.1	664	543	121	26.11	0.7
6	西一线	X70	247	999	627.9	725	529	196	37.67	38.3
7	西二线		243	972	643.6	705	570	135	26.11	28.4
8	陕京三线		56	224	636.1	700	575	125	22.59	45.5
9	新气项目		122	452	650.2	737	541	196	28.00	1.4
10	西二线	X80	262	1048	705.7	785	635	150	24.06	21.9
11	陕京四线		173	692	697.2	832	606	226	36.69	3.6
12	中俄东线		108	432	687.2	763	618	145	28.95	0
13	中俄东线	*D*1422	131	524	695.0	796	601	195	37.84	0

从现场口的拉伸试验结果看，大部分工程百口磨合期抽检的焊口拉伸试样均断在母材，百口磨合期环焊缝绝大多数基本实现了至少等强匹配。

从图 6-3-2 可以看出，同钢级、不同时期、不同工程的环焊缝强度存在一定的差异，结合前文的研究结果可以推测，这种环焊缝强度的差异与焊材强度差异、母材强度差异，以及焊接工艺差异相关。

由于百口磨合期抽检的现场焊口检测报告中焊接信息的缺失，且未获得不同工程的焊口编号法则相关文件，无法将不同焊接方法的焊口性能剥离出来进行分析。为了进一步分析焊接方法与环焊缝性能的关联性，根据多年来的焊接技术服务的经验，根据焊口编号，将现场口中疑似自动焊和疑似半自动焊焊口区分开来，并分别对不同焊接方式焊接的环焊缝强度进行对比分析，如图 6-3-3 所示。

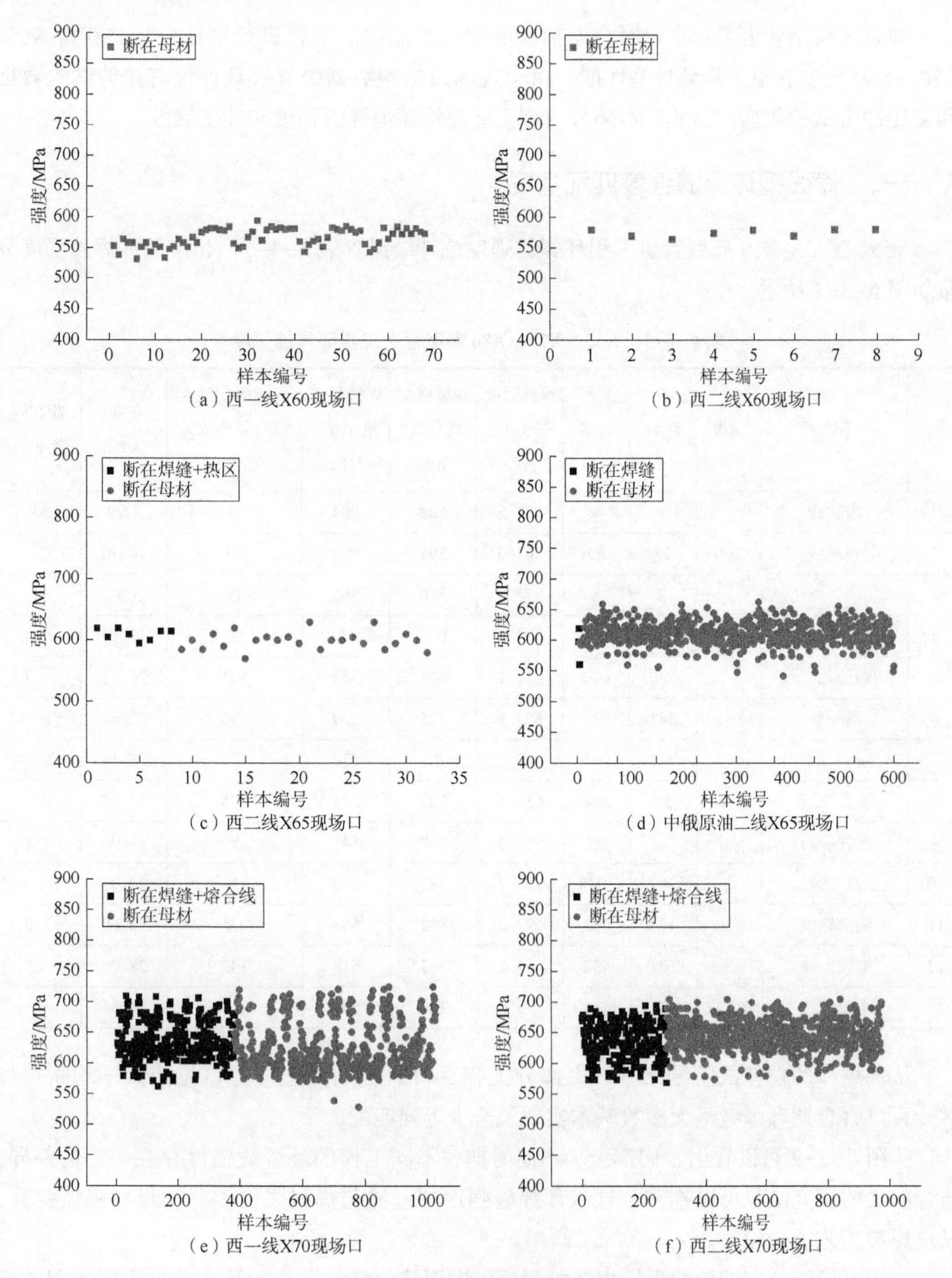

图 6-3-1　X65、X70、X80 典型管道工程环焊缝强度

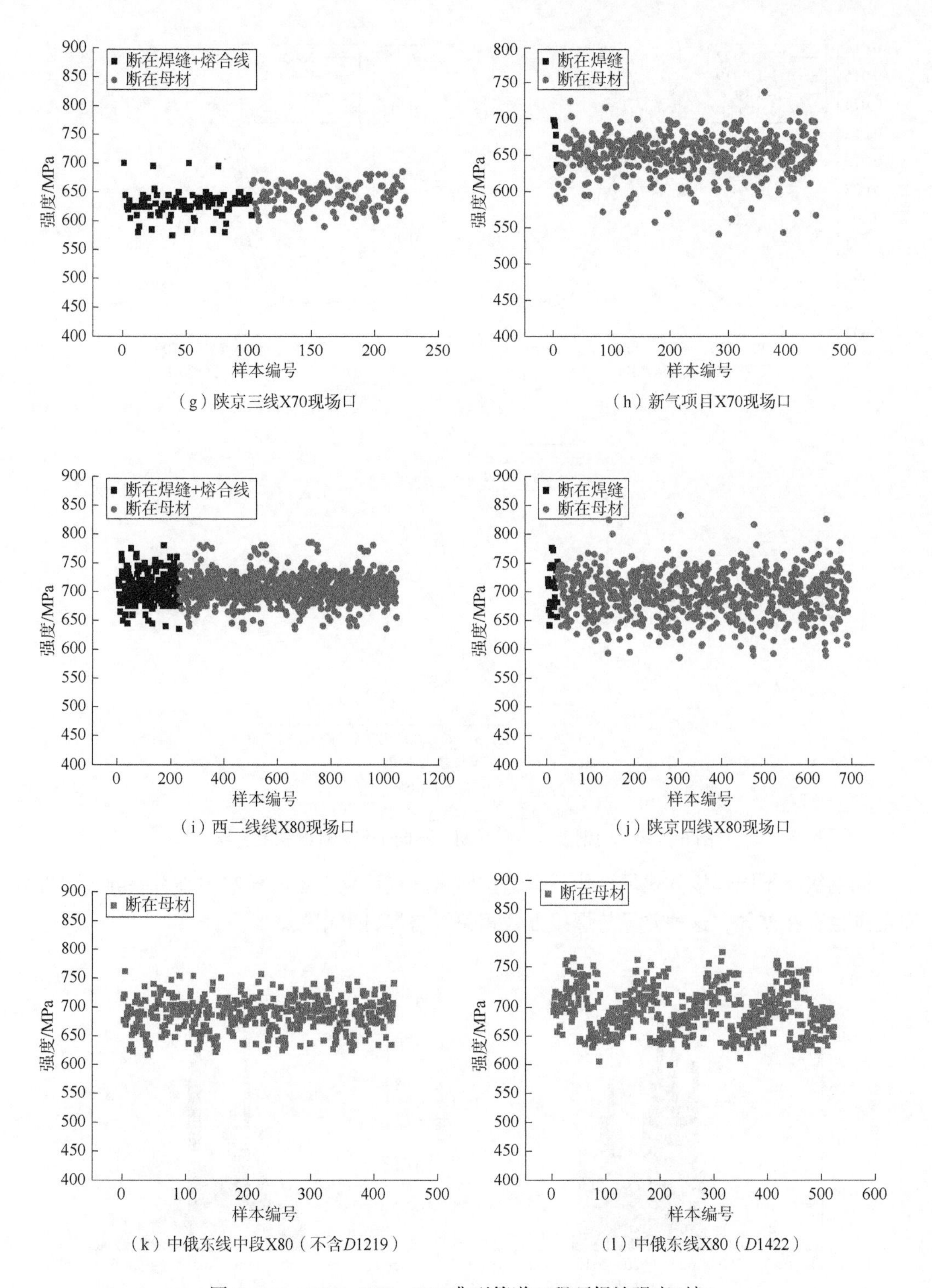

图 6-3-1 X65、X70、X80 典型管道工程环焊缝强度(续)

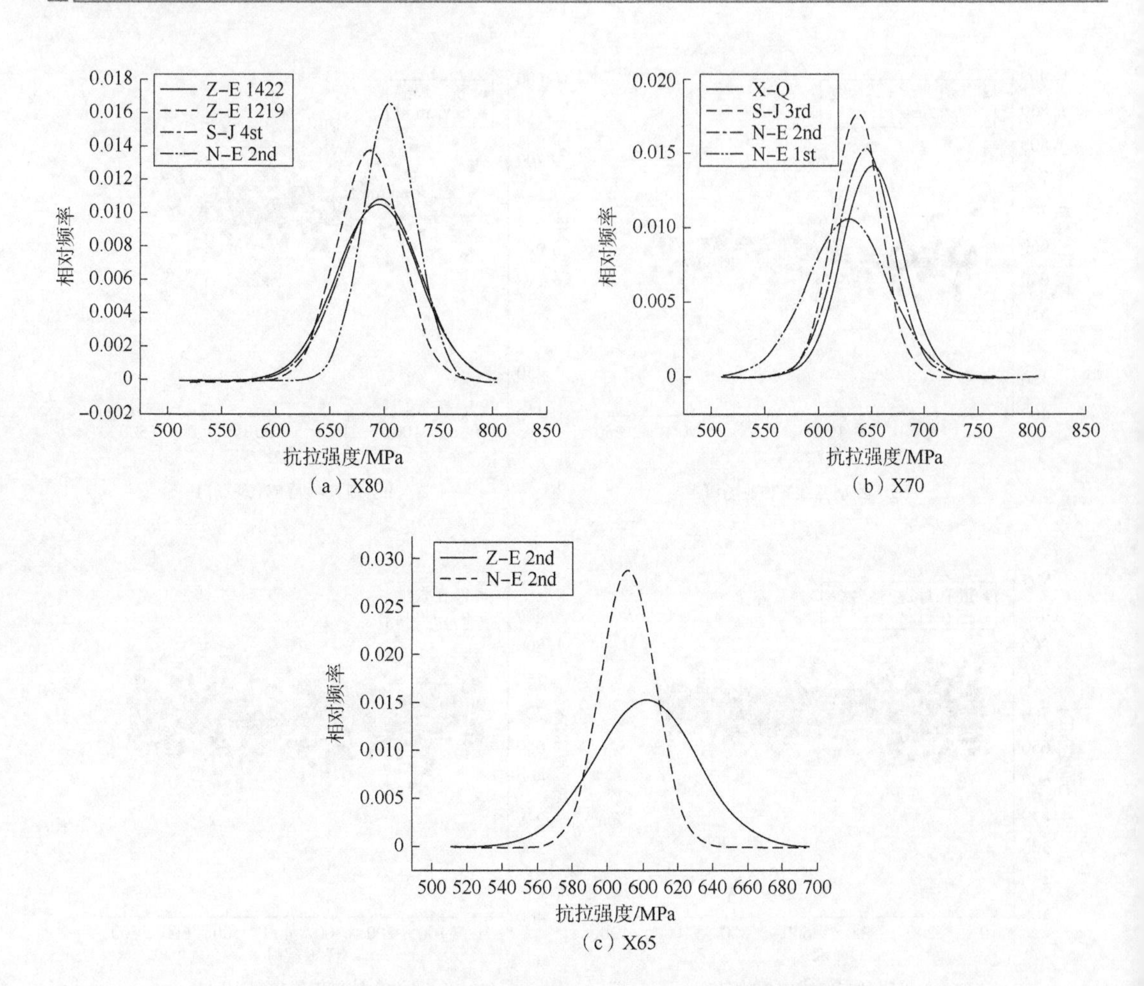

图 6-3-2　同钢级、不同时期、不同工程环焊缝强度差异

同钢级、不同焊接方式焊接的环焊缝拉伸强度统计直方图的样本中心有差异，强度分布范围也存在差异，这种差异与焊接方式相关，与焊材也相关。

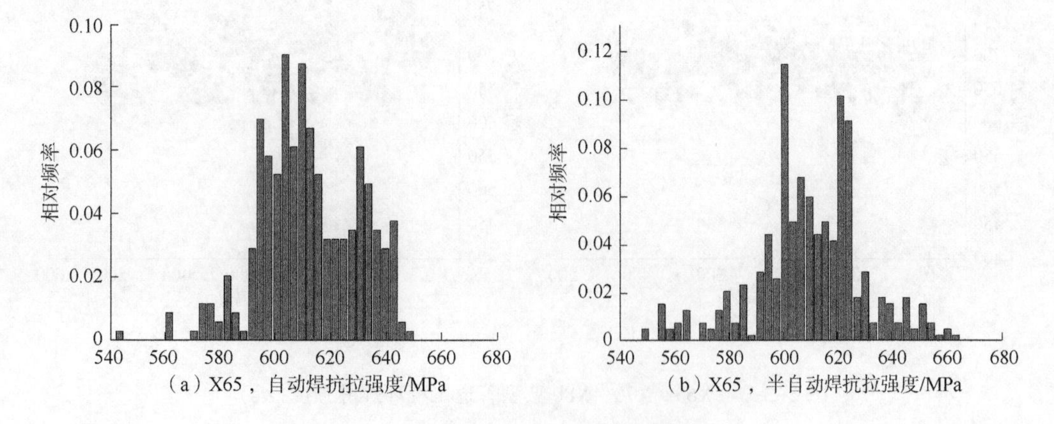

图 6-3-3　自动焊与半自动焊环焊缝强度差异

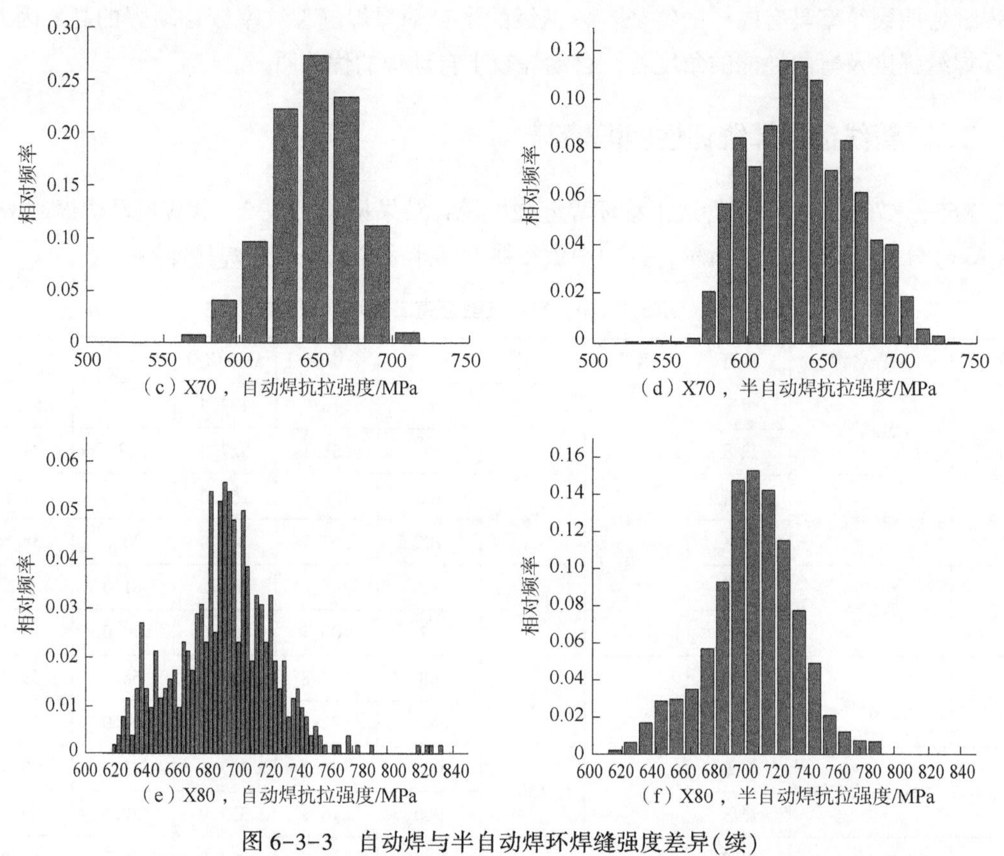

图 6-3-3　自动焊与半自动焊环焊缝强度差异(续)

为了更直观地对比焊接方式对环焊缝强度的影响，将统计直方图的拟合结果进行对比，同时对不同焊接方式的环焊缝拉伸断在焊缝的比例进行了统计分析，分析结果如图 6-3-4所示。

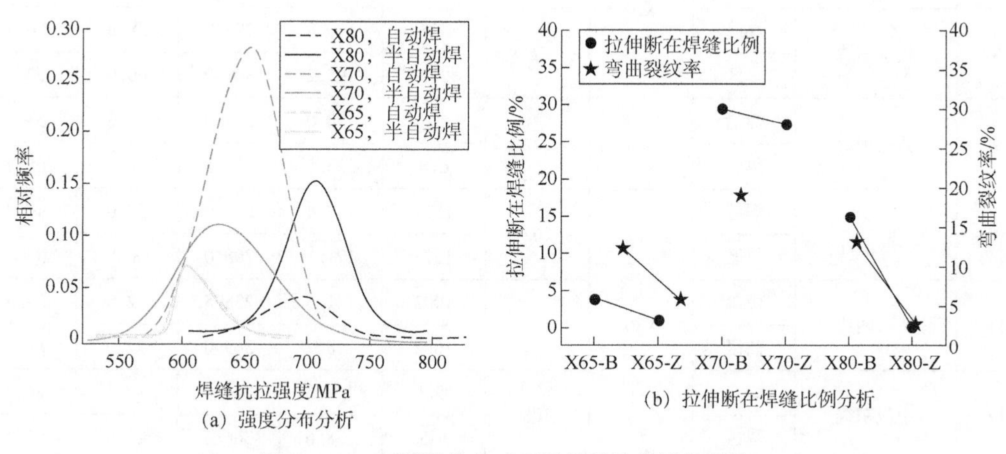

图 6-3-4　不同焊接方式环焊缝性能统计差异性

B 表示半自动焊，Z 表示自动焊，后同

从图 6-3-4 中可以看出，各钢级的半自动焊焊缝拉伸断在焊缝的比例较自动焊的高，环焊缝弯曲裂纹率具有同样的特征：各钢级的半自动焊焊缝裂纹率较自动焊的高。因此，从环焊缝强度及弯曲性能的角度看，自动焊较半自动焊的优势明显。

二、 管线钢环焊缝韧性匹配情况

X65、X70、X80典型管道工程环焊缝强度统计结果见表6-3-2，相应的环焊缝冲击韧性(Akv)分布如图6-3-5所示，其中中俄东线的样本完全为自动焊焊接样本。

表 6-3-2　X65、X70、X80 典型管道工程环焊缝冲击韧性

序号	工程名称	位置	钢级	焊口数	样本数	平均值/J	最大值/J	最小值/J	方差/J
1	忠武线	焊缝	X60	1	6	116.2	187.5	38.0	52.2
		热区			6	281.1	327.0	248.5	24.4
2	西一线	焊缝		18	102	182.9	259.0	37.0	48.1
		热区			102	162.1	243.0	32.0	38.3
3	西二线	焊缝		2	12	90.9	99.0	81.0	5.2
		热区			12	106.7	125.0	90.0	10.3
4	西二线	焊缝	X65	8	48	163.8	252.0	66.0	43.4
		热区			48	172.3	302.0	56.0	51.7
5	中俄原油二线	焊缝		150	900	144.8	307.0	11.5	55.5
		热区			900	216.3	357.0	22.5	59.5
6	西一线	焊缝	X70	247	1320	149.8	294.0	7.5	69.0
		热区			1320	192.2	294.0	12.0	60.9
7	西二线	焊缝		243	1452	145.4	278.0	34.0	53.4
		热区			1452	198.4	313.0	27.0	65.8
8	陕京三线	焊缝		56	336	170.8	298.0	58.0	50.6
		热区			336	195.2	300.0	60.0	67.4
9	新气项目	焊缝	X80	122	678	158.0	338.0	20.5	38.6
		热区			678	223.5	405.5	26.0	65.2
10	西二线	焊缝		262	1572	137.4	276.0	58.0	40.2
		热区			1572	171.3	298.0	8.0	55.6
11	陕京四线	焊缝		173	1002	141.6	238.5	22.5	39.5
		热区			1002	218.7	369.0	32.0	64.8
12	中俄东线	焊缝		108	648	157.3	246.0	92.5	26.2
		热区			648	238.6	366.5	27.0	67.3
13	中俄东线	焊缝	*D*1422	131	924	152.7	311.5	65.5	29.2
		热区			924	234.9	371.5	30.0	59.9

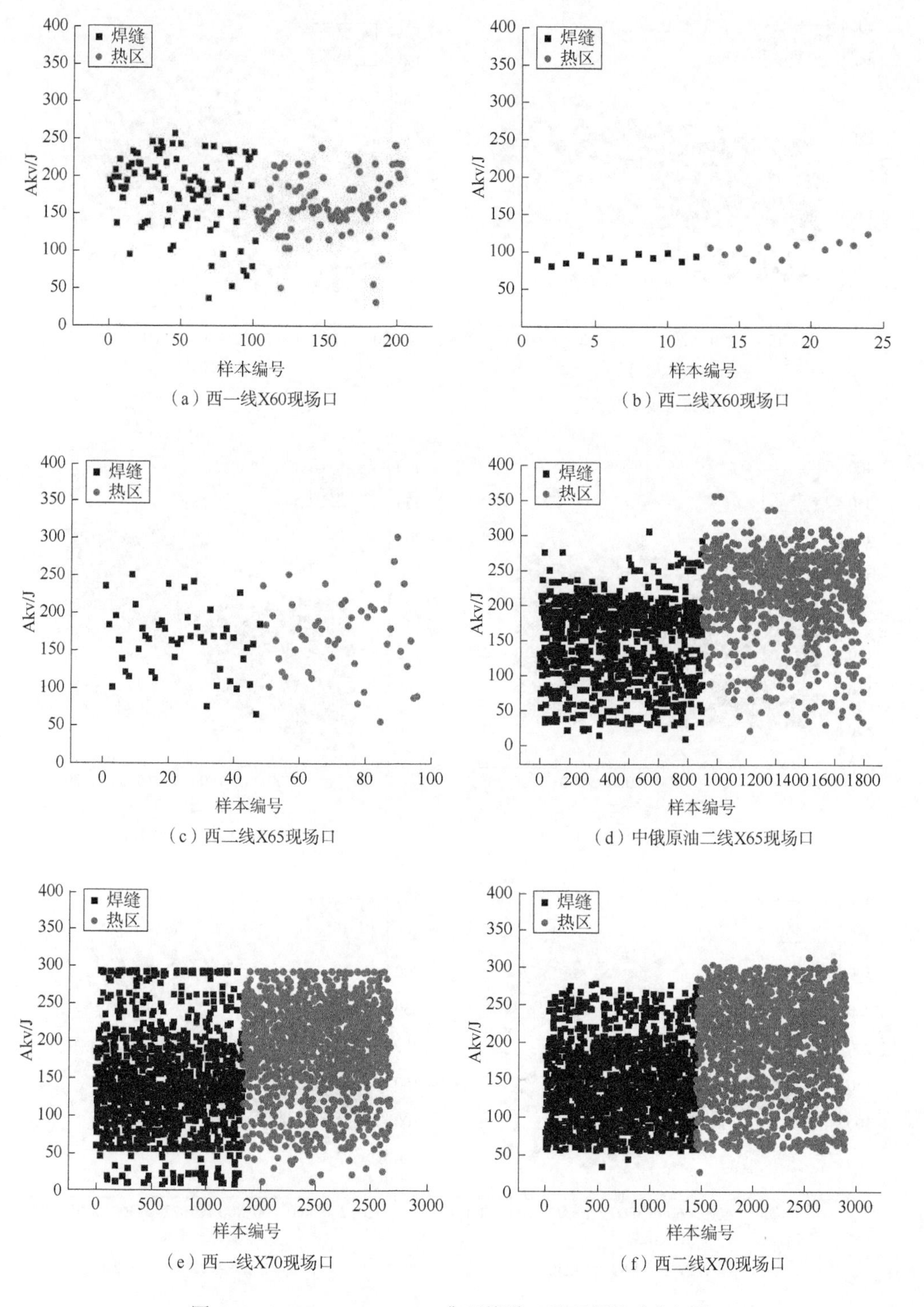

图 6-3-5　X65、X70、X80 典型管道工程环焊缝冲击韧性

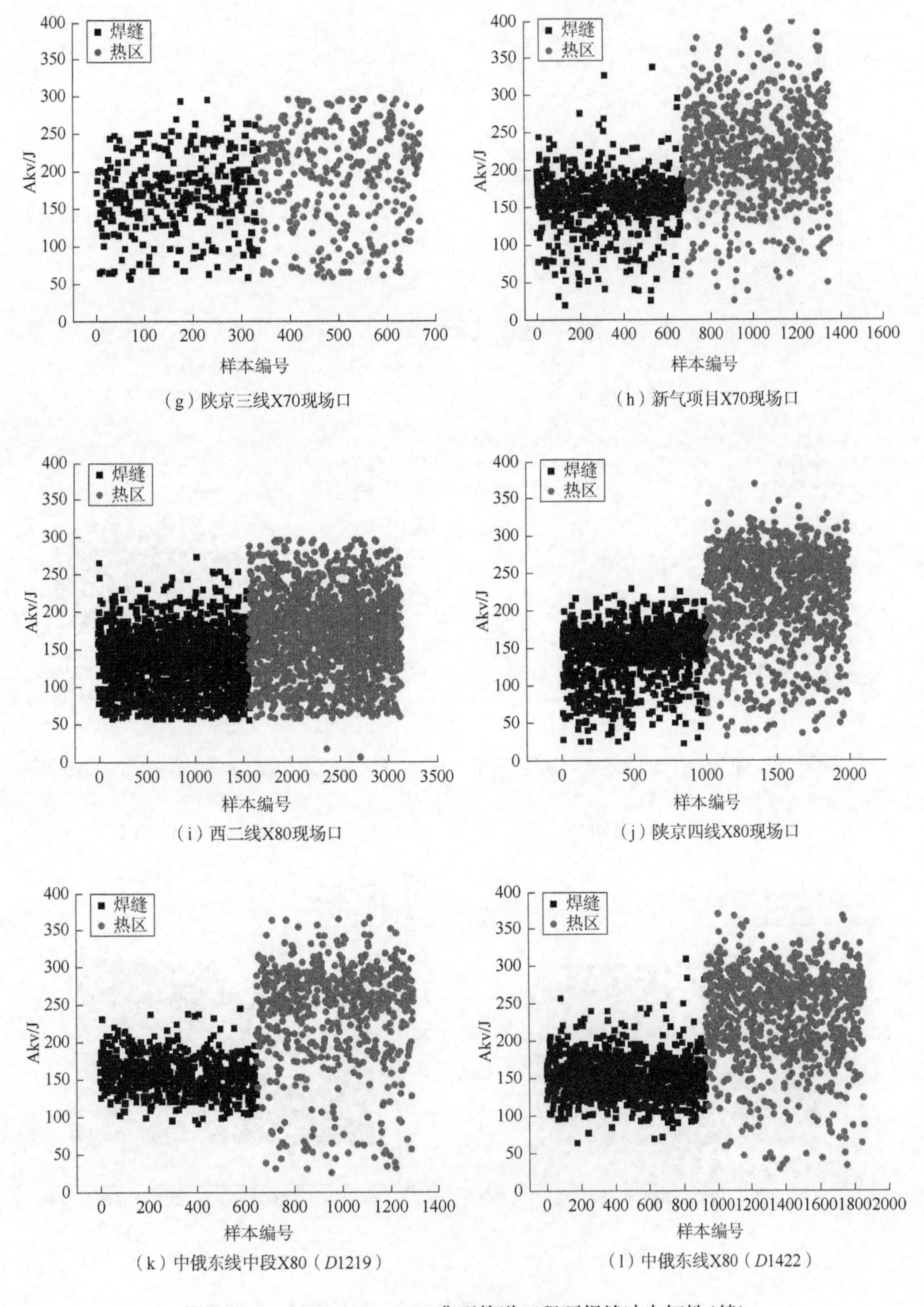

图 6-3-5　X65、X70、X80 典型管道工程环焊缝冲击韧性(续)

从现场口的冲击试验结果看：

（1）除个别工程的低钢级因样本数限制外，各工程百口磨合期抽检的不同钢级的环焊缝热影响区均存在离散性。

（2）焊缝中心韧性总体也存在离散特征，但离散性程度存在差异。

（3）以中俄东线为代表的自动焊焊缝中心的冲击韧性离散程度显著小于其他工程，焊缝热影响区韧性离散程度与其他工程无明显差异。

从图6-3-6和图6-3-7中可以看出，同钢级、不同时期、不同工程的环焊缝冲击韧性存在差异。从X80钢来看，采用自动焊工艺的中俄东线D1422和D1219环焊缝中心冲击韧性水平相当，以半自动焊样本来源为主的西二线和陕京四线焊缝中心冲击韧性相当。不同时期、不同工程的X70和X65钢环焊缝冲击韧性各异。

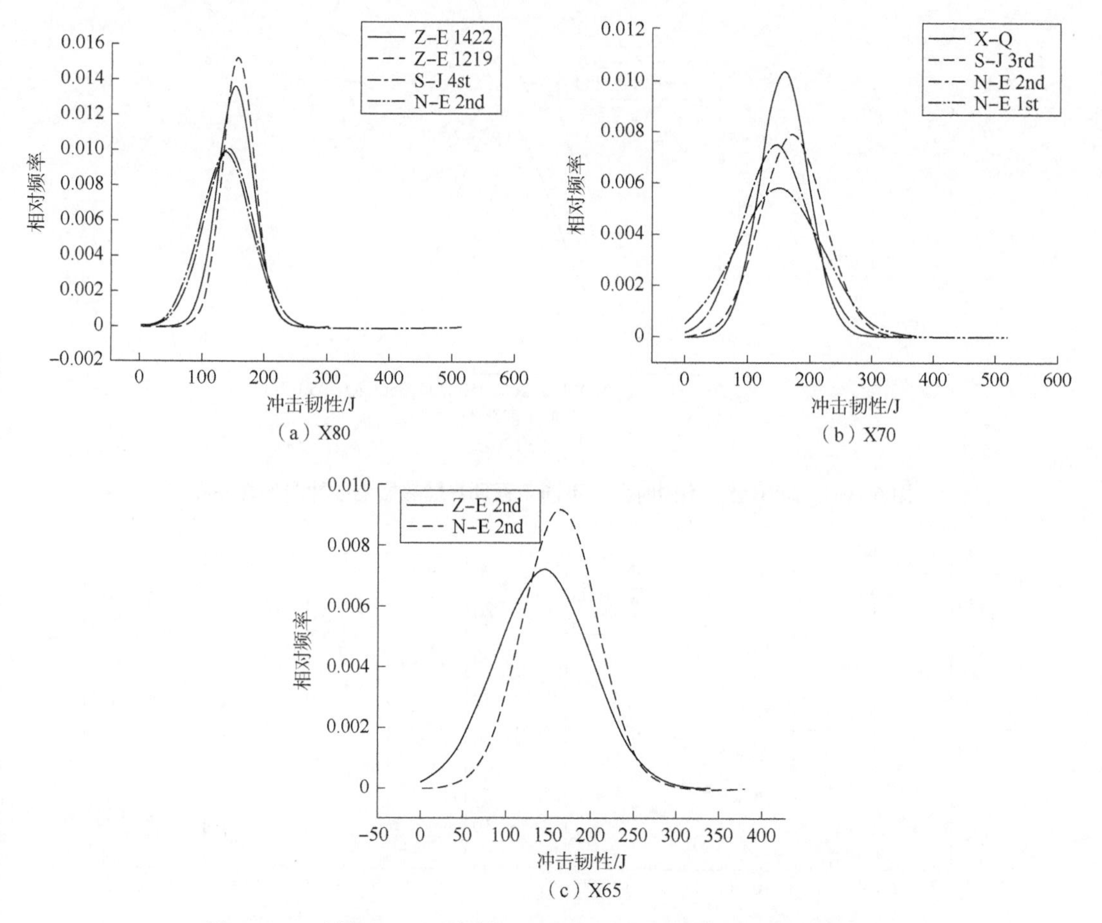

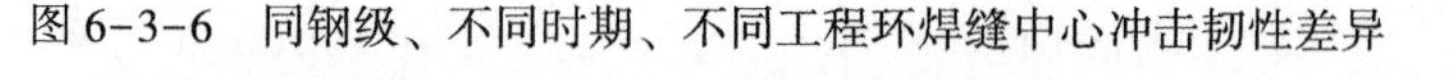
图6-3-6　同钢级、不同时期、不同工程环焊缝中心冲击韧性差异

图6-3-8为不同工程环焊缝冲击韧性平均值和离散程度（以标准方差衡量）量化结果。进一步直观体现了上文得出的结论。各工程环焊缝中心韧性均值相当，热影响区的韧性均值各不一样。但值得一提的是，中俄东线的自动焊焊缝中心的冲击韧性离散度显著低于其他工程，各工程不同钢级热影响区冲击韧性离散性没有显著差异。

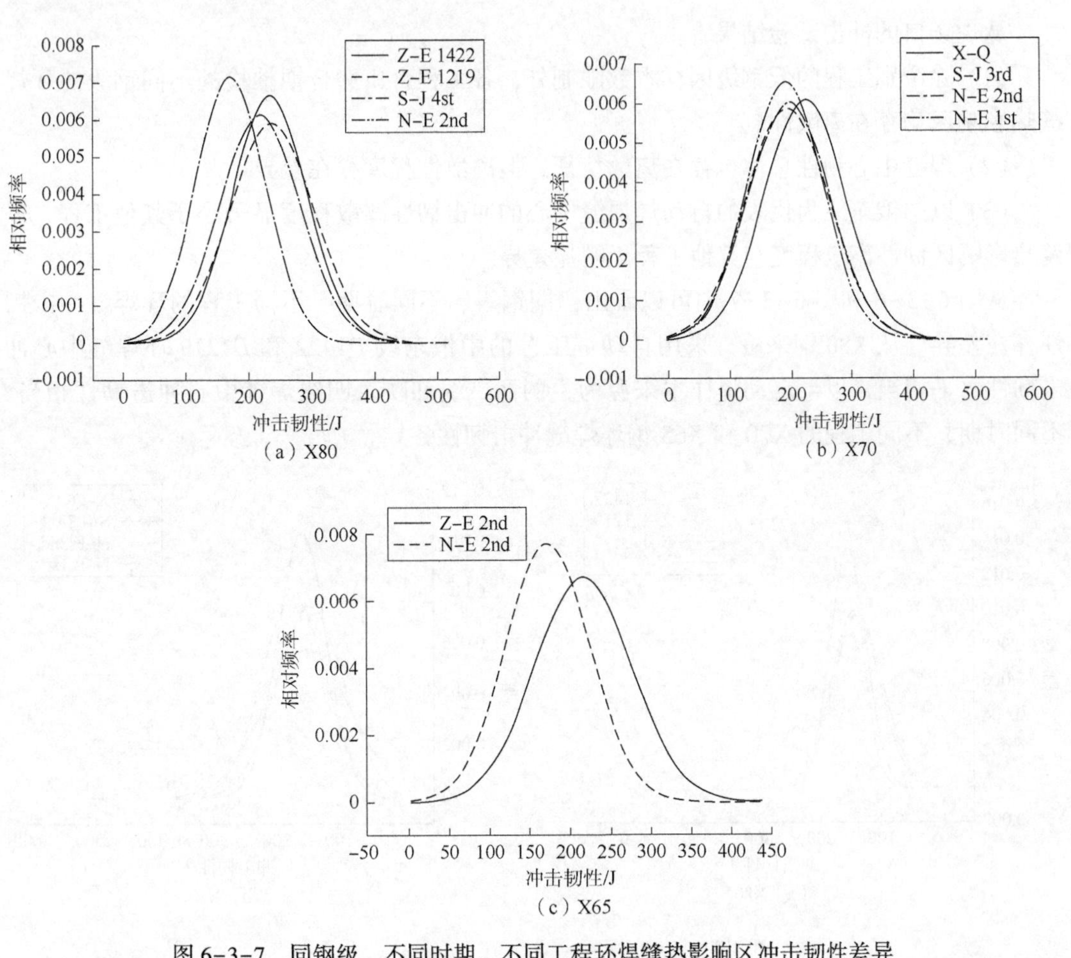

（a）X80

（b）X70

（c）X65

图 6-3-7　同钢级、不同时期、不同工程环焊缝热影响区冲击韧性差异

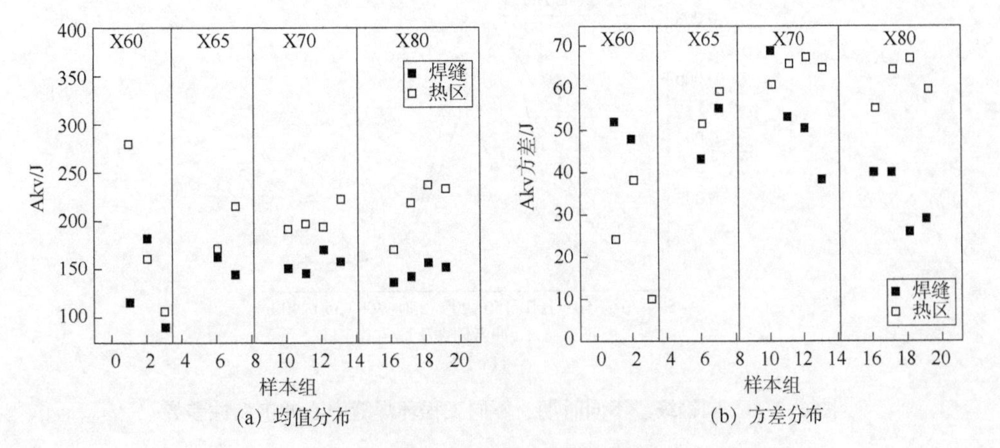

(a) 均值分布

(b) 方差分布

图 6-3-8　不同工程自动焊与半自动焊环焊缝冲击韧性差异

同样，为了进一步分析焊接方法与环焊缝性能的关联性，根据多年来的焊接技术服务的经验，根据焊口编号，将现场口中疑似自动焊和疑似半自动焊焊口区分开来，并分别对不同焊接方式焊接的环焊缝冲击韧性进行对比分析，如图 6-3-9 和图 6-3-10 所示。

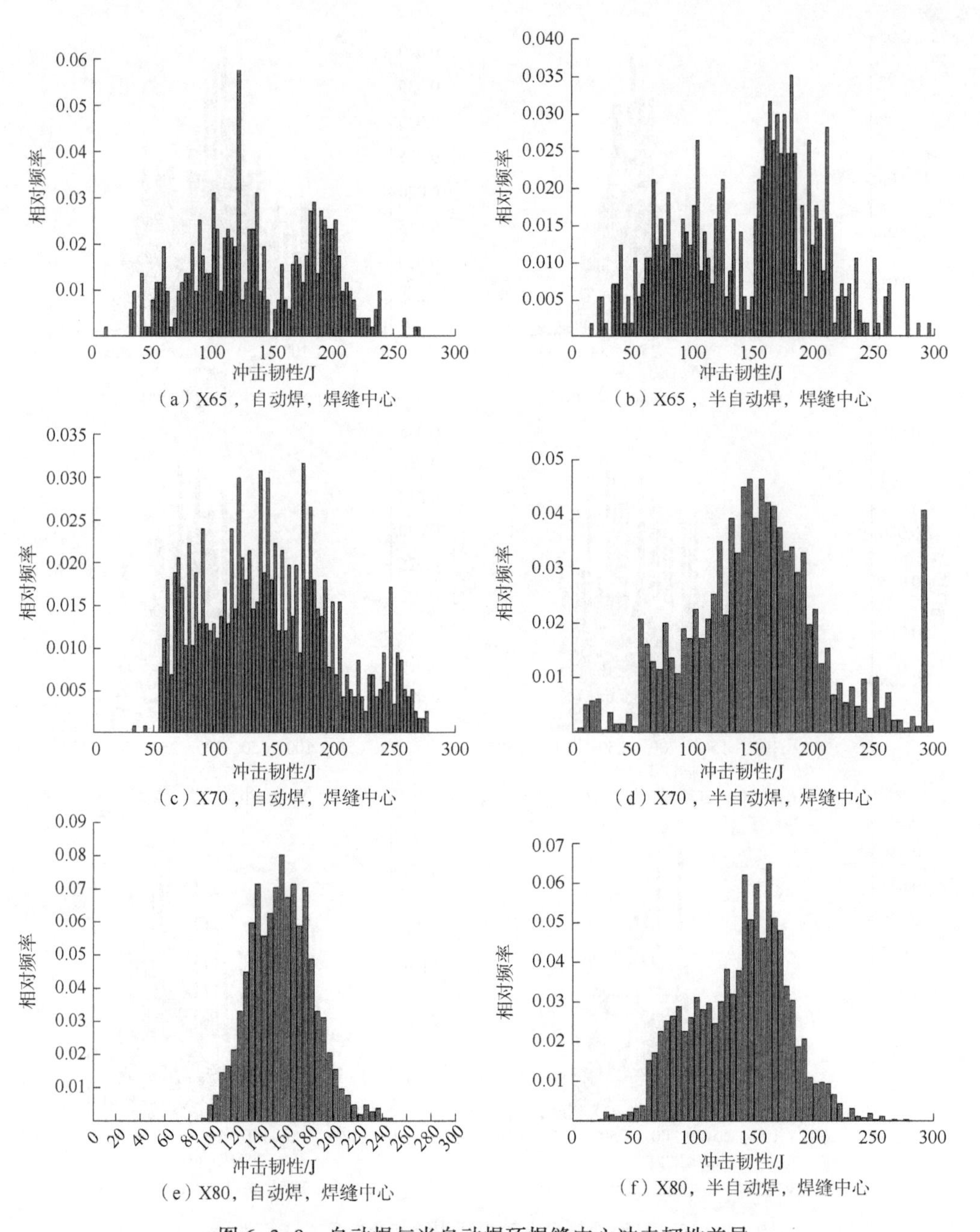

图 6-3-9 自动焊与半自动焊环焊缝中心冲击韧性差异

从图 6-3-9 中可以发现以下现象：

（1）半自动焊焊缝中心韧性离散程度较大，且存在焊缝韧性单值不合格的样本。

（2）自动焊焊缝中心整体韧性较半自动焊好，X80 自动焊焊缝中心韧性尤其稳定。

从图 6-3-10 中可以发现以下现象：

（1）半自动焊热影响区韧性离散性并未随着钢级的升高而增加。

（2）自动焊热影响区韧性离散性同样未随着钢级的升高而增加。

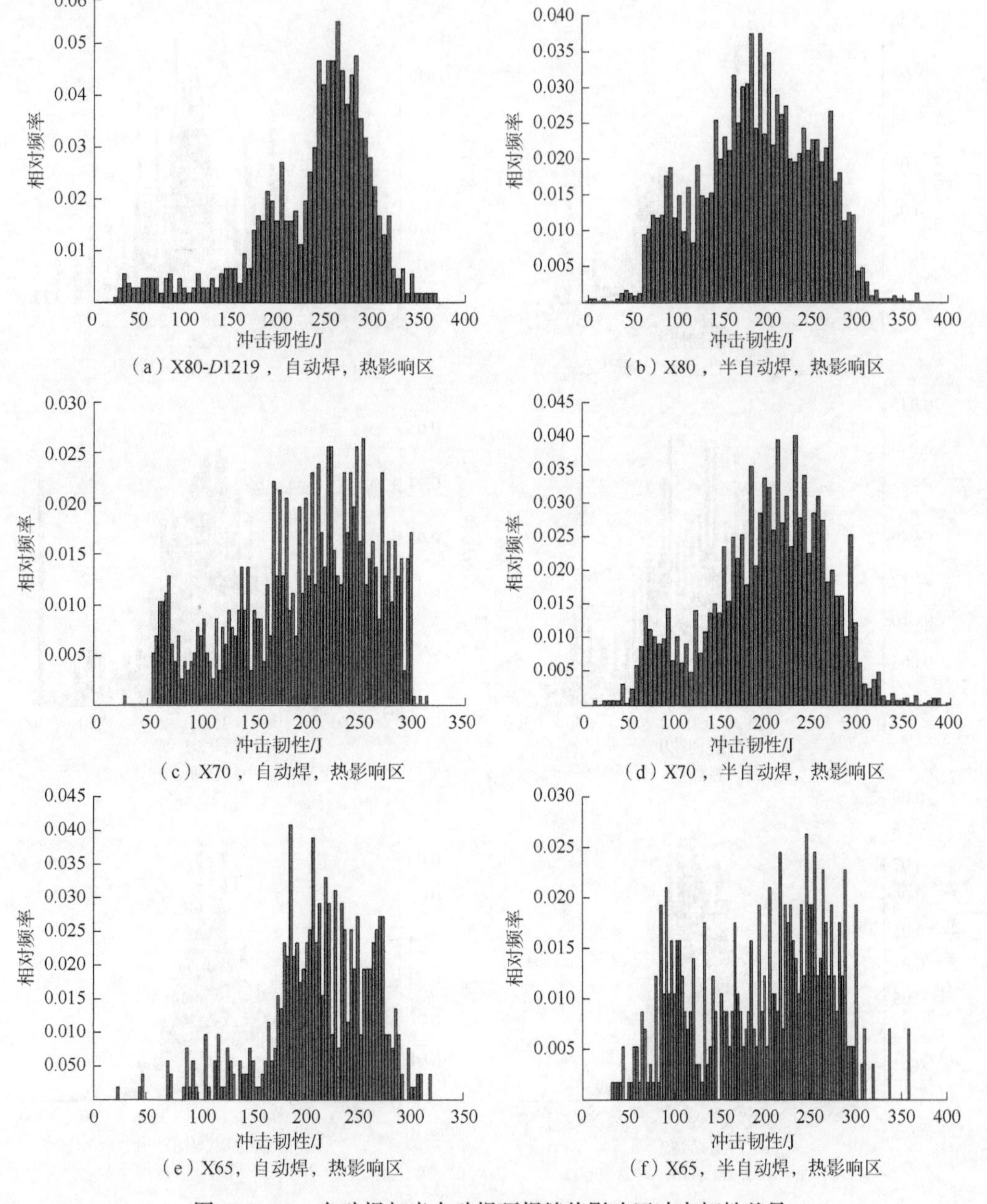

图 6-3-10　自动焊与半自动焊环焊缝热影响区冲击韧性差异

（3）焊缝热区韧性离散在各种钢级、自动焊和半自动焊焊缝中均存在，并为 GMAW 特有现象。

从图 6-3-11 中可以看出，不同钢级现场口韧性定量化的统计结果表明：

（1）自动焊与半自动焊焊缝中心冲击韧性值相近，与钢级无显著关联关系。

（2）自动焊焊缝热区的韧性均值整体高于半自动焊，宏观上看，焊缝热区韧性均值与钢级无显著关联性。

(3) 自动焊焊缝中心的韧性离散性最低(低于半自动焊中心及自动焊和半自动焊的热影响区);焊缝热区韧性离散性整体大于焊缝中心;焊缝中心韧性离散程度与钢级无显著关系。除X65钢以外,半自动焊热区离散性大于自动焊,且X80钢半自动焊热区韧性离散度大于X70钢;X70钢与X80钢自动焊热区韧性离散性相当。

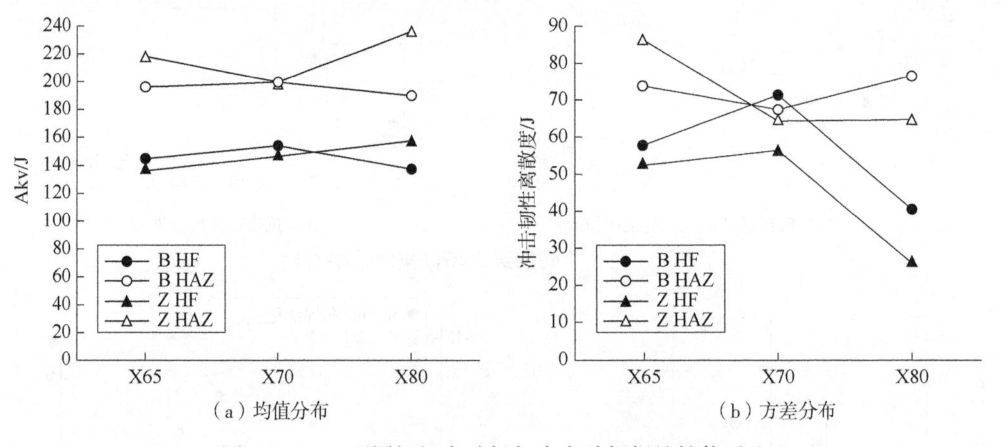

图 6-3-11 不同钢级自动焊与半自动焊焊缝性能对比

三、 管线钢环焊缝可焊性差异化情况

分别通过现场口数据和工艺评定数据,从环焊缝强度、韧性及热区软化、弯曲裂纹率等方面对焊接质量现状进行了分析,并对比了X65、X70、X80三种钢级的差异性,以期分析不同钢级焊接工艺对可焊性的影响。

1. 拉伸差异化

分别根据典型工程现场口检验的环焊缝拉伸试验结果和典型工程焊接工艺评定的环焊缝拉伸试验结果进行统计分析,对比X65、X70和X80钢可焊性差异化。

1) 基于现场口数据的差异化

图 6-3-12 是典型管道工程现场口环焊缝拉伸试验的强度最大值和最小值差及抗拉强度的统计方差(衡量离散程度)的对比分析结果,其中X60钢样本数较少,仅供参考。

从图 6-3-12 中可以看出,未见X65、X70和X80钢环焊缝的抗拉强度极值差和统计方差随着钢级变化呈现某种规律变化。

图 6-3-13 是典型管道工程现场口环焊缝拉伸试验中试样断在焊缝及熔合线的比例和弯曲试样中出现裂纹试样的比例的对比分析结果。

从图 6-3-13 中可以看出:

(1) 环焊缝拉伸断在焊缝的比例及弯曲试样的裂纹率,与钢级无显著关联性,与焊接方式直接相关。

(2) 自动焊焊缝拉伸断在焊缝的比例较半自动焊低。

(3) 自动焊弯曲试样裂纹率较半自动焊低。

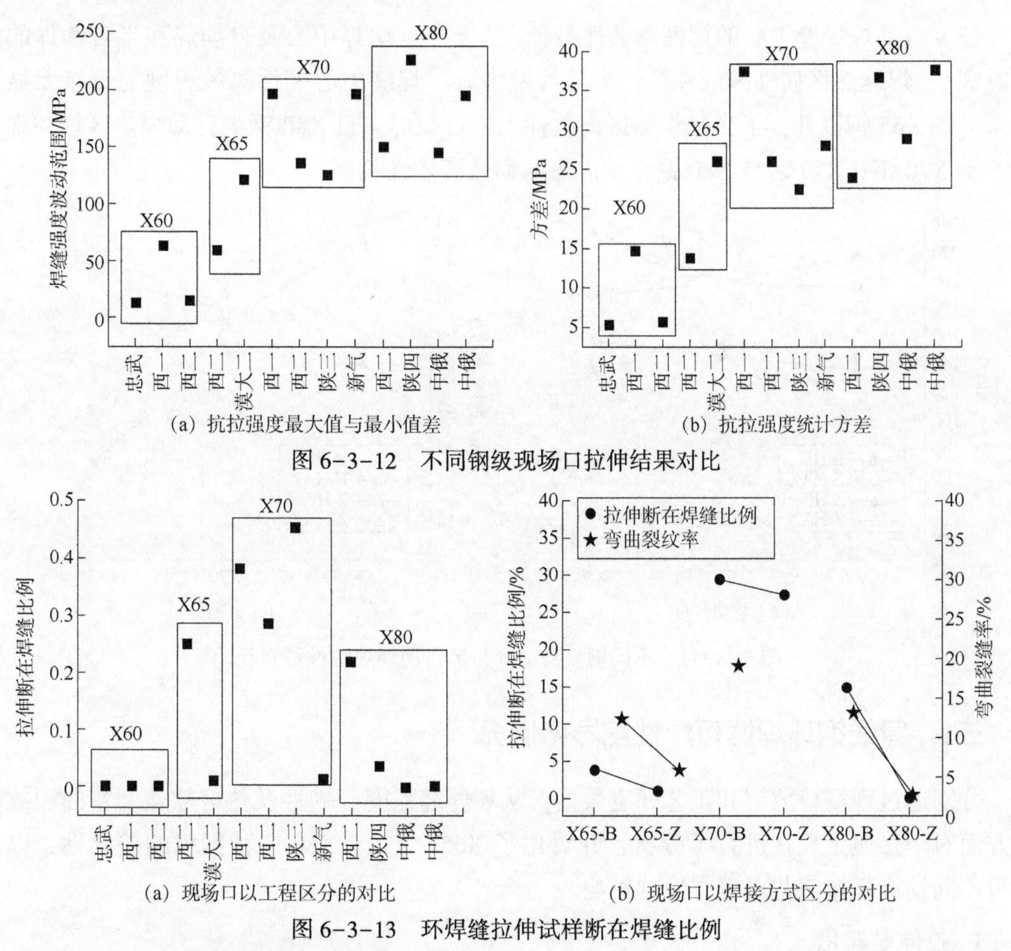

(a) 抗拉强度最大值与最小值差　　(b) 抗拉强度统计方差

图 6-3-12　不同钢级现场口拉伸结果对比

(a) 现场口以工程区分的对比　　(b) 现场口以焊接方式区分的对比

图 6-3-13　环焊缝拉伸试样断在焊缝比例

2）基于工艺评定数据的差异化

图 6-3-14 是典型管道工程焊接工艺评定中环焊缝拉伸试验中试样断在焊缝及熔合线的比例及抗拉强度的统计方差(衡量离散程度)。从图 6-3-14 中可以看出，未见环焊缝拉伸试样的断在母材的比例和统计方差随着钢级变化呈现某种规律变化。

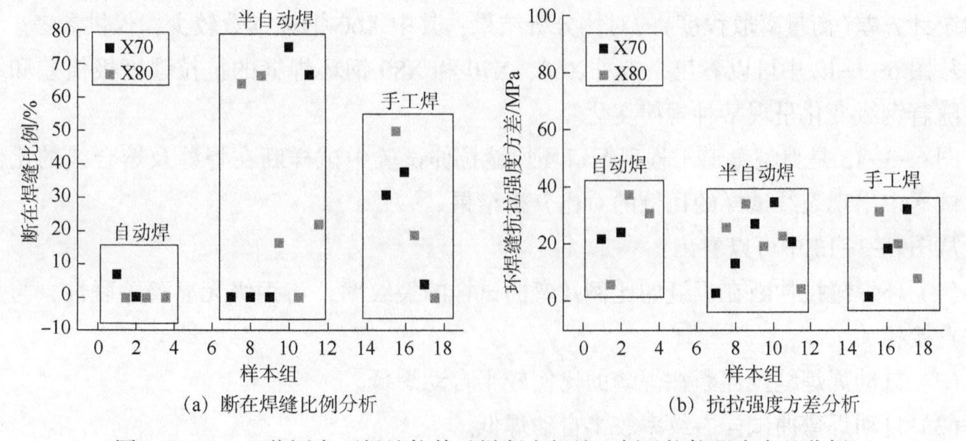

(a) 断在焊缝比例分析　　(b) 抗拉强度方差分析

图 6-3-14　工艺评定环焊缝拉伸试样断在焊缝比例及抗拉强度方差分析

2. 焊缝韧性差异化

分别根据典型工程现场口检验的环焊缝冲击试验数据和典型工程焊接工艺评定的环焊缝冲击试验数据进行统计分析，对比 X65、X70 和 X80 钢可焊性差异化。

1）基于现场口数据的差异化

图 6-3-15 是典型管道工程现场口环焊缝中心冲击韧性的均值、最大值、最小值和冲击韧性的统计方差(衡量离散程度)对比结果，其中：X60 钢样本数较少，仅供参考。

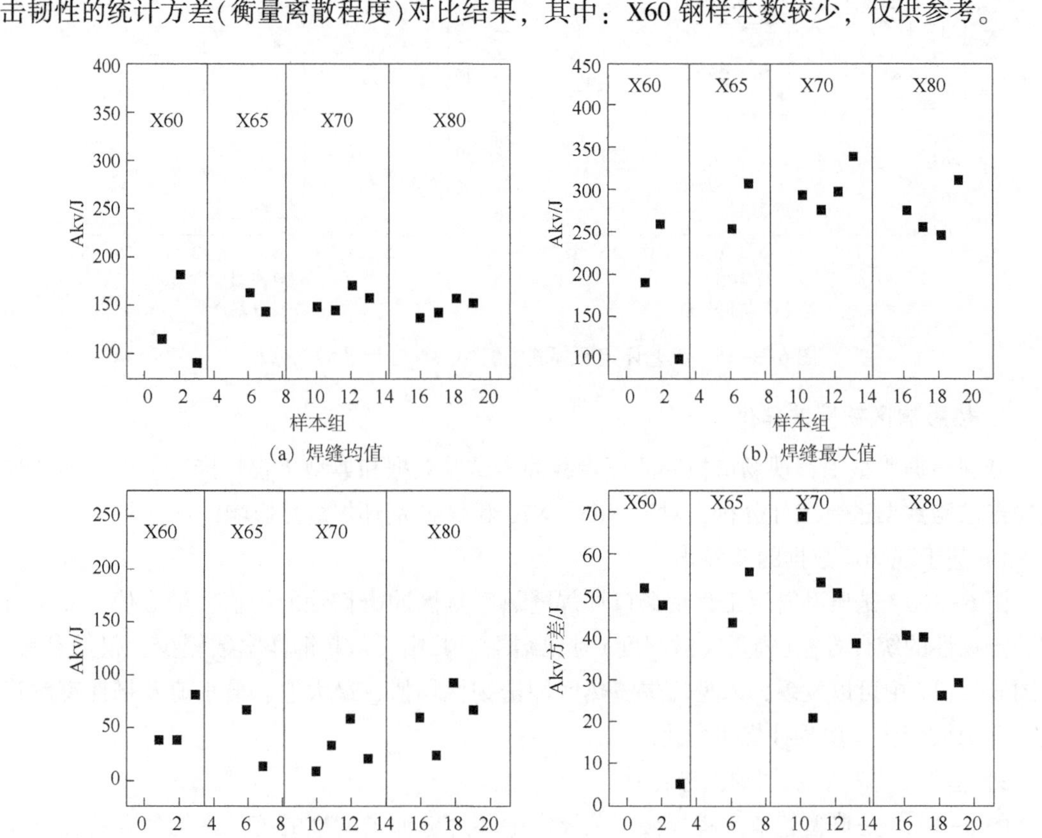

图 6-3-15　基于现场口检验数据的不同钢级差异化分析

从图 6-3-15 中可以发现：

（1）未见环焊缝中心的冲击韧性均值、最大值和最小值随着钢级变化呈现某种规律变化。

（2）环焊缝中心韧性离散程度与钢级无显著关联性，与焊接方法相关。

（3）自动焊焊缝中心冲击韧性离散度较其他样本低。

2）基于工艺评定数据的差异化

图 6-3-16 是典型管道工程焊接工艺评定中环焊缝冲击韧性的统计平均值及统计方差(衡量离散程度)对比结果。

从图 6-3-16 中可以发现：

（1）各焊接方式的环焊缝中心冲击韧性均值未见与钢级之间有显著关联性。

（2）各焊接方式的环焊缝中心韧性离散程度与钢级无显著关联性，与焊接方法相关。

（3）半自动焊焊缝中心韧性离散程度较自动焊和手工焊显著。

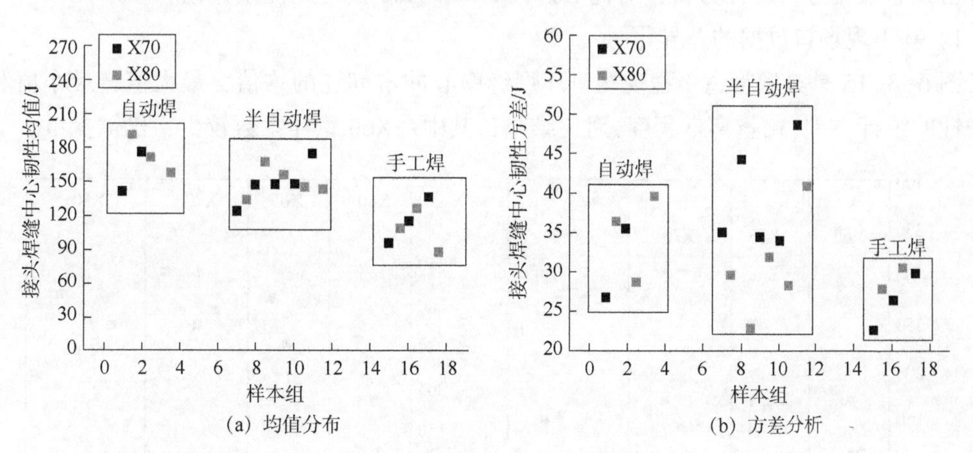

图 6-3-16　工艺评定环焊缝焊缝中心冲击韧性对比分析

3. 热影响区韧性差异化

分别根据典型工程现场口检验的环焊缝冲击试验数据和典型工程焊接工艺评定的环焊缝冲击试验数据进行统计分析，对比 X65、X70 和 X80 钢环焊缝热影响区韧性差异化。

1）基于现场口数据的差异化

图 6-3-17 是典型管道工程现场口环焊缝热影响区冲击韧性的均值、最大值、最小值和冲击韧性的统计方差（衡量离散程度）对比结果，其中：X60 钢样本数较少，仅供参考。从图 6-3-17 中可以发现，未见环焊缝热区冲击韧性均值、最大值、最小值及韧性离散程度随着钢级变化呈现某种规律变化。

2）基于工艺评定数据的差异化

图 6-3-18 是典型管道工程焊接工艺评定中环焊缝冲击韧性的统计平均值及统计方差（衡量离散程度）对比结果。

从图 6-3-18 中可以发现：

（1）各焊接方式的环焊缝热影响区冲击韧性均值未见与钢级之间有显著关联性。

（2）各焊接方式的环焊缝热影响区韧性离散程度与钢级无显著关联性，与焊接方法相关。

（3）自动焊焊缝热区韧性离散度最低，半自动焊与手工焊热影响区韧性离散度相当，半自动焊略高于手工焊。

考虑到前面将有限的焊接工艺评定数据按照同时区分工程、钢级，以及焊接工艺的方式进行对比分析，存在样本量不足，可能对分析结果造成干扰的情况，为了进一步挖掘不同钢级可焊性差异化，采用将典型工程焊接工艺评定的数据中工程界限信息模糊掉，仅考虑焊接方式和钢级，进行对比分析。

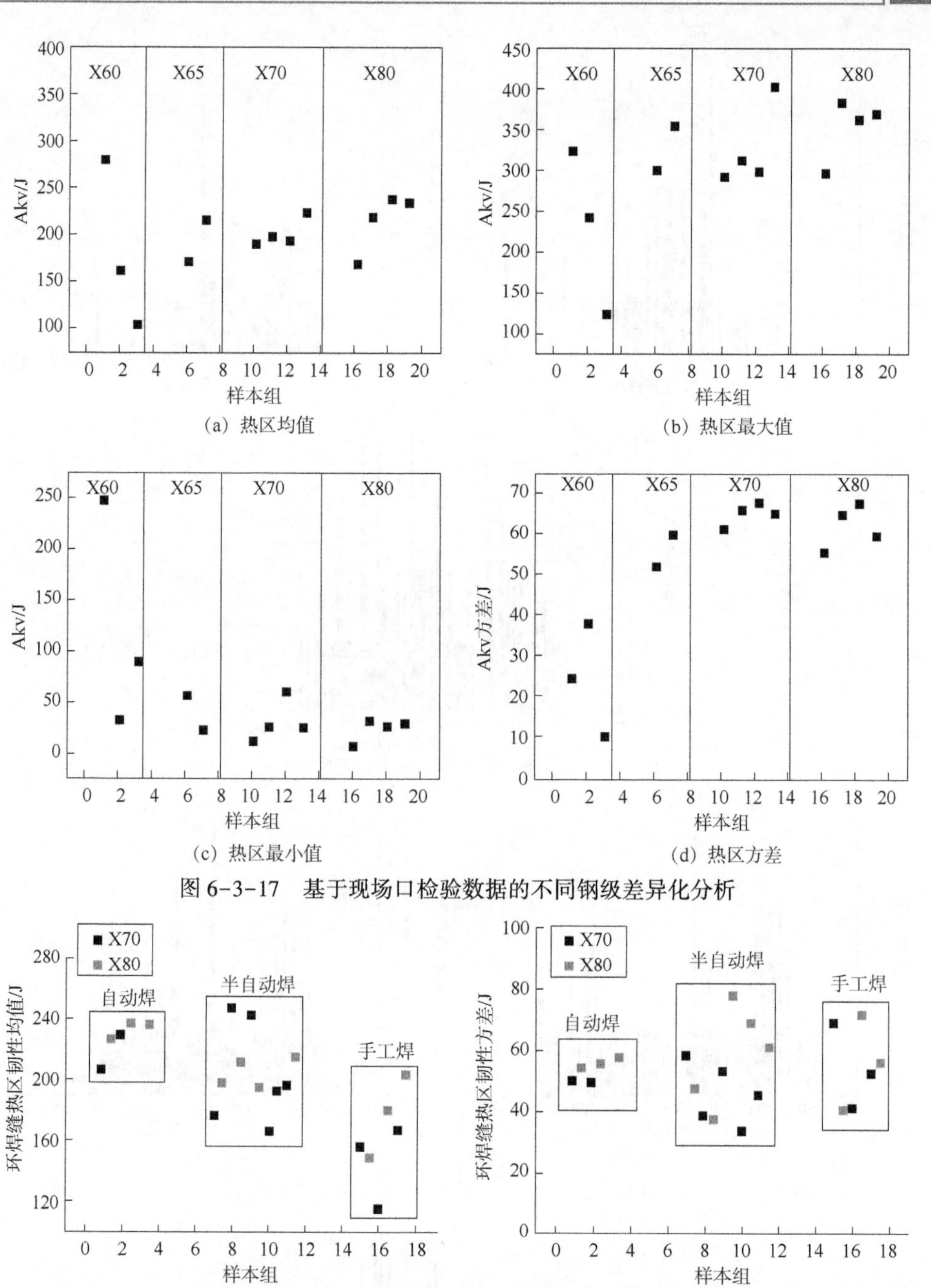

(a) 热区均值　(b) 热区最大值

(c) 热区最小值　(d) 热区方差

图 6-3-17　基于现场口检验数据的不同钢级差异化分析

(a) 均值分布　(b) 方差分析

图 6-3-18　工艺评定环焊缝焊缝中心冲击韧性对比分析

图 6-3-19 是各钢级不同焊接方式环焊缝热区韧性统计对比，由于样本量的问题，各样本的统计直方图不具备分布函数拟合的条件（拟合曲线的相关性较差，最佳拟合的相关度仅 50%左右），因此，仅采用统计直方图进行对比分析。图 6-3-20 是各钢级不同焊接方式的环焊缝热影响区韧性的量化结果对比。从图 6-3-19 和图 6-3-20 可以看出，各钢级环焊缝热影响区韧性优劣随着焊接方式的不同而不同，并没有一致的关联性。

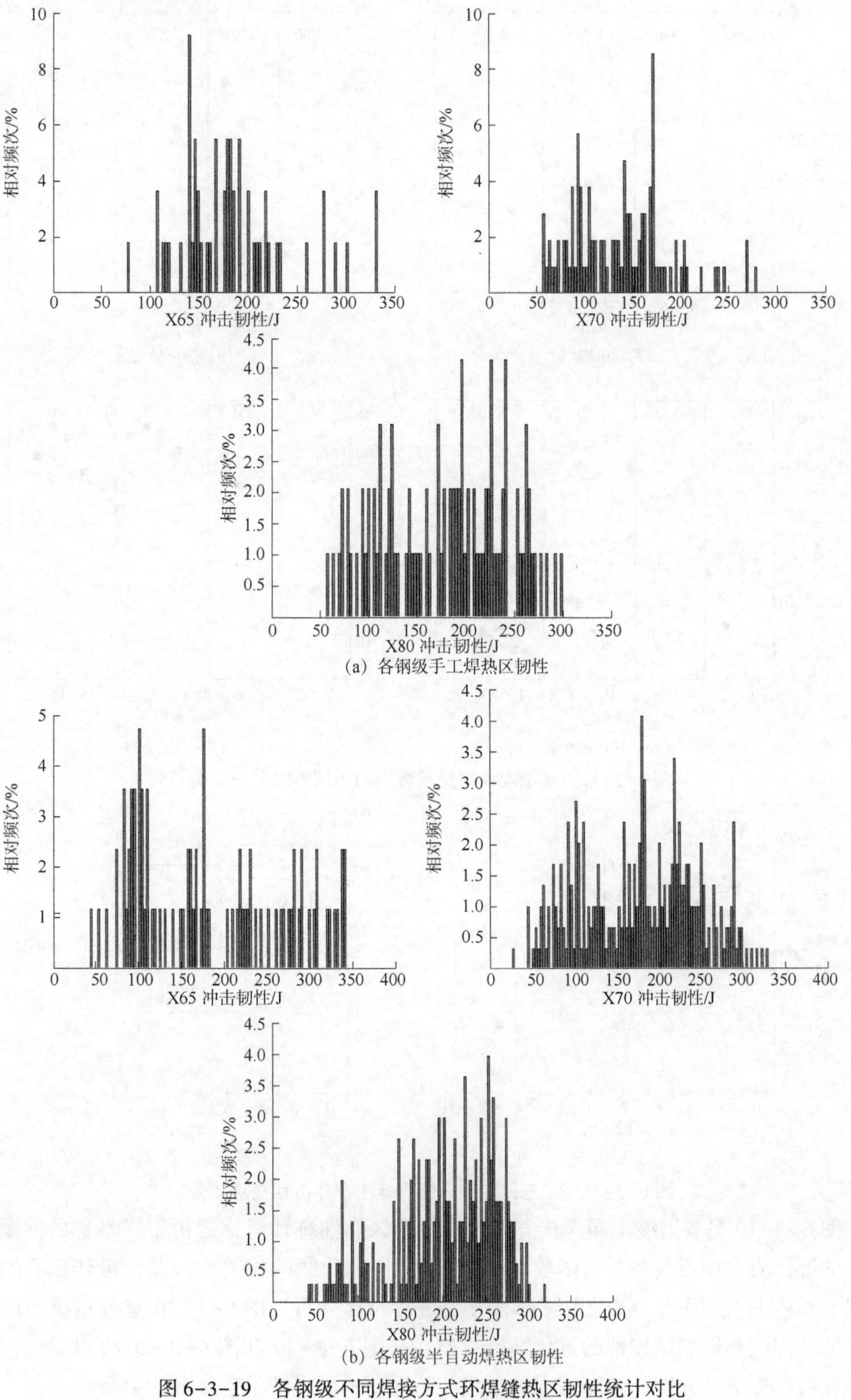

图 6-3-19　各钢级不同焊接方式环焊缝热区韧性统计对比

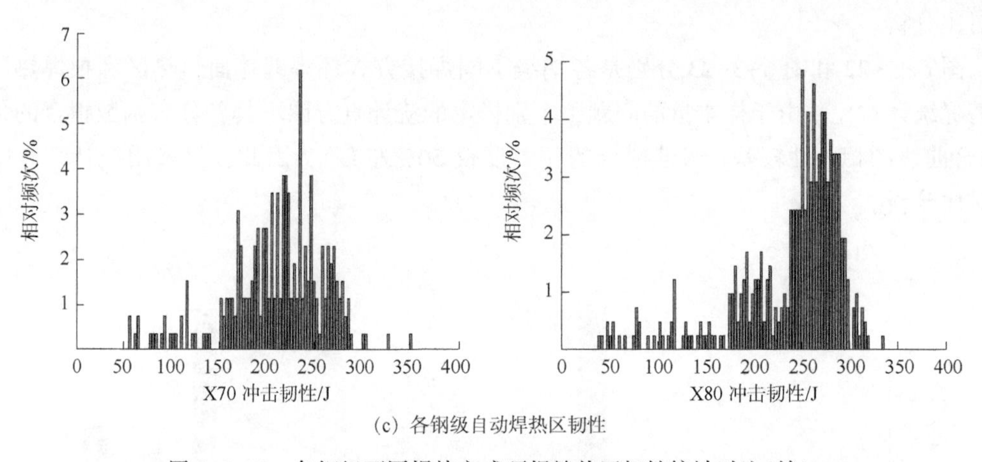

（c）各钢级自动焊热区韧性

图 6-3-19　各钢级不同焊接方式环焊缝热区韧性统计对比(续)

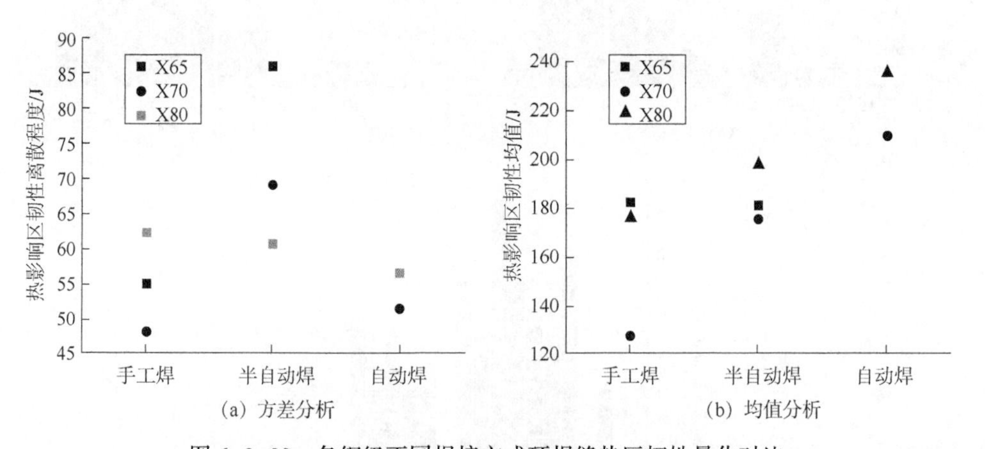

（a）方差分析　　（b）均值分析

图 6-3-20　各钢级不同焊接方式环焊缝热区韧性量化对比

4. 热区硬度差异化

由于现场口的硬度测试数据缺失严重，不具备分析的条件，因此，本部分主要基于典型工程焊接工艺评定的硬度测试数据进行统计分析，对比 X65、X70 和 X80 钢硬度差异化。

从图 6-3-21 中可以看出，自动焊、半自动焊及手工焊接头中，X80 钢的热区硬度离散性较 X70 大。

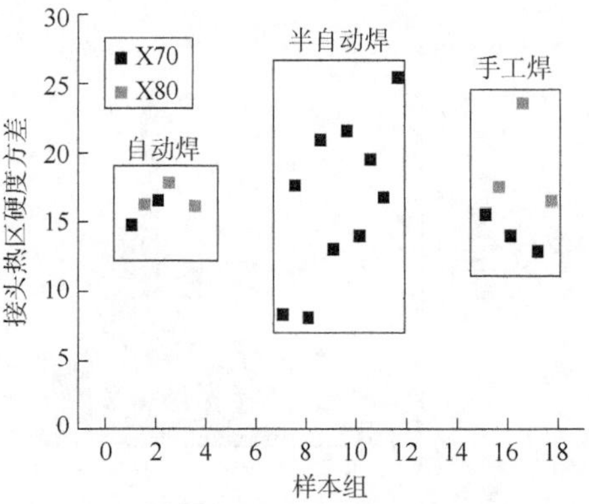

考虑到前面将有限的焊接工艺评定数据按照同时区分工程、钢级，以及焊接工艺的方式进行对比分析，存在样本量不足，可能对分析结果造成干扰的情况，为了进一步挖掘不同钢级硬度差异化，采用将典型工程焊接工艺评定的数据中工程界限信息模糊掉，仅考虑焊接方式和钢级，进

图 6-3-21　X80 和 X70 不同焊接方式环焊缝热区硬度值离散度对比

行对比分析。

图 6-3-22 和图 6-3-23 分别是各钢级不同焊接方式环焊缝盖面焊热区和根焊热区软化情况统计对比，由于样本量的问题，个别样本的统计直方图不具备分布函数拟合的条件（拟合曲线的相关性较差，最佳拟合的相关度仅 50%左右），因此，仅采用统计直方图进行对比分析。

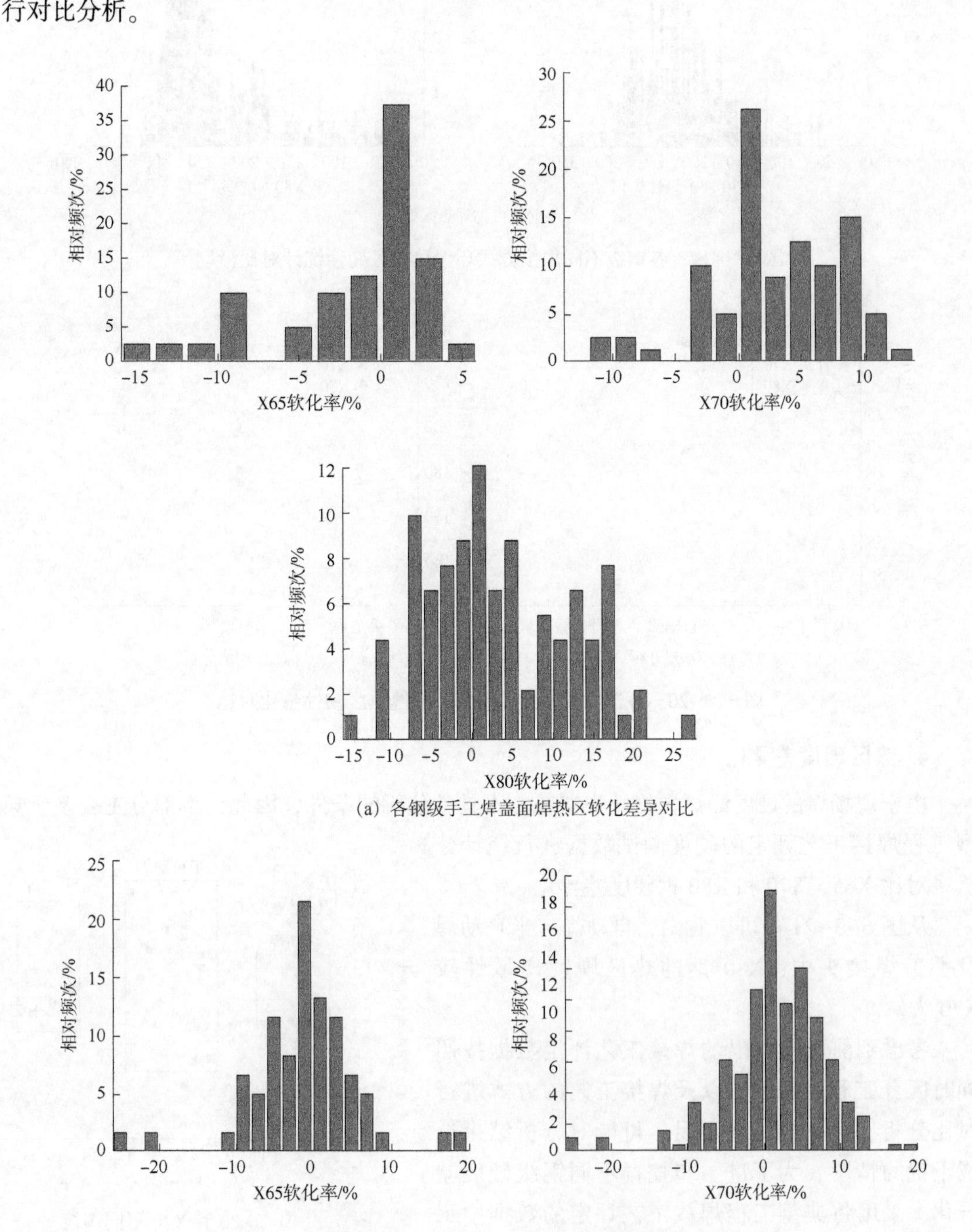

图 6-3-22　各钢级不同焊接方式焊接接头盖面焊热区软化率对比

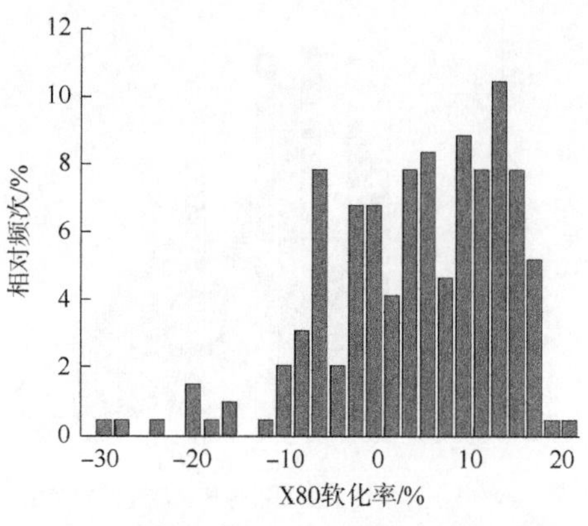

（b）各钢级半自动焊盖面焊热区软化差异对比

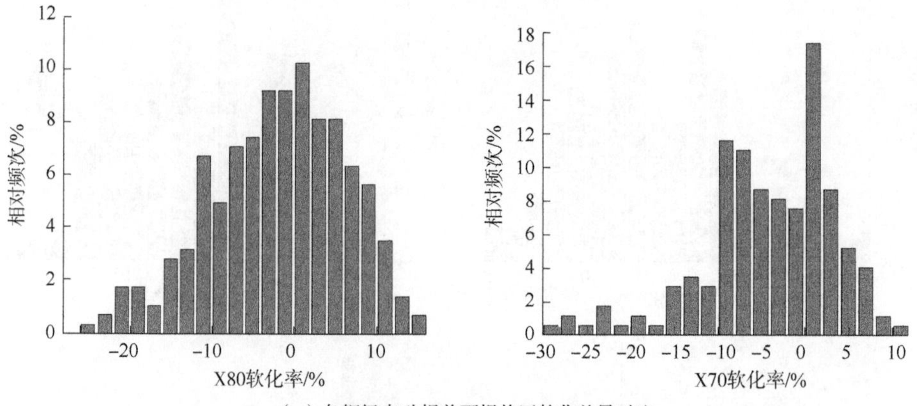

（c）各钢级自动焊盖面焊热区软化差异对比

图 6-3-22　各钢级不同焊接方式焊接接头盖面焊热区软化率对比(续)

从图 6-3-22 中可以看出，各种焊接方式的焊接接头盖面焊热区软化率都呈现出 X80>X70>X65 的趋势。

从图 6-3-23 中可以看出，各种焊接方式的焊接接头根焊热区软化率都呈现与盖面焊热区软化相似的趋势，即各钢级的热区软化程度由高至低排序为：X80>X70>X65。

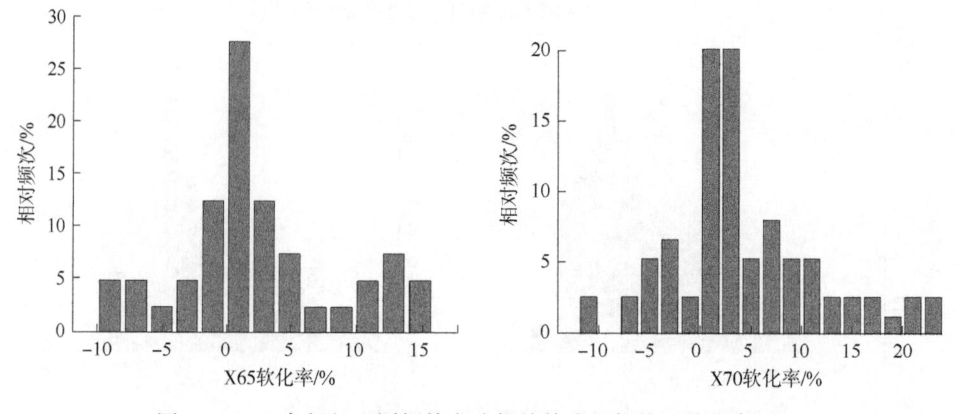

图 6-3-23　各钢级不同焊接方式焊接接头根焊热区软化率对比

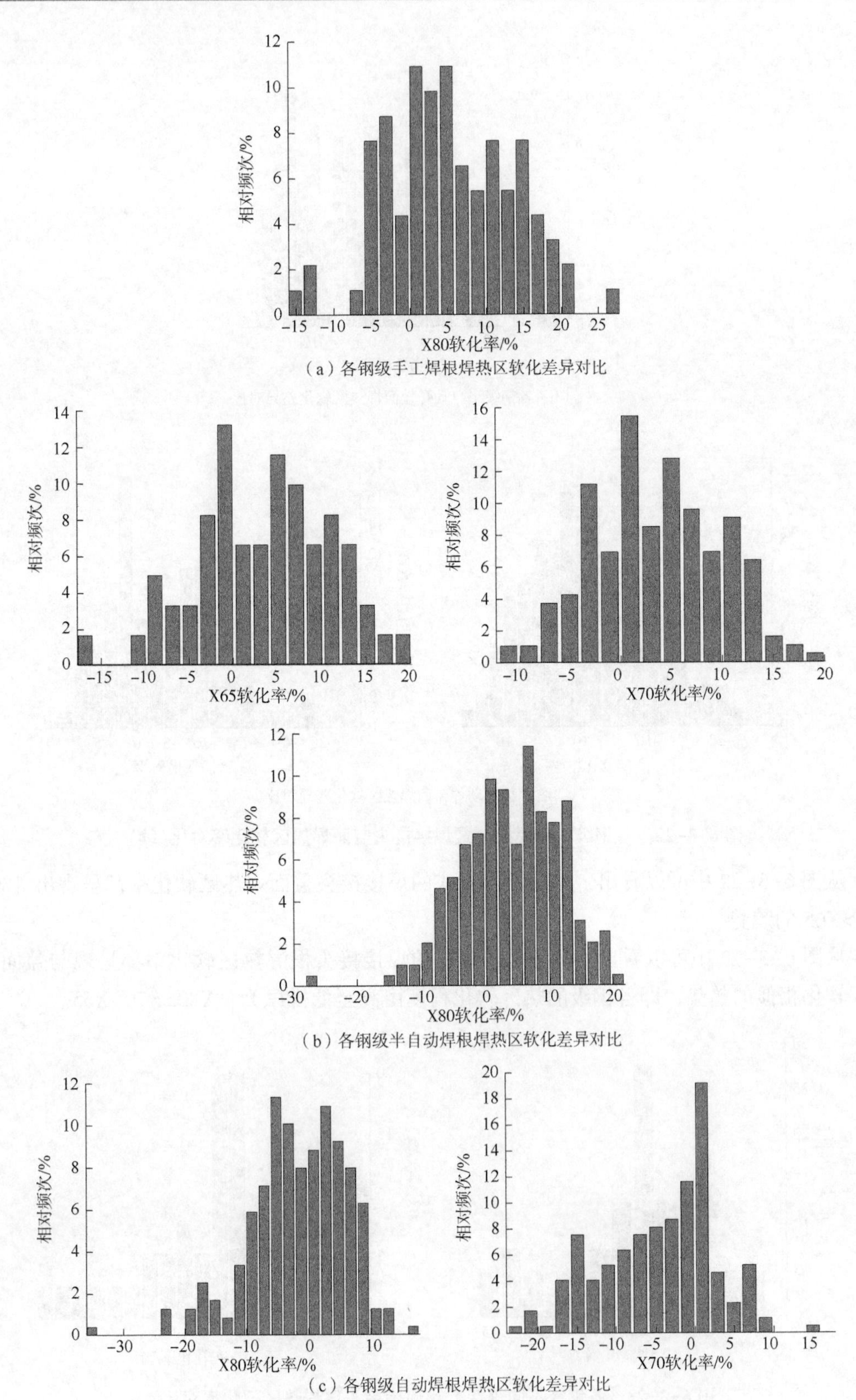

图 6-3-23 各钢级不同焊接方式焊接接头根焊热区软化率对比(续)

5. 焊接缺陷的差异化

收集环焊缝排查期间的缺陷无损检测数据 39465 组，其中 X80 钢 24908 组，X70 钢 8435 组，X65 钢 6122 组，见表 6-3-3。基于该数据进行不同钢级环焊缝缺陷情况的对比分析。

表 6-3-3　环焊缝缺陷统计样本收集情况

钢级	X65 及以下	X70	X80	合计
样本数	6122	8435	24908	39465

将各钢级中超标缺陷焊口占总缺陷检测焊口的比率进行统计分析，分析结果如图 6-3-24 所示，从图 6-3-24 中可以看出，超标缺陷率：X80>X65>X70。

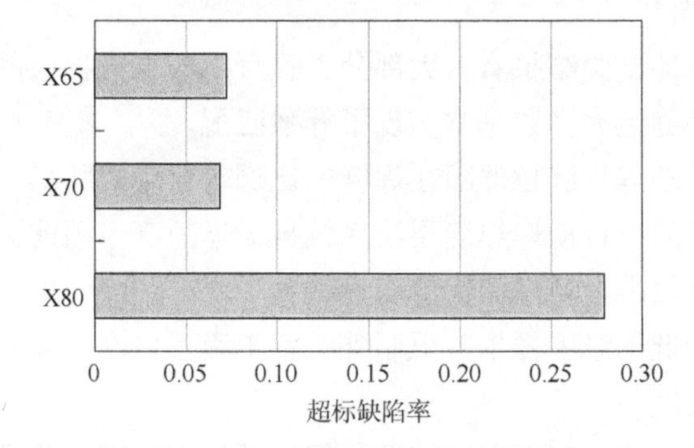

图 6-3-24　各钢级超标缺陷率对比

将裂纹、表面开口、根部开口、表面未熔合、根部未熔合、埋藏未熔合等平面型危害缺陷分别进行统计分析，分析结果如图 6-3-25 所示。

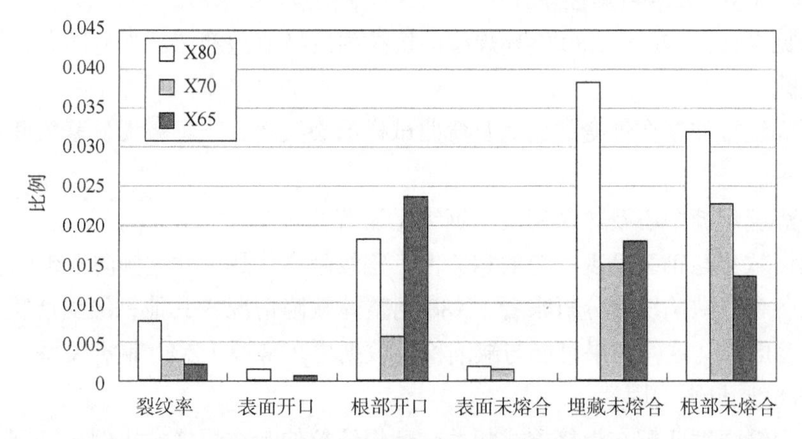

图 6-3-25　各钢级危害型缺陷对比

通过对比可以发现：

（1）裂纹率：X80>X70>X65。

（2）表面未熔合：X80>X70>X65。

（3）根部未熔合：X80>X70>X65。

（4）表面开口：X80>X65>X70。

（5）埋藏未熔合：X80>X65>X70。

（6）根部开口：X65>X80>X70。

从各钢级缺陷统计分析来看，X80 钢整体缺陷情况较其他钢级更严重，X70 钢和 X65 钢无显著区别，这一结果可能与缺陷检测数据更多来源于 X80 钢有关系。

6. 小结

基于焊接工艺评定数据、焊材检验数据、现场口检验数据，进行了 X65、X70、X80 典型管道工程环焊缝质量的影响因素研究，分析环焊缝强度、韧性、硬度等性能的分布规律，以及 X65、X70、X80 钢的可焊性差异化分析，通过分析发现：

1）环焊缝性能方面

（1）从现场口的拉伸试验结果看，大部分工程百口磨合期抽检的焊口拉伸试样均断在母材，百口磨合期环焊缝绝大多数基本实现了等强匹配。

（2）各钢级的半自动焊焊缝拉伸断在焊缝的比例较自动焊的高，环焊缝弯曲裂纹率具有同样的特征：各钢级的半自动焊焊缝裂纹率较自动焊的高。因此，从环焊缝强度及弯曲性能的角度看，自动焊较半自动焊的优势明显。

（3）除个别工程的低钢级因样本数限制外，各工程百口磨合期抽检的不同钢级的环焊缝热影响区均存在离散性。

（4）焊缝中心韧性总体也存在离散特征，但离散性程度存在差异。

（5）以中俄东线为代表的自动焊焊缝中心的冲击韧性离散程度显著小于其他工程，焊缝热影响区韧性离散程度与其他工程无明显差异。

2）X65、X70、X80 可焊性差异化

（1）未见 X65、X70 和 X80 钢环焊缝的抗拉强度极值差和统计方差随着钢级变化呈现某种规律变化。

（2）环焊缝拉伸断在焊缝的比例及弯曲试样的裂纹率，与钢级无显著关联性，与焊接方式直接相关。

（3）环焊缝焊缝中心及热区韧性与钢级无显著关联性。

（4）热区软化与钢级呈现一定的相关性，钢级越高，热区软化倾向性越大。

（5）从各钢级缺陷统计分析来看，X80 钢整体缺陷情况较其他钢级更严重，X70 钢和 X65 钢无显著区别，这一结果可能与缺陷检测数据更多来源于 X80 钢有关系。

3）环焊缝质量影响因素

（1）环焊缝强度匹配与焊接方式相关，环焊缝拉伸断在焊缝的比例从高到低依次排序为：半自动焊>手工焊>组合自动焊>自动焊。

（2）环焊缝强度与焊材相关，焊材强度级别越高，环焊缝的抗拉强度也更高。

（3）焊缝中心的韧性均值及离散性趋势与焊材相关，焊缝中心冲击韧性与焊材韧性具有一致的变化规律。

(4) 目前，收集到的工程数据尚不具备得出环焊缝热区韧性离散的影响因素结论。

(5) 环焊缝热区软化与钢级和焊接方法相关，钢级越高，热区软化倾向性越高；自动化程度越高，热区软化的倾向性越低。

四、 管线钢环焊缝残余应力分布情况

1. 残余应力测试技术介绍

1) 激光全息干涉法残余应力测量技术

激光全息干涉法由乌克兰巴顿焊接研究所研制，是一种非接触的光学测量方法，可以获得一个工件、零部件或所关心部位的全息图像。可以用于测量一切具有近似恒定弹性模量的材料，测量精度高。

激光全息干涉法的原理如下：首先通过电荷耦合器件(CCD)在待测部位记录该点信息，然后在待测点处利用盲孔法使该处应力发生释放，这时金属内部的约束被解除，被测点周围的金属发生微小位移，此时再通过 CCD 对被测部位的信息进行记录，通过对比两次记录的被测点周围金属的微小位移计算出相应的应变，最终计算出被测点的残余应力。

利用该方法可以测量出横向和纵向残余应力和一个剪切应力、两个相互垂直的主应力及最大主应力与纵向应力的夹角。图 6-3-26 为激光全息干涉设备，图 6-3-27 为应力释放后的应变云图。

图 6-3-26　激光全息干涉设备

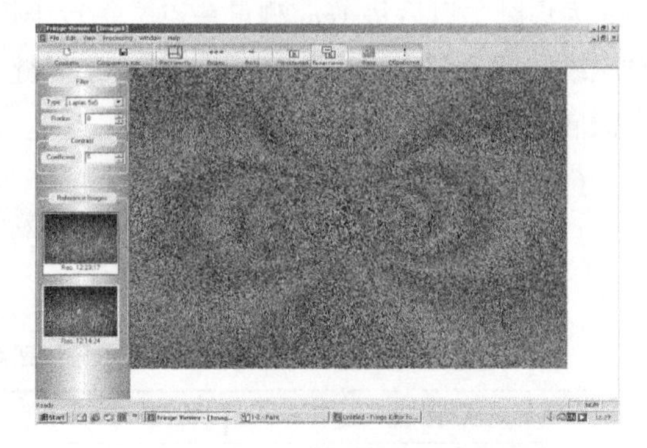

图 6-3-27　应力释放后的应变云图

2) 超声波法残余应力测试

超声波法测试应力的基础主要是基于声弹性效应原理，即固体中声速与传播路径上应力水平具有函数关系。伴随着机械、电子技术的进步，基于声弹性原理的超声波法应力测量技术近些年发展较快，理论上可以实现结构残余应力的无损、快速测量，能够克服其他传统残余应力测量时破坏、耗时、不精确、适用范围窄等缺点，可以满足服役状态结构安全监控和应力测量的需求。

超声波法应力测量系统(图 6-3-28)实现了焊接残余应力场的快速、无损测量。其测量结果较为可靠，设备轻便，操作便捷，适合于工程现场测量应用；所设计的一发双收测试探头，可产生高幅值的临界折射纵波，两个接收晶片可同步获取超声波信号，由此同步

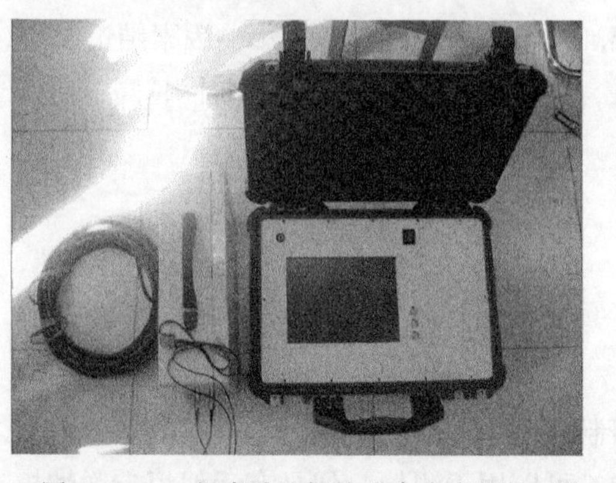

图 6-3-28　超声波法焊接残余应力测量系统

信号确定声时差，有效地降低了系统误差；超声波测试应力新方法由于综合采用 FIR 数字滤波、全包络权重算法、格罗布斯准则和数字移相技术，显著提高了系统的测量精度。

3）盲孔法残余应力测试

在盲孔法测试应力的试验中，管道外壁主要以焊趾位置为起始坐标原点，内壁以焊缝中心为起始坐标原点，沿长度方向建立测量坐标轴，测量过程中测量位置处用 2mm 的钻头进行贴应变花钻孔测量。

2. 管线钢环焊缝残余应力分布测试

对两种条件下的 X70 管线钢环焊缝进行了残余应力测试，一种为-30℃低温条件下施焊获得的环焊接头(1#接头)；另一种为常温预热条件下施焊获得的环焊接头(2#接头)。采用不同的测试方法对两种环焊接头进行了残余应力测试。

1）激光全息干涉法残余应力测量情况

测量位置如图 6-3-29 所示，焊缝中心处为 0cm 处，距 1cm 为焊趾，以后每 1cm 测量一点。平行于焊缝方向为纵向，对应纵向残余应力，用 σ_{xx} 表示；垂直于焊缝方向为横向，对应横向残余应力，用 σ_{yy} 表示。

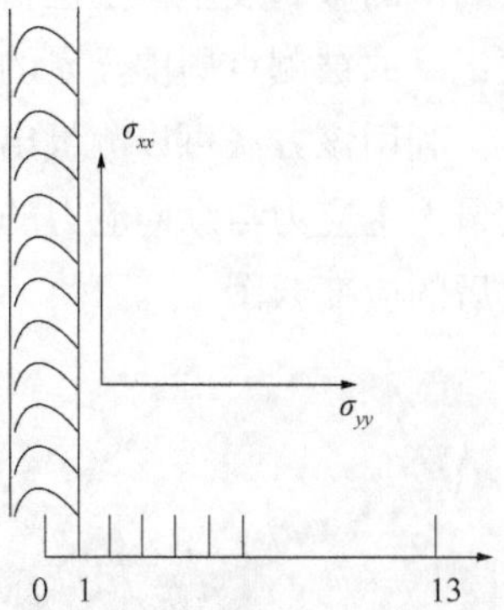

σ_{xx}　σ_{yy}　0 1　13

图 6-3-29　测量位置示意图

（1）1#接头测试情况。

1#接头测试结果见表 6-3-4 至表 6-3-7，图 6-3-30 至图 6-3-35。

表 6-3-4　1#接头 0 号线残余应力测量数据(去除余高)

焊缝横向位置/cm	σ_{xx}/MPa	σ_{yy}/MPa
0	358	205
0.5	202	319
1.0	223	172
1.5	183	327
2.0	174	199
3.0	37	137
4.0	-85	135
5.0	17	137
6.0	-36	182
7.0	59	162

续表

焊缝横向位置/cm	σ_{xx}/MPa	σ_{yy}/MPa
8.0	79	157
9.0	88	223
10.0	75	156
11.0	91	151
12.0	26	127
13.0	64	177

表 6-3-5　1#接头 3 号线残余应力测量数据(去除余高)

焊缝横向位置/cm	σ_{xx}/MPa	σ_{yy}/MPa
0	229	229
1.0	161	217
1.5	115	180
2.0	82	268
3.0	-11	189
4.0	-41	156
5.0	47	167
6.0	-63	153
7.0	30	137
8.0	10	139
9.0	75	164
10.0	36	134
11.0	39	151
12.0	83	213
13.0	71	178

表 6-3-6　无余高残余应力测量数据

焊缝横向位置/cm	σ_{xx}/MPa	σ_{yy}/MPa
0	222	138
1.0	351	218
1.5	229	246
2.5	-64	143
3.5	-165	86
4.5	-36	116
5.5	-24	120
6.5	-1	83

续表

焊缝横向位置/cm	σ_{xx}/MPa	σ_{yy}/MPa
7.5	18	149
8.5	5	105
9.5	47	113
10.5	101	71
11.5	138	145
12.5	110	238

表 6-3-7　有余高残余应力测量数据

焊缝横向位置/cm	σ_{xx}/MPa	σ_{yy}/MPa
0		
1.0		
1.5	-99	-55
2.0	-219	254
2.5	-233	142
3.0	-192	55
3.5	-158	154
4.0	-139	98
4.5	-121	137
5.0	-111	239
5.5	-107	96
6.0	-159	98
6.5	-0.14	106
7.0	-103	186
7.5	-60	174
8.0	-27	83
8.5	-93	-17
9.0	-15	146
9.5	-109	50
10.0	67	24
10.5	6	169
11.0	-53	84
11.5	15	62
12.0	37	-24
12.5	9	83
13.0	-96	80
13.5	18	44

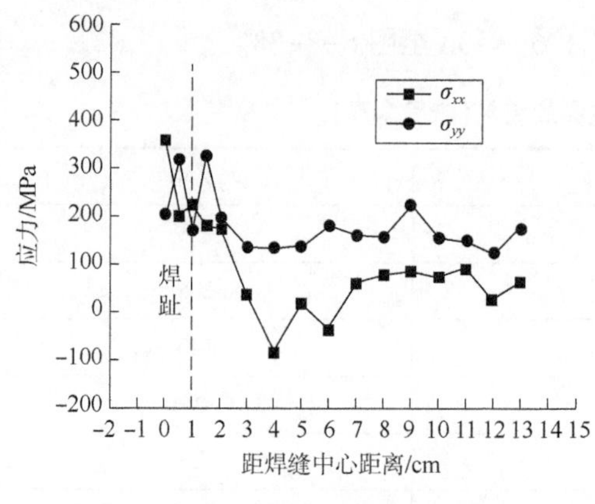

图 6-3-30　1[#]接头 0 号线残余应力测量结果(去除余高)

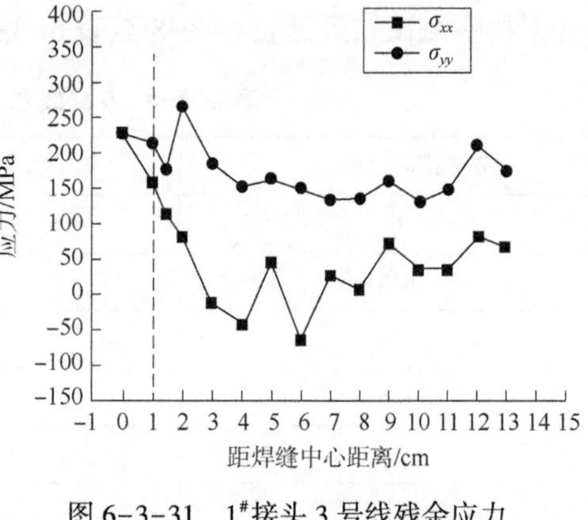

图 6-3-31　1[#]接头 3 号线残余应力测量结果(去除余高)

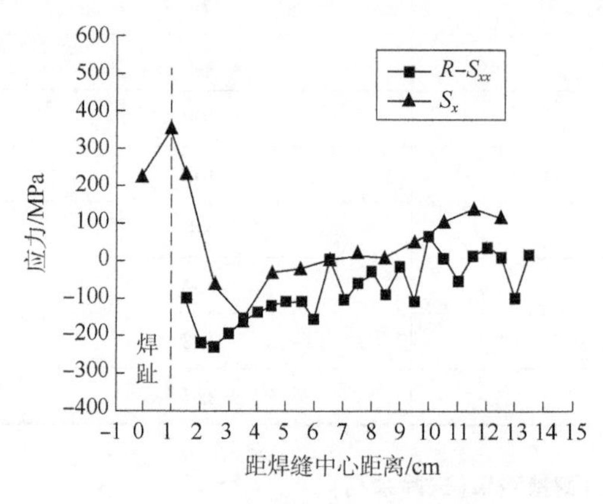

图 6-3-32　焊缝纵向残余应力测量结果（$R-S_{xx}$ 为带余高，S_x 为去掉余高）

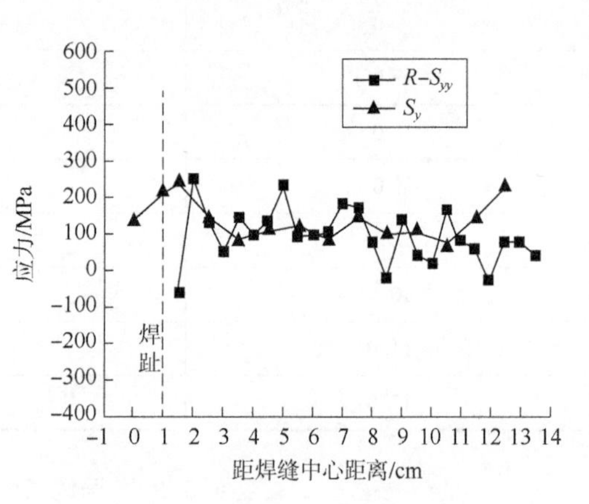

图 6-3-33　焊缝横向残余应力测量结果（$R-S_{yy}$ 为带余高，S_y 为去掉余高）

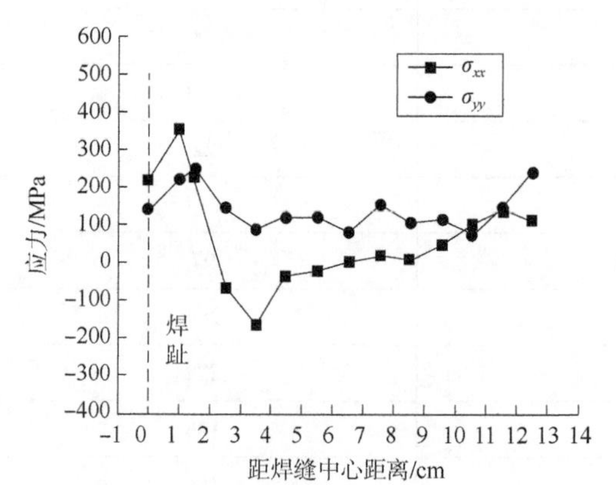

图 6-3-34　无余高残余应力测量结果

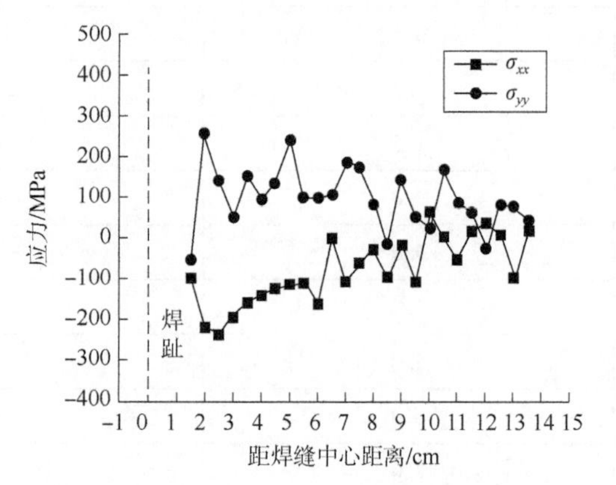

图 6-3-35　有余高残余应力测量结果

（2）2#接头测试情况。

2#接头测试结果见表 6-3-8 至表 6-3-10，图 6-3-36 至图 6-3-38。

表 6-3-8　0 号线残余应力测量结果(去除余高)

焊缝横向位置/cm	σ_{xx}/MPa	σ_{yy}/MPa
0	104	-75
0.5	416	206
1.0	101	140
1.5	189	-261
2.0	-145	-58
3.0	-348	-146
4.0	-319	-136
5.0	-235	14
6.0	-30	126
7.0	153	109
8.0	75	133
9.0	-56	94
10.0	-36	234
11.0	145	118
12.0	92	151

表 6-3-9　3 号线残余应力测量结果(去除余高)

焊缝横向位置/cm	σ_{xx}/MPa	σ_{yy}/MPa
0	62	-197
0.5	409	78
1.0	225	173
1.5	95	22
2.0	-104	-31
3.0	-150	97
4.0	-69	264
5.0	11	322
6.0	8	148
7.0	12	166
8.0	28	220
9.0	-3	342

续表

焊缝横向位置/cm	σ_{xx}/MPa	σ_{yy}/MPa
10.0	70	149
11.0	53	149
12.0	61	82

表 6-3-10　6 号线残余应力测量结果(去除余高)

焊缝横向位置/cm	σ_{xx}/MPa	σ_{yy}/MPa
0	152	-54
0.5	365	132
1.0	94	122
1.5	-186	109
2.0	109	90
3.0	58	155
4.0	-61	70
5.0	-36	134
6.0	27	63
7.0	40	245
8.0	31	88
9.0	75	80
10.0	74	79
11.0	22	73
12.0	5	198

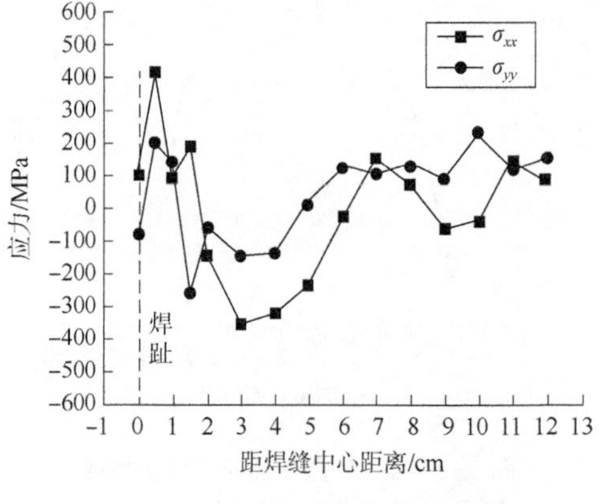

图 6-3-36　0 号线残余应力测量结果
(去除余高)

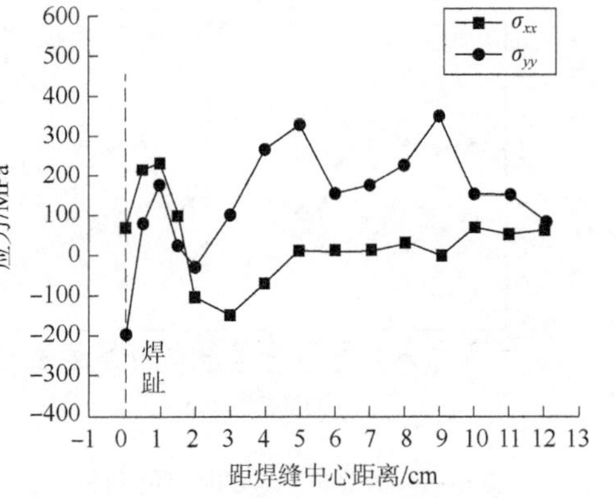
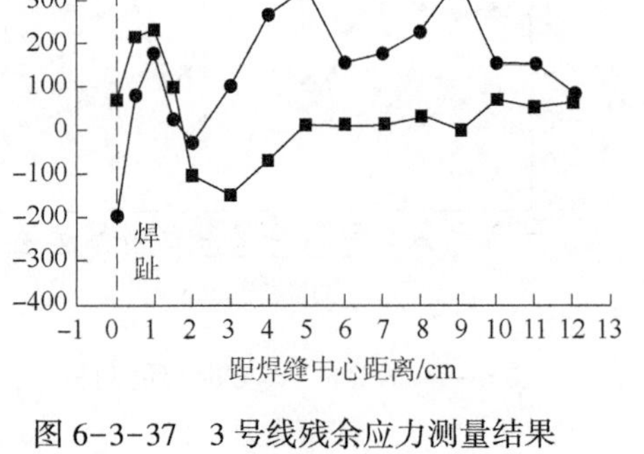

图 6-3-37　3 号线残余应力测量结果
(去除余高)

2）超声波法残余应力测试

采用本技术进行管线钢构件应力测试时，以管道一端为起始坐标原点，沿长度方向建立测量坐标轴，测量过程中测量位置为探头中心的坐标(图 6-3-39)。

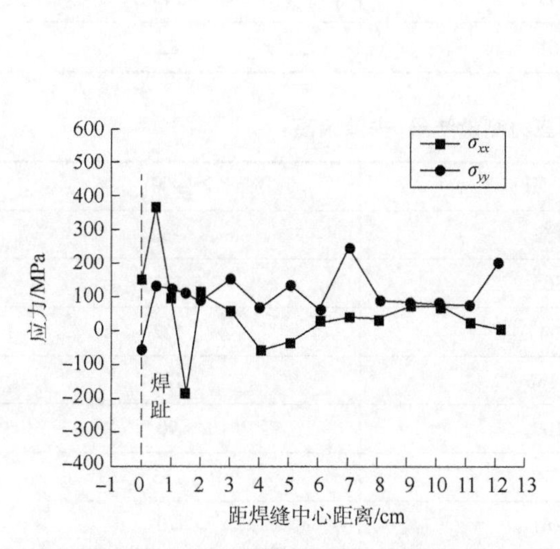

图 6-3-38　6 号线残余应力测量结果（去除余高）

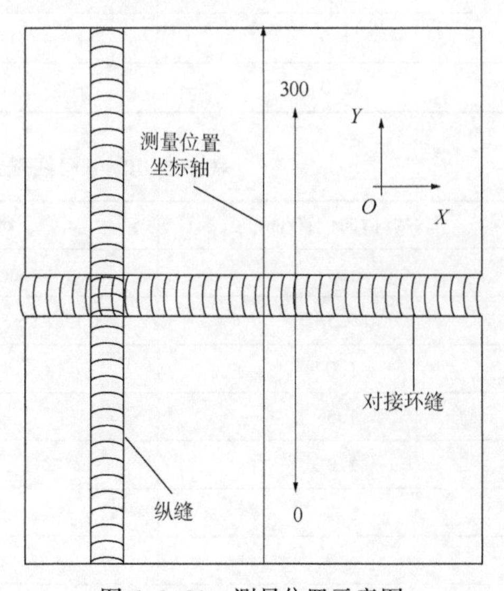

图 6-3-39　测量位置示意图

(1) 1#接头测试情况。

沿标记为 0 点的线测量了沿该线不同位置下外壁和内壁的 X 方向(环向)残余应力和 Y 方向(沿坐标线方向)的残余应力，测量结果如图 6-3-40 至 6-3-43 所示。

沿标记为 3 点的线测量了沿该线不同位置下外壁与内壁的 X 方向(环向)残余应力和 Y 方向(沿坐标线方向)的残余应力，测量结果如图 6-3-44 至图 6-3-48 所示。

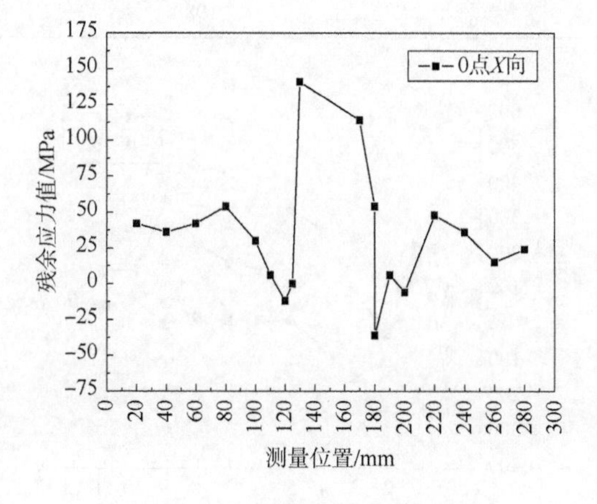

图 6-3-40　外壁 X 方向(环向)的残余应力

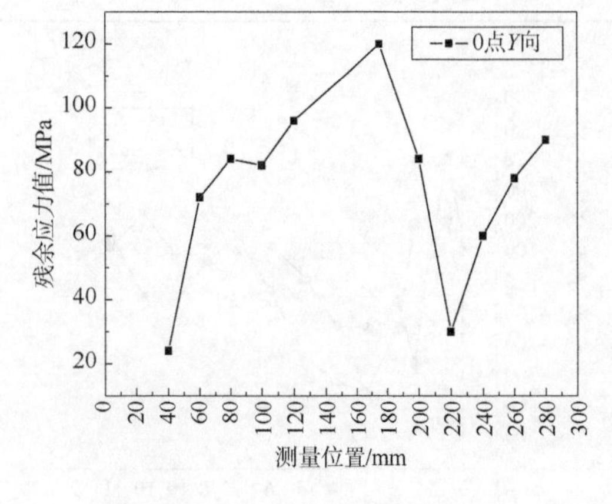

图 6-3-41　外壁 Y 方向(沿坐标线方向)的残余应力

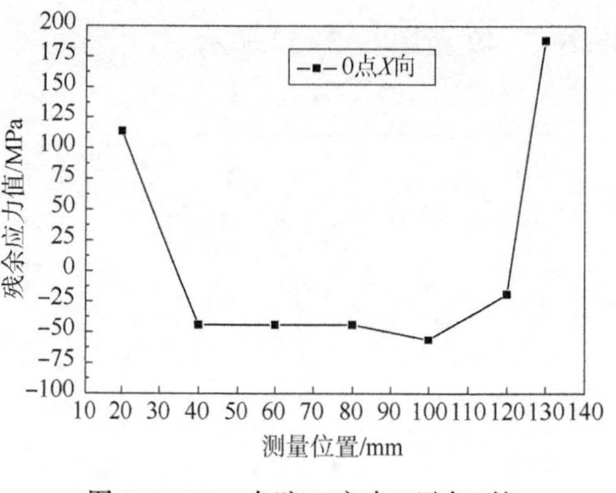

图 6-3-42　内壁 X 方向（环向）的残余应力

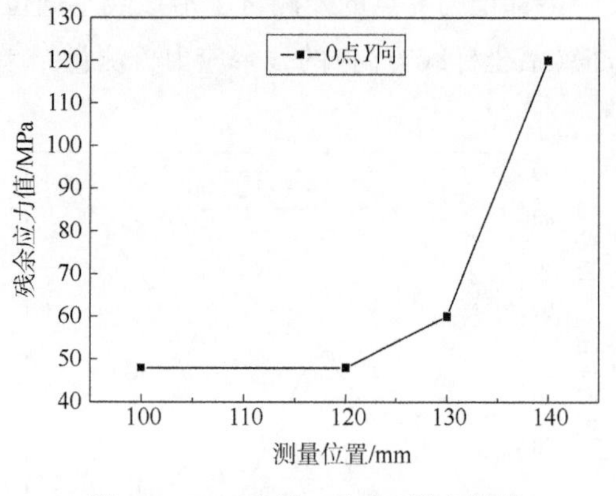

图 6-3-43　内壁 Y 方向（沿坐标线方向）的残余应力

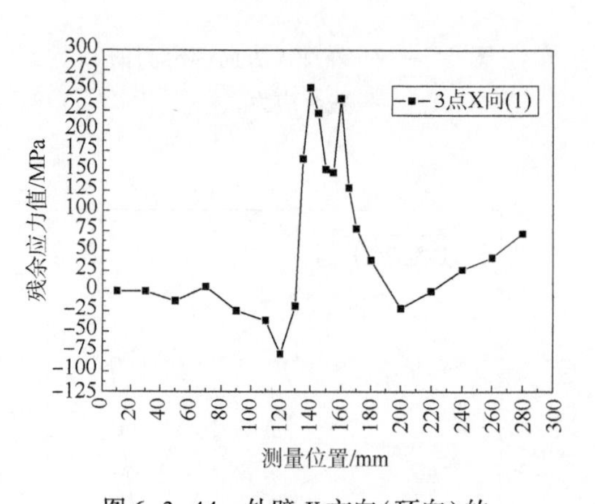

图 6-3-44　外壁 X 方向（环向）的残余应力 1

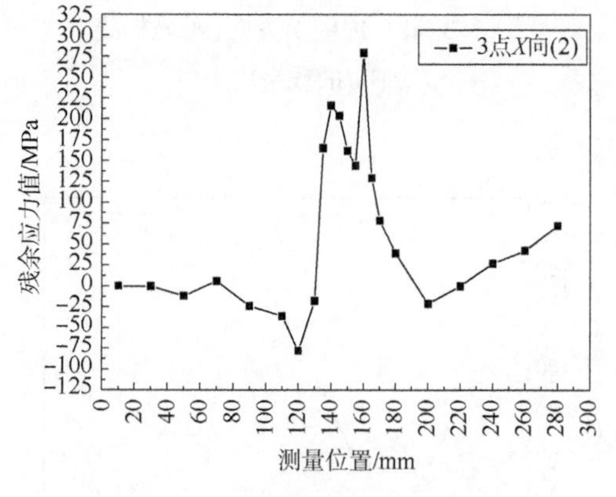

图 6-3-45　外壁 X 方向（环向）的残余应力 2

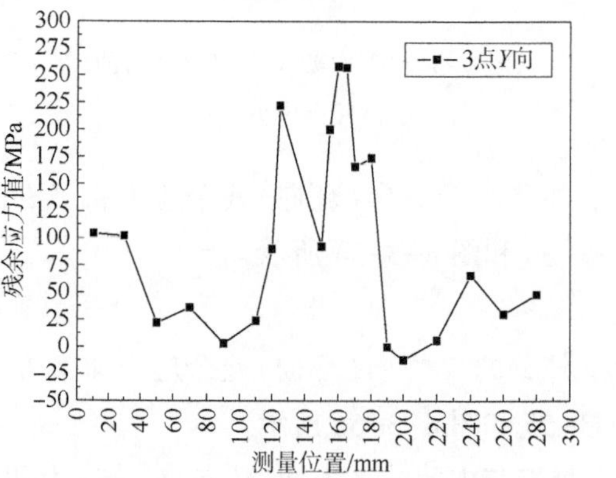

图 6-3-46　外壁 Y 方向（沿坐标线方向）的残余应力

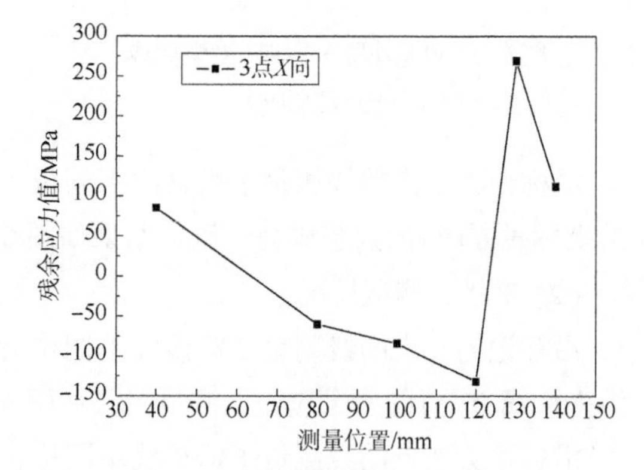

图 6-3-47　内壁 X 方向（环向）的残余应力

沿标记为 6 点的线测量了沿该线不同位置下外壁和内壁的 X 方向(环向)残余应力和 Y 方向(沿坐标线方向)的残余应力，测量结果如图 6-3-49 至图 6-3-52 所示。

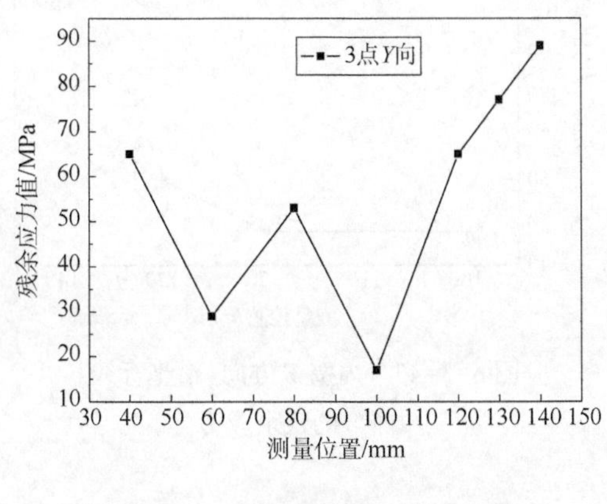

图 6-3-48　内壁 Y 方向(沿坐标线方向)的残余应力

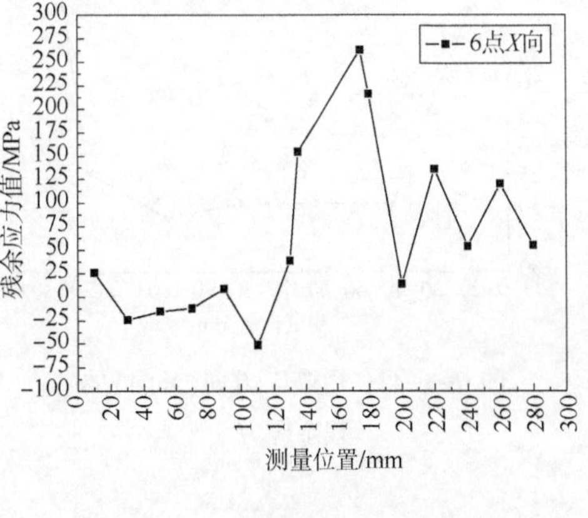

图 6-3-49　外壁 X 方向(环向)的残余应力

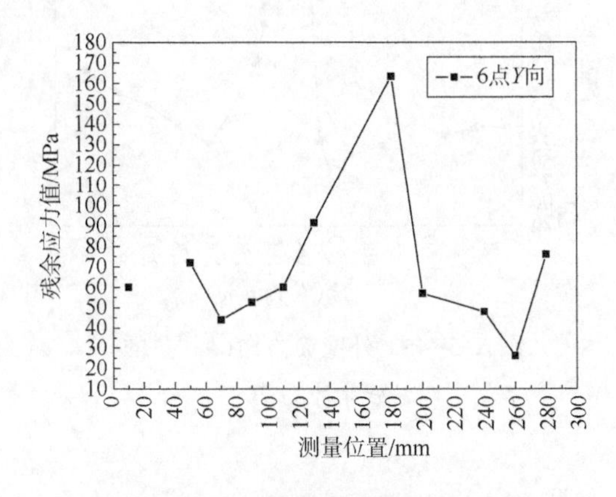

图 6-3-50　外壁 Y 方向(沿坐标线方向)的残余应力

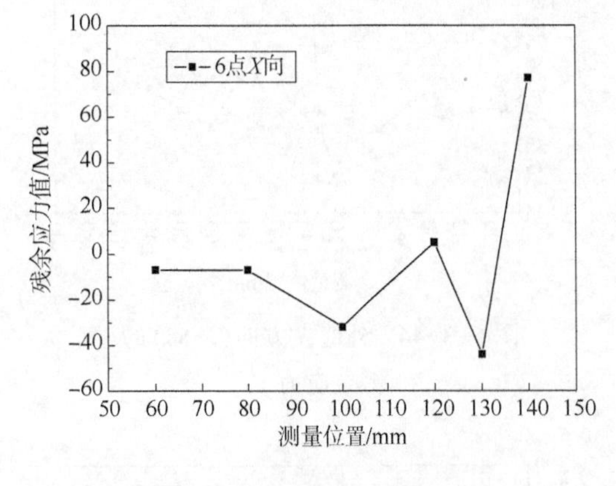

图 6-3-51　内壁 X 方向(环向)的残余应力

沿标记为 9 点的线测量了沿该线不同位置下外壁的 X 方向(环向)残余应力和 Y 方向(沿坐标线方向)的残余应力，测量结果如图 6-3-53 和图 6-3-54 所示。

(2) 2#接头测试情况。

沿标记为 0 点的线测量了沿该线不同位置下外壁的 X 方向(环向)残余应力和 Y 方向(沿坐标线方向)的残余应力，测量结果如图 6-3-55 和图 6-3-56 所示。

沿标记为 3 点的线测量了沿该线不同位置下外壁与内壁的 X 方向(环向)残余应力和 Y 方向(沿坐标线方向)的残余应力，测量结果如图 6-3-57 至图 6-3-60 所示。

沿标记为 6 点的线测量了沿该线不同位置下外壁和内壁的 X 方向(环向)残余应力和 Y 方向(沿坐标线方向)的残余应力，测量结果如图 6-3-61 至图 6-3-64 所示。

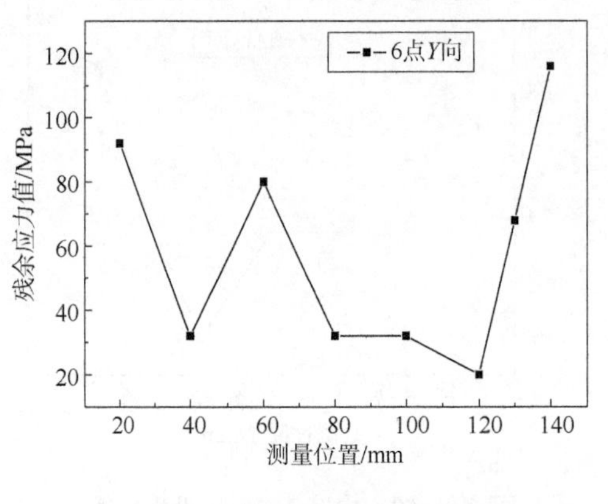

图 6-3-52　内壁 Y 方向（沿坐标线方向）的残余应力

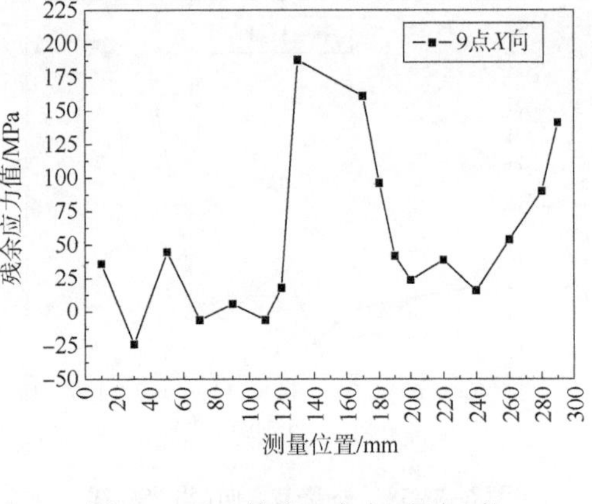

图 6-3-53　外壁 X 方向（环向）的残余应力

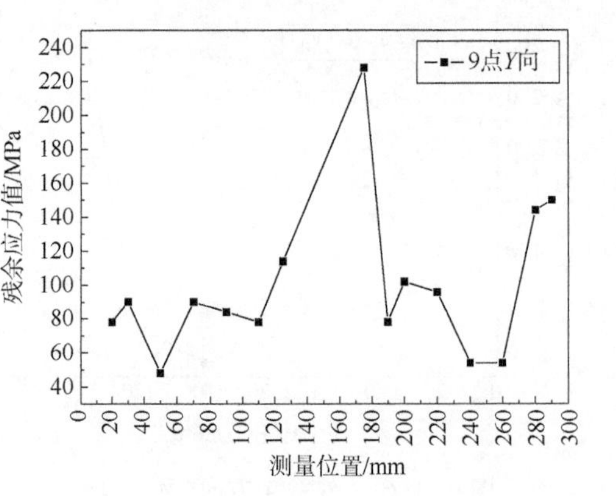

图 6-3-54　外壁 Y 方向（沿坐标线方向）的残余应力

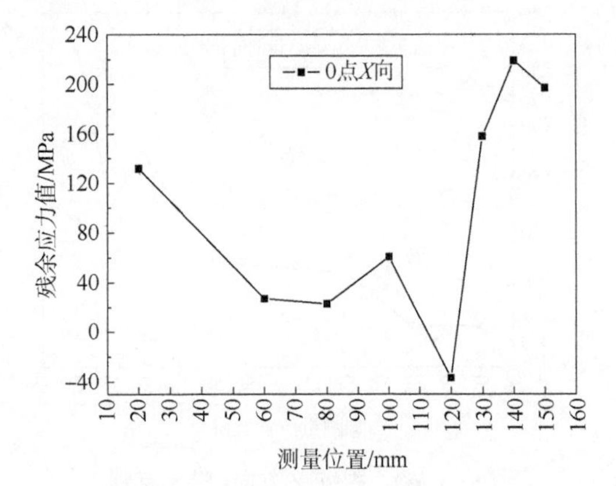

图 6-3-55　外壁 X 方向（环向）的残余应力

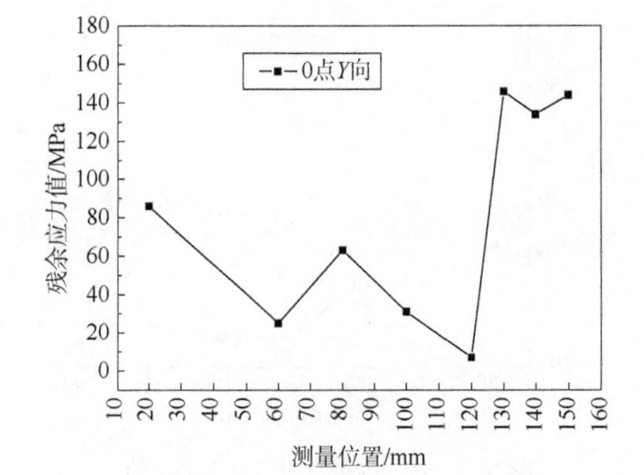

图 6-3-56　外壁 Y 方向（沿坐标线方向）的残余应力

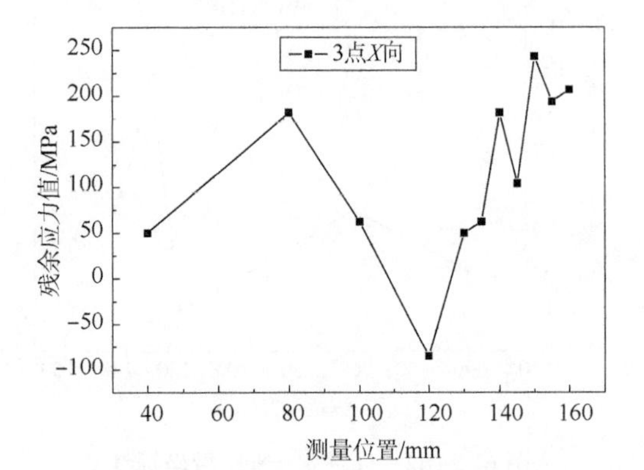

图 6-3-57　外壁 X 方向（环向）的残余应力 1

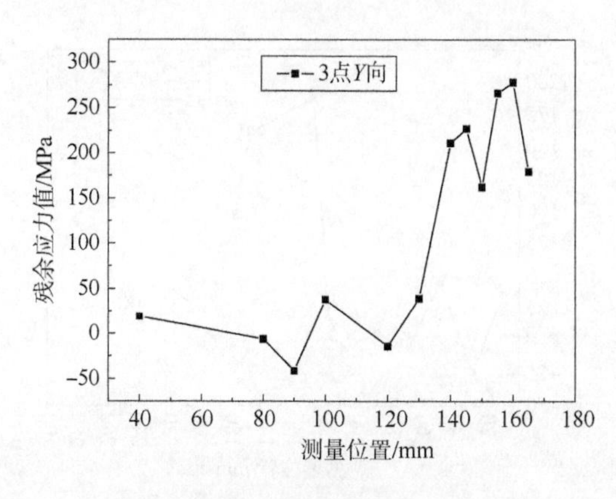

图 6-3-58　外壁 Y 方向（沿坐标线方向）的残余应力

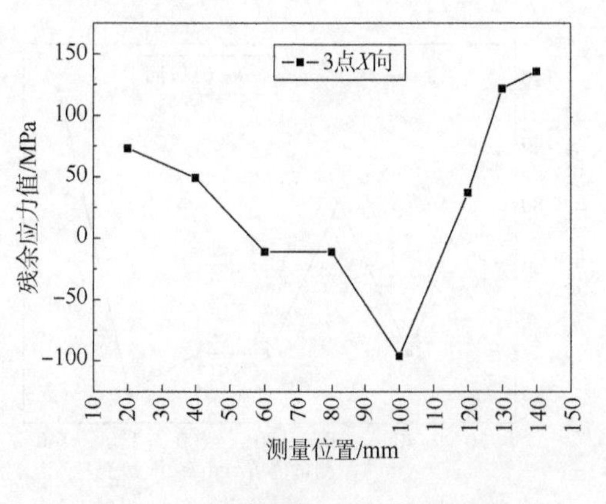

图 6-3-59　内壁 X 方向（沿坐标线方向）的残余应力

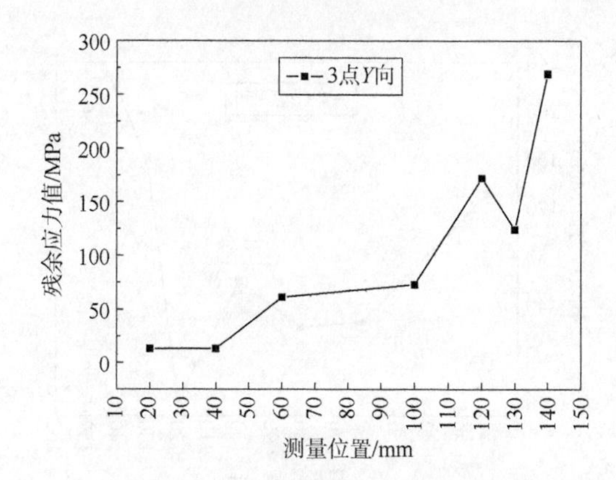

图 6-3-60　内壁 Y 方向（沿坐标线方向）的残余应力

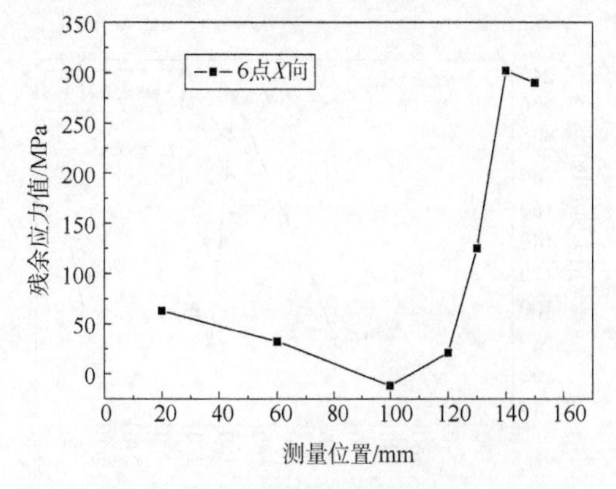

图 6-3-61　外壁 X 方向（环向）的残余应力

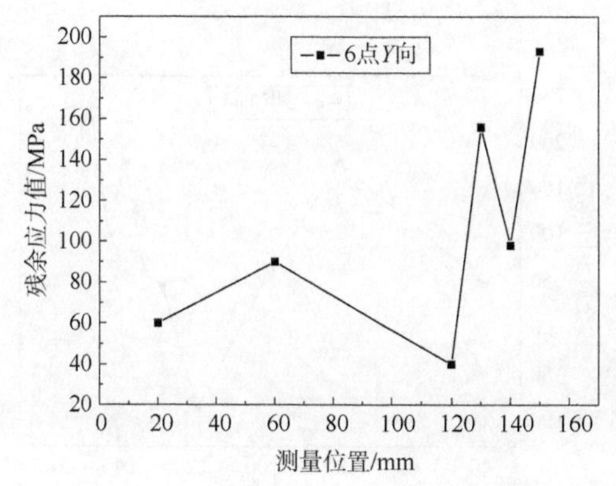

图 6-3-62　外壁 Y 方向（沿坐标线方向）的残余应力

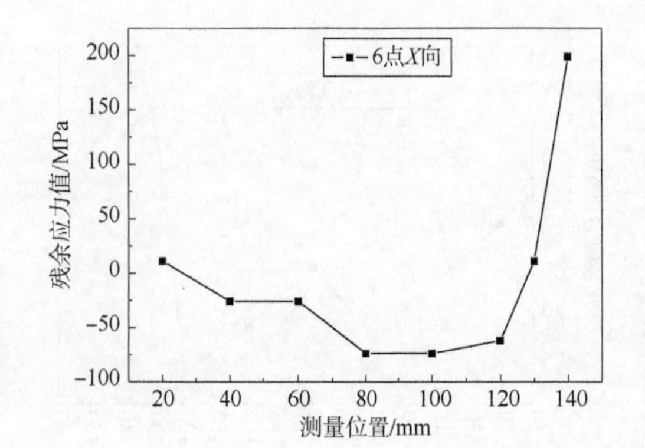

图 6-3-63　内壁 X 方向（环向）的残余应力

3）盲孔法残余应力测试

盲孔法残余应力测试示意图如图 6-3-65 所示。

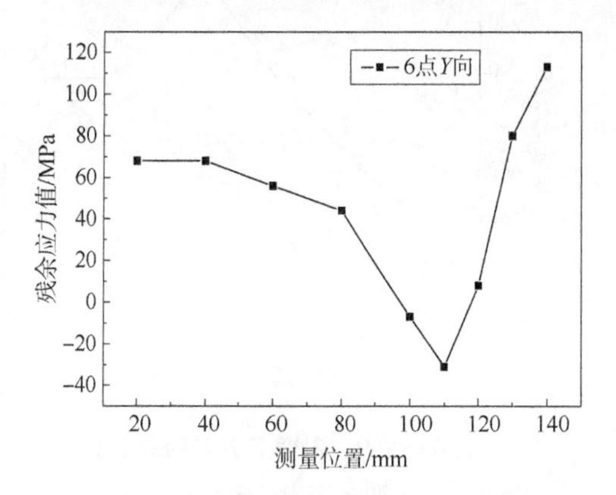

图 6-3-64　内壁 Y 方向（沿坐标线方向）的残余应力

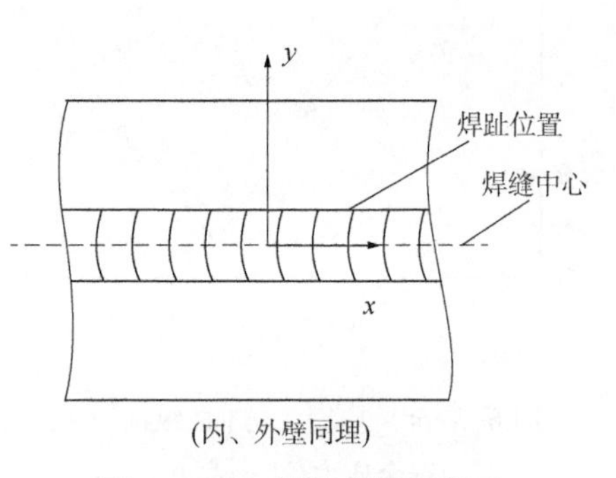

图 6-3-65　测量位置示意图

（1）1#接头测试情况。

沿标记为 0 点的线测量了沿该线不同位置下外壁和内壁的 X 方向（纵向）残余应力和 Y 方向（沿坐标线方向，即横向）的残余应力，测量结果如图 6-3-66 至图 6-3-69 所示。

沿标记为 3 点的线测量了沿该线不同位置下外壁和内壁的 X 方向（纵向）残余应力和 Y 方向（沿坐标线方向，即横向）的残余应力，其中测量 3 点外壁时还在不同位置测量了一条关于去余高的横纵向残余应力，测量结果如图 6-3-70 至图 6-3-75 所示。

沿标记为 6 点的线测量了沿该线不同位置下外壁和内壁的 X 方向（纵向）残余应力和 Y 方向（横向）的残余应力，测量结果如图 6-3-76 至图 6-3-79 所示。

沿标记为 9 点的线测量了沿该线位置下外壁的 X 方向（纵向）残余应力和 Y 方向（横向）的残余应力，测量结果如图 6-3-80 和图 6-3-81 所示。

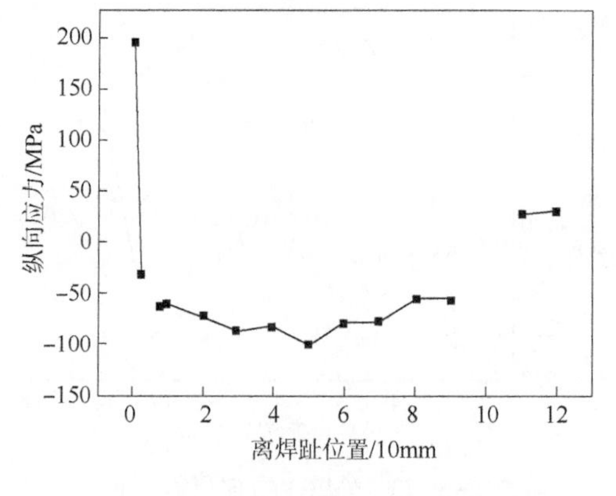

图 6-3-66　外壁 X 方向（纵向）的残余应力（带余高）

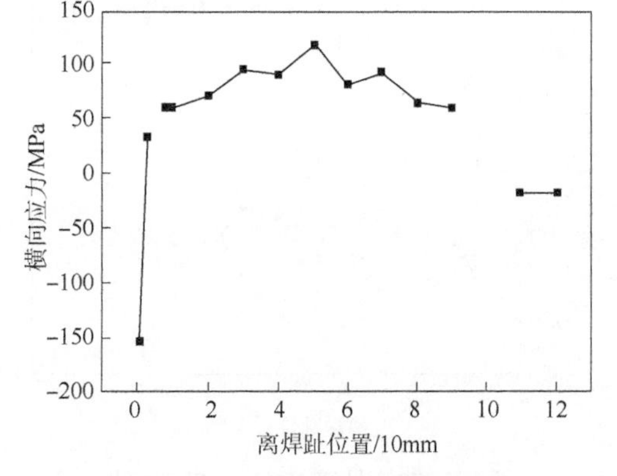

图 6-3-67　外壁 Y 方向（横向）的残余应力（带余高）

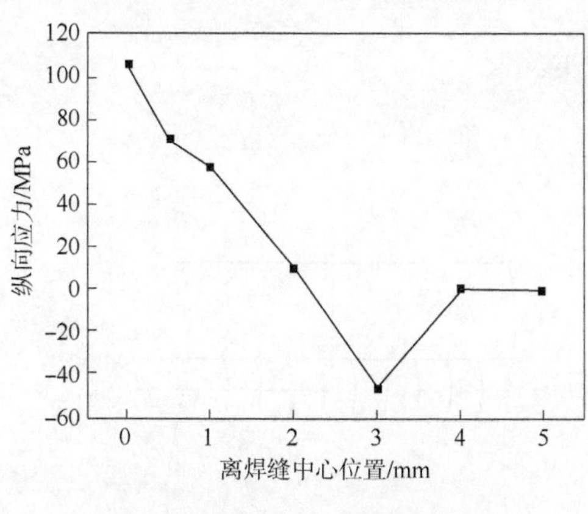

图 6-3-68　内壁 *X* 方向(纵向)的残余应力(去余高)

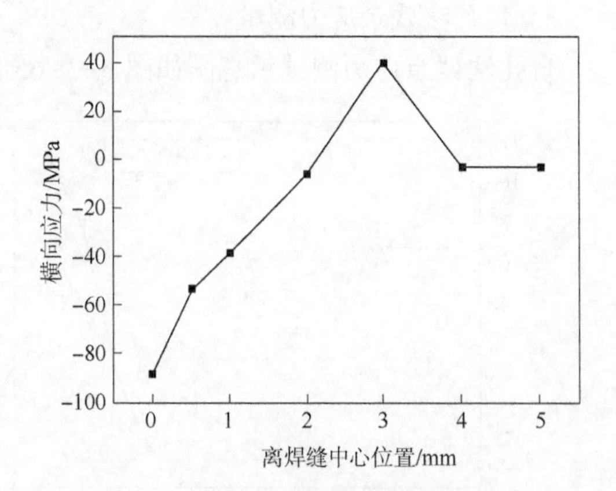

图 6-3-69　内壁 *Y* 方向(横向)的残余应力(去余高)

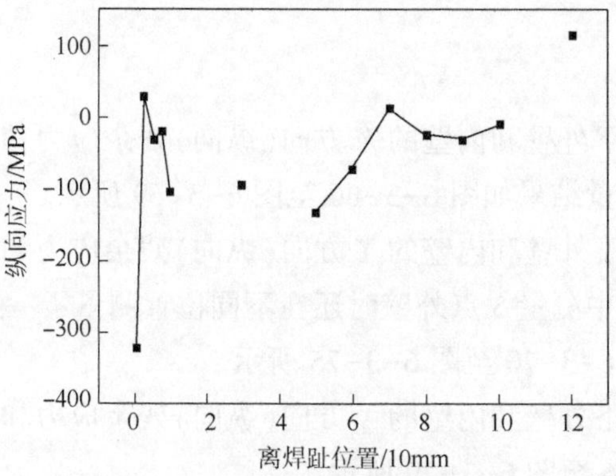
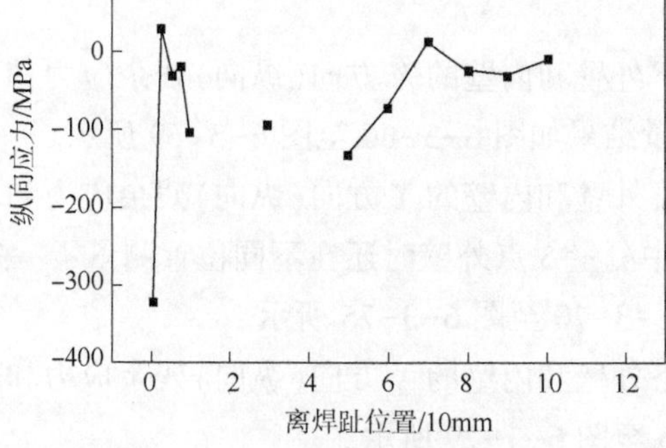

图 6-3-70　外壁 *X* 方向(纵向)的残余应力(带余高)

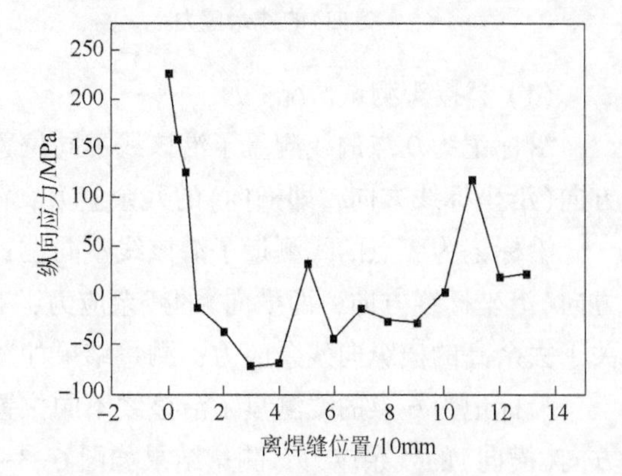

图 6-3-71　外壁 *X* 方向(纵向)的残余应力(去余高)

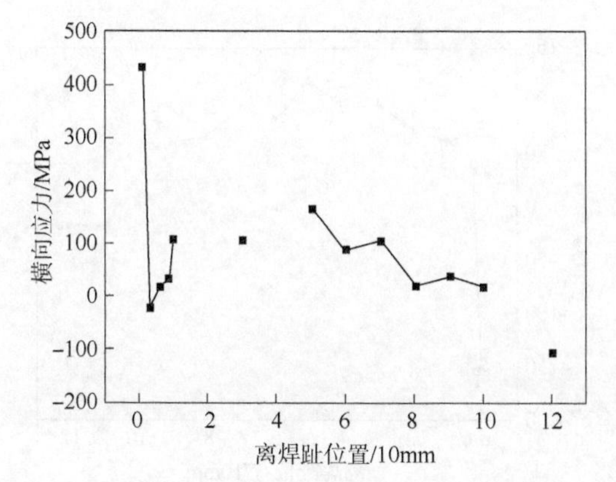

图 6-3-72　外壁 *Y* 方向(横向)的残余应力(带余高)

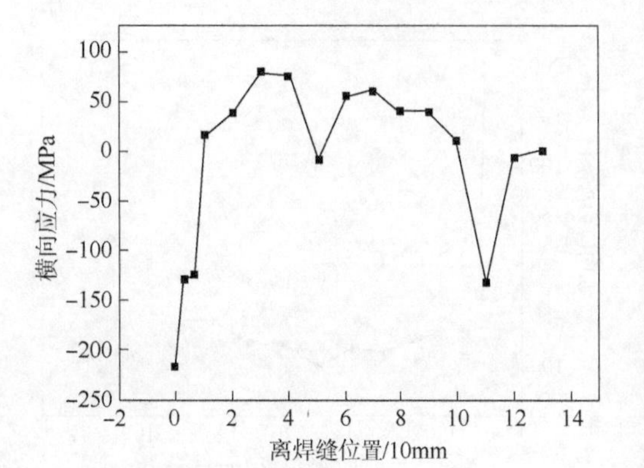

图 6-3-73　外壁 *Y* 方向(横向)的残余应力(去余高)

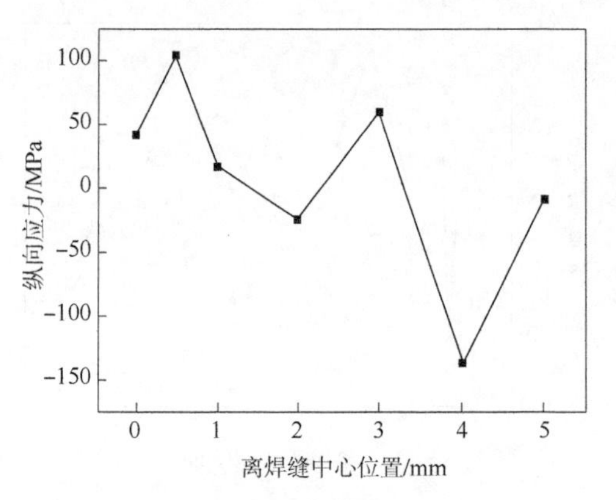

图 6-3-74　内壁 X 方向(纵向)的残余应力

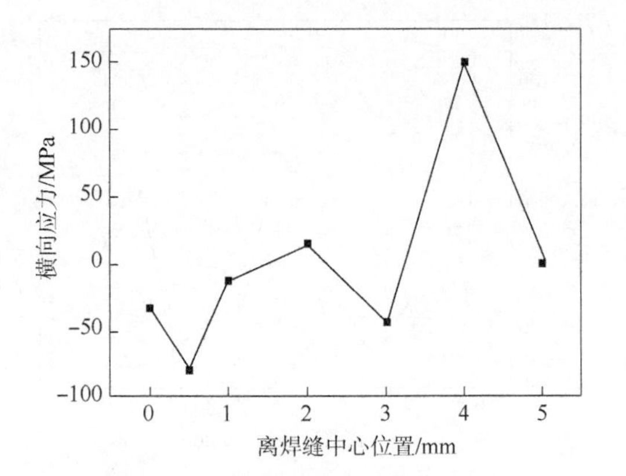

图 6-3-75　内壁 Y 方向(横向)的残余应力

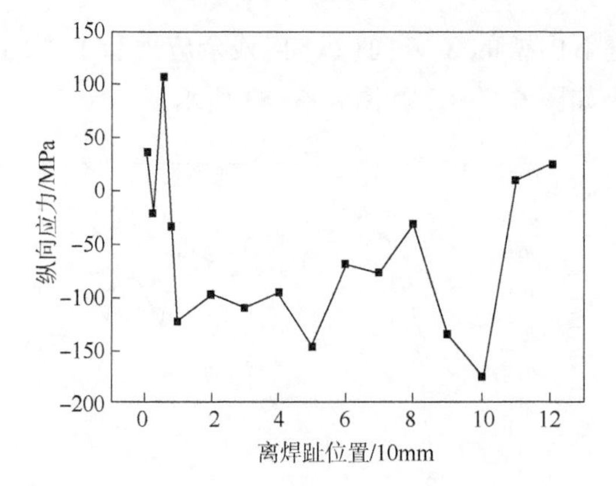

图 6-3-76　外壁 X 方向(纵向)的残余应力(带余高)

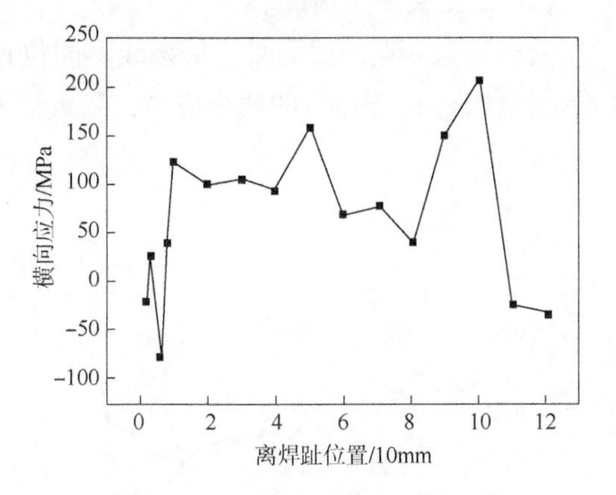

图 6-3-77　外壁 Y 方向(横向)的残余应力(带余高)

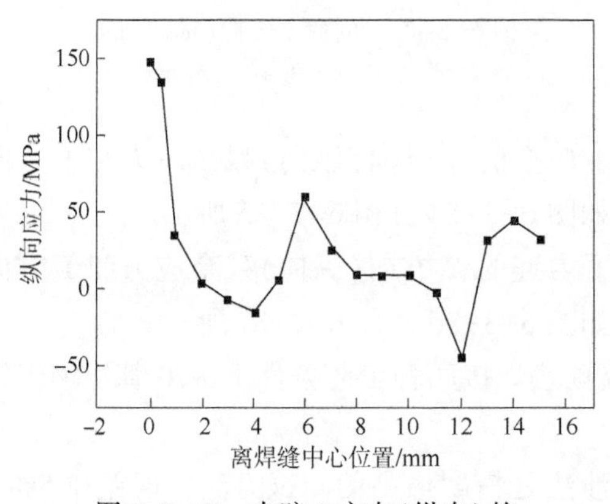

图 6-3-78　内壁 X 方向(纵向)的残余应力

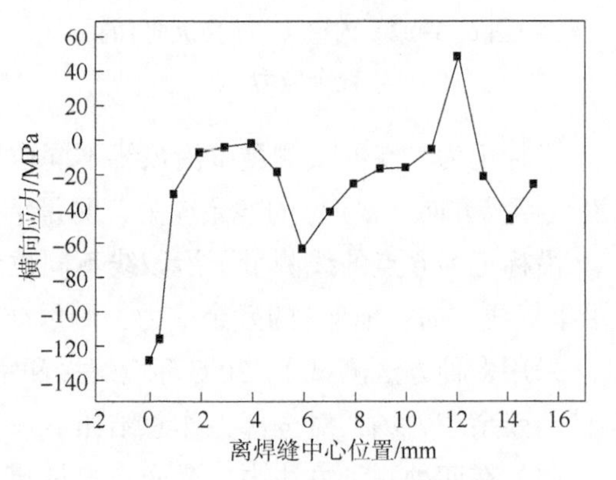

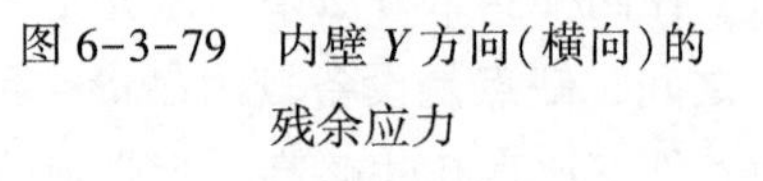

图 6-3-79　内壁 Y 方向(横向)的残余应力

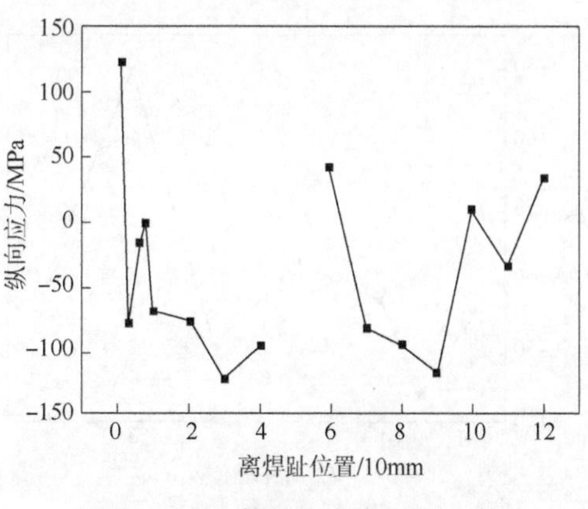

图 6-3-80 外壁 X 方向(纵向)的残余应力

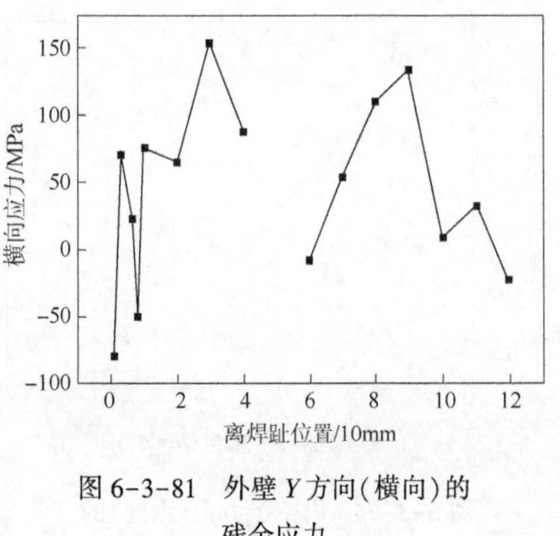

图 6-3-81 外壁 Y 方向(横向)的残余应力

(2) 2#接头测试情况。

沿标记为 0 点的线测量了沿该线不同位置下内壁的 X 方向(纵向)残余应力和 Y 方向(沿坐标线方向，横向)的残余应力，测量结果如图 6-3-82 和图 6-3-83 所示。

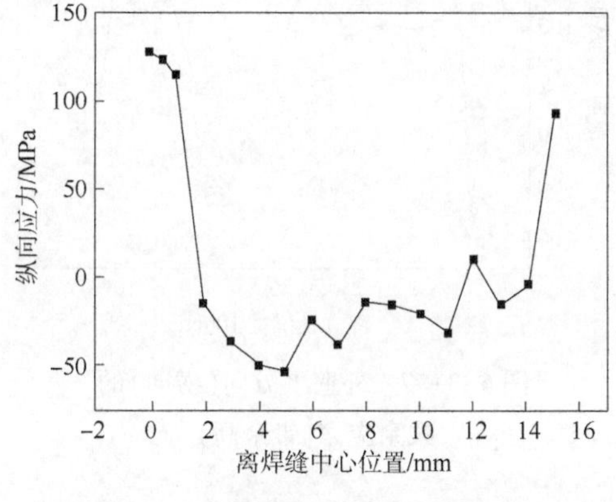

图 6-3-82 内壁 X 方向(纵向)的残余应力

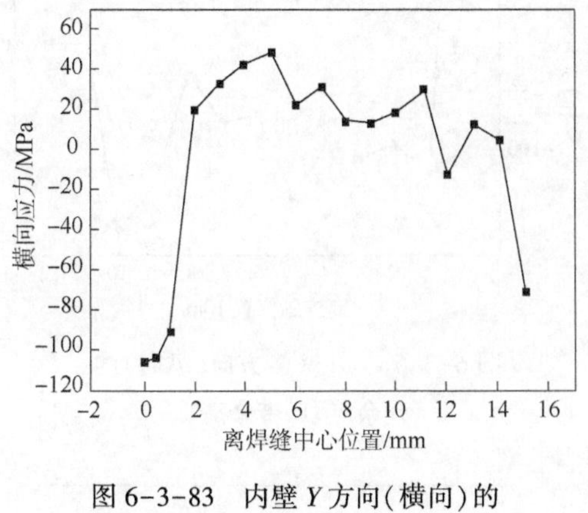

图 6-3-83 内壁 Y 方向(横向)的残余应力

沿标记为 3 点的线测量了沿该线不同位置下内壁的 X 方向(纵向)残余应力和 Y 方向(沿坐标线方向，横向)的残余应力，测量结果如图 6-3-84 和图 6-3-85 所示。

沿标记为 6 点的线测量了沿该线不同位置下内壁的 X 方向(纵向)残余应力和 Y 方向(沿坐标线方向，横向)的残余应力，测量结果如图 6-3-86 和图 6-3-87 所示。

采用多种方法测试了-30℃环境焊接和室温预热焊接两种工艺条件下 X70 管线钢焊接构件的残余应力场，对全部工作总结如下：

(1) 在四种测量方法中，激光全息散斑干涉法是精度最高的测试方法，误差在 5%~10%σ_s 之间，缺点是设备较为昂贵，且需要钻孔，属于破坏性测量；超声波法的测量精度在平面条件下比盲孔法略高，但遇到大曲率曲面时，测试精度不及盲孔法稳定，总体上，两者的测试误差在 15%~30%σ_s 之间；冲击压痕法测试精度最差，数据离散度不可接受，在试验前期就已放弃该方法。

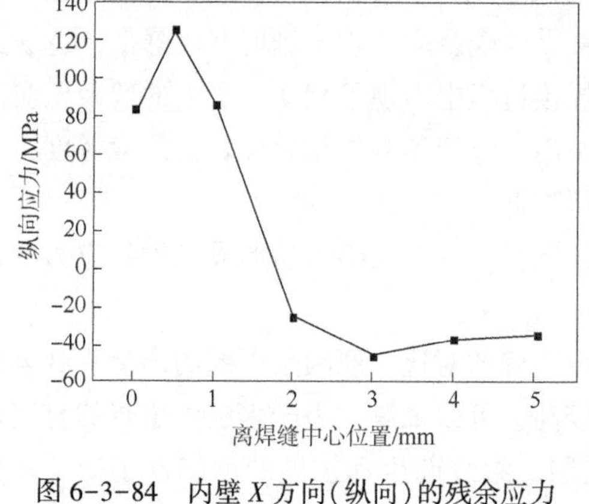

图 6-3-84　内壁 X 方向(纵向)的残余应力

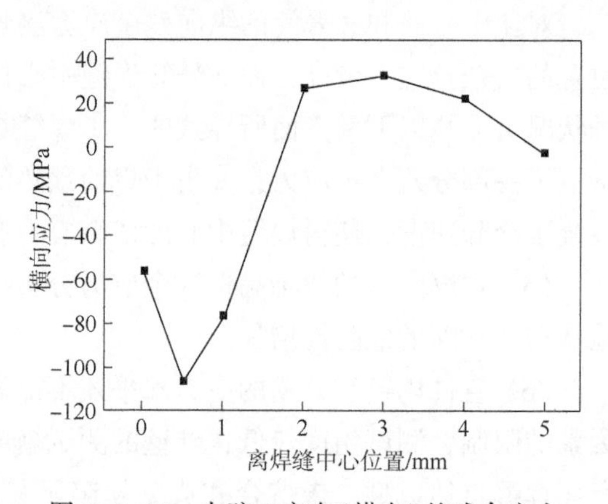

图 6-3-85　内壁 Y 方向(横向)的残余应力

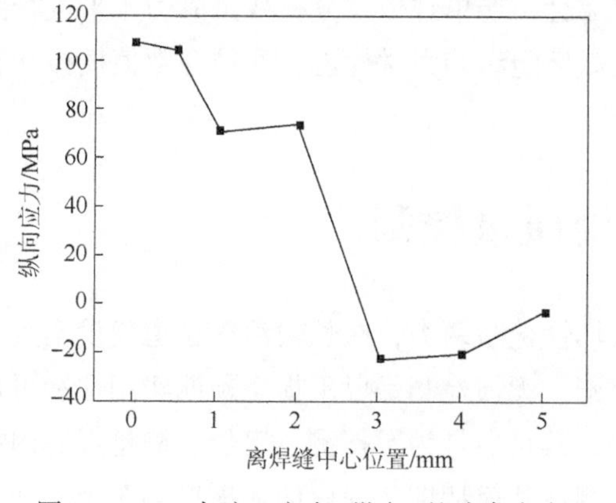

图 6-3-86　内壁 X 方向(纵向)的残余应力

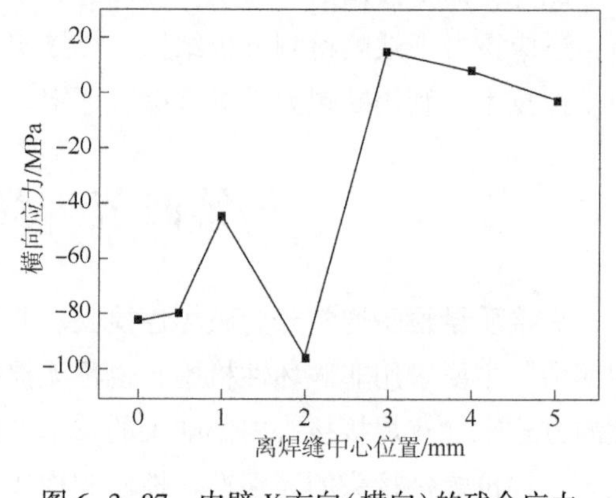

图 6-3-87　内壁 Y 方向(横向)的残余应力

超声波法是推荐的方法，其突出特点是测试操作方便快捷，无损测试，曲率不大时的测试精度高于盲孔法，即适合于残余应力的测试，亦适合于工作应力或总应力的在线测试。待曲面测试误差问题解决后，工程应用潜力更大。

（2）从 1 号筒(-30℃焊接)和 2 号筒(室温预热焊接)的 0 号线、3 号线、6 号线的测量结果中可以看到，在垂直焊缝方向上，焊缝处的纵向残余应力为拉应力，远离焊缝处为压应力，随着横向距离的增加，压应力的值逐渐减小，到自由端处又转变为拉应力，但拉应力的数值较小，自由端出现拉应力可能是由于切割边所致。

（3）焊缝余高的存在使钻孔导致的纵向(环向)应变在焊趾附近出现畸变，对焊缝附近纵向(环向)应力的测试精度影响较大，去除焊缝余高时测试结果的规律性较好，最大纵向残余应力达到 360~409MPa，最大横向残余应力也达到 330MPa。可以推测，存在余高时，应力水平在此基础上还有小幅度提高。

（4）1 号筒(-30℃焊接)和 2 号筒(室温预热焊接)相比较，前者焊缝中心处应力较高，后者在焊趾附近应力出现峰值，总体上，室温预热条件下残余应力平均水平要明显低于-30℃焊接时的应力水平，但个别点上可能出现相反的情况。

对比1号筒和2号筒的纵向残余应力测量结果可知，存在的规律是：1号筒焊缝中心位置的残余拉应力较高，而2号筒焊缝中心位置纵向残余应力较1号筒有所降低，造成这种状况可能是以下两方面所导致的：①焊缝在焊接过程中出现了相变，产生的残余压应力抵消了一部分残余拉应力；②由于焊前预热的作用，降低了构件相邻位置的温度梯度，并减慢了冷却速度，使得焊缝中心的残余应力有所降低。

（5）焊缝附近的双轴高值残余应力分布特征明显，存在缺陷时易形成三轴拉应力的危险状态，脆断的危险性增加。

（6）管件内壁和外壁的应力水平还不能做出明确的对比，原因是内壁的测量受到客观因素的限制，测试精度较低，外壁的测试精度较高，可以推测，由于多层多道焊的打底焊背面焊缝自然成型，未熔合和成型缺陷不易控制，裂纹萌生和扩展的可能性不低于正面焊缝。

此外，需要强调的一点是，构件的服役可靠性不能单纯依靠分析残余应力水平进行判断，还应该考虑缺陷检测分析结果、焊接接头微区组织和力学性能，并结合数值模拟和物理模拟技术，利用断裂力学进行综合评定。

第四节　焊接质量控制

焊接质量检验通常分为破坏性检验、非破坏性检验两类，在长输油气管道建设全生命周期中，主要采用非破坏性检验，也称无损检测。无损检测是以不损害预期实用性和可用性的方式来检查焊接接头内部缺欠的技术方法，其目的是为了探测、定位、测量焊缝内部缺欠；评价焊接接头的完整性、性质和构成；测量几何特性。焊后的无损检测对于保证焊接质量具有重要意义，如果各要素得到有效控制，焊接质量应该是较好的，焊后检验的手段仅仅是验证而已，如果上述要素没有得到很好地控制，则焊后检验是质量的最后保障。

焊接质量的影响因素主要有：人员、设备、材料、工艺方法、工作环境等五个方面，各个因素对不同工序质量的影响程度有很大差别，同时相互关联，相互交叉，分析原因时需要考虑系统性，应根据缺陷的类型、数量、尺寸综合分析。

在焊接接头检测中主要采用的无损检测方法有：射线检测、超声检测、磁粉检测、渗透检测、电磁检测、TOFD 检测、相控阵检测等；其中射线检测能够检测出焊接接头中存在的气孔、夹渣、未焊透、未熔合、裂纹等缺陷，并且对检测结果的记录性好、保存性好，得到广泛应用，成为在役管道焊缝质量检测项目普遍采用的主要检测方法。

随着互联网、数字化技术的发展，传统的焊接质量检查方式产生了技术、环保、信息化等新的发展方向，可以有效避免传统方法众多影响因素的复杂化影响，更能满足焊缝质量检测的市场需求，主要有以下几点：

（1）工程项目焊接质量管理是一项系统工程，需要多个单位参与、多个质量检查部门进行质量管理、多个探伤检验部门参与，是一个动态管理的过程。数字化焊接质量检查系统可以有效避免由于信息管理方式落后，难以实现焊接质量信息同步共享，最终导致焊接质量管理错过良好时机的问题。

(2) 智能底片评定，可以有效避免人工评判方式中，受人员技术水平、工作状态的影响，导致评定结果易出现波动的问题。数字化焊接质量检查系统能够极大提高焊缝质量评定效率与准确度，为工程质量验收提供支持。

(3) 长输油气管道具有高压、大管径、大壁厚、长周期运行等特点，传统的射线检测技术易受胶片颗粒度的制约，检测灵敏度不足，不易发现更细小缺陷，数字化焊接质量检查系统满足质量管控要求的同时，可以实现检测周期短、检测结果上传速度快等传统手段无法实现的特点。

数字化焊接质量检查系统的原理通常为数字化射线图像传输到图像智能模块，缺陷识别模块能够智能识别焊接缺陷及非相关表面不连续。在一些焊缝影像中，表面不规则或表面不连续在底片影像中产生灰度的不连续，可在缺陷图像增强处理中提出非局部均值与滤波结合、稀疏表达、低秩复原等图像噪声消除方法；在缺陷检测中，总结各类缺陷特征，提出缺陷特征的模糊数学描述算法、视觉统计特征的描述方法、缺陷活动轮廓和区域的精确提取方法，缺陷位置的判定，以及缺陷分类等深度人工神经元网络识别方法。在检测缺陷的基础上，自动对缺陷的长度、宽度、大小、形状、边界、分散度等几何特征和边界特征进行计算，统计分析各类缺陷数目、大小、位置及其相互关系，并依据行业标准规范对缺陷进行评级，从而实现焊接缺陷检测评定的信息化、一体化、自动化和智能化，提高工作效能。

就目前而言，数字化焊接质量检查系统已取得较好的研究成果，数字化与射线检测技术结合出现了数字化射线检测技术，数字化与超声检测技术结合出现了相控阵技术、衍射时差法超声检测技术等，未来数字化技术一定会继续推动焊接质量无损检测新技术的革命，无损检测数字化技术与互联网技术相结合也将会推动焊接质量控制产生新的方法，焊接质量无损检测方法的数字化、信息管理远程化将给工程项目焊接质量管理带来巨大的变革。

一、 全自动焊的焊接质量控制

内焊机进行根焊焊接时，需关注因焊接速度较低导致的铁水下淌而造成的内坡口的侧壁未熔合及焊缝内表面边缘假熔现象。内焊机的焊接参数是影响根焊质量的重要因素之一，焊前应按焊接工艺规程给定的参数对每一个焊炬(内焊机通常有 8 个或 10 个焊炬)的送丝速度、焊接电压、焊接速度等进行调节并试焊，并观察焊缝成型和接头搭接长度是否符合要求。内焊机调试好后，方可由经过培训的内焊机操作工进行根焊道的焊接作业。针对无损检测发现的焊接缺陷，应定期召开质量分析会，通过有针对性的实际案例讨论纠正操作工在认识和操作上的错误，增强质量意识。

外焊机自动焊过程受施焊环境影响较大，在风速较大、防风措施不好、管体潮湿等情况下易产生气孔。加强防风措施，如在防风棚内进行焊接操作、接头打磨时避开对面小车焊接，以及焊接过程中注意焊接参数，如电流、电弧电压和焊接速度的匹配等，能够有效地减少气孔的产生。另外，外焊机自动焊时需关注焊接过程中的异常现象，如送丝不稳、电弧飞溅、焊偏、接头打磨坡度等，及时纠正可避免出现侧壁未熔合。

焊接过程中如果发现导电嘴与坡口碰触，或导电嘴烧熔滴入熔池，应立即停止焊接，打磨干净接触点和环焊内的铜污染，必要时需切割焊口重新进行坡口加工，否则会引发热裂纹。

二、 固定口连头焊口的质量控制

固定口连头地点宜选择在地势平坦的直管段上，不允许设置在热煨弯管、冷弯管及不等壁厚焊缝处，固定口连头施工前，应预留足够的两侧未回填长度，避免强力组对、附加外载荷等因素增加焊接拘束应力。因各种原因需要切割管道上的焊口时，应根据切割后所形成新焊口的特性，选择确定将使用的焊接工艺，最终的选择结果应经过质量管理人员确定。

如切割后形成的焊口是自由口，即环焊缝焊接过程中能够自由伸缩，可根据实际工况选择全自动焊、自由口连头自动焊等工艺。如切割后形成的焊口是固定口，即环焊缝焊接过程中不自由伸缩，则必须采用固定口连头的焊接工艺。

三、 软土地基段焊口的质量控制

管道沿线的部分地段是淤泥质粉质黏土，地基承载力较差。在焊接施工过程中，受周边施工机具设备、过往通行车辆等因素影响所产生的土壤振动较为明显，组对好的焊口会随着管道的缓慢沉降而发生坡口形状的变化，尤其是在环焊缝下半圈的仰焊位置，会产生坡口宽度、组对间隙等参数的明显增加。这些软土地基段零散地分布在管道沿海滩涂的线路段中，长度从几十米至几百米不等，在施工初期造成了全自动焊合格率的显著波动。

为保证该地段的焊接质量稳定，提出了选择使用固定口连头焊焊接工艺的建议，即采用手工钨极氩弧焊根焊、自动气保护药芯焊丝填充和盖面焊的组合自动焊方法，利用了钨极氩弧焊的单面焊双面成型质量可靠、气保护药芯焊丝上向焊对焊接坡口和组对精度容错性好的优势，提高了软土地基段焊口的合格率，保证了自动焊施工的质量稳定性。

四、 返修焊口的质量控制

建立完整的焊缝返修管理体系是控制焊缝返修质量的前提和保证，首先应建立焊缝质量保证体系，焊缝返修是其中重要控制环节之一。该体系对焊缝返修的工作程序及返修方案的制定都应有明确的规定和要求。其次还应根据有关标准及工厂实际情况制定出焊缝返修的具体工艺实施细则和管理制度等，与之配套执行。一般，一次返修由焊接责任工程师审核即可。经过二次返修仍不合格需进行三次返修时，必须经总工程师或单位技术负责人批准，并采取相应的严格工艺措施，这样才能做到步步有规可循，从而保证焊缝返修质量。

制定返修方案是进行焊缝返修工作的一个重要过程，返修方案内容包括：缺陷的清除及坡口制备、焊材选用、返修工艺、返修后热处理和检验项目等。

（1）缺陷的清除及坡口制备常用碳弧气刨或手工砂轮进行。坡口的形状、尺寸大小主要取决于缺陷尺寸、性质及分布特点。一般来说，所开坡口的角度越小越好，只要将缺陷清除便于操作即可。一般缺陷靠近哪侧就在哪侧清除，如缺陷较深，清除到板厚的60%时还未清除，则应先在清除处补焊，然后再在另一面打磨清除至补焊金属后再补焊。如缺陷有数处，且相互位置较近，深浅相差不大，为了不使两坡口中间金属多次受到返修焊接应力和应变过程的影响，则应将这些缺陷连接起来打磨成一个深浅均匀一致的大坡口，反之，若缺陷之间距离较远，深浅相差较大，一般按各自的状况开坡口逐个焊接。另外，对一些脆性大、抗裂性差的材料，返修时，应根据材料的性质确定开坡口的工艺方法。

（2）焊缝返修一般采用手工电弧焊进行，这是由于手工电弧焊具有操作方便、位置适应性强等特点决定的。但若坡口宽窄深浅基本一致、尺寸较长，并可处于平焊位置或环焊位置时，也可以采用埋弧自动焊来返修。采用手工电弧焊返修时，对原手工电弧焊焊缝，一般选用原焊缝焊接所用焊条。对原自动焊缝，一般采用与母材相适应的焊条。但是，若返修部位刚性大、坡口深、焊接条件恶劣时，尽管原焊缝采用的是酸性焊条，此时则需选用同一级别的碱性焊条。当采用埋弧自动焊返修时，一般选用与原工艺相同的焊丝和焊剂。

（3）焊缝返修应控制焊接能量的输入，并采用合理的焊接顺序等工艺措施来保证质量。采用小直径焊条、小电流等焊接规范焊接，降低返修部位塑性储备的消耗；采用窄道焊、短段，多层多道，分段跳焊法等，减少焊接应力与变形，但是每层焊接接头要尽量错开；每焊完一道后，需除尽焊渣，填满弧坑，并把电弧稍后移一点再熄灭，起附加处理作用。然而立即用带圆角的尖头小锤锤击焊缝，以松弛应力，但打底焊缝和盖面焊缝不宜锤击，以免引起根部裂纹和表面加工硬化；加焊回火焊道，焊后需磨去多余金属，使之与母材圆滑过渡；凡需预热的材料，其层间温度不应低于预热温度，否则需加热到要求温度后方可焊接；要求焊后热处理的压力容器应在热处理前返修，否则返修后应重新进行热处理。

（4）返修完后，应用砂轮打磨返修部位，使之表面圆滑过渡，然后按标准规定进行外观、无损探伤和水压试验等检验，检验标准不低于原焊缝标准。检验合格后，方可进行下道工序，否则，应重新返修，在允许的次数内直至合格为止。

第七章 管道焊接技术展望

随着国家石油天然气管网集团有限公司的成立，我国管道建设将迎来新的变化，管道建设的管径、压力、钢级均稳步提升，管道建设水平也正在迈向数字化、智能化。伴随着全球油气供需格局的演变，亚洲将成为未来油气管网建设重点区域，可能形成“泛亚油气管输体系”。在如此的国际形势下，未来我国油气管道发展面临重大课题主要有：(1)重质原油输送；(2)天然气高效输送；(3)X90/X100 等高钢级钢管应用；(4)机械化施工；(5)管道安全防护；(6)管网可靠性管理；(7)管理信息化。随着长输管道工程向着高钢级、大口径、厚壁化方向的发展，管道焊接技术也将迎来新机遇与挑战。为了提高管道建设水平和管道焊接的稳定性，同时减少人为因素导致的各类缺陷和问题，长输管道焊接技术应以安全为前提，将焊接技术水平向着自动化、数字化方向推进发展，同时，为满足管道运输要求的提高，高钢级管道焊接、焊接可靠性的研究也将是管道焊接技术发展的主题。在未来一定时期内，长输管道焊接技术发展方向主要以自动化、智能化、高效能前进，主要包括以下三点：(1)更加高效的焊接工艺水平；(2)更加智能化焊接设备；(3)更完善的焊接质量控制。

第一节 焊接技术

随着长输管道工程向着高钢级、大口径、厚壁化方向的发展，一些新的、高效率的自动焊技术将会应运而生。据了解，国内开工建设的一些大型长输管道工程将在适合的地段推行全自动焊焊接技术，对其他地段在设计阶段就开始通过技术经济比较，尽可能采取降坡取直或弹性敷设，减少弯头和弯管数量，以适应自动焊技术应用的要求。考虑到自动焊高焊接效率、高焊缝质量、低劳动强度等特点，预计今后长输管道焊接技术将会有新的进展和突破，能够大幅提高焊接效率和增强管道施工复杂环境的适应能力。

一、双丝焊焊接技术

单弧双丝焊技术是将两根焊丝按一定的角度放在一个特别设计的焊炬里，两根焊丝分别由各自的电源独立供电，相互绝缘，送丝速度及其他参数都彼此独立。两根焊丝的直径、材质，甚至用不用脉冲电源，都可以不同。这样就可以更好地控制电弧，在保证每个电弧稳定燃烧的前提下，将两个电弧的相互干扰降到最低，实现了某一时间点只有一个电弧，只形成一个熔池。

当采用单丝焊时，如果焊接速度较高，电弧的热量没有向母材充分扩散，形成的熔池小，周围母材的温度梯度大，熔池凝固快，熔化金属来不及和母材充分熔合，因此，焊缝余高大，容易产生咬边甚至难以成型。单弧双丝焊时，前丝焊接电流较大，有利于形成较大的熔深，后丝电流稍小，起到填充盖面的作用。两根焊丝互为加热，充分利用了电弧的热量，能够实现较大的熔敷率，并保证熔池里有充足的熔融金属与母材金属充分熔合，因此焊缝成型美观。一前一后两个电弧大大拉长了熔池的几何尺寸，熔池中气体有充足的时间析出，气孔倾向极低。这种焊接方法虽然电流大，但焊接速度很快，因而热输入量不大，焊接变形也很小。与其他焊接技术相比，单弧双丝焊的熔敷速度快，焊接效率高，焊接质量好，飞溅少。

一般而言，双丝焊就是单弧双丝焊，包括单焊炬双丝焊和双焊炬双丝焊。对于双丝焊接技术的研究，国内外都是从双丝埋弧焊开始的，该技术已经在生产中得到了应用，后来又逐渐推广到窄间隙焊。早期的双丝焊是将两根焊丝通过同一个导电嘴施焊，其特点是两根焊丝的电位相同，只是送丝速度不同，无法对两个电弧分别进行控制，焊接参数难以调节。近几年来对双丝熔化极电弧焊的研究成为热点。20 世纪 90 年代，在长期进行双丝焊技术的研究应用实践中，德国 CLOOS 公司开发出了单弧双丝(TANDEM)焊焊接技术，该技术是两根焊丝呈前后串列分布、使用独立的导电嘴、穿过同一个焊炬，形成同一个熔池，目前该技术已得到现场应用。

二、 激光—电弧复合自动焊技术

激光—电弧复合焊接是将电弧与激光配合在一起从而获得大熔深的焊接方法。它是将两种物理性质、能量传输机制截然不同的热源复合在一起，激光与电弧共同作用于工件表面，从而实现对工件进行加热，完成焊接。与传统焊接技术相比，激光—电弧复合自动焊利用了激光焊高焊速、深熔透、无坡口的优点，弥补了电弧焊熔深不足的问题，具有能量密度高、热输入量小、焊缝深宽比大、变形小等优点。

纯激光焊具有深宽比高，焊缝宽度小，热影响区小、变形小，焊接速度快，焊缝平整、美观，焊缝质量高，无气孔等优点，但同时具有桥接能力差、焊缝冷却过快、焊缝韧性差、硬度高等不足。

单纯应用激光源进行焊接时，如何解决激光焊工艺对管道对口精度要求极高的难题成为激光焊在长输管道全位置焊接应用的技术瓶颈。激光焊在电弧的辅助作用下，桥接能力得到提高，使上述难题得到了有效解决。将激光用于管线钢焊接的另一个比较突出的问题是焊缝组织为粗大的柱状晶，冲击韧性很差。激光—电弧复合焊接技术可以克服这个问题，原因在于电弧具有预热作用，同时由于电弧的热影响区较大，使复合焊焊缝的冷却速度低于纯激光焊焊缝的冷却速度，从而降低了焊缝硬度，改善了焊缝韧性；另外，电弧焊的填充金属可控制焊缝性能，起到降低热裂纹敏感性和提高焊缝金属韧性的作用。

目前，激光—电弧复合焊接技术在汽车、造船工业领域已被广泛使用，国外也有科研机构正在开展应用于长输管道领域的研发工作，如英国焊接研究所(TWI)、美国爱迪生焊接研究所(EWI)、美国CRC-Evans公司和德国VIETZ等专业化管道焊接技术公司。美国PHMSA投入巨资和庞大的研究机构及科研人员，已经开发了实验室样机，正在积极将该技术推向工程施工现场应用。

采用激光与电弧的复合方式可以充分地发挥两种热源的优势，弥补双方的不足，是一种新型、优质、高效、节能的焊接方法。在同等条件下，激光—电弧复合焊比单一的激光焊或电弧焊具有更强的适应性，焊缝的成型性更好。

(1) 提高了焊接接头的适应性。由于电弧的作用降低了激光对接头间隙的装配精度的要求，因此可以在较大的接头间隙下实现焊接。

(2) 增加了焊缝的熔深。在激光的作用下电弧可以到达焊缝的深处，使得熔深增加。其次电弧的作用会增大金属对激光的吸收率，这也是熔深增大的原因。

(3) 改善焊缝质量，减少焊接缺陷。激光的作用使得焊缝的加热时间变短，不易产生晶粒过大，而且使热影响区减小，改善焊缝组织性能。由于在电弧的作用下复合热源能够减缓熔池的凝固时间，使得熔池的相变充分地进行，而且有利于气体的逸出，能够有效地减少气孔、裂纹、咬边等焊接缺陷。

(4) 增加焊接过程的稳定性。由于激光的作用在熔池中会形成匙孔，它对电弧有吸引作用，从而增加了焊接的稳定性。而且匙孔会使电弧的根部压缩，从而增大电弧能量的利用率。

(5) 提高生产效率，降低生产成本。激光与电弧的相互作用会提高焊接速度，由于电弧的作用使得用较小功率的激光器就能达到很好的焊接效果，与纯激光焊相比可以降低设备成本。

激光与电弧的复合分为以下两种：

(1) 激光TIG复合焊。它的焊接速度是激光焊的几倍以上，多用于薄板高速焊，也可用于不等厚材料对接焊缝的焊接。这种复合方法是激光复合焊中最早进行研究的。有研究表明，当焊速为0.5~5m/min时，用5kW的激光配合300A的TIG电弧其熔深是单独5kW激光焊接熔深的1.3~2.0倍，而且焊缝不出现咬边和气孔的缺陷，应用“阳极间隙法”测量电流密度，结果表明，在电弧复合激光作用之后，其电流密度得到明显的提高。

(2) 激光MIG复合焊。利用填焊丝的优势可以改善焊缝的冶金性能和微观组织结构，常用于焊接中厚板。因此这种方法主要用于造船业、管道运输业和重型汽车制造业。在德国已将这种复合技术研制到了实用阶段，Fraunhofer研究所已研制出一套激光MIG复合热源焊接储油罐的焊接系统，它能有效地焊接4~8mm厚的板材。

比较上述两种复合焊接方法，不难发现，激光与MIG的复合方式更适用于长输油气管道的高效焊接，因为管道的全位置焊就是朝着高钢级、大壁厚的方向发展。

激光—电弧复合焊接系统由激光器、电弧焊机、焊接小车及导向轨道、自动控制系统、焊缝跟踪机构，以及辅助系统等构成，如图7-1-1所示。

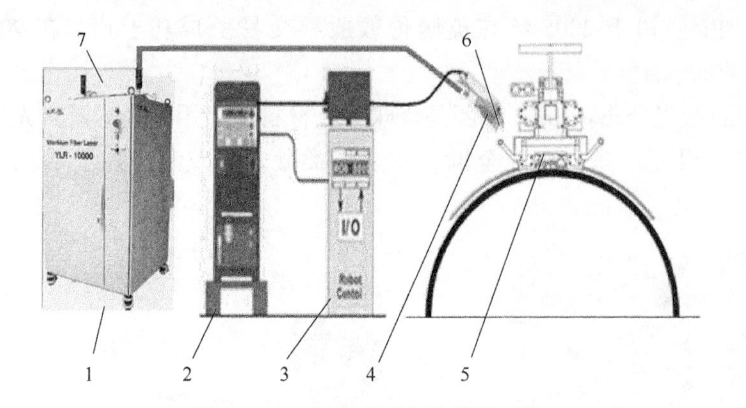

图 7-1-1 激光电弧复合焊接系统

1—激光器；2—电弧焊机；3—复合焊接控制系统；4—复合焊焊炬；
5—复合焊接小车及导向轨道；6—焊缝跟踪器；7—辅助系统(压缩空气，水冷等单元)

现阶段激光—电弧复合焊技术应用于管道焊接仍停留在实验室实验阶段，并没有广泛应用于管道工程中，其主要涉及焊接工艺、性能、设备和施工规范标准等几个方面的原因。

1. 激光器

管道全位置焊接需要焊炬围绕管子圆周方向旋转以完成焊接，焊接参数包括焊接电流、电压、焊接速度、焊炬的摆宽，以及摆频因焊接位置的变化而变化；管道现场施工环境复杂多变，有时需要穿越沙漠、高山、沼泽等恶劣地段。根据实际情况考虑，对激光器的要求如下：

(1) 占地面积较小，光束传输灵活，能胜任全位置焊接，本研究的内容之一是设计一套适用于现场的可移动式激光—电弧复合焊接系统，便于移动和快速安装是首要要求；

(2) 有较大的功率，功率是焊接大熔深的保证；

(3) 胜任恶劣的工作环境，对灰尘、振荡、冲击、湿度、温度具有很好的适应性；

(4) 维护简单，使用寿命长。

世界上生产光纤激光器的公司有阿帕奇公司(IPG)、英国的 SPI 激光公司、罗芬激光公司、美国 GSI 集团等。

阿帕奇公司(IPG)：阿帕奇公司始创于 1990 年，是全球最大的光纤激光器制造商，总部设在美国东部麻省，拥有国际领先水平的光纤激光研发中心，主要生产基地分布在德国、美国、俄罗斯、意大利；销售及服务机构分布在中国、英国、印度、日本、韩国。它生产的高效光纤激光器、光纤放大器，以及拉曼激光的技术均走在世界的前端，并被各国广泛应用于材料加工、测量、科研、通信、医疗等领域(图 7-1-2)。

SPI 激光公司：SPI 激光公司成立于 2000 年，致力于将英国南安普顿大学光电研究中心的高新技术产业化。其在特种光纤和光纤布拉格光栅等方面的核心技术及专利在公司成立初期被用于制造长距离高速光通信光学器件上。

在 2002 年，SPI 公司加强了光纤激光器的设计和生产，并于 2003 年推出了首台商用光纤激光器。SPI 公司于 2005 年在英国伦敦股票交易所成功上市。在 2008 年 9 月被 TRUMPF 公司收购。

罗芬(Rofin)激光公司：Rofin 集团是全球工业材料加工用激光器及激光加工系统的领导者，自 1975 年设立以来，已在全世界安装各类激光器及激光加工系统 22000 余台套(图 7-1-3)。

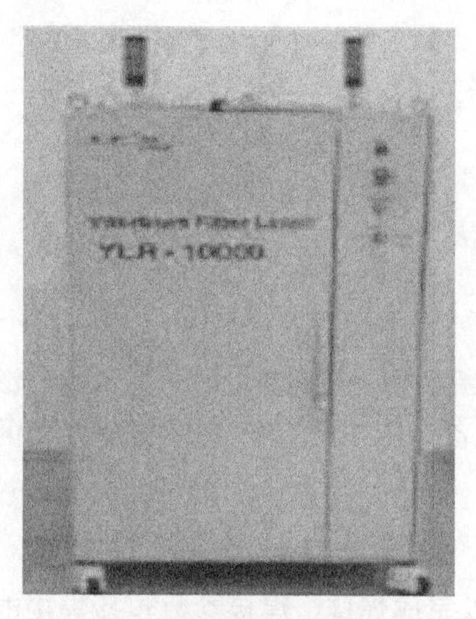

图 7-1-2　阿帕奇公司(IPG)生产的 10000W 光纤激光器

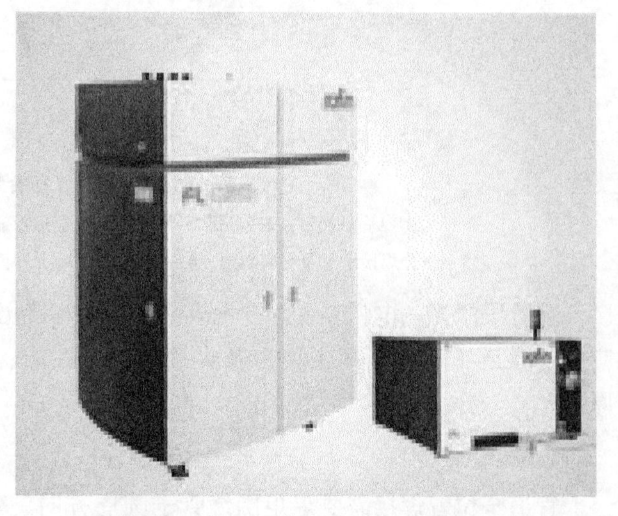

图 7-1-3　Rofin 公司生产的光纤激光器

吉矽(GSI)集团：美国 GSI 集团是一家全球性的集团公司，子公司遍布于欧洲、亚洲及北美洲等地，其股票分别在美国 Nasdaq(GSIG)和多伦多证券交易所(GSI)上市。

GSI 集团致力于为客户开发和提供完善的应用制造技术和一流的技术服务支持，在所经营的各个领域内都处于世界或欧洲领先地位。其主导产品包括：高精密运动控制产品、激光产品，以及激光系统等，广泛用于全球性医疗、半导体、电子和工业市场。

德国通快(Trumph)公司：通快集团是全球制造技术领域的领导企业之一。从加工金属薄板和材料的机床，到激光技术、电子和医疗技术，通快正以不断的创新引导着技术发展趋势。通快正在建立新的技术标准，同时致力于开辟更新、更多的产品给广大用户。生产各种类型的激光器。主要产品为 CO_2 激光器和碟片激光器。

国内生产激光器的有武汉锐科光纤激光器技术有限责任公司、北京国科世纪激光技术有限公司等。上述公司目前生产的激光器最大功率为 500W。

目前，大功率光纤激光器尚未国产化，因此只能从国外引进。国内哈尔滨工业大学、华中科技大学、北京工业大学等高校所购激光器均为阿帕奇公司(IPG)所生产。应用效果证明，该公司的激光器性价比高、可靠性好。

2. 激光电弧复合焊炬

目前，在全球范围内生产激光焊炬的公司主要是德国的 HIGHYAG 公司和 Prestec 公司，其产品广泛地用于汽车、造船、航空航天领域的激光焊接。全球范围内生产激光—电弧复合焊炬的有德国的 HIGHYAG 公司、Prestec 公司、Cloos 公司，瑞典的伊萨公司，奥地利的 Fronius 公司等，这些产品均为上述公司为了各自的需求专门设计，不仅尺寸大，而且分量重(图 7-1-4)。

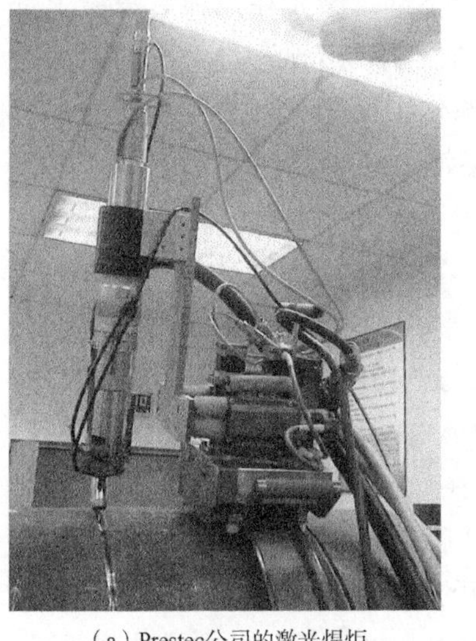
（a）Prestec公司的激光焊炬

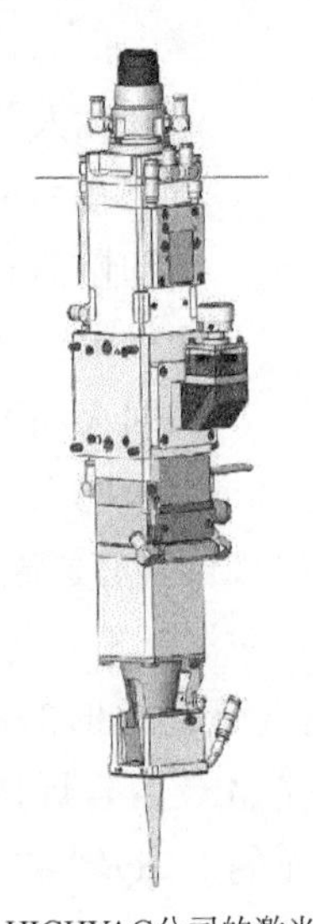
（b）HIGHYAG公司的激光焊炬

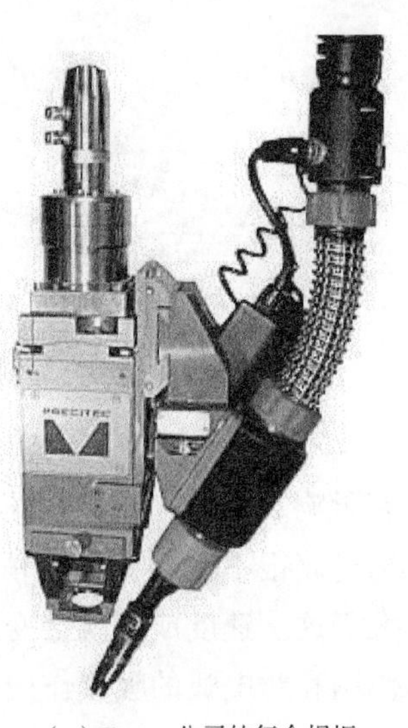
（c）Prestec公司的复合焊炬

（d）Cloos公司的复合焊炬

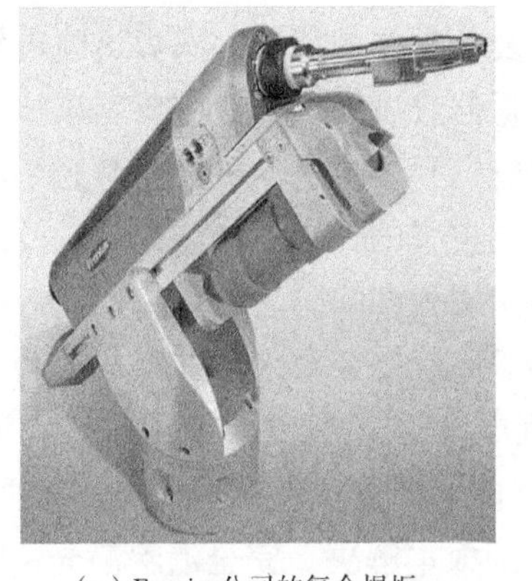
（e）Fronius公司的复合焊炬

（f）伊萨公司的复合焊炬

图 7-1-4　激光—电弧复合焊炬的种类

根据激光与电弧的相对位置不同可分为：同轴复合，即激光与电弧处于同轴共同作用于工件的同一位置，这种复合焊炬结构复杂，尤其是实现激光与 MIG 同轴复合；旁轴复合，即激光束与电弧以一定的角度共同作用于工件的同一位置，目前工程上使用的复合焊炬基本上都是旁轴复合的。

激光与电弧的旁轴复合根据不同情况又可分为激光在电弧前和激光在电弧后两种。激光与电弧的相对位置不同会对焊缝的表面成型和内部的性能产生重大的影响。

激光束在电弧前，焊缝的上表面成型均匀且饱满美观，特别是在焊接速度较大的情况下效果更明显；而电弧在激光束前，焊缝的上表面会出现沟槽。通过对焊缝的成分及性能进行分析，得知两种情况下 Mg 元素含量都是从焊缝上部到下部递增，而激光在电弧前焊缝上部的硬度小于下部，激光在电弧后焊缝上部的硬度大于下部的硬度。出现这种情况的原因是电弧在后时，热源作用面积大，热源移走后焊缝冷却慢而有利于熔池中的气体逸出，因此成型好；而且电弧热源作用于激光后相当于对焊缝进行一次回火而其热量不能传输到焊缝较深处，故而下部未回火，焊缝上部的硬度小于下部(7-1-5)。

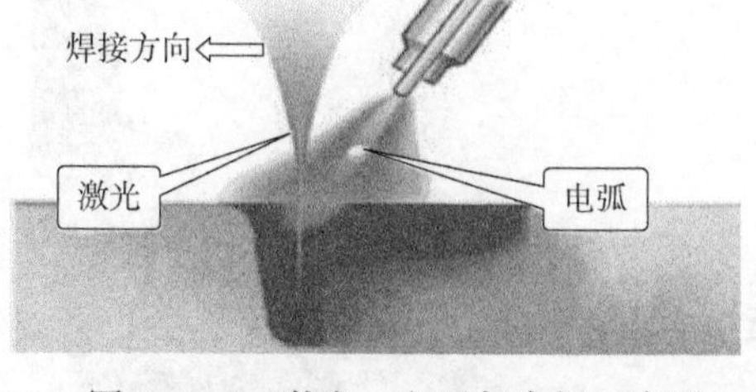

图 7-1-5　激光—电弧复合焊示意图

不仅激光与电弧的前后不同对焊接过程有影响，激光与电弧的间距不同对焊接过程也有影响。研究表明，激光与电弧间距对激光复合焊熔滴过渡有影响，在高速 MIG 焊接时熔滴过渡很不稳定，一般情况下，纯电弧焊接时焊接速度在 0.5m/s，焊缝的成型还可以，大于这一速度成型就会变差。而激光 MIG 复合焊接时，由于激光等离子体对熔滴的热辐射作用和对电弧的吸收作用改变了电弧的形态及相应的熔滴的受力状态，使得熔滴的过渡过程发生了变化，对于不同的焊接电流，存在不同的最佳激光与电弧间距。在最佳间距下，熔滴过渡形式为单一的稳定射流过渡，电流电压恒定，焊缝成型良好。有资料表明：激光复合焊接的速度可以达到 1.6m/s 以上。

目前，国际上还没有正式的激光—电弧复合焊用于管道的焊接施工标准和验收规范。但可以预见，由于激光—电弧复合焊技术能够一次焊透钝边较厚的材料，且其为单面焊双面成型，如果焊缝出现缺陷，返修难度较大，故应要求该技术能较好地控制焊缝缺陷。现在大量的工作焦点是研究模拟管道平焊位置的最优化激光—电弧复合焊接的参数试验，而很少有关于该技术用于管道不同位置的根焊焊缝试验，以及微观组织和力学性能研究，而其中管道焊接在仰部位置极易出现内凹缺陷。

中国石油天然气管道科学研究院等针对 X70 钢管道全位置激光—熔化极活性气体保护(MAG)电弧复合根焊焊接过程中，管道焊接 4~6 点位置焊缝背面易出现内凹，开展了管道全位置激光—MAG 电弧复合根焊焊缝成型试验研究。通过该试验研究虽能使仰部内凹得到控制，但该缺陷仍没有得到根本解决，完全消除激光-电弧复合焊 4~6 点位置的内凹问题，还需进一步的大量工艺试验研究。长输管道施工条件受现场环境和管材标准因素的限制，坡口的尺寸、对口的间隙和错边量不易准确控制在限定范围内，这些误差对大钝边厚度的激光—电弧复合焊接非常不利，容易产生气孔和未熔焊接缺陷，从而降低焊接质量，且由于环焊缝为全位置焊接，为保证焊缝表面和背面成型良好，要求焊枪和激光头随焊接的变化而变化，所以必须设置一种能在不同焊接位置设置跟踪参数可调节的跟踪系统，从而使跟踪系统更智能化，更适应管道的全位置焊接。檀朝彬等学者通过利用 650nm 激光结构光发射器与 cmos 光电传感器结合获取焊道图像信息，应用数字图像处理技术提取纵向偏差、横向偏差、错边量和对口间隙信息，焊道跟踪系统根据纵向偏差、横向偏差实时调整焊炬位置，保证激光焊点准确对中，提高了焊接质量，如该方法在今后现场应用中能够实现，将进一步提高现场焊接焊缝合格率。

目前针对激光—电弧复合焊在现场应用可能出现的问题，具体有以下几点解决措施：(1)从激光—电弧复合焊接熔滴过渡和焊缝微观组织角度进行深入的仰部内凹形成机理研究，找出形成内凹缺陷的主要原因；(2)针对复杂的现场环境，设置一种更智能化的焊缝跟踪系统，从而更适应现场管道的全位置焊接；(3)通过对坡口形式、坡口尺寸、焊接工艺参数及焊前和焊后的热处理等焊接规范的研究，可避免焊接裂纹的产生，降低焊缝硬度，以及提高焊缝的韧性值；(4)尽量增加设备的稳定性和可靠性，为实现激光—电弧复合焊现场应用提供了装备保障。

三、 多焊炬自动焊外焊技术

多焊炬管道自动焊机最早由法国 Serimax(即原来的 Serimer Dasa)、荷兰 Vermaat Technics 公司进行研发。多焊炬管道自动焊机采用全自动焊接控制系统，驱动多个焊炬同时工作；采用液压、机械联合定位，旋转驱动，并配备多点焊缝跟踪系统，实现了真正高效的焊接施工(图 7-1-6)。该设备可实现流水作业，能够保证组对管口准确定位；其焊接部分采用弹性转臂结构，可适应不同管径；焊接过程中还采用了电弧跟踪技术，能够保证焊缝质量。美国埃索石油公司曾将该套系统应用于马来西亚海洋管道铺设工程中，铺管线配备 5 个工作站，6 个均匀布局的焊炬装卡在一个固定轨道上并同时焊接。针对管径 762mm、壁厚 20mm 的钢管焊接，创下日焊 329 道环焊接头的记录。韩国现代最近研制的焊接系统可以装配 6 个双焊炬的焊接小车(其中左侧 3 个小车，右侧 3 个小车)，带有激光视觉传感器和电弧传感器，用于海洋管道的焊接。考虑到陆上管道建设的特殊性，多焊炬管道自动焊技术也将会应用于陆上管道建设。

图 7-1-6 多焊炬管道自动焊机示意图

四、 搅拌摩擦焊接技术

搅拌摩擦焊(Friction Stir Welding，FSW)是搅拌头高速旋转并与被焊工件摩擦，产生热量形成热塑性层，搅拌头与工件相对运动，在搅拌头前面不断形成的热塑性金属转移到搅拌头后面，填满后面的空腔，从而形成连接的方法(图 7-1-7)。搅拌摩擦焊已经成功实现了在铝合金结构中的工业化应用，但是在钛合金、钢等高熔点材料结构焊接中的应用研究仍在进行之中，其难点是搅拌头材料的优选(如选用多晶立方氮化硼 PCBN)与其搅拌针型体设计、加工，以及在工程应用中的寿命。

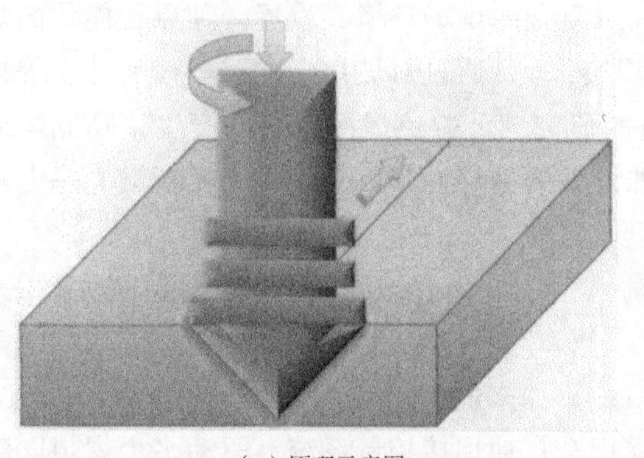
(a)原理示意图

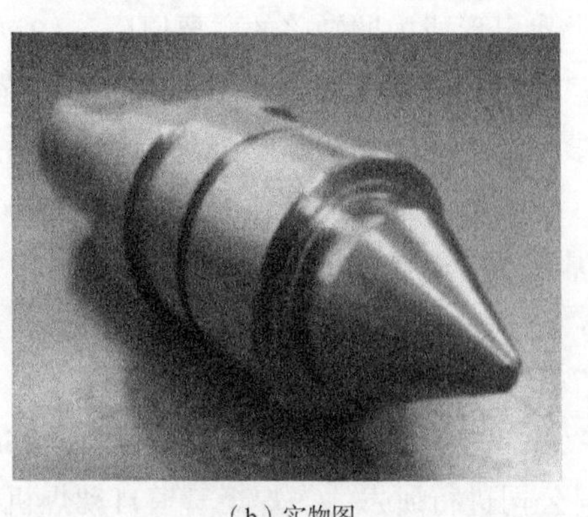
(b)实物图

图 7-1-7　搅拌摩擦焊搅拌头原理及实物图

美国 MEGASTIR 公司一直致力于高熔点材料的 FSW 应用开发，从 304 不锈钢(已焊厚度 6.4mm)到普通中碳钢和高温合金材料，甚至钛合金材料等都可以实现搅拌摩擦焊连接。2003 年，MEGASTIR 公司就把 FSW 应用于 X65 管线钢焊接(管径 305mm)，并研发了用于油气管道焊接的便携式 FSW 设备，可以实现 13mm 厚管线钢管的焊接。2009 年 1 月，美国能源部橡树岭国家实验室(ORNL)的管道搅拌摩擦焊接项目获得美国能源部的支持。研究者希望开发用于 FSW 头的新材料、带有辅助热源以降低顶锻压力的复合 FSW 和用于厚截面的多层多道焊接技术。最终，该项目将研制一套现场可应用的系统，提供现场施工所需要的灵活性和经济性，并最终用于大型油气管道。

五、 等离子焊接技术

等离子焊接技术是利用等离子枪将阴极和阳极之间的自由电弧压缩成高温、高电离度、高能量密度及高焰流速度的电弧，熔化母材形成冶金结合，是利用等离子弧作为热源的焊接方法。气体由电弧加热产生离解，在高速通过水冷喷嘴时受到压缩，增大能量密度和离解度，形成等离子弧。等离子电弧比 GTAW 电弧具有更高的能量密度、温度和电弧刚直性，因而具有较大的熔透力和焊接速度。等离子自动焊接技术以其熔深能力强、焊接效率高、单面焊双面成型好、变形小等优点成为长输管道自动根焊技术发展的方向(图 7-1-8)。

六、 带外对口器功能的焊接技术

Serimax 公司新开发了一种具有外对口器功能的焊接设备，可安装多个焊接单元，系统结构比内焊机简单，可取代内焊机进行管口组对及根焊焊接(图 7-1-9)。该设备具有对口精确、焊接速度快、质量高等特点。

（a）实物图

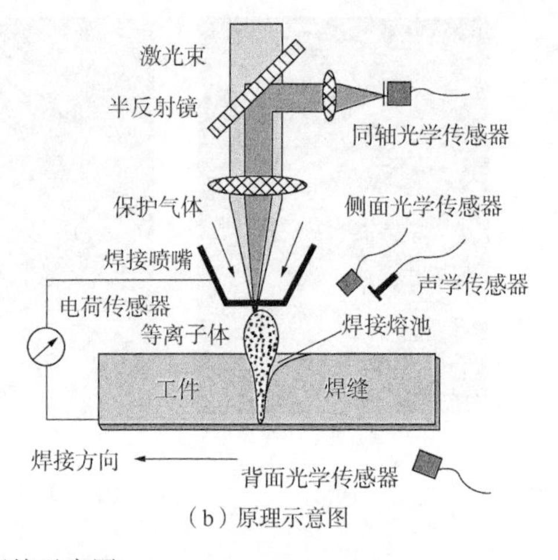

（b）原理示意图

图 7-1-8　等离子焊接示意图

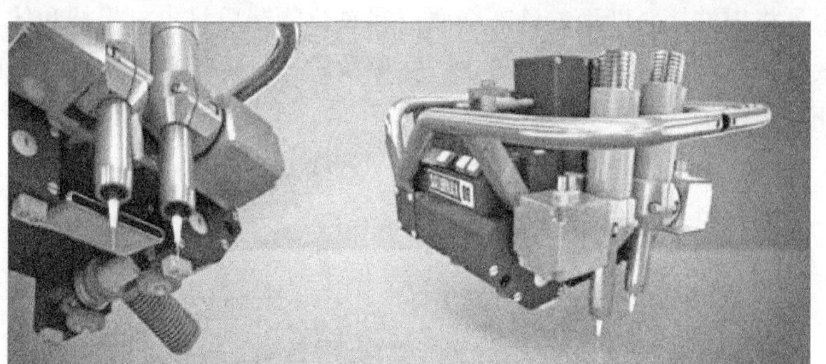

图 7-1-9　外对口器焊接设备示意图

七、 真空电子束焊接技术

电子束焊是利用加速和聚焦的电子束轰击置于真空或非真空中的焊件所产生的热能进行焊接的方法。其基本原理是电子枪中的阴极由于直接或间接加热而发射电子，该电子在高压静电场的加速下再通过电磁场的聚焦即可形成能量密度极高的电子束，用此电子束去轰击工件，巨大的动能转化为热能，使焊接处工件熔化，形成熔池，从而实现对工件的焊接(图 7-1-10)。电子束焊可分为真空电子束焊与非真空电子束焊。

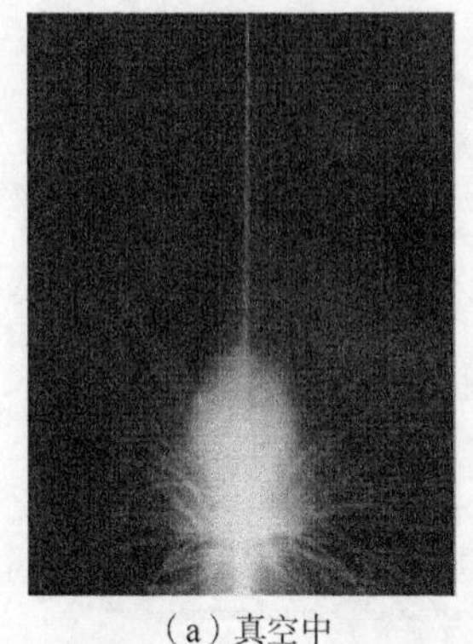
（a）真空中

（b）大气中

（c）焊接成果

图 7-1-10　电子束焊接示意图

八、 闪光对焊技术

闪光对焊属于电阻焊接技术，其对应的焊接原理如图 7-1-11 所示。将焊件的接头对准并在夹具的作用下夹紧，将焊件接头不断靠近并达到局部接触；对焊接装置进行通电，并可通过变压器对电压进行调整以对电弧的能量进行调节，断面金属加热融化后在顶锻力的作用下达到焊接的目的。可将闪光对焊划分为预热阶段、闪光阶段、顶锻阶段，以及保持和休止阶段四部分。其中：在预热阶段后，可保证在焊接过程中更容易达到激发闪光的目的，从而降低闪光时间、降低金属损耗，在闪光阶段后，在焊件接头处形成了液态的金属层，周围形成一个可塑性变形的温度差，为后续顶锻阶段做准备。在顶锻阶段，主要是在外力的作用下将焊件接头断面的液态金属层和氧化物杂质排出。保持和休止阶段是为了保证最终焊接接头质量的关键阶段，其中，在保持阶段，可避免接头的快速断裂，在休止阶段，可保证焊接接头的形貌处于优质状态。

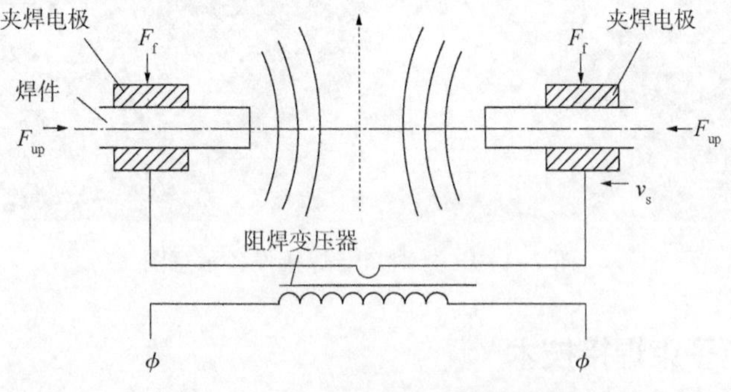

图 7-1-11　闪光对焊工作原理图

随着管线工程用钢强度等级的不断提高，以及管道壁厚和管径的不断增大，传统的焊接方法已不能完全满足管道焊接施工的要求。管道闪光对焊技术是一种通过综合运用机械、电气、液压等手段，使整个焊接过程实现自动化、程序化的自动焊接施工技术，具有焊接质量高、焊接速度快、劳动强度低且焊接过程受人为因素的影响比较小等优点，对于大口径、厚壁，以及对焊接质量要求比较高的管道工程建设具有很大的潜力。管道闪光对焊技术(FBW)是 EOPaton 焊接研究所最先提出，并成功利用该技术完成了约 2×10km 不同口径管道的建设，焊接管道的最大管径值达到了 1420mm。

20 世纪 60—70 年代，西德生产的大型闪光焊机功率达到 4000kVA，顶锻力达到 700t，可焊接截面达到 1×10mm；日本生产的 3000kVA 薄板闪光对焊机，可焊接宽度 1800mm、厚度 6.5mm 的钢板。20 世纪 80—90 年代，苏联生产了大型闪光焊机“北方一号”成套设备，该设备能完成对直径为 1420mm 管道的焊接。20 世纪 90 年代的技术考察报告表明，“北方一号”焊机焊接了超过 107 个 1420mm×20mm 管道的接头，其焊口的废品率仅为 4%。实践证明，闪光对焊技术在大直径长输油气管线建设中是可行且高效的。

管道闪光对焊的优势比较明显，其自动化程度高，降低了对焊接人员技术水平的依赖，大截面管道的焊接一次成型，减少焊接操作时间，生产效率高，有效降低施工成本。

第二节　管道焊接工艺

油气管道焊接工艺的发展，并非单纯依赖焊接技术的成熟与进步，而依赖于焊接设备、工艺流程、检测方法等相关方面的共同发展，构建一个更加科学、先进的焊接技术体系，才能拓宽焊接技术在油气管道工程的应用空间，全面提升油气管道焊接质量与效率。

首先，油气管道焊接技术应形成一个完善的技术体系，着重发展激光焊、电子束焊、径向摩擦焊等焊接技术，尤其要提高自动焊技术的占比，不断提升焊接工艺的自动化、智能化水平。这要求科研院所等研究机构加大焊接工艺方面的研发力度，重点研究解决制约激光焊等焊接技术应用的难题，并致力于构建统一化的技术标准。相关部门应建立油气管道焊接技术标准与规范，以书面文件形式明确焊接工艺的技术要求，为焊接技术应用提供可靠依据。

其次，油气管道焊接工艺发展需要重视焊接设备方面的研发与应用。焊接设备对提高油气管道焊接自动化程度具有关键性作用，影响焊接工艺的适用性和可行性。应加大设备研发方面的投入，持续改进各种自动焊设备，使自主研发的焊接设备早日达到世界领先水平，形成以国产化设备为主、国外设备为辅的有利局面。同时，应研发更加先进的焊接材料，比如搅拌摩擦焊的搅拌头，通过提升焊接材料质量来增强焊接材料与焊接设备的适配性，保证焊接质量稳定。

再次，油气管道焊接工艺发展需要构建科学、有序的工艺流程。油气管道焊接作业是一项较为复杂的系统工程，不仅要考虑焊接工艺的科学与否，还要关注油气管道工程的实际情况，需要形成更为有效的管道焊接施工组织方法和工艺流程。焊接工艺流程不仅涵盖焊接作业的各个工序环节，还要衔接焊接前后的相关工作，合理准备备用设备和备件，加强工序协调，实现流水作业，使焊接、无损检测等工作顺畅、高效，提升焊接工艺对各种复杂环境的适应能力。

最后，油气管道焊接工艺发展需要探索质量检测新方法。油气管道焊接质量检测主要应用超声、渗透等无损检测方法，应进一步研究其他无损检测技术在油气管道焊接检测中的应用，并着重研究自动焊质量检测与评判的方法，探讨各种无损检测方法在自动焊检测中应用的可行性，使无损检测技术可以适应油气管道焊接工艺发展的要求，提升各种质量检测方法的适应能力和质量、效率。

第三节　焊 接 装 备

随着工业4.0的提出，国际上也提出了焊接4.0的概念，这意味着未来焊接将朝着智能化方向发展，主要包括了焊接电源的数字化、焊接过程的自动化，以及焊接设备高效化。

一、焊接电源数字化

大力发展基于数字化的智能型焊机，提高中高端装备国产化比例。以MCU、DSP、ARM嵌入式芯片为核心集成波形控制技术、数字通信技术和电力电子技术，实现对焊接与切割电源的全数字化控制。数字化焊接与切割电源具备以下特点：(1)单机具备多功能集成；(2)接口兼容性好，可以便捷地与外部设备建立数据交换通道，方便建立机器人焊接系统、焊接生产的网络化管理与监控等；(3)具有更高的稳定性和更高的控制精度；(4)采用软件方式实现功能升级、在线编程、各种参数的储存及再现。在现阶段的国内市场，只有当数字化技术能成为降低焊机成本的技术时，数字化焊机才能成为主流，要争取做到数字化焊机平民化，使数字化焊机成为常规产品。

二、焊接过程自动化

大力发展以焊接机器人为代表的自动化焊接装备及电源，提高我国焊接生产的自动化比例。顺应“机器换人”的浪潮，用替代人工操作的各种自动机械、专机系统、自动爬行机构、数控焊接切割平台及工业机器人等，与高性能焊接切割设备集成，实现焊接与切割过程的自动化。

三、焊接设备高效化

大力发展适应新材料、新工艺的优质高效节能减排焊接设备，支撑国家重点制造领域。自动/半自动焊接工艺的推广大力推动了焊接过程的高质、高速、高效、节能，在“十三五”期间，除了重点发展数字化、智能化、自动化焊接设备以外，要继续大力推进高质、高速、高效、节能的自动/半自动焊接技术的发展，在保证低能耗的同时实现高焊接性能。

第四节　数字化、智能化发展

“数字化”指的是在逆变焊机与数字控制技术的基础上，以数字信号处理器(DSP)为核心设备，用0/1编码的数字信号将传统的模拟信号取而代之，最终获得集网络化、人性化、精密化、高效化与绿色化于一体的新型焊接设备。数字化焊机使冷却装置、人机交互、电源、工装、机器人、焊枪、送丝机的互动更加方便。全数字化焊机囊括了焊机面板、焊机电源，以及送丝机的数字化，焊接电源及其与焊接工艺过程的互动全部引入了数字化控制系统，最突出的特点是焊机的内部设置了“焊接专家系统与数据库”，操作人员通过一元化操作便可获得准确、可靠的工艺参数，充分保障了焊接质量，彰显出数字化焊机的核心价值。全数字化焊机还具有一系列拓展功能，比如远程控制软件升级、远程诊断故障、在线记录焊接参数、远程修复故障等。而且数字化焊机的电源具有良好的控制精度与接口兼容性，为数字化焊接技术水平的提升创造了有利条件。

一、 焊缝跟踪技术

在实际工作中，工件在加工、装备时会出现尺寸误差、受热变形等问题，所以焊接条件也会随之发生改变，导致接头位置偏离了原先设计好的路径，严重影响焊接质量，甚至会造成焊接失败。因此，需要借助精准的焊接跟踪技术来为焊接质量提供保障。近年来，焊缝跟踪系统中应用了模糊数学与神经网络，标志着这一技术已经步入智能化跟踪时代。

清华大学以激光传感为基础，研发出一种焊缝轨迹跟踪系统。在机器人末端安装摄像机构，形成反馈控制系统，然后通过计算得出焊缝线，再采用立体视觉技术获得焊缝线的空间位置，最终得出焊缝轨迹的三维信息，纠正焊缝误差。试验结果显示：三维跟踪过程中，X，Y，Z 方向的误差均小于0.3mm，说明控制效果理想。管道焊机是否能够有效结合前沿的焊缝轨迹跟踪系统，达到理想的焊缝质量控制目标，是接下来的重点研究方向。

二、 管道焊接视觉技术

优秀的焊工通过观察熔池形貌的变化特点来调整焊枪姿态，最终达到提高焊缝焊接质量的目的。这从侧面反映出熔池的视觉形貌与焊接质量密切相关。有学者为了克服飞溅、弧光对熔池传感造成的影响，使用脉冲激光器对熔池进行照射，经窄滤光的CCD获得清晰度良好的熔池图像，以此来控制焊缝的成型。另有学者利用CCD视觉检测技术采集PMIG焊熔池，并对熔池的二维几何信息进行提取。还有学者利用传感技术采集了铝合金的TIG焊熔池，利用焊熔池的亮度差来检测熔池的边缘，增强了熔池边缘的稳定性，通过椭圆逼近法获得熔池的长度、宽度与面积。此外，还可以通过阴影恢复形状法、结构光三维视觉法、双目立体视觉法来对熔池的三维图像进行重建。利用阴影恢复技术获得熔池的三维形貌，然后借助线性化近似求解，极大地简化了计算流程，提高了处理速度。国外学者采用双目立体视觉法恢复了GMAW管道焊接熔池，熔池恢复后，表面的凹凸感十分明显，细节更加丰富，与熔池的真实形貌高度吻合。也有学者提出利用三维视觉法检测熔池信息，用波长为337nm、瞬时功率为50kW的脉冲激光来照射熔池，与此同时使用摄像机拍摄，获取的熔池表面反射图像十分清晰，最后利用图像处理技术提取出结构光激光条纹的栅格轮廓，然后计算得出熔池表面的三维信息。在未来焊接过程中，视觉技术的发展一定会为焊缝质量控制带来新的革命。

根据视觉传感系统中成像光源的不同，视觉传感方法可分为主动式和被动式两类。基于激光结构光的视觉传感方法属于主动式视觉传感技术。激光具有单波长、方向性好、相干性好的特点，采用激光作为辅助光源，能够减少弧光对图像质量的影响，可以获得较清晰的焊缝图像，具有图像处理简单、高度偏差和接头信息获取容易等优点。缺点是成本较高，并且检测点和焊接点不在同一位置，需要程序进行延时修正。

基于激光视觉传感器的焊缝跟踪系统，采用结构光原理来搜索、定位和跟踪焊缝，具有非接触、精度高、抗干扰能力强等优点，是焊缝跟踪技术的主要发展方向。其工作原理如图 7-4-1 所示。

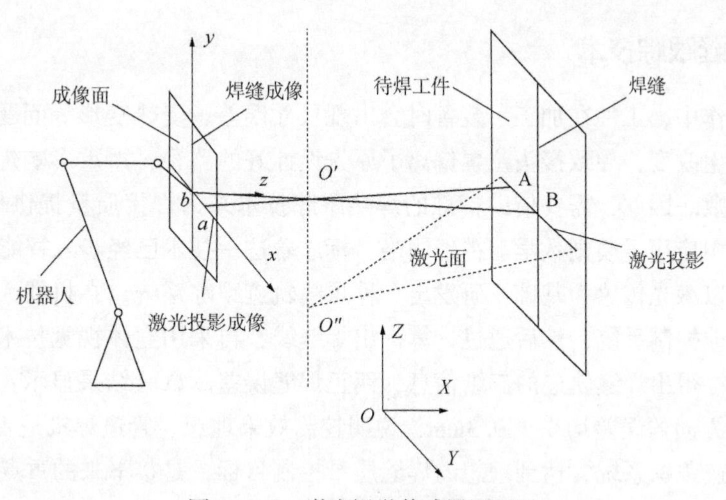

图 7-4-1　激光视觉传感器原理图

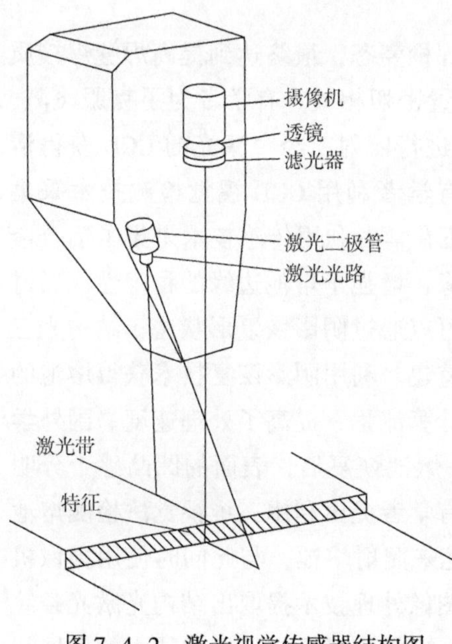

图 7-4-2　激光视觉传感器结构图

激光结构光焊缝跟踪传感器是焊缝跟踪系统中较先进的传感器，具有良好的稳定性及耐久性（图 7-4-2）。可适用于各种形状坡口，不仅可以跟踪焊缝，还可预测坡口形状和截面积，可以应用于焊接过程中的自适应控制。激光结构光焊缝跟踪系统主要包括三个方面：视觉传感器、焊缝图像处理，以及控制系统。针对这三个方面内容，国内外学者做了大量的研究工作。

在视觉传感器设计中，1999 年希腊学者 G. Agapiou 等以 MIG 焊接过程中所产生的弧光为研究对象，通过分析在不同焊接电压情况下光谱具体分布特点，得出当以某几种波长（467nm、594nm、610nm、632nm、950nm）的激光作为视觉传感器光源时，能够有效降低弧光对激光的干涉，为激光发射器中心波长选择提供了试验依据。在传感器结构设计中，针对 CCD 摄像机与激光器布置方式，1999 年韩国学者 Nshibata 等研究证明 CCD 摄像机与激光器成一定角度的结构方式能够最大限度减小系统误差，避免弧光、烟尘、飞溅等对图像的干扰。

焊缝跟踪系统研究在国外起步较早。发达国家在 20 世纪 80 年代初就开始了视觉传感焊缝跟踪系统的开发。1985 年保加利亚的 D. Lakov 提出了用模糊模型来描述弧焊过程的不确定性，借助非接触式激光传感器，用模糊控制推理对示教机器人的运动进行估计、预测和控制，实现焊缝自动跟踪。

20 世纪 80 年代初期，日本 Kawasaki 公司和美国 Unimation 公司联合开发了应用于弧焊机器人的焊缝视觉系统，通过在 PUMA600 型机器人上进行试验，该系统的跟踪精度可达±0. 4mm。但该焊缝视觉跟踪系统是一种示教型(two-pass)的焊缝跟踪系统，并不能实现焊缝的实时视觉跟踪。同时期，美国的 Automatix 公司生产了一种实时焊缝跟踪系统 Robo-vision Ⅱ，该焊缝跟踪系统安装在焊枪前约 4mm 的位置，在实际焊接过程中，视觉传感器不断摄取焊枪前方的焊缝图像，从而给出实际的焊接路径，该跟踪系统的最大跟踪速度为 1m/min。20 世纪 80 年代中后期，丹麦 ASEARobotics(AB)公司和 SELCOM 公司共同研制开发了真正不需要任何示教的焊缝视觉跟踪系统——LaserTrack 视觉跟踪系统，无需对焊缝路径预先示教，针对角接、搭接和对接焊缝，该系统可以自动找到焊缝的起点，并且在焊接过程中对焊缝进行实时跟踪，直至焊接结束。LaserTrack 视觉跟踪系统的跟踪精度为±0. 4mm，最大跟踪速度为 1. 2m/min。

随着视觉传感器、图像处理技术，以及控制技术的不断发展，当前商品化的焊缝视觉跟踪系统已经在跟踪精度、跟踪速度，以及适用的焊缝类型上都有了较大发展。英国 Meta Vision Systems 公司和加拿大 Servo Robot 公司是世界领先的结构光传感器供应商，其传感器及配套的控制系统、执行机构广泛地应用于能源、造船等领域各种设备自动化焊接制造中(图 7-4-3和图 7-4-4)。

图 7-4-3　英国 Meta 激光视觉传感器焊缝跟踪系统

加拿大赛融公司(Servo－Robot Group)的 ROBO-TRAC 弧焊机器人激光焊缝跟踪系统可以连接各种标准弧焊机器人，对于多层多道焊接，该系统能够测量实际焊缝形状并使焊接生产力和质量最优化。英国 Meta 视觉系统公司研制的 LaserProbe 系列焊接专机用激光焊缝跟踪系统，以及 LaserPilot 系列焊接机器人用激光焊缝跟踪系统可适用于多种焊缝类型。哈尔滨焊接研究所将该系统应用在大型焊接机器人工作站的开发上，取得了良好的跟踪效果。Servo-Robot、Meta 和日本的 FANUC 等知名公司的焊缝跟踪传感器大多采用激光结构光的原理，只是在激光管的数量、图像传感器的型号等方面有所不同。这种设计结构紧凑、工作效率高、性能稳定，被广泛应用。

CRC 公司利用英国 Meta 公司的视觉系统开发了 CRC-Evans 系统(图 7-4-5)。

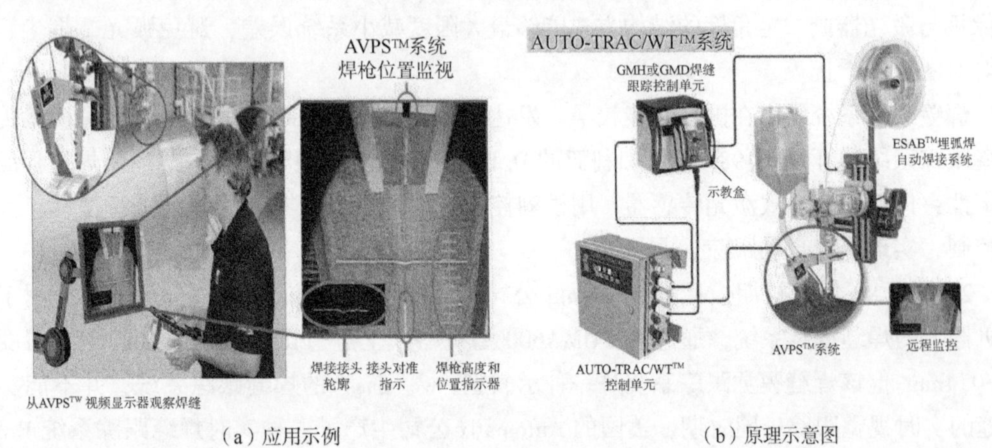

（a）应用示例　（b）原理示意图

图 7-4-4　Servo-Robot Group 弧焊机器人激光焊缝跟踪与示教系统

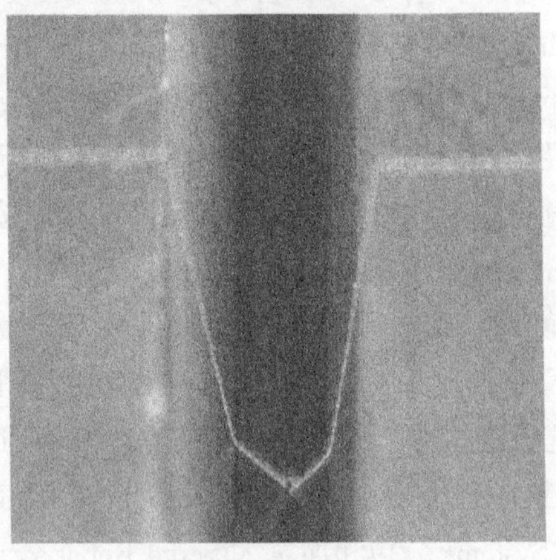

（a）激光跟踪自动弧焊系统

（b）激光跟踪系统投射的激光条纹

图 7-4-5　CRC-Evans 激光跟踪自动弧焊系统

国内基于激光结构光焊缝跟踪系统的研究起步较晚，但研究非常活跃，很多高校、研究机构在该领域都有长足的发展，技术水平在不断提高。中科院自动化所、清华大学、华中科技大学等机构也对结构光传感器进行了深入的研究，主要涉及结构光传感器的设计、光学系统、图像处理等。

2009 年，北京石油化工学院蒋力培、黄继强、邹勇等学者研究开发了一种光纤式激光焊缝跟踪系统，利用光纤长距离传光、传像功能，使激光焊缝跟踪系统具有了体积小、不用水冷，可与焊炬紧密安装等优点。

广东工业大学高向东、游德勇和日本大阪大学 Katayama Seiji 三位学者研究了一种基于近红外图像识别的大功率光纤激光焊缝跟踪偏差测量新方法，并获取了动态熔池的近红外图像，利用最小二乘法建立焊缝路径与激光束偏离的近红外视觉模型，为激光焊缝跟踪研究提供了新思路。

2013 年，南昌大学机电工程学院毛志伟等与清华大学潘际銮院士共同研究了双线结构光传感器。通过图像处理可以准确得出图片中两条结构条纹在焊板表面部分的间距，根据比例关系可以得到不考虑畸变情况下的焊枪高度识别公式，为焊枪高度识别提供了理论依据。双线结构光传感器识别高度的原理是基于两条条纹间距，可以消除机械振动产生的误差。代表了我国激光焊缝跟踪传感器研究的较高水平。

应用激光结构光焊缝跟踪系统需要对焊缝图像受到的弧光、飞溅、烟尘等多种强烈干扰进行滤波和处理，一般包括图像预处理、图像分割、图像后处理三个部分。

图像预处理方法主要有频域方法和空域方法两种。频域方法是对焊缝图像进行傅里叶等积分变换后形成的复数像素进行处理，所需的计算量大，实时性不强。所以在机器视觉实时图像处理时常使用空域分析方法来确定图像边缘。图像分割可以提取图像中感兴趣的区域，常用的方法有阈值分割和边缘检测。对于焊缝图像来说，图像后处理包括细化，去除伪边缘，直线拟合等。边缘检测处理后的图像边缘较粗，对其进行细化处理以便于提取焊缝边缘。提取焊缝中心一般是通过垂直于焊缝方向扫描来获取焊缝边缘点作为特征点，然后计算出焊缝中心坐标。实际的焊缝在小范围内可近似为一条直线，此时可利用一些数学方法(如最小二乘法)拟合出焊缝轨迹坐标。

三、 机器人焊接智能规划技术

焊接机器人的离线编程技术已经从传统的以图形为基础的屏幕显示朝着智能编程的方向发展。离线编程主要解决的是焊接路径、焊接参数、焊接任务，以及焊枪姿态的规划。CAD 建模与视觉系统很容易就能实现路径规划，还能进行无碰撞校正。根据焊接位置与工件条件可规划焊枪姿态，自动设计出最理想的焊枪位姿，以提高焊缝的焊接质量。焊接工艺的规划主要依赖于焊接 CAPP 系统完成，核心是如何集成 CAD、CAPP 与离线编程系统。法国的 Institur De Soudure 等单位共同研发了名为“ACTWELD”的机器人焊接离线编程软件，可以通过自动编程来获得机器人程序，同时还支持焊件的参数化装配，实现了焊缝跟踪与自适应传感器的同步应用。南京理工大学研发了 MotoMan 机器人的离线编程与仿真系统，完成了轨迹路径与姿态规划、焊接工艺参数的设计，以及焊缝几何信息的提取。还有学者采用单参数动态搜索算法(SPD)设计出机器人焊接参数规划器，从实际应用效果来看，比 BP 算法更有优势。

四、 焊接数据库

目前，数据库技术在装备制造领域应用已经较为成熟，如热处理加工数据库、压力成型数据库等，通过建立相应的数据库，可以对相关领域的数据信息进行科学的分类管理并提供高效的查询。早在 20 世纪，日欧等国(地区)就已经开始注意收集汇总焊接数据并建立焊接数据库。与其他数据库类似，焊接数据库也具有数据库本身的一些特征，从组成上可以分成前台人机界面、后台数据库、后台管理系统三大组成部分；从涵盖数据种类上又可以大致分为焊接工艺数据库、焊接平台应用数据库、焊接材料数据库等。总的来说，现有通用的焊接数据库可以分为焊接基础数据库和焊接 CAPP 系统。焊接基础数据库包含焊接过程的基本数据及焊接的通用标准和规范，如焊接母材、焊接设备、焊接工艺参数等；而焊接 CAPP 系统主要管理焊前工艺文件。通过焊接数据库，方便使用者快速地查阅焊接相关数据进而对焊接工艺进行设计，能够极大地提升工作效率和焊接质量，为焊接专家系统提供基础，进而实现焊接生产过程的数字化管理。

随着数据库系统的广泛应用和网络技术的高速发展，焊接数据库技术也进入一个全新的阶段，从管理存档类型来看，焊接数据库已从传统的简单数据发展到多种类型的庞大复杂数据；从智能化程度来看数据库融入焊接专家系统及机器学习算法，根据专家经验及焊接数据的内在关系，可为企业提供高效可靠的建议。对新技术的吸收及对其他学科先进成果的兼容，使得焊接数据库不仅仅是数据的载体，更是透过现象看本质的对未知的预测。

目前实际生产中使用的焊接数据库功能并不完善，主要是进行简单查询和指导工作，智能化程度低，且各个企业、组织各自为政，通用性差，大量焊接经验不能在焊接领域流通。友好的分布式应用结构与数据库系统的结合、半结构化数据与可扩展标记技术的结合、联机分析处理、数据挖掘技术与神经网络技术等成为这个时代的主流技术，焊接数据库及其应用软件的发展也必将向其靠拢，主要发展趋势包括以下几个方面：(1)提高系统通用性。系统可集成多个标准，满足不同人员需求，且各标准间实现数据的共享。(2)引入人工智能技术。进行工艺评定判断增强其扩展能力，实现跨平台参数调配与设计。(3)充分利用网络技术。实现焊接数据库应用软件的分布式处理和协同工作，提高数据共享率。(4)提高系统耦合性。实现焊接应用软件人机接口的智能化、拟人化，协调多平台、多应用协同工作。(5)加强与多媒体等新技术的交互性。新兴技术的引入推进传统焊接迈向焊接智能化，同时与互联网技术、机器学习技术、多媒体技术、多并发处理技术互相渗透、多元融合。(6)提高系统交互性。用户操作界面是系统的门面，友好的操作互动界面可提升用户体验。

自动焊作为一种高效焊接技术已在国外广泛应用，随着国内自动焊技术的发展进步，自 2015 年以来，国产自动焊装备从技术先进性、系统稳定性、装备可靠性等方面逐步提升，被管道施工用户接受，逐渐进入国内管道建设的市场中。随着焊缝跟踪、运动控制、数字化通信等关键技术的突破，国产自动焊装备在国内长输管道施工所占比例越来越大。2017 年，中国石油提出“全生命周期”管道建设的目标和要求，将管道施工技术推向新高度，从设计到采办到施工到验收提供全数字化的资料统计，建立统一平台，将过程中的数据进行实时记录、传输，通过平台进行分析、处理和存储，建立完整的数据管理系统。其中在管道施工环节，焊接过程的数字化技术对自动焊提出新要求。

为达到管道建设要求数据标准统一、感知交互多模态协同、各系统兼容数据互联、运行状态可知可控、趋势预警可防有效的目标，现场焊接施工的自动焊装备必须具备实时数据采集和无线数据传输功能。按照管道建设数字化技术要求，建立自动焊装备的数字化系统势在必行。该系统通过对焊接过程参数的实时采集、远程传输，可提供真实详细的焊接数据，为长输管道施工环节的数字化提供可行的技术条件。

焊接过程数字化存在的问题有：(1)数据采集标准问题：管道建设过程中尚未明确统一的采集标准，项目管理者根据自身管理经验及需求，制定不同采集标准，对设计方、施工方、监理方提出针对性的开发、使用、监管要求。(2)数据使用问题：近几年自动焊装备已大量推广应用，但自动焊技术提升主要在“如何代替人工”方面，对于智慧化管道建设的数字化采集、无线传输技术属于初步开发阶段，目前已实现数据的采集、保存、传输链路功能，但如何有效、有用地整合数据、分析数据，成为智能化技术发展的深层风向标。

未来焊接数字化将从四个方面发展：

(1) 数据采集从单一到多样化。

随着自动焊技术的推广应用，多种形式的施工场景将采用多种自动焊焊接工艺，对应数据采集、传输系统，结合焊接电源系统的多样性，扩展长输管道焊接工艺种类的多样化数据采集，随着数据的不断积累，将逐步建立起适用于长输管道自动焊装备的多种焊接工艺数据库，通过输入管径、壁厚、材质等信息，可自动调用成熟焊接工艺参数。

(2) 数据采集分析方法的多维化。

随着激光技术、熔池监测技术逐渐成熟，以及5G技术的推广应用，数据传输容量和速度将进一步提升，在采集监测分析焊接参数、运动参数数据的基础上，增加对坡口轮廓、焊接过程的动态监测等多维度、全方位相关数据的采集、传输，并结合检测结果分析焊接质量，更加具体化和数据化。

(3) 数据信息的规范化、标准化。

随着数字化管道建设的大面积推广使用，大数据积累、多维化的数据分析将逐渐成熟。关键、重要的焊接因子将趋于明晰，根据工程需求、业主监理要求，进行采集传输工作的自主定义数据采集、传输将逐渐规范化和标准化。

(4) 数据采集、传输实时闭环反馈系统。

长输管道数据采集、传输闭环反馈系统将现场与基地闭环连接，通过对焊接过程的分析，优化当前焊接工艺，并通过远程推送，将优化后的工艺自动广播于现场施工机组，程序自动更新升级。当多维度分析手段的准确性、数据传输容量、速率大幅提升时，将实现焊接过程中的实时数据采集、传输、监测与动态调整的闭环实时系统，真正达到智能化焊接的初级阶段。

参考文献

[1] 郑磊，傅俊岩. 高等级管线钢的发展现状[J]. 钢铁，2006，41(10)：10.

[2] HULKA K，GRAY J M. High temperature processing of line-pipesteels[J]. TMS-AIME，2001：587-612.

[3] STALHEIM D G. The use of high temperature processing(HTP) steel for high strength oil and gas transmission pipeline application[A]. The Fifth International Conferenceon HSLA Steels，2005.

[4] 冯耀荣，霍春勇，吉玲康，等. 我国高钢级管线钢和钢管应用基础研究进展及展望[J]. 石油科学通报，2016，1(1)：143-153.

[5] 李为卫，左晨. 石油天然气管道焊接材料发展现状及建议[J]. 现代焊接，2007(11)：8.

[6] 程茂. 天然气长输管道工程焊接工艺评定标准对比及选用[J]. 中国特种设备安全，2015(9)：31-37.

[7] 隋永莉，薛振奎，赵海鸿. 石油天然气金属管道焊接工艺评定标准对比分析[J]. 压力容器，2006，23(6)：5.

[8] 赵海鸿，曹会清，姚学全，等. 中俄天然气管线焊接工艺评定标准对比分析[J]. 焊管，2019，42(7)：90-96.

[9] 鹿锋华，赵海鸿，曹晓燕. API1104 与 СНиП 管道焊接工艺评定及焊工认证的对比分析[J]. 油气储运，2015(4)：34.

[10] 尹长华，薛振奎，刘文虎. 国内外长输管道常用焊接工艺基本情况综述[J]. 石油工程建设，2010(1)：6.

[11] 齐化冰，陈建平，王继春，等. STT 根焊在西气东输二线管道焊接工程中的应用[J]. 电焊机，2009，39(5)：3.

[12] 尹长华，隋永莉，冯大勇，等. 长输管道安装焊接方法的选择[J]. 焊接，2004(6)：28-31.

[13] 刘小峰，刘润青，崔增彦. 山区大口径高强钢管道焊接技术[C]. 第五届石油天然气管道安全国际会议暨第五届天然气管道技术研讨会. 2012.

[14] 张锋，刘晓文，徐欣欣，等. 山区管道自动焊设备与工艺研究[J]. 电焊机，2018，48(2)：5.

[15] 迟红艳，王继春，陈建平. 大口径管道自动焊焊接技术研究[J]. 焊接技术，2005，34(增刊)：11-13.

[16] 胡建春，陈龙，廖井洲，等. 西气东输二线工程 X80 钢自动焊焊接工艺[J]. 压力容器，2012，29(4)：5.

[17] 隋永莉，薛振奎，杜则裕. 西气东输二线管道工程的焊接技术特点[J]. 电焊机，2009，39(5)：4.

[18] 隋永莉，王鹏宇. 中俄东线天然气管道黑河—长岭段环焊缝焊接工艺[J]. 油气储运，2020(9)：39.

[19] 冯庆善. 高钢级管道环焊接头强度匹配的探讨与思考[J]. 油气储运，2022，41(11)：15.

[20] 谭笑，刘少柱，徐葱葱，等. 国内外油气管道消磁技术对比分析[J]. 石油工业技术监督，2020，36(10)：4.

[21] 张锋，梁君直. 大口径管道管端坡口整形机[J]. 石油工程建设，2002，28(3)：3.

[22] 梁天军，邹欣，皮亚东，等. 国产长输管道焊接施工装备研究[J]. 管道技术与设备，2012(4)：3.

[23] 都东，陈强，韩赞东，等. 长输管线环缝自动焊接装备的研究[J]. 焊接技术，2000(S1)：2.

[24] 赵勇强，杨明新，王长江，等. 国产管道自动焊装备升级研究及在西气东输三线的应用[J]. 热加

工工艺，2014，43(7)：5.
[25] 王鲁君，黄福祥，靳海成，等. 长输管道自动焊与检测技术的现状及发展[J]. 焊接，2016(11)：6.
[26] 肖介光，朱洪亮，许玉东. 长输管道焊接设备的研发及应用[C]//2017 年第七届全国地方机械工程学会学术年会暨海峡两岸机械科技学术论坛论文集. 北京：《中国学术期刊(光盘版)》电子杂志社，2017.
[27] 张毅，张锋，苗群福，等. 长输管道自动焊数字化现状及发展趋势——数据采集及无线传输技术[J]. 天然气工业，2022(7)：42.
[28] 张毅，刘晓文，张锋，等. 管道自动焊装备发展现状及前景展望[J]. 油气储运，2019，38(7)：7.
[29] 尹铁，赵弘，张倩，等. 长输油气管道焊接机器人的技术现状与发展趋势[J]. 石油科学通报，2021，6(1)：145-147.